2017年版 注册消防工程师资格考试辅导用书

消防安全技术实务
通关考典

主　　编　刘双跃　刘天琪
副 主 编　吴　情
参编人员（按姓氏笔画排序）
刘小芬　刘秋岑　刘俊林　张砚书
胡　欢　郝向宇　费雪良　韩中华

北　京
冶 金 工 业 出 版 社
2017

内 容 提 要

本书内容共分两部分。第一部分依照最新注册消防工程师辅导教材《消防安全技术实务》的内容，进行了考点的梳理和总结，细化至每个小节，有利于考生摸清知识脉络、掌握考试重点。第二部分将2015年注册消防工程师资格考试考题进行了详解，并关联了考点，有利于考生摸清命题规律，掌握复习思路。

本书的读者对象为参加注册消防工程师资格考试的考生和相关专业的工程技术人员和管理人员。

图书在版编目(CIP)数据

消防安全技术实务通关考典/刘双跃，刘天琪主编．—北京：冶金工业出版社，2016.8（2017.4重印）

ISBN 978-7-5024-7346-4

Ⅰ.①消… Ⅱ.①刘… ②刘… Ⅲ.①消防—安全技术—资格考试—自学参考资料 Ⅳ.①TU998.1

中国版本图书馆CIP数据核字(2016)第216712号

出 版 人 谭学余

地　　址 北京市东城区嵩祝院北巷39号 邮编 100009 电话 (010)64027926

网　　址 www.cnmip.com.cn 电子信箱 yjcbs@cnmip.com.cn

责任编辑 杨 敏 美术编辑 吕欣童 版式设计 彭子赫

责任校对 卿文春 责任印制 牛晓波

ISBN 978-7-5024-7346-4

冶金工业出版社出版发行；各地新华书店经销；固安华明印业有限公司印刷

2016年8月第1版，2017年4月第2次印刷

787mm×1092mm 1/16；19.25印张；461千字；291页

46.00元

冶金工业出版社 投稿电话 (010)64027932 投稿信箱 tougao@cnmip.com.cn

冶金工业出版社营销中心 电话 (010)64044283 传真 (010)64027893

冶金书店 地址 北京市东四西大街46号(100010) 电话 (010)65289081(兼传真)

冶金工业出版社天猫旗舰店 yjgycbs.tmall.com

（本书如有印装质量问题，本社营销中心负责退换）

前　言

注册消防工程师考试是由人力资源和社会保障部、公安部消防局共同组织实施的职业资格考试。一级注册消防工程师资格实行全国统一大纲、统一命题、统一组织的考试制度。为了满足广大参加注册消防工程师资格考试考生的应试复习需要，便于考生准确理解考试大纲的要求，尽快掌握复习要点，提高应考人员的答题能力，提升复习效率，特编写本书。

本书为注册消防工程师资格考试复习参考书，完全依照《注册消防工程师资格考试大纲》的要求编写，内容涵盖了考试大纲要求的各类知识点。全书以2016年版注册消防工程师资格考试辅导教材为依托，依照章节顺序，逐步细化考试内容，并结合现行相关设计规范和技术标准，将教材中重点、难点做了准确、全面的总结。本书充分考虑了试题的命题思路和方向，对各科目考点加以梳理，去粗（无效考点）存精（重要考点），删繁就简，有利于考生把握知识脉络，将书读“薄”。

本书包括消防基础知识考点总结，建筑防火考点总结，建筑消防设施考点总结，其他建筑、场所防火考点总结，消防安全评估考点总结，2015年试题详解。本书力求突出知识重点，方便考生复习，增强考生应试能力，帮助考生在有限的复习时间内达到最理想的复习效果。

衷心希望本书的出版能对考生通过考试起到积极的指导和促进作用，并希望广大考生顺利通过考试。

由于时间仓促，编者水平有限，书中的不足和疏漏之处恳请广大读者批评、指正。

编　者

2016年7月

考点编码说明

本书中每个考点均有唯一考点编码与之相对应。考点编码举例如下：

【S 1 01 01 01】

- 01（末两位）：这两位数字代表考点序号
- 01（第三组）：这两位数字代表节号
- 01（第二组）：这两位数字代表章号
- 1：这一位数字代表篇号
- S：S 代表消防安全技术实务；Z 代表消防安全技术综合能力；A 代表消防安全案例分析

目　录

第一篇　消防基础知识考点总结

第二篇　建筑防火考点总结

第三篇 建筑消防设施考点总结

第四篇　其他建筑、场所防火考点总结

第五篇　消防安全评估考点总结

第六篇　2015 年一级注册消防工程师试题与详解

第一篇

消防基础知识考点总结

第一章　燃烧基础知识

第一节　燃 烧 条 件

燃烧条件【S1010101】

燃烧的发生和发展，必须具备可燃物、助燃物（氧化剂）和引火源（温度）这三个必要条件，缺一不可。

（1）**可燃物**。凡是能与空气中的氧或其他氧化剂发生化学反应的物质。

（2）**助燃物（氧化剂）**。凡是与可燃物结合能导致和支持燃烧的物质，称为助燃物。

（3）**引火源（温度）**。凡是能引起物质燃烧的点燃能源，统称为引火源。

（4）**链式反应自由基**。自由基是一种高度活泼的化学基团，能与其他自由基和分子发生反应，从而使燃烧按链式反应的形式扩展，也称游离基。

因此，完整地论述，大部分燃烧发生和发展需要四个必要条件，即可燃物、助燃物（氧化剂）、引火源（温度）和链式反应自由基。

第二节　燃烧类型及其特点

一、按燃烧发生瞬间的特点分类【S1010201】

（1）**着火**。可燃物在与空气共存的条件下，当达到某一温度时，与引火源接触即能引起燃烧，并在引火源离开后仍能持续燃烧，这种持续燃烧的现象称着火。可燃物的着火方式一般分为点燃和自燃两类。

（2）**爆炸**。爆炸是指物质由一种状态迅速地转变成另一种状态，并在瞬间以机械功的形式释放出巨大的能量，或是气体、蒸气在瞬间发生剧烈膨胀等现象。

二、按燃烧物形态分类【S1010202】

（1）**气体燃烧**。其所需热量仅用于氧化或分解，或者将气体加热到燃点，容易燃烧且燃烧速度快。根据燃烧前可燃气体与氧混合状况不同，其燃烧方式分为**扩散燃烧**和**预混燃烧**。

（2）**液体燃烧**。液体受热时蒸发出来的液体蒸气被分解、氧化达到燃点而燃烧，即蒸发燃烧。因此，液体能否发生燃烧、燃烧速率高低，与液体的蒸气压、闪点、沸点和蒸发速率等性质密切相关。可燃液体会产生闪燃的现象。

（3）**固体燃烧**。根据各类可燃固体的燃烧方式和燃烧特性，固体燃烧的形式大致可分为以下五种：①**蒸发燃烧**；②**表面燃烧**；③**分解燃烧**；④**熏烟燃烧**（**阴燃**）；⑤**动力燃烧**（**爆炸**）。

三、闪点、燃点、自燃点的概念【S1010203】

（1）**闪点**。在规定的试验条件下，液体挥发的蒸气与空气形成的混合物，遇火源能够闪燃的液体最低温度（采用闭杯法测定），称为闪点。

（2）**燃点**。在规定的试验条件下，应用外部热源使物质表面起火并持续燃烧一定时间所需的最低温度，称为燃点。

（3）**自燃点**。在规定的条件下，可燃物质产生自燃的最低温度称为自燃点。在这一温度时，物质与空气（氧）接触，不需要明火的作用就能发生燃烧。

第三节 燃烧产物

一、燃烧产物的概念【S1010301】

燃烧产生的物质，其成分取决于可燃物的组成和燃烧条件。由燃烧或热解作用产生的全部物质，称为**燃烧产物**，有完全燃烧产物和不完全燃烧产物之分。**完全燃烧产物**是指可燃物中的 C 被氧化生成的 CO_2（气）、H 被氧化生成的 H_2O（液）、S 被氧化生成的 SO_2（气）等；而 CO、NH_3、醇类、醛类、醚类等是**不完全燃烧产物**。

二、四类典型物质的燃烧产物【S1010302】

（1）**高聚物**的燃烧产物。有机高分子化合物（简称高聚物）主要是以煤、石油、天然气为原料制得的。塑料、橡胶和纤维是人们熟知的三大合成有机高分子化合物，其应用广泛而且容易燃烧。高聚物的燃烧过程十分复杂，包括一系列的物理和化学变化，主要分为受热软化熔融、热分解、着火燃烧等阶段。

（2）**木材**的燃烧产物。木材、煤等是典型的固体可燃物质。它们是由多种元素组成的、复杂天然高聚物的混合物，成分不单一、非均质。木材的主要成分是纤维素、半纤维素和木质素，由碳、氧、氢和氮等元素组成。木材的燃烧存在两个比较明显的阶段：一是**有焰燃烧阶段**，即木材的热分解产物的燃烧；二是**无焰燃烧**阶段，即木炭的表面燃烧。

（3）**煤**的燃烧产物。煤主要由碳、氢、氧、氮和硫等元素组成。煤的燃烧过程几乎同时存在有焰燃烧和无焰燃烧，主要受炭化程度、颗粒度、岩石学组成、受风化情况及含水量等多种因素影响。

（4）**金属**的燃烧产物。金属燃烧通常热值大、温度高。金属燃烧的难易程度与比表面积关系极大，其燃烧能力还取决于金属本身及其氧化物的物理、化学性质，其中金属及其氧化物的熔点和沸点对其燃烧能力的影响比较显著。根据熔点和沸点不同，通常将金属分为挥发金属和不挥发金属。

三、燃烧产物的危害性【S1010303】

（1）燃烧产物中含有大量的有毒成分，这些气体均对人体有不同程度的危害。常见的有害气体的来源、生理作用及致死浓度见《消防安全技术实务》表 1-1-6。

（2）**一氧化碳**能够阻碍人体血液中氧气的输送，引起头痛、虚脱、神志不清等症状和肌肉调节障碍等。一氧化碳对人的影响见《消防安全技术实务》表 1-1-7。

除毒性之外，燃烧产生的烟气还具有一定的**减光性**。烟气在火场中弥漫，会严重影响人们的视线，使人们难以辨别火势发展方向和寻找安全疏散路线。同时，烟气中有些气体对人的眼睛有极大的刺激性，降低能见度。

第二章 火灾基础知识

第一节 火灾的定义、分类与危害

一、火灾的分类【S1020101】

根据不同的需要，火灾可以按以下不同的方式进行分类。

（1）按照**燃烧对象的性质**将火灾分为 A、B、C、D、E、F 六类。**A 类火灾**是固体物质火灾，这种物质通常具有有机物性质，一般在燃烧时能产生灼热的余烬；**B 类火灾**是液体或可熔化固体物质火灾；**C 类火灾**是气体火灾；**D 类火灾**是金属火灾；**E 类火灾**是带电火灾，物体带电燃烧的火灾；**F 类火灾**是烹饪器具内的烹饪物火灾。

（2）按照**火灾事故所造成的灾害损失程度**将火灾相应地分为四个等级：①**特别重大火灾**是指造成 30 人以上死亡，或者 100 人以上重伤，或者 1 亿元以上直接财产损失的火灾。②**重大火灾**是指造成 10 人以上 30 人以下死亡，或者 50 人以上 100 人以下重伤，或者 5000 万元以上 1 亿元以下直接财产损失的火灾。③**较大火灾**是指造成 3 人以上 10 人以下死亡，或者 10 人以上 50 人以下重伤，或者 1000 万元以上 5000 万元以下直接财产损失的火灾。④**一般火灾**是指造成 3 人以下死亡，或者 10 人以下重伤，或者 1000 万元以下直接财产损失的火灾。

注："以上"包括本数，"以下"不包括本数。

二、火灾的危害【S1020102】

火灾的危害主要有以下五点：①危害**生命安全**；②造成**经济损失**；③破坏**文明成果**；④影响**社会稳定**；⑤破坏**生态环境**。

第二节 火灾发生的常见原因

一、火灾发生的常见原因【S1020201】

火灾发生的常见原因主要有以下七类：①**电气**。由于电气设备故障、电气设备设置或使用不妥、电气线路敷设不当及老化等所造成的**设备过负荷、线路接头接触不良、线路短路**等是引起电气火灾的直接原因。②**吸烟**。烟蒂和点燃烟后未熄灭的火柴梗温度可达到 800℃，能引起许多可燃物质燃烧。③**生活用火不慎**。生活用火不慎主要是指城乡居民家庭生活用火不慎。④**生产作业不慎**。生产作业不慎主要是指违反生产安全制度引起火灾。⑤**玩火**。未成年人因缺乏看管，玩火取乐，也是常见的原因之一。⑥**放火**。放火主要是指采用人为放火的方式引起的火灾。⑦**雷击**。雷电导致的火灾原因大体上有三种：一是雷电直接击在建筑物上发生热效应、机械效应作用等；二是雷电产生静电感应作用和电磁感应作用；三是高电位雷电波沿着电气线路或金属管道系统侵入建筑物内部。

第三节 建筑火灾蔓延的机理与途径

一、热量传递的方式及原理【S1020301】

热量传递有三种基本方式。热传播的形式与起火点、建筑材料、物质的燃烧性能和可燃物的数量等因素有关。

（1）**热传导**。热传导又称导热，属于接触传热，是连续介质就地传递热量而又没有各部分之间相对的宏观位移的一种传热方式。不同物质的导热能力各异，通常用**热导率**，即用单位温度的梯度的热通量来表示物质的导热能力。同种物质的热导率也会因材料的结构、密度、湿度、温度等因素的变化而变化。

（2）**热对流**。热对流又称对流，是指流体各部分之间发生相对位移，冷热流体相互掺混引起热量传递的方式。工程上，常把具有相对位移的流体与所接触的固体表面之间的热传递过程称为对流换热。

（3）**热辐射**。辐射是物体通过电磁波来传递能量的方式。热辐射是因热的原因而发出辐射能的现象。辐射换热是物体间以辐射的方式进行的热量传递。它是一种非接触传递能量的方式，即使空间是高度稀薄的太空，热辐射也能照常进行。

二、烟气的扩散路线【S1020302】

建筑发生火灾时，烟气流动的方向通常是火势蔓延的一个主要方向。一般地，500℃以上热烟所到之处，遇到的可燃物都有可能被引燃起火。建筑火灾中产生的高温烟气，其密度比冷空气小，由于浮力作用向上升起，遇到水平楼板或顶棚时，改为水平方向继续流动，这就形成了烟气的**水平扩散**。这时，如果高温烟气的温度不降低，那么上层将是高温烟气，而下层是常温空气，形成明显的分离的**两个层流流动**。实际上，烟气在流动扩散过程中，一方面总有冷空气掺混，另一方面受到楼板、顶棚等建筑围护结构的冷却，温度逐渐下降。沿水平方向流动扩散的烟气碰到四周围护结构时，进一步被冷却并向下流动。逐渐冷却的烟气和冷空气流向燃烧区，形成了室内的**自然对流**，火越烧越旺。

烟气扩散流动速度与**烟气温度**和**流动方向**有关。烟气在水平方向的扩散流动速度较小，在火灾初期为0.1~0.3m/s，在火灾中期为0.5~0.8m/s。烟气在垂直方向的扩散流动速度较大，通常为1~5m/s。在楼梯间或管道竖井中，由于烟囱效应产生的抽力，烟气上升流动速度更大，可达6~8m/s，甚至更大。

火灾时，建筑内烟气呈**水平流动**和**垂直流动**。蔓延的途径主要有：内墙门、洞口，外墙门、窗口，房间隔墙，空心结构，**闷顶**，楼梯间，各种竖井管道，楼板上的**孔洞**及**穿越楼板**、墙壁的**管线**和**缝隙**等。

当高层建筑发生火灾时，烟气在其内的流动扩散一般有三条路线：**第一条**（最主要的一条）是着火房间→走廊→楼梯间→上部各楼层→室外；**第二条**是着火房间→室外；**第三条是着火房间→相邻上层房间→室外。

三、烟气蔓延的主要原因【S1020303】

对主体为耐火结构的建筑来说，造成蔓延的**主要原因**有：未设有效的防火分区，火灾在未受限制的条件下蔓延；洞口处的分隔处理不完善，火灾穿越防火分隔区域蔓延；防火隔墙和房间隔墙未砌至顶板，火灾在吊顶内部空间蔓延；采用可燃构件与装饰物，火灾通过可燃的隔墙、吊顶、地毯等蔓延。

四、烟气流动的驱动力【S1020304】

（1）**烟囱效应**。当建筑物内外的温度不同时，室内外空气的密度随之出现差别，这将引发浮力驱动的流动。如果室内空气温度高于室外，则室内空气将发生向上运动，建筑物越高，这种流动越强。竖井是发生这种现象的主要场合。在竖井中，由于浮力作用产生的气体运动十分显著，通常称这种现象为烟囱效应。烟囱效应是造成烟气向上蔓延的主要因素。

（2）**火风压**。火风压是指建筑物内发生火灾时，在起火房间内，由于温度上升，气体迅速膨胀，对楼板和四壁形成的压力。火风压的影响主要在起火房间，如果火风压大于进风口的压力，则大量的烟火将通过外墙窗口，由室外向上蔓延；若火风压等于或小于进风口的压力，则烟火便全部从内部蔓延，当它进入楼梯间、电梯井、管道井、电缆井等竖向孔道以后，会大大加强烟囱效应。

（3）**外界风的作用**。风的存在可在建筑物的周围产生压力分布，而这种压力分布能够影响建筑物内的烟气流动。

五、建筑火灾发展的几个阶段【S1020305】

建筑室内火灾温度-时间曲线见图1-1。

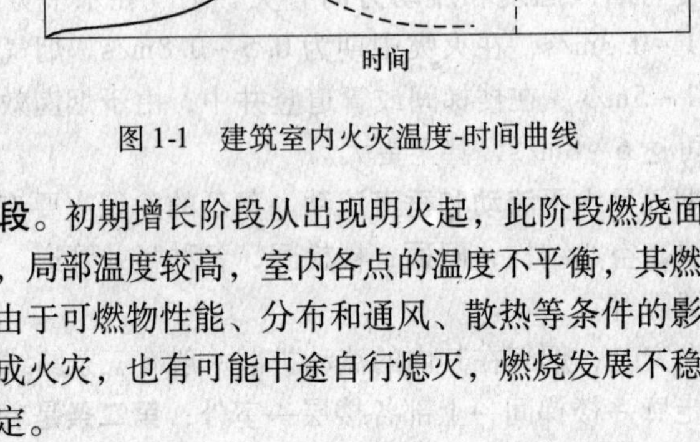

图1-1 建筑室内火灾温度-时间曲线

（1）**初期增长阶段**。初期增长阶段从出现明火起，此阶段燃烧面积较小，只局限于着火点处的可燃物燃烧，局部温度较高，室内各点的温度不平衡，其燃烧状况与敞开环境中的燃烧状况差不多。由于可燃物性能、分布和通风、散热等条件的影响，燃烧的发展大多比较缓慢，有可能形成火灾，也有可能中途自行熄灭，燃烧发展不稳定。火灾初期增长阶段持续时间的长短不定。

（2）**充分发展阶段**。在建筑室内火灾持续燃烧一定时间后，燃烧范围不断扩大，温度升高，室内的可燃物在高温的作用下，不断分解释放出可燃气体，当房间内温度达到400～600℃时，室内绝大部分可燃物起火燃烧，这种在一限定空间内可燃物的表面全部卷入燃烧的瞬变状态，称为轰燃。通常，**轰燃**的发生标志着室内火灾进入充分发展阶段。

（3）**衰减阶段**。在火灾充分发展阶段的后期，随着可燃物数量的减少，火灾燃烧速度减慢，燃烧强度减弱，温度逐渐下降，一般认为火灾衰减阶段是从室内平均温度降到其峰值的80%时算起。

第四节　灭火的基本原理与方法

灭火的基本方法与原理【S1020401】

灭火的基本方法与原理主要有：①**冷却灭火**。可燃物一旦达到着火点，即会燃烧或持续燃烧。在一定条件下，将可燃物的温度降到着火点以下，燃烧即会停止。对于可燃固体，将其冷却在燃点以下；对于可燃液体，将其冷却在闪点以下，燃烧反应就可能会中止。②**隔离灭火**。将可燃物与氧气、火焰隔离，就可以中止燃烧、扑灭火灾。③**窒息灭火**。一般氧浓度低于15%时，就不能维持燃烧。在着火场所内，可以通过灌注不燃气体来降低空间的氧浓度，从而达到窒息灭火。④**化学抑制灭火**。由于有焰燃烧是通过链式反应进行的，如果能有效地抑制自由基的产生或降低火焰中的自由基浓度，即可使燃烧中止。化学抑制灭火的灭火剂常见的有干粉和七氟丙烷。

第三章 爆炸基础知识

第一节 爆炸的概念及分类

爆炸的分类【S1030101】

由于物质急剧氧化或分解反应产生温度、压力增加或两者同时增加的现象，称为**爆炸**。爆炸有着不同的分类，按物质产生爆炸的原因和性质不同，通常将爆炸分为物理爆炸、化学爆炸和核爆炸三种。化学爆炸又分为炸药爆炸、可燃气体爆炸和可燃粉尘爆炸。①**炸药爆炸**。炸药是为了完成可控制爆炸而特别设计制造的物质，其分子中含有不稳定的基团，绝大多数炸药本身含有氧，不需要外界提供氧就能爆炸，但炸药爆炸需要外界引火源引起。②**可燃气体爆炸**。可燃气体爆炸是指物质以气体、蒸气状态所发生的爆炸。③**可燃粉尘爆炸**。可燃粉尘爆炸是指悬浮于空气中的可燃粉尘触及明火或电火花等火源时发生的爆炸现象。

第二节 爆 炸 极 限

一、气体和液体的爆炸极限及影响因素【S1030201】

气体和液体的爆炸极限通常用体积分数（%）表示。不同的物质由于其理化性质不同，其爆炸极限也不同。即使是同一种物质，在不同的外界条件下，其爆炸极限也不同。通常，在氧气中的爆炸极限要比在空气中的爆炸极限范围宽。除助燃物条件外，对于同种可燃气体，其爆炸极限受以下几方面影响：①**火源能量**的影响。引燃混合气体的火源能量越大，可燃混合气体的爆炸极限范围越宽，爆炸危险性越大。②**初始压力**的影响。可燃混合气体初始压力增加，爆炸范围增大，爆炸危险性增加。值得注意的是，干燥的一氧化碳和空气的混合气体，压力上升，其爆炸极限范围缩小。③**初温**对爆炸极限的影响。可燃混气初温越高，混合气体的爆炸极限范围越宽，爆炸危险性越大。④**惰性气体**的影响。可燃混合气体中加入惰性气体，会使爆炸极限范围变窄，一般上限降低，下限变化比较复杂。当加入的惰性气体超过一定量以后，任何比例的可燃混合气体均不能发生爆炸。

二、可燃粉尘的爆炸极限【S1030202】

粉尘爆炸极限是粉尘和空气混合物，遇火源等发生爆炸的最低浓度（下限）和最高浓度（上限），通常用单位体积中所含粉尘的质量（g/m^3）表示。试验表明，许多工业粉尘的爆炸下限为 20～60g/m^3，爆炸上限为 2000～6000g/m^3。

三、爆炸极限在消防上的应用【S1030203】

爆炸极限在消防上具体应用有以下四个方面：①爆炸极限是评定**可燃气体火灾危险性大小**的依据。爆炸范围越大，下限越低，火灾危险性就越大。②爆炸极限是评定**气体生产、储存场所火险类别**的依据，也是选择电气防爆形式的依据。生产、储存爆炸下限小于10%的可燃气体的工业场所，应选用**隔爆型防爆电气设备**；生产、储存爆炸下限大于或等于10%的可燃气体的工业场所，可选用**任一防爆型电气设备**。③根据爆炸极限可以确定**建筑物耐火等级、层数、面积、防火墙占地面积、安全疏散距离和灭火设施**。④根据爆炸极限确定**安全操作规程**。

第三节　爆炸危险源

一、爆炸的基本要素及触发因素【S1030301】

发生爆炸必须具备两个基本要素：一是**爆炸介质**；二是**引爆能源**。这两者缺一不可。在生产中，爆炸危险源可从潜在的爆炸危险性、存在条件及触发因素等几方面来确定，具体包括**能量与危险物质、物的不安全状态、人的不安全行为**以及**管理缺陷**等。

二、引起爆炸的直接原因【S1030302】

引起爆炸事故的直接原因可归纳为以下几方面：①**物料**原因；②**作业行为**原因；③**生产设备**原因；④**生产工艺**原因。

此外，还因为人的故意破坏，如放火、停水停电、毁坏设备，以及地震、台风、雷击等自然灾害也同样可能会引发爆炸。

三、常见爆炸引火源及最小点火能量【S1030303】

常见引起爆炸的引火源主要有**机械火源、热火源、电火源**及**化学火源**。其中机械火源主要有撞击、摩擦；热火源主要有高温表面和日光照射；电火源主要有电火花、静电火花和雷电；化学火源主要有明火、化学反应热、发热自燃。

所谓**最小点火能量**，是指在一定条件下，每一种爆炸混合物的起爆最小点火能量，目前都采用毫焦（mJ）作为最小点火能量的单位。部分可燃气体和蒸气在一定条件下于空气中的最小点火能量见《消防安全技术实务》表1-3-5。部分粉尘在一定条件下于空气中的最小点火能量见《消防安全技术实务》表1-3-6。

第四章 易燃易爆危险品消防安全知识

第一节 爆 炸 品

一、爆炸品的分类【S1040101】

爆炸品按其爆炸危险性的大小分为以下六项：①具有**整体爆炸危险**的物质和物品（整体爆炸，是指瞬间影响到几乎全部装入量的爆炸）；②具有**迸射危险**，但**无整体爆炸危险**的物质和物品；③有**燃烧危险**并有**局部爆炸危险**或**局部迸射危险**或**两种危险**都有，但**无整体爆炸危险**的物质和物品；④**不呈现重大危险**的物质和物品；⑤有**整体爆炸危险**的**非常不敏感物质**；⑥**无整体爆炸危险**的**极端不敏感物品**。

二、爆炸品的特性【S1040102】

爆炸品的特性主要表现为其受到摩擦、撞击、振动、高热或其他能量激发后，能产生剧烈的化学反应，并在极短时间内释放大量热量和气体而发生爆炸性燃烧。其主要危险特性包括：①**爆炸性**。爆炸物品都具有化学不稳定性，在一定的作用下，能以极快的速度发生猛烈的化学反应，产生的大量气体和热量在短时间内无法逸散开去，致使周围的温度迅速上升和产生巨大的压力而引起爆炸。②**敏感度**。任何一种爆炸品的爆炸都需要外界供给它一定的能量（起爆能）。

第二节 易 燃 气 体

一、易燃气体及分级【S1040201】

易燃气体是指温度在20℃、标准大气压101.3kPa时，爆炸下限小于或等于13%（体积），或者燃烧范围不小于12%（爆炸浓度极限的上限与下限之差）的气体。①**Ⅰ级**：爆炸下限<10%；或不论爆炸下限如何，爆炸极限范围≥12%。②**Ⅱ级**：10%≤爆炸下限<13%，并且爆炸极限范围<12%。实际应用中，通常将爆炸下限小于10%的气体归为**甲类火险物质**，爆炸下限大于或等于10%的气体归为**乙类火险物质**。

二、易燃气体的火灾危险性【S1040202】

（1）**易燃易爆性**。易燃气体的主要危险性是易燃易爆性。易燃气体着火或爆炸的难易程度，除受引火源能量大小的影响外，主要取决于其化学组成，而其化学组成又决定着气体燃烧浓度范围的大小、自燃点的高低、燃烧速度的快慢和发热量的多少。

（2）**扩散性**。处于气体状态的任何物质都没有固定的形状和体积，并且能**自发**地充满任何容器。

（3）**可缩性和膨胀性**。气体体积会因温度的升降而胀缩，并且胀缩的幅度比液体要大得多。气体的可缩性和膨胀性特点如下：①当**压力不变**时，气体的温度与体积成正比，即温度越高，体积越大。气体的相对密度随温度的升高而减小，体积却随温度的升高而增大。②当**温度不变**时，气体的体积与压力成反比。气体在一定压力下可以压缩，甚至可以压缩成液态。③在**体积不变**时，气体的温度与压力成正比，即温度越高，压力越大。

（4）**带电性**。氢气、乙烯、乙炔、天然气、液化石油气等从管口或破损处高速喷出时也能产生静电。

（5）**腐蚀性、毒害性**。

三、易燃气雾剂【S1040203】

气雾剂是指可借助容器内压缩、液化或溶解的带压气体将容器中的液态、粉末状或糊状等状态的药剂、附加剂等以细雾状、粉末状、泡沫状、糊状等状态喷出的制剂。根据喷出状态不同，气雾剂分为**喷雾气雾剂**和**泡沫气雾剂**。其中，容易燃烧的即为**易燃气雾剂**。

第三节 易燃液体

一、易燃液体概念及分类【S1040301】

易燃液体是指易燃的液体或液体混合物，或是在溶液或悬浮液中有固体的液体，其**闭杯试验闪点**不高于60℃，或开杯试验闪点不高于65.6℃。易燃液体分为Ⅰ、Ⅱ、Ⅲ三级，其中**Ⅰ级**初沸点≤35℃；**Ⅱ级**闪点<23℃，初沸点>35℃；**Ⅲ级**23℃≤闪点<60℃，初沸点>35℃。实际应用中，通常将闪点小于28℃的液体归为**甲类火险物质**，将闪点不小于28℃且小于60℃的液体归为**乙类火险物质**，将闪点不小于60℃的液体归为**丙类火险物质**。

二、易燃液体的火灾危险性【S1040302】

易燃液体主要有以下六个危险性：①**易燃性**。液体的燃烧是通过其挥发出的蒸气与空气形成的可燃性混合物，在一定的比例范围内遇明火源点燃实现的，因而实质上是液体蒸气的氧化还原反应。②**爆炸性**。当挥发出的易燃蒸气与空气混合达到爆炸浓度范围时，遇明火就发生爆炸。易燃液体的挥发性越强，这种爆炸危险就越大。③**受热膨胀性**。易燃液体也有受热膨胀性，储存于密闭容器中的易燃液体受热后，本身体积膨胀的同时蒸气压力增加，若超过了容器所能承受的压力限度，就会造成容器膨胀，以至爆裂。④**流动性**。易燃液体的流动性增加了火灾危险性。为了防止液体泄漏、流散，在储存时应备事故槽（罐），构筑防火堤，设水封井等。液体着火时，应设法堵截流散的液体，防止其蔓延扩散。⑤**带电性**。多数易燃液体在灌注、输送、喷流过程中能够产生静电，当静电荷聚集到一定程度，则放电发火，有着火或爆炸的危险。⑥**毒害性**。易燃液体大都本身或其蒸气具有毒害性，有的还有刺激性和腐蚀性。

第四节 易燃固体、易于自燃的物质、遇水放出易燃气体的物质

一、易燃固体的概念、分类与危险性【S1040401】

易燃固体是指燃点低，对热、撞击、摩擦敏感，易被外部火源点燃，燃烧迅速，并可能散发出有毒烟雾或有毒气体的固体，但不包括已列入爆炸品的物质。

根据燃点的高低，燃烧物质可分为**易燃固体**和**可燃固体**。燃点高于300℃的固体称为可燃固体，燃点低于300℃的固体称为易燃固体，但合成橡胶、合成树脂、合成纤维属可燃固体。易燃固体按其燃点的高低、燃烧速度的快慢、放出气体的毒害性的大小通常还分成两级。**一级（甲）易燃固体**指的是燃点低、易燃烧、燃烧迅速和猛烈，并放出有毒气体的物质，主要有赤磷及含磷化合物、硝基化合物和其他三类；**二级（乙）易燃固体**指的是燃点较高、燃烧较慢、燃烧产物毒性也较小的物质，主要有硝基化合物、易燃金属粉、萘及其衍生物、碱金属氨基化合物、硝化棉制品、其他六类。燃点在300℃以下的天然纤维（如棉、麻、纸张、谷草等）列属**丙类易燃固体**。

易燃固体包括**固态退敏爆炸品**（有时也称湿爆炸品）和**自反应物质**。易燃固体的火灾危险性主要有三点：①燃点低、易点燃；②遇酸、氧化剂易燃易爆；③本身或燃烧产物有毒。

二、易于自燃的物质分类与危险性【S1040402】

（1）易于自燃的物质可以分为以下两类：①**发火物质**。发火物质是指即使只有少量物品与空气接触，在不到5min内便燃烧的物质，包括混合物和溶液（液体和固体）。②**自热物质**。自热物质是指发火物质以外的与空气接触无需能源供应便能自己发热的物质。

（2）易于自燃的物质的火灾危险特性主要有以下三方面：①遇空气自燃性；②遇湿易燃性；③积热自燃性。

三、遇水放出易燃气体的物质【S1040403】

遇水放出易燃气体的物质系指遇水放出易燃气体，并且该气体与空气混合能够形成爆炸性混合物的物质。引起着火有两种情况：一种是遇水发生剧烈的化学反应，释放出的热量能把反应产生的可燃气体加热到自燃点，不经点火也会着火燃烧；另一种是遇水能发生化学反应，但释放出的热量较少，不足以把反应产生的可燃气体加热至自燃点，但当可燃气体一旦接触火源也会立即着火燃烧。遇水放出易燃气体的物质类别多，生成的可燃气体不同，因此其危险性也有所不同。主要归结为以下几方面：①**遇水或遇酸燃烧性**。遇水或遇酸燃烧性是此类物质的共同危险性，着火时，不能用水及泡沫灭火剂扑救，应用干沙、干粉灭火剂、二氧化碳灭火剂等进行扑救。其中的一些物质与酸或氧化剂反应时，比遇水反应更剧烈，着火爆炸危险性更大。②**自燃性**。有些遇水放出易燃气体物质，放置于空气中即具有自燃性，有的遇水能生成可燃气体放出热量而具有自燃性。因此，这类物质的储存必须与水及潮气隔离。③**爆炸性**。一些遇水放出易燃气体物质，与水作用生成可燃气体，并与空气形成爆炸性混合物。④**其他**。有些物质遇水作用的生成物除有易燃性外还有

毒性；有的虽然与水接触，反应不是很激烈，放出热量不足以使产生的可燃气体着火，但是遇外来火源还是有着火爆炸的危险性。

第五节　氧化性物质和有机过氧化物

一、氧化性物质概念、分类及危险性【S1040501】

氧化性物质系指本身未必燃烧，但通常因放出氧可能引起或促使其他物质燃烧的物质。氧化性物质按物质形态，可分为**固体氧化性物质**和**液体氧化性物质**。根据氧化性能强弱，无机氧化性物质通常分为两级。**一级**氧化性物质主要是碱金属或碱土金属的过氧化物和盐类。**二级**氧化性物质虽然也容易分解，但较一级稳定，是较强氧化剂，能引起燃烧。除一级外的所有无机氧化剂均为二级氧化性物质。

多数氧化性物质的特点是氧化价态高，金属活泼性强，易分解，有极强的氧化性，本身不燃烧，但与可燃物作用能发生着火和爆炸。氧化性物质的火灾危险性主要有以下几点：①受热、被撞分解性。②可燃性。③与可燃液体作用自燃性。④与酸作用分解性。⑤与水作用分解性。⑥强氧化性物质与弱氧化性物质作用分解性。⑦腐蚀毒害性。

二、有机过氧化物的概念及火灾危险性【S1040502】

有机过氧化物是一种含有过氧基（—O—O—）结构的有机物质，也可能是过氧化氢的衍生物。有机过氧化物是热稳定性较差的物质，并可发生放热的加速分解过程，其火灾危险特性可归纳为**分解爆炸性**和**易燃性**两点。此外，有机过氧化物一般容易伤害眼睛，应避免眼睛接触有机过氧化物。有机过氧化物的火灾危险性主要取决于物质本身的**过氧基含量**和**分解温度**。有机过氧化物的过氧基含量越多，其热分解温度越低，则火灾危险性就越大。

第二篇

建筑防火考点总结

第一章　概　　述

本章考点已在下文相关章节中总结归纳。

第二章　生产和储存物品的火灾危险性分类

第一节　生产的火灾危险性分类

一、评定物质火灾危险性的主要指标【S2020101】

物质火灾危险性的评定主要是依据其理化性质。物料状态不同，评定的标志也不同。①评定**气体**火灾危险性的主要指标是**爆炸极限和自燃点**。气体的密度和扩散性、化学性质活泼与否、带电性以及受热膨胀性等也是评定标志。②评定**液体**火灾危险性的主要指标是**闪点**（评定可燃液体火灾危险性最直接的指标是蒸气压，蒸气压越高，越易挥发，闪点也越低）。对于可燃液体，通常还用自燃点作为评定火灾危险性的标志，自燃点越低的液体，越易发生自燃。液体的爆炸温度极限、受热蒸发性、流动扩散性和带电性也是衡量的标志。③评定**固体**火灾危险性的主要指标是**熔点和燃点**。在评定时，还应从其反应危险性、燃烧危险性、毒害性、腐蚀性及放射性等方面进行分析。

二、生产火灾危险性分类及方法【S2020102】

根据生产中使用或产生的物质性质及其数量等因素划分，把生产的火灾危险性分为5类：①**甲类**包括闪点＜28℃的液体；爆炸下限＜10%的气体；常温下能自行分解或在空气中氧化即能导致迅速自燃或爆炸的物质；常温下受到水或空气中水蒸气的作用，能产生可燃气体并引起燃烧或爆炸的物质；遇酸、受热、撞击、摩擦、催化以及遇有机物或硫黄等易燃的无机物，极易引起燃烧或爆炸的强氧化剂；受撞击、摩擦或与氧化剂、有机物接触时能引起燃烧或爆炸的物质；在密闭设备内操作温度不小于物质本身自燃点的生产。②**乙类**包括闪点≥28℃至<60℃的液体；爆炸下限≥10%的气体；不属于甲类的氧化剂；不属于甲类的易燃固体；助燃气体；能与空气形成爆炸性混合物的浮游状态的粉尘、纤维、闪点≥60℃的液体雾滴。③**丙类**包括闪点≥60℃的液体和可燃固体。④**丁类**包括对不燃烧物质进行加工，并在高温或熔化状态下经常产生强辐射热、火花或火焰的生产；利用气体、液体、固体作为燃料或将气体、液体进行燃烧作其他用的各种生产；常温下使用或加工难燃烧物质的生产。⑤**戊类**包括常温下使用或加工不燃烧物质的生产。

三、危险物质的量对生产的火灾危险性类别的影响【S2020103】

厂房内可不按危险物质火灾危险特性确定生产火灾危险性类别的**最大允许量**。在生产过程中，如使用或产生易燃、可燃物质的量较少，不足以构成爆炸或火灾危险时，可以按实际情况确定其火灾危险性的类别。不按物质火灾危险特性确定生产危险性类别的最大允许量见《消防安全技术实务》表 2-2-2。厂房内可不按危险物质火灾危险特性确定生产火灾危险性类别时，危险物质的工艺布置在厂房中所占**面积比例**对生产的火灾危险性类别的影响：当一座厂房内或防火分区内有不同性质的生产时，其分类应按火灾危险性较大的部分确定，但火灾危险性大的部分占本层或本防火分区面积的比例小于5%（丁类、戊类生产厂房的油漆工段小10%），且发生事故时不足以蔓延到其他部位，或采取防火措施能防止火灾蔓延时，可按火灾危险性较小的部分确定。

第二节　储存物品的火灾危险性分类

储存物品的分类及火灾危险性特征【S2020201】

储存物品的火灾危险性分为五类，其分类及举例见《消防安全技术实务》表 2-2-3。同一座仓库或仓库的任一防火分区内储存不同火灾危险性物品时，仓库或防火分区的火灾危险性应按火灾危险性最大的物品确定。丁、戊类储存物品仓库的火灾危险性，当可燃包装重量大于物品**本身质量的 1/4** 或可燃包装体积大于物品**本身体积的 1/2** 时，应按丙类确定。

石油库储存油品的火灾危险性分类。依据规范将石油库储存油品的火灾危险性分为三类，其中**甲类油品**闪点 Ft<28℃；**乙类 A 油品**闪点 Ft≥28℃，Ft≤45℃；**乙类 B 油品**闪点 Ft>45℃，Ft<60℃；**丙类 A 油品**闪点 Ft≥60℃，Ft≤120℃；**丙类 B 油品**闪点 Ft>120℃。

第三章 建筑分类与耐火等级

第一节 建 筑 分 类

建筑分类【S2030101】

（1）按建筑使用性质，可分为：①**民用建筑**。根据民用建筑高度和层数又可分为单、多层民用建筑和高层民用建筑。高层民用建筑根据其建筑高度、使用功能和楼层的建筑面积可分为一类和二类。具体分类见《消防安全技术实务》表 2-3-1。②**工业建筑**。工业建筑按照使用性质的不同，分为加工、生产类厂房和仓储类库房两大类，厂房和仓库又按其生产或储存物质的性质进行分类。③**农业建筑**。农业建筑是指农副产业生产建筑。

（2）按其结构形式和建造材料构成分为：①**木结构**；②**砖木结构**；③**砖混结构**；④**钢筋混凝土结构**；⑤**钢结构**；⑥**钢混结构**；⑦**其他结构**。

（3）按**建筑高度**可分为：①**单层、多层建筑**。27m 以下的住宅建筑、建筑高度不超过 24m（或已超过 24m 但为单层）的公共建筑和工业建筑。②**高层建筑**。建筑高度大于 27m 的住宅建筑和其他建筑高度大于 24m 的非单层建筑。我国对建筑高度超过 100m 的高层建筑，称为**超高层建筑**。

第二节 建筑材料的燃烧性能分级

一、建筑材料燃烧性能分级【S2030201】

我国建筑材料及制品燃烧性能的基本分级为 A、B1、B2、B3，A 不燃材料（制品）；B1 难燃材料（制品）；B2 可燃材料（制品）；B3 易燃材料（制品）。

（1）建筑材料燃烧性能等级判据的主要参数有：①**材料**。②**燃烧滴落物/微粒**。③**临界热辐射通量**。火焰熄灭处的热辐射通量或试验 30min 时火焰传播到的最远处的热辐射通量。④**燃烧增长速率指数（FIGRA）**。FIGRA0. 2MJ 是指当试样燃烧释放热量达到 0. 2MJ 时的燃烧增长速率指数。FIGRA0. 4MJ 是指当试样燃烧释放热量达到 0. 4MJ 时的燃烧增长速率指数。⑤**THR600s**。试验开始后 600s 内试样的热释放总量（MJ）。

（2）平板状建筑材料及制品的燃烧性能等级和分级判据：满足 A1、A2 级即为 A 级，满足 B 级、C 级即为 B1 级，满足 D 级、E 级即为 B2 级别。

二、建筑材料燃烧性能等级的附加信息和标识【S2030202】

（1）附加信息。建筑材料及制品燃烧性能等级附加信息包括**产烟特性、燃烧滴落物、**

微粒等级和**烟气毒性等级**。对于 A2 级、B 级和 C 级建筑材料及制品应给出产烟特性等级、燃烧滴落物/微粒等级（铺地材料除外）、烟气毒性等级；对于 D 级建筑材料及制品应给出产烟特性等级、燃烧滴落物/微粒等级。

①产烟特性等级和分级判据见《消防安全技术实务》表 2-3-4。②燃烧滴落物/微粒等级和分级判据见《消防安全技术实务》表 2-3-5。③烟气毒性等级和分级判据见《消防安全技术实务》表 2-3-6。

（2）附加信息标识。当按规定需要显示附加信息时，燃烧性能等级标识为：

GB 8624 □（□-□，□，□）

- 烟气毒性等级(t0、t1、t2)
- 燃烧滴落物/微粒等级(d0、d1、d2)
- 产烟特征等级(a1、a2、a3)
- 燃烧特征等级(A2、B、C、D)
- 燃烧性能等级(A、B1、B2、B3)

第三节 建筑构件的燃烧性能和耐火极限

一、建筑构件的耐火性能【S2030301】

建筑构件主要包括建筑内的墙、柱、梁、楼板、门、窗等。一般来讲，建筑构件的耐火性能包括两部分内容：一是构件的**燃烧性能**；二是构件的**耐火极限**。

二、建筑构件的燃烧性能【S2030302】

建筑构件的燃烧性能，主要是指组成建筑构件材料的燃烧性能。我国把建筑构件按其燃烧性能分为三类：①**不燃性**；②**难燃性**；③**可燃性**。

三、建筑构件的耐火极限的概念及影响要素【S2030303】

（1）耐火极限的概念。耐火极限是指建筑构件按时间-温度标准曲线进行耐火试验，从受到火的作用时起，到失去支持能力，或完整性，或隔火作用时止的这段时间，用小时（h）表示。其中，支持能力是指在标准耐火试验条件下，承重或非承重建筑构件在一定时间内抵抗垮塌的能力；耐火完整性是指在标准耐火试验条件下，当建筑分隔构件某一面受火时，能在一定时间内防止火焰和热气穿透或在背火面出现火焰的能力；耐火隔热性是指在标准耐火试验条件下，当建筑分隔构件某一面受火时，能在一定时间内其背火面温度不超过规定值的能力。

（2）影响耐火极限的要素。①**材料本身的属性**。材料本身的属性是构配件耐火性能主要的内在影响因素，决定其**用途**和**适用性**。②**建筑构配件结构特性**。构配件的受力特性决定其结构特性，在其他条件相同时，不同的结构处理得出的耐火极限是不同的，尤其是对节点的处理，结构越复杂，高温时结构的温度应力分布越复杂，火灾隐患越大。构件的结构特性决定了**保护措施选择方案**。③**材料与结构间的构造方式**。材料与结构间的构造方式取决于材料自身的属性和基材的结构特性。④标准所规定的**试验条件**。标准规定的耐火性能试验与所选择的执行标准有关，其中包括试件养护条件、使用场合、升温条件、试验炉压力条件、受力情况、判定指标等。在试件不变的情况下，试验条件越苛刻，耐火极限越低。⑤材料的**老化性能**。对于材料的耐火性能衰减应选用合理的方法和对应产品长期积累的应用实际数据进行合理的评估（以便在发生火灾时能根据其使用年限、环境条件来推算现存的耐火极限，从而为制定合理的扑救措施提供参考依据）。⑥**火灾种类和使用环境要求**。构配件所在环境决定了其在耐火试验时应遵循的火灾试验条件，应对建筑物可能发生的火灾类型进行充分的考虑；引入设计程序时，应在各方面保证构配件耐火极限符合相应的耐火等级要求。

第四节　建筑耐火等级要求

一、建筑耐火等级的确定【S2030401】

建筑整体的耐火性能是保证建筑结构在火灾时不发生较大破坏的**根本**，而单一建筑结构构件的燃烧性能和耐火极限是确定建筑整体耐火性能的**基础**。建筑耐火等级是由组成建筑物的墙、柱、楼板、屋顶承重构件和吊顶等主要构件的燃烧性能和耐火极限决定的，共分为**四级**。建筑构件的耐火性能是以楼板的耐火极限为基准，再根据其他构件在建筑物中的重要性和耐火性能可能的目标值调整后确定的。耐火等级为**一级**的建筑物楼板的耐火极限定为 1.5h，**二级**建筑物楼板的耐火极限定为 1h，以下级别的则相应降低要求。其他结构构件按照在结构中所起的作用以及耐火等级的要求而确定相应的耐火极限时间。

二、厂房和仓库的耐火等级【S2030402】

厂房、仓库主要指除炸药厂（库）、花炮厂（库）、炼油厂以外的厂房及仓库。厂房和仓库的耐火等级分**一、二、三、四级**，相应建筑构件的燃烧性能和耐火极限见《消防安全技术实务》表 2-3-7。

厂房、仓库的耐火等级、建筑面积、层数等与其生产或储存的类型有着密不可分的关系。对于甲、乙类生产或储存的厂房或仓库，由于其生产或储存的物品危险性大，因此不应设置在地下或半地下，而且对这类场所的防火安全性能的要求也比其他类型的生产和仓储高。

三、民用建筑的耐火等级【S2030403】

民用建筑的耐火等级也分为**一、二、三、四级**。除另有规定外，不同耐火等级建筑相应构件的燃烧性能和耐火极限不应低于《消防安全技术实务》表 2-3-8 中的规定。一些性质重要、火灾扑救难度大、火灾危险性大的民用建筑，还应达到最低耐火等级要求。

第四章 总平面布局和平面布置

第一节 建筑消防安全布局

建筑选址及总平面布局【S2040101】

建筑的总平面布局一般要根据建筑物的使用性质、生产经营规模、建筑高度、体量及火灾危险性等，合理确定其建筑位置、防火间距、消防车道和消防水源等。

(1) 建筑选址。各类建筑在规划建设时，要考虑**周围环境**的相互影响。建筑选址时，还要充分考虑和利用自然地形、地势条件。散发可燃气体、可燃蒸气和可燃粉尘的车间、装置等，宜布置在明火或散发火花地点的常年主导风向的下风向或侧风向。液化石油气储罐区宜布置在本单位或本地区全年最小频率风向的上风侧，并选择通风良好的地点独立设置。易燃材料的露天堆场宜设置在天然水源充足的地方，并宜布置在本单位或本地区全年最小频率风向的上风侧。

(2) 建筑总平面布局。①合理**布置建筑**。应根据各建筑物的使用性质、规模、火灾危险性，以及所处的环境、地形、风向等因素合理布置，建筑之间留有足够的防火间距，以消除或减小建筑物之间及周边环境的相互影响和火灾危害。②合理**划分功能区域**。规模较大的企业要根据实际需要，合理划分生产区、储存区（包括露天储存区）、生产辅助设施区、行政办公和生活福利区等。同一企业内，若有不同火灾危险的生产建筑，应尽量将火灾危险性相同的或相近的建筑集中布置，以利于采取防火防爆措施。易燃、易爆的工厂和仓库的生产区、储存区内不得修建办公楼、宿舍等民用建筑。

第二节 建筑防火间距

一、防火间距的确定原则【S2040201】

火灾时建筑物可能产生的**热辐射强度**是确定防火间距应考虑的主要因素。防火间距主要是根据当前消防扑救力量，并结合火灾实例和消防灭火的实际经验确定的。①防止**火灾蔓延**。根据火灾发生后产生的辐射热对相邻建筑的影响，一般不考虑飞火、风速等因素。根据建筑的实际情形，将一、二级耐火等级多层建筑之间的防火间距定为6m。三、四级耐火等级的民用建筑之间的防火间距，因耐火等级低，受热辐射作用易着火而致火势蔓延，所以防火间距在一、二级耐火等级建筑的要求基础上有所增加。②保障**灭火救援场地需要**。防火间距还应满足消防车的最大工作回转半径和扑救场地的需要。建筑物高度不同，需使用的消防车不同，操作场地也就不同。对低层建筑，使用普通消防车即可；而对高层建筑，则还要使用曲臂、云梯等登高消防车。依据实际情况规定一、二级耐火等级高层建筑之间的防火间距不应小于13m。③节约**土地资源**。确定建筑之间的防火间距，既要综合考虑防止火灾向邻近建筑蔓延扩大和灭火救援的需要，同时也要考虑节约用地的因素。④**防火间距**的计算。防火间距应按相邻建筑物外墙的最近距离计算，如外墙有凸出的可燃构件，则应从其凸出部分的外缘算起，如为储罐或堆场，则应从储罐外壁或堆场的堆垛外缘算起。

二、厂房的防火间距【S2040202】

（1）厂房之间及其与乙、**丙**、**丁**、**戊类仓库**和**民用建筑**等之间的防火间距不应小于《消防安全技术实务》表2-4-1的规定。在执行《消防安全技术实务》表2-4-1时应注意以下几点：①乙类厂房与重要公共建筑的防火间距不宜小于50m；与明火或散发火花地点的防火间距不宜小于30m。单、多层戊类厂房之间及与戊类仓库的防火间距可按本表的规定减少2m，与民用建筑的防火间距可将戊类厂房等同民用建筑。为丙、丁、戊类厂房服务而单独设置的生活用房应按民用建筑确定，与所属厂房的防火间距不应小于6m。②两座厂房相邻较高一面外墙为防火墙时，或相邻两座高度相同的一、二级耐火等级建筑中相邻任一侧外墙为防火墙且屋顶的耐火极限不低于1.00h时，其防火间距不限，但甲类厂房之间不应小于4m。两座丙、丁、戊类厂房相邻两面外墙均为不燃性墙体，当无外露的可燃性屋檐，每面外墙上的门、窗、洞口面积之和各不大于该外墙面积的5%，且门、窗、洞口不正对开设时，其防火间距可按表2-4-1的规定减少25%。甲、乙类厂房（仓库）不应与现行国家标准《建筑设计防火规范》（GB 50016—2014）第3.3.5条规定外的其他建筑贴邻。③两座一、二级耐火等级的厂房，当相邻较低一面外墙为防火墙且较低一座厂房的屋顶耐火极限不低于1.00h，或相邻较高一面外墙的门、窗等开口部位设置甲级防火门、窗或防火分隔水幕，或按规定设置防火卷帘时，甲、乙类厂房之间的防火间距不应小于6m；丙、丁、戊类厂房之间的防火间距不应小于4m。④发电厂内的主变压器的油量可按单台确定。⑤耐火等级低于四级的既有厂房，其耐火等级可按四级确定。⑥当丙、丁、戊类厂房与丙、丁、戊类仓库相邻时，应符合以上第②条和第③条的规定。

（2）甲类厂房与**重要公共建筑**的防火间距不应小于50m，与明火或散发火花地点的防火间距不应小于30m。

（3）厂房外附设化学易燃物品的设备时，其室外设备外壁与相邻厂房室外附设设备的外壁或相邻厂房外墙的防火间距，不应小于《消防安全技术实务》表2-4-1的规定。用不燃材料制作的室外设备，可按一、二级耐火等级建筑确定。总容量不大于15m^{3}的丙类液体储罐，当直埋于厂房外墙外，且面向储罐一面4.0m范围内的外墙为防火墙时，其防火间距不限。

（4）厂区围墙与厂内建筑的间距不宜小于5m，围墙两侧建筑的间距应满足相应建筑的防火间距要求。

三、仓库的防火间距【S2040203】

（1）甲类仓库之间及其与其他建筑、明火或散发火花地点、铁路、道路等的防火间距不应小于《消防安全技术实务》表2-4-2规定，设置装卸站台的甲类仓库与厂内铁路装卸线的防火间距可不受限制。

（2）**乙、丙、丁、戊类仓库**之间及其与**民用建筑**之间的防火间距，不应小于《消防安全技术实务》表2-4-3规定。在执行《消防安全技术实务》表2-4-3时应注意以下几点：①单层、多层戊类仓库之间的防火间距，可按本表减少2m。②两座仓库的相邻外墙均为防火墙时，防火间距可以减小，但丙类不应小于6m；丁、戊类不应小于4m。两座仓库相邻较高一面外墙为防火墙，或相邻两座高度相同的一、二级耐火等级建筑中相邻任一侧外墙为防火墙且屋顶的耐火极限不低于1.00h，且总占地面积不大于现行国家标准《建筑设计防火规范》（GB 50016—2014）第3.3.2条一座仓库的最大允许占地面积规定时，其防火间距不限。③除乙类第6项物品外的乙类仓库，与民用建筑之间的防火间距不宜小于25m，与重要公共建筑的防火间距不应小于50m，与铁路、道路等的防火间距不宜小于《消防安全技术实务》表2-4-2中甲类仓库与铁路、道路等的防火间距。

四、民用建筑的防火间距【S2040204】

民用建筑之间的防火间距不应小于表2-1的规定，与其他建筑的防火间距除应符合本节的规定外，尚应符合规范的相关规定。

表2-1 民用建筑之间的防火间距 (m)

建筑类别		高层民用建筑	裙房和其他民用建筑		
		一、二级	一、二级	三级	四级
高层民用建筑	一、二级	13	9	11	14
裙房和其他民用建筑	一、二级	9	6	7	9
	三级	11	7	8	10
	四级	14	9	10	12

注：本表引用《消防安全技术实务》表2-4-4。

在执行表2-1的规定时，应注意以下几点：①相邻两座单、多层建筑，当相邻外墙为不燃性墙体且无外露的可燃性屋檐，每面外墙上无防火保护的门、窗、洞口不正对开设且面积之和不大于该外墙面积的5%时，其防火间距可按本表规定减少25%。②两座建筑相邻较高一面外墙为防火墙，或高出相邻较低一座一、二级耐火等级建筑的屋面15m及以下范围内的外墙为防火墙时，其防火间距可不限。③相邻两座高度相同的一、二级耐火等级建筑中相邻任一侧外墙为防火墙，屋顶的耐火极限不低于1.00h时，其防火间距可不限。④相邻两座建筑中较低一座建筑的耐火等级不低于二级，屋顶的耐火极限不低于1.00h，屋顶无天窗且相邻较低一面外墙为防火墙时，其防火间距不应小于3.5m；对于高层建筑，不应小于4m。⑤相邻两座建筑中较低一座建筑的耐火等级不低于二级且屋顶无天窗，相邻较高一面外墙高出较低一座建筑的屋面15m及以下范围内的开口部位设置甲级防火门、窗，或设置符合现行国家标准规定的防火分隔水幕或符合现行国家标准规定的防火卷帘时，其防火间距不应小于3.5m；对于高层建筑，不应小于4m。⑥相邻建筑通过底部的建筑物、连廊或天桥等连接时，其间距不应小于本表的规定。⑦耐火等级低于四级的既有建筑，其耐火等级可按四级确定。⑧**建筑高度大于100m**的民用建筑与相邻建筑的防火间距，当符合现行国家标准《建筑设计防火规范》（GB 50016—2014）第3.4.5条、第

3.5.3条、第4.2.1条和第5.2.2条允许减小的条件时，仍不应减小。

五、防火间距不足时的消防技术措施【S2040205】

当防火间距由于场地等原因，难以满足国家有关消防技术规范的要求时，可根据建筑物的实际情况，采取以下几种措施补救：①改变建筑物的**生产和使用性质**，尽量降低建筑物的火灾危险性，改变房屋部分结构的耐火性能，提高建筑物的耐火等级。②调整生产厂房的**部分工艺流程**，限制库房内储存物品的数量，提高部分构件的耐火极限和燃烧性能。③将建筑物的普通外墙改造为**防火墙**或减小相邻建筑的**开口面积**，如开设门窗，应采用防火门窗或加防火水幕保护。④拆除部分耐火等级低、占地面积小、使用价值低且与新建筑物相邻的原有**陈旧建筑物**。⑤设置独立的**室外防火墙**。在设置防火墙时，应兼顾通风排烟和破拆扑救，切忌盲目设置，顾此失彼。

第三节　建筑平面布置

一、建筑平面布置原则【S2040301】

建筑平面布置原则如下：①建筑内部某部位着火时，能限制**火灾**和**烟气**在（或通过）建筑内部和外部的蔓延，并为人员疏散、消防人员的救援和灭火提供保护。②建筑物内部某处发生火灾时，减少对邻近（上下层、水平相邻空间）分隔区域受到强辐射热和烟气的影响。③消防人员能方便进行救援，利用灭火设施进行作战活动。④有火灾或爆炸危险的**建筑设备设置部位**，能防止对人员和贵重设备造成影响或危害；或采取措施防止发生火灾或爆炸，及时控制灾害的蔓延扩大。⑤除为满足民用建筑使用功能所设置的附属库房外，民用建筑内不应设置生产车间和其他库房。经营、存放和使用甲、乙类火灾危险性物品的商店、作坊和储藏间，严禁附设在民用建筑内。

二、设备用房布置【S2040302】

（1）**锅炉房、变压器室**布置。燃油或燃气锅炉、油浸电力变压器、充有可燃油的高压电容器和多油开关等，宜设置在建筑外的专用房间内；当确需贴邻民用建筑布置，应采用防火墙与所贴邻的建筑分隔，且不应贴邻人员密集场所，该专用房间的耐火等级不应低于二级；确需布置在民用建筑内时，不应布置在人员密集场所的上一层、下一层或贴邻，并应符合下列规定：①燃油和燃气锅炉房、变压器室应设置在首层或地下一层靠外墙部位，但常（负）压燃油、燃气锅炉可设置在地下二层，当常（负）压燃气锅炉距安全出口的距离大于6m时，可设置在屋顶上。燃油锅炉应采用丙类液体作燃料，采用相对密度（与空气密度的比值）不小于0.75的可燃气体为燃料的锅炉，不得设置在地下或半地下。②锅炉房、变压器室的门均应直通室外或安全出口。③锅炉房、变压器室与其他部位之间应采用耐火极限不低于2.00h的防火隔墙和1.50h的不燃性楼板隔开。在隔墙和楼板上不应开设洞口；当必须在隔墙上开设门窗时，应设置甲级防火门窗。④当锅炉房内设置储油间时，其总储存量不应大于$1m^3$，且储油间应采用耐火极限不低于3.00h的防火隔墙与锅炉间分隔，当确需在防火墙上开门时，应设置甲级防火门。⑤变压器室之间、变压器室与配电室之间，应采用耐火极限不低于2.00h的防火隔墙隔开。⑥油浸电力变压器、多油开关室、高压电容器室中应设置防止油品流散的设施。油浸电力变压器下面应设置储存变压器全部油量的事故储油设施。⑦油浸电力变压器的总容量不应大于1260kV·A，单台容量不应大于630kV·A。⑧应设置火灾报警装置。⑨应设置与锅炉、油浸变压器容量和建筑规模相适应的灭火设施。⑩燃气锅炉房应设置爆炸泄压设施，燃气、燃油锅炉房应设置独立的通风系统。

（2）**柴油发电机房**布置。柴油发电机房布置在民用建筑内时应符合下列规定：①宜布置在建筑物的首层及地下一、二层，不应布置在人员密集场所的上一层、下一层或贴邻。②应采用耐火极限不低于2.00h的防火隔墙和不低于1.50h的不燃性楼板与其他部位隔开，门应采用甲级防火门。③机房内设置储油间时，其总储存量不应大于1.0m^3，储油间应采用耐火极限不低于3.00h的防火隔墙与发电机房分隔；当必须在防火隔墙上开门时，应设置甲级防火门。④应设置火灾报警装置。⑤应设置与柴油发电机容量和建筑规模相适应的灭火设施，当建筑内其他部位设置自动喷水灭火系统时，机房内应设置自动喷水灭火系统。

（3）**消防控制室**布置。其设置应符合下列规定：①单独建造的消防控制室，其耐火等级不应低于二级。②附设在建筑物内的消防控制室，宜设置在建筑物内首层或地下一层，并宜布置在靠外墙部位，且应采用耐火极限不低于2.00h的防火隔墙和不低于1.50h的楼板与其他部位隔开，疏散门应直通室外或安全出口。③严禁与消防控制室无关的电气线路和管路穿过。④不应设置在电磁场干扰较强及其他可能影响消防控制设备工作的设备用房附近。

（4）**消防设备用房**布置。附设在建筑物内的消防设备用房应采用耐火极限不低于2.00h的隔墙和1.50h的楼板与其他部位隔开。独立建造的消防水泵房的耐火等级不应低于二级；附设在建筑内的消防水泵房，不应设置在地下三层及以下，或地下室内地面与室外出入口地坪高差大于10m的地下楼层中；疏散门应直通室外或安全出口。通风、空调机房和变配电室开向建筑内的门应采用甲级防火门，消防控制室和其他设备房间开向建筑内的门应采用乙级防火门。消防水泵房的门应采用甲级防火门；电梯机房与普通电梯机房之间应采用耐火极限不低于2.00h的隔墙分开，应设甲级防火门。

三、人员密集场所布置【S2040303】

（1）**观众厅、会议厅、多功能厅**。建筑内的观众厅、会议厅、多功能厅等人员密集场所，宜布置在首层或二、三层；设置在三级耐火等级的建筑内时，不应布置在三层及以上楼层。当必须设在其他楼层时，应符合下列规定：①一个厅、室的建筑面积不宜超过400m^2。②一个厅、室的疏散门不应少于两个。③当设置在高层建筑内时，应设置火灾自动报警系统和自动喷水等灭火系统。④设置在地下或半地下时，宜设置在地下一层，不应设置在地下三层及以下楼层。

（2）**歌舞娱乐放映游艺场所**。歌舞厅、卡拉OK厅（含具有卡拉OK功能的餐厅）、夜总会、录像厅、放映厅、桑拿浴室（除洗浴部分外）、游艺厅（含电子游艺厅）、网吧等歌舞娱乐放映游艺场所，宜布置在建筑的首层或二、三层的靠外墙部位，不宜布置在袋形走道的两侧和尽端，并应采用耐火极限不低于2.00h的防火隔墙和不低于1.00h的不燃性楼板与其他场所隔开，设置在厅、室墙上的门和该场所与建筑内其他部位相通的门应采用乙级防火门。确需设置在其他楼层时，应符合下列规定：①不应设置在地下二层及二层以下，设置在地下一层时，地下一层地面与室外出入口地坪的高差不大于10m。②布置在地下或四层及以上楼层时，一个厅、室的建筑面积不应超过200m²。面积按厅室建筑面积计算，这里的“一个厅、室”是指歌舞娱乐放映游艺场所中一个相互分隔的独立单元。③布置在地下或四层及以上楼层时，一个厅、室的出口不应少于两个，当一个厅、室的建筑面积小于50m²时，且经常停留人数不超过15人时，可设置一个出口。④应设置火灾自动报警系统和自动喷水灭火系统及防排烟设施等。

（3）**电影院、剧场、礼堂**。剧场、电影院、礼堂宜设置在独立的建筑内；采用三级耐火等级建筑时，不应超过2层；确需设置在其他民用建筑内时，应至少设置1个独立的安全出口和疏散楼梯，并应符合下列规定：①应采用耐火极限不低于2.00h的防火隔墙和甲级防火门与其他区域分隔。②设置在一、二级耐火等级的建筑内时，观众厅宜布置在首层、二层或三层；确需布置在四层及以上楼层时，一个厅、室的疏散门不应少于2个，且每个观众厅的建筑面积不宜大于400m²。③设置在三级耐火等级的建筑内时，不应布置在三层及以上楼层。④设置在地下或半地下时，宜设置在地下一层，不应设置在地下三层及以下楼层。⑤设置在高层建筑内时，应设置火灾自动报警系统及自动喷水灭火系统等自动灭火系统。

（4）**商店、展览建筑**。商店建筑、展览建筑采用三级耐火等级建筑时，不应超过2层；采用四级耐火等级建筑时，应为单层。营业厅、展览厅设置在三级耐火等级的建筑内时，应布置在首层或二层；设置在四级耐火等级的建筑内时，应布置在首层。营业厅、展览厅不应设置在地下三层及以下楼层。地下或半地下营业厅、展览厅不应经营、储存和展示甲类、乙类火灾危险性物品。

四、特殊场所布置【S2040304】

（1）**老年人建筑**及**儿童活动场所**。老年人建筑及托儿所、幼儿园的儿童用房和儿童游乐厅等儿童活动场所宜设置在独立的建筑内，且不应设置在地下或半地下。当设置在一、二级耐火等级的建筑内时，应设置在建筑物的首层或二、三层，不应超过三层；当设置在三级耐火等级建筑内时，应设置在首层及二层；当设置在四级耐火等级的建筑内时，应设置在首层。设置在高层建筑内时，应设置独立的安全出口和疏散楼梯；设置在单、多层建筑内时，宜设置独立的安全出口和疏散楼梯。

（2）医院和疗养院的**住院部分**。医院和疗养院的住院部分不应设置在地下或半地下。医院和疗养院的住院部分采用三级耐火等级时，不应超过2层；采用四级耐火等级建筑时，应为单层；设置在三级耐火等级的建筑内时，应布置在首层或二层；设置在四级耐火等级的建筑内时，应布置在首层。医院和疗养院的病房楼内相邻护理单元之间应采用耐火极限不低于2.00h的防火隔墙分隔，隔墙上的门应采用乙级防火门，设置在走道上的防火门应采用常开防火门。

（3）**教学建筑、食堂、菜市场**。教学建筑、食堂、菜市场采用三级耐火等级建筑时，不应超过2层；采用四级耐火等级建筑时，应为单层；设置在三级耐火等级的建筑内时，应布置在首层或二层；设置在四级耐火等级的建筑内时，应布置在首层。

五、住宅建筑及设置商业服务网点的住宅建筑【S2040305】

除商业服务网点外，**住宅建筑**与其他使用功能的建筑**合建**时，应符合下列规定：①住宅部分与非住宅部分之间，应采用耐火极限不低于2.00h且无门、窗、洞口的防火隔墙和不低于1.50h的不燃性楼板进行完全分隔；当为高层建筑时，应采用无门、窗、洞口的防火墙和耐火极限不低于2.00h的不燃性楼板完全分隔。②住宅部分与非住宅部分的安全出口和疏散楼梯应分别独立设置；为住宅部分服务的地上车库应设置独立的疏散楼梯或安全出口。③住宅部分和非住宅部分的安全疏散、防火分区和室内消防设施配置，可根据各自的建筑高度分别按照规范有关住宅建筑和公共建筑的规定执行。

设置**商业服务网点**的住宅建筑，其居住部分与商业服务网点之间应采用耐火极限不低于2.00h且无门、窗、洞口的防火隔墙和不低于1.50h的不燃性楼板完全分隔，住宅部分和商业服务网点部分的安全出口和疏散楼梯应分别独立设置。

商业服务网点中每个分隔单元之间应采用耐火极限不低于2.00h且无门、窗、洞口的防火隔墙相互分隔，当每个分隔单元任一层建筑面积大于200m^{2}时，该层应设置2个安全出口或疏散门。每个分隔单元内的任一点至最近直通室外的出口的直线距离不应大于现行国家标准《建筑设计防火规范》（GB 50016—2014）第5.5.17条表5.5.17中有关多层其他建筑位于袋形走道两侧或尽端的疏散门至最近安全出口的最大直线距离，室内楼梯的距离可按其水平投影长度的**1.50倍**计算。

六、工业建筑附属用房布置【S2040306】

（1）**办公室、休息室**的布置应符合以下规定：①办公室、休息室等不应设置在甲、乙类厂房内，确需贴邻本厂房时，其耐火等级不应低于二级，并应采用耐火极限不低于3.00h的防爆墙隔开且应设置独立的安全出口。②在丙类厂房内设置的办公室、休息室，应采用耐火极限不低于2.50h的防火隔墙和1.00h的楼板与厂房隔开，并应至少设置一个独立的安全出口。如隔墙上需开设相互连通的门时，应采用乙级防火门。③甲、乙类仓库内严禁设置办公室、休息室等，且不应贴邻建造。④在丙、丁类仓库内设置的办公室、休息室，应采用耐火极限不低于2.50h的防火隔墙和1.00h的楼板与库房隔开，并应设置独立的安全出口。如隔墙上需开设相互连通的门时，应采用乙级防火门。⑤员工宿舍严禁设置在厂房、仓库内。

（2）**液体中间储罐**的布置应符合以下规定：厂房中的丙类液体中间储罐应设置在单独房间内，其容积不应大于5m^3。设置该中间储罐的房间，应采用耐火极限不低于3.00h的防火隔墙和1.50h的楼板与其他部位分隔，房间的门应采用甲级防火门。

（3）**附属仓库**的布置应符合以下规定：①厂房内设置不超过一昼夜需要量的甲、乙类中间仓库时，中间仓库应靠外墙布置，并应采用防火墙和耐火极限不低于1.50h的不燃性楼板与其他部分隔开。②厂房内设置丙类仓库时，必须采用防火墙和耐火极限不低于1.50h的楼板与厂房隔开；设置丁、戊类仓库时，应采用耐火极限不低于2.00h的防火隔墙和1.00h的楼板与其他部位隔开。

第五章 防火防烟分区与分隔

第一节 防火分区

一、防火分区的定义【S2050101】

防火分区是指在建筑内部采用防火墙和楼板及其他防火分隔设施分隔而成，能在一定时间内阻止火势向同一建筑的其他区域蔓延的**防火单元**。

二、厂房的防火分区【S2050102】

根据不同的生产火灾危险性类别，合理确定厂房的层数和建筑面积，可以有效防止火灾蔓延扩大，减少损失。甲类生产具有易燃、易爆的特性，容易发生火灾和爆炸，疏散和救援困难，如层数多则更难扑救，严重者对结构产生严重破坏。因此，甲类厂房除因生产工艺需要外，宜采用单层建筑。

为适应生产需要建设大面积厂房和布置连续生产线工艺时，防火分区采用防火墙分隔比较困难，除甲类厂房外，规范允许采用防火分隔水幕或防火卷帘等进行分隔。厂房的防火分区面积应根据其生产的**火灾危险性类别**、厂房的**层数**和厂房的**耐火等级**等因素确定。各类厂房的防火分区的最大允许建筑面积应符合《消防安全技术实务》表2-5-1的要求。对于一些特殊的工业建筑，防火分区的面积可适当扩大，但必须满足规范规定的相关要求。厂房内的操作平台、检修平台，当使用人数少于10人时，其面积可不计入所在防火分区的建筑面积内。厂房内设置自动灭火系统时，每个防火分区的最大允许建筑面积可按《消防安全技术实务》表2-5-1的规定**增加1.0倍**。当丁、戊类的地上厂房内设置自动灭火系统时，每个防火分区的最大允许建筑面积不限。厂房内局部设置自动灭火系统时，其防火分区的**增加面积**可按该局部面积的**1.0倍**计算。

三、仓库的防火分区【S2050103】

仓库的防火分区除了对仓库总的占地面积进行限制外，库房防火分区之间的水平分隔必须采用防火墙分隔，不能采用其他方式替代。甲、乙类仓库内的防火分区之间应采用不开设门、窗、洞口的防火墙分隔，且甲类仓库应采用单层结构。对于丙、丁、戊类仓库，确因物流等用途需要开口的部位，需采用与防火墙等效的措施。设置在地下、半地下的仓库，火灾时室内气温高，烟气浓度比较高，热分解产物成分复杂、毒性大，而且威胁上部仓库的安全。仓库的**层数**和**面积**应符合《消防安全技术实务》表2-5-2的规定。仓库内设置自动灭火系统时，除冷库的防火分区外，每座仓库的最大允许占地面积和每个防火分区的最大允许建筑面积可按《消防安全技术实务》表2-5-2的规定**增加1.0倍**。

四、民用建筑的防火分区【S2050104】

表 2-2 给出了不同耐火等级民用建筑防火分区的最大允许建筑面积。

表 2-2 不同耐火等级民用建筑防火分区最大允许建筑面积

名 称	耐火等级	防火分区的最大允许建筑面积/m^2	备 注
高层民用建筑	一、二级	1500	对于体育馆、剧场的观众厅，防火分区的最大允许建筑面积可适当增加
单、多层民用建筑	一、二级	2500	
	三级	1200	—
	四级	600	—
地下或半地下建筑（室）	一级	500	设备用房的防火分区最大允许建筑面积不应大于 $1000m^2$

注：本表引用《消防安全技术实务》表 2-5-3。

当建筑内设置自动灭火系统时，防火分区最大允许建筑面积可按表 2-2 的规定**增加 1.0 倍**；局部设置时，防火分区的增加面积可按该局部面积的 **1.0 倍**计算。裙房与高层建筑主体之间设置防火墙，墙上开口部位采用甲级防火门分隔时，裙房的防火分区可按单、多层建筑的要求确定。

一、二级耐火等级建筑内的营业厅、展览厅，当设置自动灭火系统和火灾自动报警系统并采用不燃或难燃装修材料时，每个防火分区的最大允许建筑面积可适当增加，并应符合下列规定：①设置在高层建筑内时，不应大于 $4000m^2$；②设置在单层建筑内或仅设置在多层建筑的首层内时，不应大于 $10000m^2$；③设置在地下或半地下时，不应大于 $2000m^2$。

总建筑面积大于 $20000m^2$ 的地下或半地下商店，应采用无门、窗、洞口的防火墙、耐火极限不低于 2.00h 的楼板分隔为多个建筑面积不大于 $20000m^2$ 的区域。相邻区域确需局部连通时，应采用符合规定的下沉式广场等室外开敞空间、防火隔间、避难走道、防烟楼梯间等方式进行连通。

五、木结构建筑的防火分区【S2050105】

建筑高度不大于 18m 的住宅建筑，建筑高度不大于 24m 的办公建筑或丁、戊类厂房（库房）的房间隔墙和非承重外墙可采用木骨架组合墙体。其他建筑的非承重外墙不得采用木骨架组合墙体，民用建筑及丁、戊类厂房（库房）可采用木结构建筑或木结构组合建筑，其允许层数和建筑高度应符合《消防安全技术实务》表 2-5-4 的规定。木结构建筑防火墙间的允许建筑长度和每层最大允许建筑面积应符合《消防安全技术实务》表 2-5-5 的规定。当设置自动喷水灭火系统时，防火墙间的允许建筑长度和每层最大允许建筑面积可按以上规定**增加 1.0 倍**；当为丁、戊类地上厂房时，防火墙间的每层最大允许建筑面积不限。体育场馆等高大空间建筑的建筑高度和建筑面积可适当增加。

附设在木结构住宅建筑内的机动车库、发电机间、配电间、锅炉间等火灾危险性较大的场所，应采用耐火极限不低于2.00h的防火隔墙和耐火极限不低于1.00h的不燃性楼板与其他部位分隔，不宜开设与室内相通的门、窗、洞口，确需开设时，可开设一樘不直通卧室的乙级防火门，以避免对人员可能处于睡眠状态的卧室等造成直接影响。机动车车库的建筑面积不宜大于60m^2。

六、城市交通隧道的防火分区【S2050106】

隧道内的变电站、管廊、专用疏散通道、通风机房及其他辅助用房等，应采取耐火极限不低于2.00h的防火隔墙和甲级防火门等分隔措施与车行隧道分隔。隧道内附设的地下设备用房，占地面积大，人员较少，每个防火分区的最大允许建筑面积**不应大于1500m^2**。

第二节　防火分隔

一、防火分区分隔【S2050201】

划分防火分区应考虑**水平方向**的划分和**垂直方向**的划分。水平防火分区，即采用一定耐火极限的墙、楼板、门窗等防火分隔物进行分隔的空间。按垂直方向划分的防火分区也称竖向防火分区，可把火灾控制在一定的楼层范围内，防止火灾向其他楼层垂直蔓延，主要采用具有一定耐火极限的楼板作分隔构件。每个楼层可根据面积要求划分成多个防火分区，高层建筑在垂直方向一般以每个楼层为单元划分防火分区，所有建筑物的地下室，在垂直方向尽量以每个楼层为单元划分防火分区。

二、功能区域分隔【S2050202】

（1）**歌舞娱乐放映游艺场所**。歌舞娱乐放映游艺场所相互分隔的独立房间，当其布置在地下或四层及以上楼层时，一个厅、室的建筑面积不应大于200m^2，即使设置自动喷水灭火系统，面积也不能增加，以便将火灾限制在该房间内。厅、室之间及与建筑的其他部位之间，应采用耐火极限不低于2.00h的防火隔墙和不低于1.00h的不燃性楼板分隔，设置在厅、室墙上的门和该场所与建筑内其他部位相通的门均应采用乙级防火门。单元之间或与其他场所之间的分隔构件上无任何门、窗、洞口。

（2）**人员密集场所**。会议厅、多功能厅等人员密集的厅、室布置在四层及以上楼层时，一个厅、室的疏散门不应少于2个，建筑面积不宜大于400m^2；设置在高层建筑内应设置火灾自动报警系统和自动喷水灭火系统等自动灭火系统。剧场、电影院、礼堂设置在一、二级耐火等级的其他民用建筑内时，应采用耐火极限不低于2.00h的防火隔墙和甲级防火门与其他区域分隔；布置在四层及以上楼层时，一个厅、室的疏散门不应少于2个且每个观众厅的建筑面积不宜大于400m^2；设置在三级耐火等级的建筑内，不应布置在三层及以上楼层；设置在地下或半地下时，宜设置在地下一层，不应设置在地下三层及以下楼层；设置在高层建筑内时应设置自动喷水灭火系统和火灾自动报警系统等消防设施。

（3）**医院、疗养院**建筑。医院、疗养院建筑指医院或疗养院内的病房楼、门诊楼、手术部或疗养楼、医技楼等直接为病人提供诊查、治疗和休养服务的建筑。在按照规范要求划分防火分区后，病房楼的每个防火分区还需根据面积大小和疏散路线进一步分隔。医院和疗养院的病房楼内相邻护理单元之间应采用耐火极限不低于 2.00h 的防火隔墙分隔，隔墙上的门应采用乙级防火门，设置在走道上的防火门应采用**常开防火门**。

（4）**住宅**。住宅建筑的火灾危险性与其他功能的建筑有较大差别，需独立建造。当将住宅与其他功能场所空间组合在同一座建筑内时，需在水平与竖直方向采取防火分隔措施与其他部分分隔，并使各自的疏散设施相互独立、互不连通。在水平方向，应采用无门、窗、洞口的防火墙分隔；在竖向，应采用楼板分隔，并在建筑立面开口位置的上、下楼层分隔处采用防火挑檐、窗槛墙等防止火灾蔓延。

住宅建筑与其他使用功能的建筑**合建**时，应符合下列规定：①住宅部分与非住宅部分之间，应采用耐火极限不低于 1.50h 的不燃性楼板和耐火极限不低于 2.00h 且无门、窗、洞口的防火隔墙完全分隔；当为高层建筑时，应采用耐火极限不低于 2.00h 的不燃性楼板和无门、窗、洞口的防火墙完全分隔，住宅部分与非住宅部分相接处上下层开口之间应设置高度不小于 1.2m 的实体墙或挑出宽度不小于 1.0m、长度不小于开口宽度的防火挑檐；当室内设置自动喷水灭火系统时，上下层开口之间的实体墙高度不应小于 0.8m。②设置商业服务网点的住宅建筑，居住部分与商业服务网点之间应采用耐火极限不低于 1.50h 的不燃性楼板和耐火极限不低于 2.00h 且无门、窗、洞口的防火隔墙完全分隔，住宅部分和商业服务网点部分的安全出口和疏散楼梯应分别独立设置。③商业服务网点中每个分隔单元之间应采用耐火极限不低于 2.00h 且无门、窗、洞口的防火隔墙相互分隔。

三、设备用房防火分隔【S2050203】

附设在建筑内的**消防控制室、灭火设备室、消防水泵房**和**通风空气调节机房、变配电室**等，应采用耐火极限不低于 2.00h 的防火隔墙和不低于 1.50h 的楼板与其他部位分隔。设置在丁、戊类厂房内的**通风机房**应采用耐火极限不低于 1.00h 的防火隔墙和不低于 0.50h 的楼板与其他部位分隔。通风空气调节机房和变配电室开向建筑内的门应采用甲级防火门，消防控制室和其他设备房开向建筑内的门应采用乙级防火门。

锅炉房、变压器室等与其他部位之间应采用耐火极限不低于 2.00h 的防火隔墙和不低于 1.50h 的不燃性楼板分隔。在隔墙和楼板上不应开设洞口，必须在隔墙上开设门窗时，应设置甲级防火门窗。

锅炉房内设置的**储油间**，其总储存量不应大于 $1m^3$，且储油间应采用耐火极限不低于 3.00h 的防火隔墙与锅炉间分隔；必须在防火隔墙上开门时，应设置甲级防火门；变压器室之间、变压器室与配电室之间，应设置耐火极限不低于 2.00h 的防火隔墙；油浸变压器、多油开关室、高压电容器室，应设置防止油品流散的设施。油浸变压器下面应设置能储存变压器全部油量的事故储油设施。

布置在民用建筑内的**柴油发电机房**应采用耐火极限不低于 2.00h 的防火隔墙和不低于 1.50h 的不燃性楼板与其他部位分隔，门应采用甲级防火门；机房内设置储油间时，其总储存量不应大于 $1m^3$，储油间应采用耐火极限不低于 3.00h 的防火隔墙与发电机间分隔；必须在防火墙上开门时，应设置甲级防火门。

四、中庭建筑的火灾危险性及防火设计要求【S2050204】

中庭是建筑中由上、下楼层贯通而形成的一种共享空间。中庭空间具有以下几方面特点：在建筑物内部，上下**贯通多层空间**；多数以顶棚或外墙的一部分采用**钢结构**和**玻璃**，使阳光充满内部空间；中庭空间的用途是不确定的。

（1）中庭建筑的火灾危险性。设计中庭的建筑最大的问题是发生火灾时，其防火分区被上、下贯通的大空间破坏。因此，当中庭防火设计不合理或管理不善时，有火灾急速扩大的可能性。其危险在于：①**火灾**不受限制地**急剧扩大**；②**烟气迅速扩散**；③**疏散危险**；④**自动喷水灭火设备**难启动；⑤**灭火**和**救援活动**可能受到影响。

（2）中庭建筑火灾的防火设计要求。在建筑物内设置中庭时，防火分区的建筑面积应按上、下层相连通的建筑面积**叠加**计算。当中庭相连通的建筑面积之和大于一个防火分区的最大允许建筑面积时，应符合下列规定：①中庭应与周围相连通的空间进行防火分隔。采用防火隔墙时，其耐火极限不应低于1.00h；采用防火玻璃墙时，其耐火隔热性和耐火完整性不应低于1.00h；采用耐火完整性不低于1.00h的非隔热性防火玻璃墙时，应设置自动喷水灭火系统保护；采用防火卷帘时，其耐火极限不应低于3.00h，并应符合卷帘分隔的相关规定；与中庭相连通的门、窗，应采用火灾时能自行关闭的甲级防火门、窗。②高层建筑内的中庭回廊应设置自动喷水灭火系统和火灾自动报警系统。③中庭应设置排烟设施。④中庭内不应布置可燃物。

五、玻璃幕墙防火分隔【S2050205】

在发生火灾时，玻璃幕墙在火灾初期即会爆裂，导致火灾在建筑物内蔓延，垂直的玻璃幕墙和水平楼板、隔墙间的缝隙是火灾扩散的途径。**玻璃幕墙**的防火措施有以下几方面要求：①应在每层楼板外沿设置高度不低于1.2m的实体墙或挑出宽度不小于1.0m、长度不小于开口宽度的**防火挑檐**；当室内设置自动喷水灭火系统时，该部分墙体的高度不应小于0.8m。当上、下层开口之间设置实体墙确有困难时，可设置**防火玻璃墙**，高层建筑的防火玻璃墙的耐火完整性不应低于1.00h，多层建筑的防火玻璃墙的耐火完整性不应低于0.50h，外窗的耐火完整性不应低于防火玻璃墙的耐火完整性要求。②住宅建筑外墙上相邻户开口之间的墙体宽度不应小于1.0m；小于1.0m时，应在开口之间设置凸出外墙不小于0.6m的隔板。③为了阻止火灾时，火焰和烟气通过幕墙与楼板、隔墙之间的空隙蔓延，幕墙与每层楼板交界处的水平缝隙和隔墙处的**垂直缝隙**，应该用防火封堵材料严密填实。

实体墙、防火挑檐和隔板的耐火极限和燃烧性能，均不应低于相应耐火等级建筑外墙的要求。幕墙与每层楼板、隔墙处的缝隙的填充材料应采用防火封堵材料，以阻止火灾通过幕墙与墙体之间的空隙蔓延。需要注意的是，当玻璃幕墙遇到防火墙时，应遵循防火墙的设置要求。防火墙不应与玻璃直接连接，而应与其框架连接。

六、管道井防火分隔【S2050206】

楼梯间、电梯井、采光天井、通风管道井、电缆井、垃圾井等竖井串通各层的楼板，形成竖向连通孔洞，其**烟囱效应**十分危险。这些竖井应该单独设置，以防烟火在竖井内蔓延。高层建筑各种竖井的防火设计构造要求如下：①**电梯井**应独立设置，井内严禁敷设可燃气体和甲、乙、丙类液体管道，并不应敷设与电梯无关的电缆、电线等；井壁应为耐火极限不低于2.0h的不燃性墙体；井壁除开设电梯门、安全逃生门和通气孔洞外，不应开设其他洞口；电梯门的耐火极限不应低于1.00h，并应符合国家相关规范的要求。②**电缆井、管道井、排烟道、排气道**这些竖井应分别独立设置，井壁应为耐火极限不低于1.00h的不燃性墙体；墙壁上的检查门应采用丙级防火门；电缆井、管道井应每层在楼板处用相当于楼板耐火极限的不燃材料或防火材料封堵；电缆井、管道井与房间、吊顶、走道等相连通的孔洞，应用不燃材料或防火封堵材料严密填实。③**垃圾道**宜靠外墙独立设置，不宜设在楼梯间内；垃圾道排气口应直接开向室外；垃圾斗宜设在垃圾道前室内，前室门应采用丙级防火门；垃圾斗应用不燃材料制作并能自动关闭。

七、变形缝和管道空隙防火【S2050207】

（1）**变形缝**防火分隔。为防止因建筑变形破坏管线而引发火灾并使烟气通过变形缝扩散，电线，电缆，可燃气体和甲、乙、丙类液体的管道穿过建筑内的变形缝时，应在穿过处加设不燃材料制作的套管或采取其他防变形措施，并应采用防火封堵材料封堵。

（2）**管道空隙**防火封堵。防烟、排烟、供暖、通风和空气调节系统中的管道及建筑内的其他管道，在穿越防火隔墙、楼板和防火分区处的孔隙应采用防火封堵材料封堵。

第三节 防火分隔设施与措施

一、防火分隔构件定义与分类【S2050301】

具有阻止火势蔓延的作用，能把整个建筑空间划分成若干较小防火空间的建筑构件称**防火分隔构件**。防火分隔构件可分为**固定式**和**可开启关闭式**两种。固定式包括**普通砖墙、楼板、防火墙**等；可开启关闭式包括**防火门、防火窗、防火卷帘、防火水幕**等。

二、防火墙的设置条件【S2050302】

防火墙是防止火灾蔓延至相邻区域且耐火极限**不低于3.00h**的不燃性墙体。防火墙是分隔水平防火分区或防止建筑间火灾蔓延的重要分隔构件，在设置时应满足下列要求：①防火墙应直接设置在基础上或框架、梁等承重结构上，框架、梁等承重结构的耐火极限不应低于防火墙的耐火极限。防火墙应从楼地面基层隔断至梁、楼板或屋面板的底面基层。当高层厂房（仓库）屋顶承重结构和屋面板的耐火极限低于1.00h，其他建筑屋顶承重结构和屋面板的耐火极限低于0.50h时，防火墙应高出屋面0.5m以上。②防火墙横截面中心线水平距离天窗端面小于4.0m且天窗端面为可燃性墙体时，应采取防止火势蔓延的措施。③建筑外墙为难燃性或可燃性墙体时，防火墙应凸出墙的外表面0.4m以上且防火墙两侧的外墙均应为宽度不小于2.0m的不燃性墙体，其耐火极限不应低于外墙的耐火极限。建筑外墙为不燃性墙体时，防火墙可不凸出墙的外表面，紧靠防火墙两侧的门、窗、洞口之间最近边缘的水平距离不应小于2.0m；采取设置乙级防火窗等防止火灾水平蔓延的措施时，该距离不限。④防火墙上**不应开设门、窗、洞口**，确需开设时，应设置不可开启或火灾时能自动关闭的甲级防火门、窗。可燃气体和甲、乙、丙类液体的管道严禁穿过防火墙，其他管道不宜穿过防火墙，确需穿过时，应采用防火封堵材料将墙与管道之间的空隙紧密填实，穿过防火墙处的管道保温材料应采用不燃材料。当管道为难燃及可燃材料时，应在防火墙两侧的管道上采用防火措施。防火墙内不应设置排气道。⑤建筑内的防火墙**不宜设置在转角处**，确需设置时，内转角两侧墙上的门、窗、洞口之间最近边缘的水平距离不应小于4.0m；采取设置乙级防火窗等防止火灾水平蔓延的措施时，该距离不限。⑥防火墙的构造应能在防火墙任意一侧的屋架、梁、楼板等受到火灾的影响而被破坏时，不会导致防火墙倒塌。

三、防火卷帘的设置要求和设置部位【S2050303】

防火卷帘主要用于需要进行**防火分隔**的墙体，特别是防火墙、防火隔墙上因生产、使用等需要开设较大开口而又无法设置防火门时的防火分隔。

（1）防火卷帘的设置要求如下：①除中庭外，当防火分隔部位的宽度不大于30m时，防火卷帘的宽度不应大于10m；当防火分隔部位的宽度大于30m时，防火卷帘的宽度不应大于该部位宽度的1/3，且不应大于20m。②防火卷帘应具有火灾时靠自重自动关闭的功能；不应采用水平、侧向防火卷帘。③除另有规定外，防火卷帘的耐火极限不应低于规范对所设置部位墙体的耐火极限要求。当防火卷帘的耐火极限符合耐火完整性和耐火隔热性的判定条件时，可不设置自动喷水灭火系统保护。当防火卷帘的耐火极限仅符合耐火完整性的判定条件时，应设置自动喷水灭火系统保护。④防火卷帘应具有防烟性能，与楼板、梁、墙、柱之间的空隙应采用防火封堵材料封堵。⑤需在火灾时自动降落的防火卷帘，应具有信号反馈的功能。

（2）防火卷帘的设置部位。防火卷帘一般设置在**电梯厅、自动扶梯周围，中庭与楼层走道、过厅相通的开口部位**，生产车间中大面积工艺洞口以及设置防火墙有困难的部位等。

四、防火门窗的分类及要求【S2050304】

（1）防火门。防火门是指具有一定耐火极限，且在发生火灾时能自行关闭的门。

1）防火门的分类主要有三种：①按**耐火极限**可分为**隔热防火门（A类）、部分隔热防火门（B类）和非隔热防火门（C类）**。防火门按耐火性能的分类及代号见《消防安全技术实务》表2-5-7。②按**材质**可分为木质、钢质、钢木质和其他材质防火门。③按**门扇结构**可分为带亮子、不带亮子；单扇、多扇。

2）防火门要满足以下防火要求：①疏散通道上的防火门应向疏散方向开启，并在关闭后应能从任一侧手动开启。设置防火门的部位，一般为房间的疏散门或建筑某一区域的安全出口。建筑内设置的防火门既要能保持建筑防火分隔的完整性，又要能方便人员疏散和开启。因此，防火门的开启方式、开启方向等均要保证在紧急情况下人员能快捷开启，不会导致阻塞。②除管井检修门和住宅的户门外，防火门应能自动关闭；双扇防火门应具有按顺序关闭的功能。③除允许设置常开防火门的位置外，其他位置的防火门均应采用常闭防火门。常闭防火门应在门扇的明显位置设置“保持防火门关闭”等提示标志。为方便平时经常有人通行而需要保持常开的防火门，在发生火灾时，应具有自动关闭和信号反馈功能。④为保证分区间的相互独立，设在变形缝附近的防火门，应设在楼层较多的一侧，并保证防火门开启时门扇不跨越变形缝，防止烟火通过变形缝蔓延。⑤防火门关闭后应具有防烟性能。

（2）防火窗。防火窗是采用钢窗框、钢窗扇及防火玻璃制成的，能起到隔离和阻止火势蔓延的作用，一般设置在防火间距不足部位的建筑外墙上的开口或天窗，建筑内的防火墙或防火隔墙上需要观察等部位以及需要防止火灾竖向蔓延的外墙开口部位。

防火窗按照安装方法可分为**固定窗扇与活动窗扇**两种。防火窗的耐火极限与防火门相同。设置在防火墙、防火隔墙上的防火窗应采用不可开启的窗扇或具有火灾时能自行关闭的功能。

五、防火分隔水幕、防火阀和排烟防火阀的概念【S2050305】

（1）**防火分隔水幕**。防火分隔水幕可以起到防火墙的作用，在某些需要设置防火墙或其他防火分隔物而无法设置的情况下，可采用防火水幕进行分隔。

（2）**防火阀**。防火阀是在一定时间内能满足耐火稳定性和耐火完整性要求，用于管道内阻火的活动式封闭装置。在风道贯通防火分区的部位（防火墙）必须设置防火阀。防火阀**平时**处于**开启状态**，发生火灾时，当管道内烟气温度达到70℃时，易熔合金片就会熔断断开，防火阀就会**自动关闭**。

（3）**排烟防火阀**。排烟防火阀是安装在排烟系统管道上起隔烟、阻火作用的阀门。它在一定时间内能满足耐火稳定性和耐火完整性的要求，具有手动和自动功能。当管道内的烟气达到280℃时，排烟防火阀**自动关闭**。排烟防火阀的设置场所：排烟管进入排风机房处，穿越防火分区的排烟管道上，排烟系统的支管上。

六、防火阀的设置部位和设置要求【S2050306】

（1）防火阀可以设置在以下**部位**：①穿越防火分区处。②穿越通风、空气调节机房的房间隔墙和楼板处。③穿越重要或火灾危险性大的房间隔墙和楼板处。④穿越防火分隔处的**变形缝**两侧。⑤竖向风管与每层水平风管交接处的水平管段上。但当建筑内每个防火分区的通风、空气调节系统均独立设置时，水平风管与竖向总管的交接处可不设置防火阀。⑥公共建筑的浴室、卫生间和厨房的竖向排风管，应采取防止回流措施或在支管上设置公称动作温度为70℃的防火阀。公共建筑内厨房的排油烟管道宜按防火分区设置，且在与竖向排风管连接的支管处应设置公称动作温度为150℃的防火阀。

（2）防火阀的设置应符合下列规定：①防火阀宜靠近防火分隔处设置。②防火阀暗装时，应在安装部位设置方便维护的检修口。③在防火阀两侧各2.0m范围内的风管及其绝热材料应采用不燃材料。

第四节 防 烟 分 区

一、防烟分区定义与划分目的【S2050401】

防烟分区是在建筑内部采用挡烟设施分隔而成，能在一定时间内防止火灾烟气向同一防火分区的其余部分蔓延的局部空间。划分防烟分区的**目的**：一是为了在火灾时，将烟气控制在一定范围内；二是为了提高排烟口的排烟效果。防烟分区一般应结合建筑内部的功能分区和排烟系统的设计要求进行划分，不设排烟设施的部位（包括地下室）可不划分防烟分区。

二、防烟分区面积划分的要求【S2050402】

设置排烟系统的场所或部位应划分防烟分区。防烟分区**不宜大于 $2000m^2$**，长边**不应大于 60m**。当室内高度**超过 6m** 且具有对流条件时，长边**不应大于 75m**。设置防烟分区应满足以下几个要求：①防烟分区应采用挡烟垂壁、隔墙、结构梁等划分。②防烟分区不应跨越防火分区。③每个防烟分区的建筑面积不宜超过规范要求。④采用隔墙等形成封闭的分隔空间时，该空间宜作为一个防烟分区。⑤储烟仓高度不应小于空间净高的10%，且不应小于500mm，同时应保证疏散所需的清晰高度；最小清晰高度应由计算确定。⑥有特殊用途的场所应单独划分防烟分区。

三、防烟分区分隔的主要构件【S2050403】

划分防烟分区的构件主要有**挡烟垂壁、隔墙、防火卷帘、建筑横梁**等。①挡烟垂壁。挡烟垂壁是用不燃材料制成，垂直安装在建筑顶棚、横梁或吊顶下，能在火灾时形成一定的蓄烟间的挡烟分隔设施。挡烟垂壁常设置在烟气扩散流动的路线上烟气控制区域的分界处，和排烟设备配合进行有效排烟。其从顶棚下垂的高度一般应距顶棚面 50cm 以上，称为**有效高度**。当室内发生火灾时，所产生的烟气由于浮力作用而积聚在顶棚下，只要烟层的厚度小于挡烟垂壁的有效高度，烟气就不会向其他场所扩散。挡烟垂壁分**固定式**和**活动式**两种。②建筑横梁。当建筑横梁的高度超过 50cm 时，该横梁可作为挡烟设施使用。

第六章 安全疏散

第一节 安全疏散基本参数

一、人员密度计算【S2060101】

（1）办公建筑。办公建筑包括办公室用房、公共用房、服务用房和设备用房等部分。办公室用房包括普通办公室和专用办公室。专用办公室是指设计绘图室和研究工作室等。人员密度可按**普通办公室**每人使用面积为 $4m^2$，**设计绘图室**每人使用面积为 $6m^2$，**研究工作室**每人使用面积为 $5m^2$。公共用房包括会议室、对外办事厅、接待室、陈列室、公用厕所、开水间等。会议室分中、小会议室和大会议室，中、小会议室每人使用面积：**有会议桌的不应小于 $1.80m^2$，无会议桌的不应小于 $0.80m^2$**。

（2）商场。商店的疏散人数应按每层营业厅的**建筑面积**乘以规定的**人员密度**计算。对于建材商店、家具和灯饰展示建筑，其人员密度可按规定值的30%确定。商店营业厅内的人员密度（人/m^2）规定如下：地下第二层 0.56；地下第一层 0.60；地上第一、二层 0.43～0.60；地上第三层 0.39～0.54；地上第四层及以上各层 0.30～0.42。

（3）歌舞娱乐放映游艺场所。录像厅的疏散人数应根据厅、室的建筑面积按不小于 1.0 人/m^2 计算；其他歌舞娱乐放映游艺场所的疏散人数应根据厅、室的建筑面积按不小于 0.5 人/m^2 计算。

（4）餐饮场所。餐馆、饮食店、食堂等餐饮场所由餐厅或饮食厅、公用部分、厨房或饮食制作间和辅助部分组成。100 座及 100 座以上餐馆、食堂中的餐厅与厨房（包括辅助部分）的面积比（简称餐厨比）应符合：餐馆的餐厨比宜为 1∶1.1，食堂的餐厨比宜为 1∶1。有固定座位的场所，其疏散人数可按实际座位数的 1.1 倍计算。展览厅的疏散人数应根据展览厅的建筑面积和人员密度计算，展览厅的人员密度以不宜小于 0.75 人/m^2 计算。

二、疏散宽度指标【S2060102】

我国现行规范根据允许疏散时间来确定疏散通道的百人宽度指标，从而计算出安全出口的总宽度，即实际需要设计的最小宽度。

（1）**百人宽度指标**。百人宽度指标是每百人在允许疏散时间内，以单股人流形式疏散所需的疏散宽度。一般，一、二级耐火等级建筑疏散时间控制为2min，三级耐火等级建筑疏散时间控制为1.5min，根据以下公式可以计算出不同建筑每百人所需宽度。

$$百人宽度指标=\frac{单股人流宽度\times 100}{疏散时间\times 每分钟每股人流通过人数}$$

（2）**疏散宽度**。以下分别介绍六类主要建筑的疏散宽度：①**厂房**的疏散宽度。厂房内疏散出口的最小净宽度不宜小于0.9m；疏散走道的净宽度不宜小于1.4m；疏散楼梯的最小净宽度不宜小于1.1m。厂房内的疏散楼梯、走道和门的总净宽度应根据疏散人数，按一、二层为0.6m/百人、三层为0.8m/百人、四层及以上为1.0m/百人的规定计算确定。首层外门的总净宽度应按该层及以上疏散人数最多一层的疏散人数计算，且该门的最小净宽不小于1.20m。②**高层民用建筑**的疏散宽度。高层民用建筑的疏散外门、走道和楼梯的各自总宽度，应按1m/百人计算确定。公共建筑内安全出口和疏散门的净宽度不应小于0.90m，疏散走道和疏散楼梯的净宽度不应小于1.10m。高层公共建筑的疏散楼梯和首层楼梯间的疏散门、首层疏散外门和疏散走道的最小净宽度应符合《消防安全技术实务》表2-6-4的要求。③**体育馆**的疏散宽度。体育馆供观众疏散的所有内门、外门、楼梯和走道的各自总宽度，应按《消防安全技术实务》表2-6-5的规定计算确定。④**电影院、礼堂、剧场**的疏散宽度。剧院、电影院、礼堂、体育馆等人员密集的公共场所的疏散走道、疏散楼梯、疏散出口或安全出口的各自总宽度应根据其通过人数和《消防安全技术实务》表2-6-6所示的疏散净宽度指标计算确定，并应符合下列规定：观众厅内疏散走道的净宽度，应按每百人不小于0.6m的净宽度计算，且不应小于1.0m；边走道的净宽度不宜小于0.8m。在布置疏散走道时，横走道之间的座位排数不宜超过20排；纵走道之间的座位数，剧院、电影院、礼堂等每排不宜超过22个，体育馆每排不宜超过26个，前后排座椅的排距不小于0.9m时，可增加一倍，但不得超过50个，仅一侧有纵走道时，座位数应减少一半。⑤**木结构建筑**的疏散宽度。木结构建筑内疏散走道、安全出口、疏散楼梯和房间疏散门的净宽度，应根据疏散人数按每百人的最小疏散净宽度不小于以下的规定计算确定。地上1~2层每100人的疏散净宽度0.75m/百人；地上3层每100人的疏散净宽度1.00m/百人。⑥**其他民用建筑**。除剧场、电影院、礼堂、体育馆外的其他公共建筑的房间疏散门、安全出口、疏散走道和疏散楼梯的各自总宽度，应按表2-3的要求计算确定。当疏散人数不等时，疏散楼梯总净宽度应按该层及以上各楼层人数最多的一层人数计算，地下建筑中上层楼梯的总净宽度应按该层及以下人数最多一层的人数计算。地下或半地下人员密集的厅、室和歌舞娱乐放映游艺场所，其房间疏散门、疏散走道、安全出口和疏散楼梯的各自总宽度，应按每100人不小于1.00m计算确定。办公建筑的门、洞口宽度不应小于1.00m，高度不应小于2.10m。首层外门的总宽度应按该层及以上人数最多的一层人数计算确定，不供楼上人员疏散的外门，可按本层人数计算确定。

表2-3 疏散楼梯、疏散出口和疏散走道的每百人净宽度 （m）

建筑层数		耐火等级		
		一、二级	三级	四级
地上楼层	1~2层	0.65	0.75	1.00
	3层	0.75	1.00	—
	≥4层	1.00	1.25	—
地下楼层	与地面出入口地面的高差≤10m	0.75	—	—
	与地面出入口地面的高差>10m	1.00	—	—

注：本表引用《消防安全技术实务》表2-6-8。

当建筑物使用人数不多，其安全出口的宽度经计算数值又很小时，为便于人员疏散，首层疏散外门、楼梯和走道尚应满足以下关于最小宽度的要求。建筑内疏散走道和楼梯的净宽度不应小于1.1m，安全出口和疏散出口的净宽度不应小于0.9m。建筑高度不大于18m的住宅中一侧设有栏杆的疏散楼梯，其净宽度不应小于1m。人员密集的公共场所，如营业厅、观众厅、礼堂、电影院、剧场和体育馆的观众厅，公共娱乐场所中的出入大厅、舞厅，候机（车、船）厅及医院的门诊大厅等面积较大，同一时间聚集人数较多的场所，疏散门的净宽度不应小于1.4m，室外疏散小巷的净宽度不应小于3.0m。

三、疏散距离指标【S2060103】

安全疏散距离包括两个部分：一是**房间内最远点**到**房门**的疏散距离；二是从**房门到疏散楼梯间**或**外部出口**的距离。

（1）**厂房、仓库**的安全疏散距离。厂房内任一点到最近的安全出口的直线距离不应大于《消防安全技术实务》表2-6-9的规定。从表中可以看出，火灾危险性越大，安全疏散距离要求越严；厂房的耐火等级越低，安全疏散距离要求越严；而对于丁、戊类生产，当采用一、二级耐火等级的厂房时，其疏散距离可以不受限制。

（2）**公共建筑**的安全疏散距离。直通疏散走道的房间疏散门至最近安全出口的距离应符合《消防安全技术实务》表2-6-10的规定。

（3）**住宅建筑**安全疏散距离。住宅建筑直通疏散走道的户门至最近安全出口的距离应按以下规定：①单层或多层住宅建筑：位于两个安全出口之间的户门，建筑耐火等级为一、二级时，距离为40m；耐火等级为三级时，距离为35m；耐火等级为四级时，距离为25m。位于袋形走道两侧或尽端的户门，建筑耐火等级为一、二级时，距离为22m；耐火等级为三级时，距离为20m；耐火等级为四级时，距离为15m。②高层住宅建筑：位于两个安全出口之间的户门，建筑耐火等级为一、二级时，距离为40m。位于袋形走道两侧或尽端的户门，建筑耐火等级为一、二级时，距离为20m。

设置敞开式外廊的建筑，开向该外廊的房间疏散门至安全出口的最大距离可按以上规定增加5m。建筑内全部设置自动喷水灭火系统时，其安全疏散距离可比规定值增加25%。直通疏散走道的户门至最近未封闭的楼梯间的距离，当房间位于两个楼梯间之间时，应按以上的规定减少5m；当房间位于袋形走道两侧或尽端时，应按以上规定减少2m。跃廊式住宅户门至最近安全出口的距离，应从户门算起，小楼梯的一段距离可按其1.50倍水平投影计算。

（4）**木结构建筑**的安全疏散距离。木结构民用建筑房间直通疏散走道的疏散门至最近安全出口的直线距离略小于三级耐火等级建筑的对应值，具体规定见表2-4。

表2-4 木结构房间直通疏散走道的疏散门至最近安全出口的距离 （m）

名　称	位于两个安全出口之间的疏散门	位于袋形走道两侧或尽端的疏散门
托儿所、幼儿园	15	10
歌舞娱乐放映游艺场所	15	6
医院和疗养院建筑、教学建筑	25	12
其他民用建筑	30	15

注：本表引用《消防安全技术实务》表2-6-12。

房间内任一点至该房间直通疏散走道的疏散门的距离，不应大于表2-4规定的袋形走道两侧或尽端的疏散门至最近安全出口的距离。木结构工业建筑中的丁、戊类厂房内任意一点至最近安全出口的疏散距离分别不应大于50m和60m。

第二节 安全出口与疏散出口

一、疏散楼梯的布置要求【S2060201】

（1）在进行疏散楼梯的平面布置时，疏散楼梯宜设置在**标准层（或防火分区）的两端**，以便于为人们提供两个不同方向的疏散路线。疏散楼梯还宜**靠近电梯、靠外墙**设置。

（2）竖向布置时，疏散楼梯应保持上、下畅通。高层建筑的疏散楼梯宜通至平屋顶。通向屋面的门或窗应向外开启。同时还应避免不同的人流路线相互交叉，以免紧急疏散时两部分人流发生冲突，引起堵塞和意外伤亡。

二、疏散门布置要求【S2060202】

疏散门是人员安全疏散的主要出口。其设置应满足下列要求：①疏散门应向**疏散方向**开启，但人数不超过60人的房间且每樘门的平均疏散人数不超过30人时，其门的开启方向不限（除甲、乙类生产车间外）。②民用建筑及厂房的疏散门应采用向疏散方向开启的**平开门**，不应采用推拉门、卷帘门、吊门、转门和折叠门，但丙、丁、戊类仓库首层靠墙的外侧可采用推拉门或卷帘门。③当开向疏散楼梯或疏散楼梯间的门完全开启时，不应减小楼梯平台的有效宽度。④人员密集场所内平时需要控制人员随意出入的疏散门和设置门禁系统的住宅、宿舍、公寓建筑的外门，应保证火灾时不需使用钥匙等任何工具即能从内部易于打开，并应在显著位置设置具有使用提示的标识。⑤人员密集的公共场所、观众厅的入场门、疏散出口不应设置门槛，且紧靠门口内外各1.4m范围内不应设置台阶，疏散门应为推闩式外开门。⑥高层建筑直通室外的安全出口上方，应设置挑出宽度不小于1.0m的防护挑檐。

三、安全出口设置的基本要求【S2060203】

建筑内的安全出口和疏散门应分散布置，每座建筑或每个防火分区的安全出口数目**不应少于2个**，且建筑内每个防火分区或一个分区的每个楼层、每个住宅单元每层相邻2个安全出口以及每个房间相邻两个疏散门最近边缘之间的水平距离**不应小于5.0m**。一、二级耐火等级公共建筑内，当一个防火分区的安全出口全部直通室外确有困难，符合下列规定的防火分区可利用通向相邻防火分区的**甲级防火门**作为安全出口：①应采用防火墙与相邻防火分区进行分隔。②建筑面积大于1000m^2的防火分区，直通室外的安全出口数量不应少于2个；建筑面积小于或等于1000m^2的防火分区，直通室外的安全出口数量不应少于1个。③该防火分区通向相邻防火分区的疏散净宽度，不应大于计算所需总净宽度的30%。

四、公共建筑安全出口的设置要求【S2060204】

除歌舞娱乐放映游艺场所外的公共建筑，当符合下列条件之一时，可设置**1个安全出**

口：①除托儿所、幼儿园外，建筑面积不大于 200m^2 且人数不超过 50 人的单层建筑或多层建筑的首层。②除医疗建筑、老年人建筑及托儿所、幼儿园的儿童用房和儿童游乐厅等儿童活动场所外，符合《消防安全技术实务》表 2-6-13 规定的 2、3 层建筑。③一、二级耐火等级公共建筑，当设置不少于 2 部疏散楼梯且顶层局部升高层数不超过 2 层、人数之和不超过 50 人、每层建筑面积不大于 200m^2 时，该局部高出部位可设置一部与下部主体建筑楼梯间直接连通的疏散楼梯，但至少应另设置一个直通主体建筑上人平屋面的安全出口，该上人屋面应符合人员安全疏散要求。④相邻两个防火分区（除地下室外），当防火墙上有防火门连通，且两个防火分区的建筑面积之和不超过规范规定的一个防火分区面积的 1. 40 倍的公共建筑。⑤公共建筑中位于两个安全出口之间的房间，当其建筑面积不超过 60m^2 时，可设置一个门，门的净宽不应小于 0. 9m；公共建筑中位于走道尽端的房间，当其建筑面积不超过 75m^2 时，可设置一个门，门的净宽不应小于 1. 40m。

五、住宅建筑安全出口的设置要求【S2060205】

住宅建筑安全出口的设置应符合下列规定：①建筑高度**不大于 27m** 的建筑，当每个单元任一层的建筑面积大于 650m^2；或任一户门至最近安全出口的距离大于 15m 时，每个单元每层的安全出口不应少于 2 个。②建筑高度**大于 27m、不大于 54m** 的建筑的每个单元任一层的建筑面积大于 650m^2，或任一户门至最近安全出口的距离大于 10m 时，每个单元每层的安全出口不应少于 2 个。③建筑高度**大于 54m** 的建筑，每个单元每层的安全出口不应少于 2 个。④建筑高度**大于 27m**，但**不大于 54m** 的住宅建筑，每个单元设置一座疏散楼梯时，疏散楼梯应通至屋面，且单元之间的疏散楼梯应能通过屋面连通，户门应采用乙级防火门。当不能通至屋面或不能通过屋面连通时，应设置 2 个安全出口。

六、厂房、仓库安全出口的设置要求【S2060206】

厂房、仓库的安全出口应分散布置。每个防火分区、1 个防火分区的每个楼层，相邻 2 个安全出口最近边缘之间的水平距离不应小于 5m。厂房、仓库符合下列条件时，可设置 **1 个安全出口**：①甲类厂房，每层建筑面积不超过 100m^2，且同一时间的生产人不超过 5 人。②乙类厂房，每层建筑面积不超过 150m^2，且同一时间的生产人数不超过 10 人。③丙类厂房，每层建筑面积不超过 250m^2，且同一时间的生产人数不超过 20 人。④丁、戊类厂房，每层建筑面积不超过 400m^2，且同一时间内的生产人数不超过 30 人。⑤地下、半地下厂房或厂房的地下室、半地下室，其建筑面积不大于 50m^2 且经常停留人数不超过 15 人。⑥一座仓库的占地面积不大于 300m^2 或防火分区的建筑面积不大于 100m^2。⑦地下、半地下仓库或仓库的地下室、半地下室，建筑面积不大于 100m^2。

需要特别提出的是，**地下、半地下建筑**每个防火分区的安全出口数目不应少于 2 个。但由于地下建筑设置较多的地上出口有困难，因此当有 2 个或 2 个以上防火分区相邻布置时，每个防火分区可利用防火墙上一个通向相邻分区的甲级防火门作为第二安全出口，但每个防火分区必须有 **1 个直通室外**的安全出口。

七、疏散出口的概念及设置要求【S2060207】

疏散出口包括**安全出口**和**疏散门**。疏散门是直接通向疏散走道的房间门、直接开向疏散楼梯间的或室外的门，不包括套间内的隔间门或住宅套内的房间门。安全出口是疏散出口的一个特例。疏散出口设置的基本要求如下：①建筑内的安全出口和疏散门应**分散布置**，并应符合**双向疏散**的要求。②公共建筑内各房间疏散门的数量应经计算确定且不应少于2个，每个房间相邻2个疏散门最近边缘之间的水平距离不应小于5m。③除托儿所、幼儿园、老年人建筑、医疗建筑、教学建筑内位于走道尽端的房间外，符合下列条件之一的房间可设置1个疏散门：位于2个安全出口之间或袋形走道两侧的房间，对于托儿所、幼儿园、老年人建筑，建筑面积不大于$50m^2$；对于医疗建筑、教学建筑，建筑面积不大于$75m^2$；对于其他建筑或场所，建筑面积不大于$120m^2$。位于走道尽端的房间，建筑面积小于$50m^2$且疏散门的净宽度不小于0.90m，或由房间内任一点至疏散门的直线距离不大于15m、建筑面积不大于$200m^2$且疏散门的净宽度不小于1.40m。歌舞娱乐放映游艺场所内建筑面积不大于$50m^2$且经常停留人数不超过15人的厅、室或房间。建筑面积不大于$200m^2$的地下或半地下设备间；建筑面积不大于$50m^2$且经常停留人数不超过15人的其他地下或半地下房间。④对于一些人员密集的场所，其疏散出口数目应经计算确定，且不应少于2个。为保证安全疏散，应控制通过每个安全出口的人数，即每个疏散出口的平均疏散人数不应超过250人；当容纳人数超过2000人时，其超过2000人的部分，每个疏散出口的平均疏散人数不应超过400人。⑤体育馆的观众厅，其疏散出口数目应经计算确定，且不应少于2个，每个疏散出口的平均疏散人数不宜超过400~700人。⑥高层建筑内设有固定座位的观众厅、会议厅等人员密集场所，观众厅每个疏散出口的平均疏散人数不应超过250人。

第三节　疏散走道与避难走道

一、疏散走道及其设置要求【S2060301】

疏散走道是指发生火灾时，建筑内人员从火灾现场逃往安全场所的通道。疏散走道的设置应保证逃离火场的人员进入走道后，能顺利地继续通行至楼梯间，到达安全地带。

疏散走道的设置应满足以下要求：①走道应**简捷**，并按规定设置疏散指示标志和诱导灯。②在1.8m高度内不宜设置管道、门垛等突出物，走道中的门应向**疏散方向**开启。③尽量**避免**设置**袋形走道**。④疏散走道的**宽度**应符合以下要求：办公建筑走道长度不大于40m时，单面布房走道最小净宽为1.30m，双面布房走道最小净宽为1.50m；办公建筑走道长度大于40m时，单面布房走道最小净宽为1.50m，双面布房走道最小净宽为1.80m。⑤疏散走道在防火分区处应设置常开甲级防火门。

二、避难走道设置要求【S2060302】

避难走道是指采用防烟措施且两侧设置耐火极限不低于3.00h的防火隔墙，用于人员安全通行至室外的走道。避难走道的设置应符合下列规定：①避难走道楼板的耐火极限**不应低于1.50h**。②避难走道直通地面的出口**不应少于2个**，并应设置在不同方向；当走道仅1个防火分区相通且该防火分区至少有1个直通室外的安全出口时，可设置1个直通地面的出口。③避难走道的**净宽度**不应小于任一防火分区通向走道的设计疏散总净宽度。

④避难走道内部装修材料的燃烧性能应为 **A 级**。⑤避难防火分区至避难走道入口处应设置防烟前室，前室的使用面积**不应小于 6.0m²**，开向前室的门应采用**甲级防火门**，前室开向避难走道的门应采用**乙级防火门**。⑥避难走道内应设置消火栓、消防应急照明、应急广播和消防专线电话。

第四节 疏散楼梯与楼梯间

一、疏散楼梯间的一般要求【S2060401】

①楼梯间应能**天然采光**和**自然通风**，并宜靠外墙设置。靠外墙设置时，楼梯间及合用前室的窗口与两侧门、窗、洞口最近边缘之间的水平距离不应小于 1.0m。②楼梯间内不应设置烧水间、可燃材料储藏室。③封闭楼梯间、防烟楼梯间及其前室，不应设置卷帘。④楼梯间内不应有影响疏散的凸出物或其他障碍物。⑤楼梯间内**不应敷设**或**穿越**甲、乙、丙类液体的**管道**。公共建筑的楼梯间内不应敷设或穿越可燃气体管道。居住建筑的楼梯间内不宜敷设或穿越可燃气体管道，不宜设置可燃气体计量表；当必须设置时，应采用金属配管和设置切断气源的装置等保护措施。⑥除通向避难层错位的疏散楼梯外，建筑中的疏散楼梯间在各层的平面位置不应改变。⑦用作丁、戊类厂房内第二安全出口的楼梯可采用金属梯，但净宽度不应小于 0.90m，倾斜角度不应大于 45°。丁、戊类高层厂房，当每层工作平台上的人数不超过 2 人且各层工作平台上同时工作的人数总和不超过 10 人时，其疏散楼梯可采用敞开楼梯或利用净宽度不小于 0.90m、倾斜角度不大于 60°的金属梯。⑧疏散用楼梯和疏散通道上的阶梯不宜采用螺旋楼梯和扇形踏步。必须采用时，踏步上、下两级所形成的平面角度不应大于 10°，且每级离扶手 250mm 处的踏步深度不应小于 220mm。⑨除住宅建筑套内的自用楼梯外，地下、半地下室与地上层不应共用楼梯间，必须共用楼梯间时，在首层应采用耐火极限不低于 2.00h 的不燃烧体隔墙和乙级防火门将地下、半地下部分与地上部分的连通部位完全分隔，并应有明显标志。

二、封闭楼梯间设置要求【S2060402】

封闭楼梯间是指设有能阻挡烟气的**双向弹簧门**或**乙级防火门**的楼梯间。封闭楼梯间有墙和门与走道分隔，比敞开楼梯间安全。但因其只设有一道门，在火灾情况下人员进行疏散时难以保证不使烟气进入楼梯间，所以应对封闭楼梯间的使用范围加以限制。

（1）多层公共建筑的疏散楼梯，除与敞开式外廊直接相连的楼梯间外，均应采用**封闭楼梯间**。具体如下：①医疗建筑、旅馆、老年人建筑；②设置歌舞娱乐放映游艺场所的建筑；③商店、图书馆、展览建筑、会议中心及类似使用功能的建筑；④6 层及以上的其他建筑。

高层建筑的裙房、建筑高度不超过 32m 的二类高层建筑、建筑高度大于 21m 且不大于 33m 的住宅建筑，其疏散楼梯间应采用封闭楼梯间。当住宅建筑的户门为乙级防火门时，可不设置封闭楼梯间。高层厂房和甲、乙、丙类多层厂房的疏散楼梯应采用**封闭楼梯间或室外梯**。

（2）**封闭楼梯间**除应满足楼梯间的设置要求外，还应满足以下几方面：①不能自然通风或自然通风不能满足要求时，应设置机械加压送风系统或采用防烟楼梯间。②除楼梯间的出入口和外窗外，楼梯间的墙上不应开设其他门、窗、洞口。③高层建筑、人员密集的公共建筑、人员密集的多层丙类厂房，以及甲、乙类厂房，其封闭楼梯间的门应采用乙级防火门，并应向疏散方向开启；其他建筑可采用双向弹簧门。④楼梯间的首层可将走道和门厅等包括在楼梯间内形成扩大的封闭楼梯间，但应采用乙级防火门等与其他走道和房间分隔。

三、防烟楼梯间的概念及分类【S2060403】

防烟楼梯间是指在楼梯间入口处设有前室或阳台、凹廊，通向前室、阳台、凹廊和楼梯间的门均为防火门以防止火灾的烟和热进入楼梯间。防烟楼梯间设有**两道防火门和防排烟设施**，发生火灾时能作为安全疏散通道，是高层建筑中常用的楼梯间形式。防烟楼梯间的类型如下：

（1）带**阳台**或**凹廊**的防烟楼梯间。带开敞阳台或凹廊的防烟楼梯间的特点是以阳台或凹廊作为前室，疏散人员须通过开敞的前室和两道防火门才能进入楼梯间内。

（2）带**前室**的防烟楼梯间主要有：①利用**自然排烟**的防烟楼梯间。在平面布置时，设靠外墙的前室，并在外墙上设有开启面积不小于 $2m^2$ 的窗户，平时可以是关闭状态，但发生火灾时窗户应全部开启。由走道进入前室和由前室进入楼梯间的门必须是乙级防火门，平时及火灾时乙级防火门处于关闭状态。②采用**机械防烟**的楼梯间。楼梯间位于建筑物的内部，为防止火灾时烟气侵入，采用机械加压方式进行防烟。加压方式有仅给楼梯间加压、分别对楼梯间和前室加压以及仅对前室或合用前室加压等不同方式。

四、防烟楼梯间的设置范围及设置要求【S2060404】

（1）应设置防烟楼梯间的情况如下：①**一类高层建筑**及建筑高度**大于 32m** 的**二类高层建筑**；②建筑高度**大于 33m** 的住宅建筑；③建筑高度**大于 32m** 且任一层人数**超过 10 人**的高层厂房；④当地下层数为 **3 层**及 **3 层以上**，以及地下室内地面与室外出入口地坪高差**大于 10m** 时。

（2）防烟楼梯间除应满足疏散楼梯的设置要求外，还应满足以下要求：①当不能天然采光和自然通风时，楼梯间应按规定设置防烟设施。②在楼梯间入口处应设置防烟前室、开敞式阳台或凹廊等。前室可与消防电梯间的前室合用。③前室的使用面积：公共建筑不应小于 $6.0m^2$，住宅建筑不应小于 $4.5m^2$。合用前室的使用面积：公共建筑、高层厂房以及高层仓库不应小于 $10.0m^2$，住宅建筑不应小于 $6.0m^2$。④疏散走道通向前室以及前室通向楼梯间的门应采用乙级防火门，并应向疏散方向开启。⑤除楼梯间和前室的出入口、楼梯间和前室内设置的正压送风口和住宅建筑的楼梯间前室外，防烟楼梯间及其前室的内墙上不应开设其他门窗洞口。⑥楼梯间的首层可将走道和门厅等包括在楼梯间前室内，形成扩大的前室，但应采用乙级防火门等与其他走道和房间分隔。

五、室外疏散楼梯的适用范围及使用规定【S2060405】

室外楼梯适用于以下范围：**甲、乙、丙类厂房**；建筑高度**大于 32m** 且任一层人数**超过 10 人**的厂房；**辅助防烟楼梯**。室外楼梯作为疏散楼梯应符合下列规定：①栏杆扶手的高度不应小于1.1m，楼梯净宽度不应小于0.9m。②倾斜度不应大于45°。③楼梯和疏散出口平台均应采用不燃材料制作。平台耐火极限不应低于1.00h，楼梯段耐火极限不应低于0.25h。④通向室外楼梯的门宜采用乙级防火门，并应向室外开启；门开启时不得占用楼梯平台的有效宽度。⑤除疏散门外，楼梯周围2.0m内的墙面上不应设置其他门、窗、洞口，疏散门不应正对楼梯段。⑥高度大于10m的三级耐火等级建筑应设置通至屋顶的室外消防梯。室外消防梯不应面对老虎窗，宽度不应小于0.6m，且宜从距地面3.0m高处设置。

六、剪刀楼梯的概念、特点及防火措施【S2060406】

剪刀楼梯，又称叠合楼梯或套梯，是在同一个楼梯间内设置了一对既相互交叉、又相互隔绝的疏散楼梯。剪刀楼梯在每层楼层之间的梯段一般为单跑梯段。剪刀楼梯的特点是同一个楼梯间内设有**两部疏散楼梯**，并构成两个出口，有利于在较为狭窄的空间内组织**双向疏散**。

剪刀楼梯的两条疏散通道是处在同一空间内，只要有一个出口进烟，就会使整个楼梯间充满烟气，影响人员的安全疏散，为防止出现这种情况应采取下列防火措施：①剪刀楼梯应具有良好的防火、防烟能力，应采用防烟楼梯间，并分别设置**前室**。②为确保剪刀楼梯两条疏散通道的功能，其梯段之间应设置耐火极限**不低于1.00h**的实体墙分隔。③楼梯间内的加压送风系统**不应合用**。

第五节 避难层（间）

一、避难层的概念及相关要求【S2060501】

封闭式避难层周围设有耐火的围护结构（外墙、楼板），室内设有独立的空调和防排烟系统，如在外墙上开设窗口时，应采用防火窗。

（1）建筑高度**超过100m**的公共建筑和住宅建筑应设置避难层。避难层（间）的净面积应能满足设计避难人数避难的要求，可按5人/m^2计算。

（2）根据目前国内主要配备的50m高云梯车的操作要求，规范规定从首层到第一个避难层之间的高度不应大于50m，两个避难层之间的高度**不应大于50m**。

（3）避难层的**防火构造**要求如下：①为保证避难层具有较长时间抵抗火烧的能力，避难层的楼板宜采用现浇钢筋混凝土楼板，其耐火极限不应低于2.00h。②为保证避难层下部楼层起火时不致使避难层地面温度过高，在楼板上宜设隔热层。③避难层四周的墙体及避难层内的隔墙，其耐火极限不应低于1.00h，隔墙上的门应采用甲级防火门。④避难层可与设备层结合布置。在设计时应注意的是，各种设备、管道竖井应集中布置，分隔成间，既方便设备的维护管理，又可使避难层的面积完整。易燃、可燃液体或气体管道，排烟管道应集中布置，并采用防火墙与避难区分隔；管道井、设备间应采用耐火极限不低于2.00h的防火隔墙与避难区分隔，管道井和设备间的门不应直接开向避难区；确需直接开向避难区时，与避难区出入口的距离不应小于5m，且应采用甲级防火门。

（4）避难层的**安全疏散**。为保证避难层在建筑物起火时能正常发挥作用，避难层应至少有两个不同的疏散方向可供疏散。通向避难层的疏散楼梯应在避难层分隔、同层错位或上下层断开。同时，上、下层楼梯间不能相互贯通，减弱了楼梯间的“烟囱”效应。楼梯间的门宜向避难层开启，在避难层进入楼梯间的入口处应设置明显的指示标志。避难层应设**应急照明**，其供电时间不应小于 1.00h，照度不应低于 1.00lx。除避难间外，避难层应设置消防电梯出口。消防电梯是供消防人员灭火和救援使用的设施，在避难层必须停靠；而普通电梯因不能阻挡烟气进入，则严禁在避难层开设电梯门。

（5）**通风与防排烟系统**。避难层应设置直接对外的可开启窗口或独立的机械防烟设施，外窗应采用乙级防火窗。

（6）**灭火设施**。

（7）**消防专线电话和应急广播设备**。

二、避难间的设置要求【S2060502】

高层病房楼应在二层及以上各楼层和洁净手术部设置避难间。避难间应符合下列规定：①避难间服务的护理单元不应超过 2 个，其净面积应按每个护理单元不小于 25.0m^2 确定。②避难间兼作其他用途时，应保证人员的避难安全，且不得减少可供避难的净面积。③应靠近楼梯间，并应采用耐火极限不低于 2.00h 的防火隔墙和甲级防火门与其他部位分隔。④应设置消防专线电话和消防应急广播。⑤避难间的入口处应设置明显的指示标志。⑥应设置直接对外的可开启窗口或独立的机械防烟设施，外窗应采用乙级防火窗或耐火完整性不低于 1.00h 的 C 类防火窗。

建筑高度**大于 54m** 的**住宅建筑**，每户应有一间房间靠外墙设置，并应设置可开启外窗；其内、外墙体的耐火极限不应低于 1.00h；该房间的门宜采用乙级防火门，窗宜采用乙级防火窗或耐火完整性不低于 1.00h 的 C 类防火窗。

第六节　逃生疏散辅助设施

一、应急照明的设置场所及要求【S2060601】

（1）应急照明**设置场所**。除单、多层住宅外，民用建筑、厂房和丙类仓库应设置疏散应急照明灯具的部位主要有以下几处：①封闭楼梯间、防烟楼梯间及其前室、消防电梯间的前室或合用前室和避难层（间）。②消防控制室、消防水泵房、自备发电机房、配电室、防烟与排烟机房以及发生火灾时仍需正常工作的其他房间。③观众厅、展览厅、多功能厅和建筑面积超过 200m^2 的营业厅、餐厅、演播室等人员密集的场所。④建筑面积超过 100m^2 的地下、半地下公共活动场所。⑤公共建筑中的疏散走道。⑥人员密集厂房内的生产场所及疏散走道。

（2）应急照明设置要求主要有：①建筑内消防应急照明灯具的**照度**应符合下列规定：疏散走道的地面最低水平照度不应低于 1.0lx。人员密集场所、避难层（间）内的地面最低水平照度不应低于 3.0lx；对于病房楼或手术部的避难间，不应低于 10.0lx。楼梯间、前室或合用前室、避难走道的地面最低水平照度不应低于 5.0lx。消防控制室、消防水泵房、自备发电机房、配电室、防烟与排烟机房，以及发生火灾时仍需正常工作的其他房间的消防应急照明，仍应保证正常照明的照度。②消防应急照明灯具宜设置在墙面的上部、顶棚上或出口的顶部。

（3）**应急照明和疏散指示标志的共同要求**有以下两点：①应急照明灯和灯光疏散指示标志，应设玻璃或其他不燃烧材料制作的保护罩。②应急照明和疏散指示标志备用电源的连续供电时间，对于高度超过100m的民用建筑不应少于1.5h；对于医疗建筑、老年人建筑、总建筑面积大于100000m^{2}的公共建筑和总建筑面积大于20000m^{2}的地下、半地下建筑不应少于1.0h；对于其他建筑不应少于0.5h。

二、疏散指示标志设置场所与要求【S2060602】

（1）疏散指示标志**设置场所**如下：①公共建筑、建筑高度大于54m的住宅建筑，高层厂房（仓库）及甲、乙、丙类单、多层厂房，应沿疏散走道和在安全出口、人员密集场所的疏散门的正上方设置灯光疏散指示标志。②下列建筑或场所应在其内疏散走道和主要疏散路线的地面上增设能保持视觉连续的灯光疏散指示标志或蓄光疏散指示标志：总建筑面积超过8000m^{2}的展览建筑；总建筑面积超过5000m^{2}的地上商店；总建筑面积超过500m^{2}的地下、半地下商店；歌舞娱乐放映游艺场所；座位数超过1500个的电影院、剧院，座位数超过3000个的体育馆、会堂或礼堂。

（2）疏散指示标志设置要求如下：①安全出口和疏散门的正上方应采用“安全出口”作为指示标志。②沿疏散走道设置的灯光疏散指示标志，应设置在疏散走道及其转角处距地面**高度1.0m以下**的墙面上，且灯光疏散指示标志间距不应大于20.0m；对于**袋形走道**，不应大于10.0m；在**走道转角区**，不应大于1.0m。

三、避难袋的构造及适用范围【S2060603】

避难袋的构造有**3层**：最外层由**玻璃纤维**制成，可耐800℃的高温；第二层为**弹性制动层**，束缚下滑的人体和控制下滑的速度；内层张力大而柔软，使人体以舒适的速度向下滑降。

避难袋可用在建筑物内部，也可用于建筑物外部。用于建筑内部时，避难袋设于防火竖井内，人员打开防火门进入按层分段设置的袋中，即可滑到下一层或下几层。用于建筑外部时，装设在低层建筑窗口处的固定设施内，失火后将其取出向窗外打开，通过避难袋滑到室外地面。

四、缓降器定义及组成【S2060604】

缓降器是高层建筑的下滑自救器具。缓降器由摩擦棒、套筒、自救绳和绳盒等组成，无需其他动力，通过制动机构控制缓降绳索的下降速度，让使用者在保持一定速度平衡的前提下，安全地缓降至地面。有的缓降器用阻燃套袋替代传统的安全带，这种阻燃套袋可以将逃生人员（包括头部在内）的全身保护起来，以阻挡热辐射，并降低逃生人员下视地面的恐高心理。缓降器根据自救绳的**长度**分为**3种规格**：绳长为**38m**的缓降器适用于**6～10层**；绳长为53m的缓降器适用于**11～16层**；绳长为74m的缓降器适用于**16～20层**。

五、避难滑梯的概念【S2060605】

避难滑梯是一种非常适合病房楼建筑的辅助疏散设施。当发生火灾时，病房楼中的伤病员、孕妇等行动缓慢的病人可在医护人员的帮助下，由外连通阳台进入避难滑梯，靠重力下滑到室外地面或安全区域从而逃生。

六、室外疏散救援舱的作用【S2060606】

室外疏散救援舱由平时折叠存放在屋顶的一个或多个**逃生救援舱**和外墙安装的**齿轨**两部分组成。火灾时专业人员用安装在屋顶的绞车将展开后的逃生救援舱引入建筑外墙安装的滑轨。逃生救援舱可以同时与多个楼层走道的窗口对接，将高层建筑内的被困人员送到地面，在上升时又可将消防队员等应急救援人员送到建筑内。

七、缩放式滑道作用【S2060607】

采用耐磨、阻燃的尼龙材料和高强度金属圈骨架制作成的**缩放式滑道**，平时折叠存放在高层建筑的顶楼或其他楼层。火灾时可打开释放到地面，并将末端固定在地面事先确定的锚固点，被困人员依次进入后滑降到地面。紧急情况下，也可以用云梯车在贴近高层建筑被困人员所处的窗口展开，甚至可以用直升机投放到高层建筑的屋顶，由消防人员展开后疏散屋顶的被困人员。

第七章 建筑电气防火

第一节 电气线路防火

一、电线电缆导体材料的选择【S2070101】

电线电缆导体材料的选择要求如下：①**固定敷设**的供电线路宜选用**铜芯线缆**。②重要电源、重要的操作回路及二次回路、电动机的励磁回路等需要确保长期运行在连接可靠条件下的回路；移动设备的线路及振动场所的线路，对铝有腐蚀的环境；高温环境、潮湿环境、爆炸及火灾危险环境；工业及市政工程等场所**不应**选用**铝芯线缆**。③非熟练人员容易接触的线路，如公共建筑与居住建筑，线芯截面面积为**$6mm^2$ 及以下**的线缆**不宜**选用**铝芯线缆**。④对铜有腐蚀而对铝腐蚀相对较轻的环境、氨压缩机房等场所应选用**铝芯线缆**。

二、电线电缆分类及适用场所【S2070102】

（1）**普通电线电缆**。**普通聚氯乙烯电线电缆**的适用温度范围为**-15～60℃**，使用场所的环境温度超出该范围时，应采用特种聚氯乙烯电线电缆；普通聚氯乙烯电线电缆在燃烧时会散发有毒烟气，不适用于地下客运设施、地下商业区、高层建筑和重要公共设施等人员密集场所。**交联聚氯乙烯（XLPE）电线电缆**不具备阻燃性能，但燃烧时不会产生大量有毒烟气，适用于有“清洁”要求的工业与民用建筑。**橡胶电线电缆**的弯曲性能较好，能够在严寒气候下敷设，适用于水平高差大和垂直敷设的场所；橡胶电线电缆适用于移动式电气设备的供电线路。

（2）**阻燃电线电缆**。阻燃电缆是指在规定试验条件下被燃烧，能使火焰蔓延仅在限定范围内，撤去火源后，残焰和残灼能在限定时间内自行熄灭的电缆。阻燃电缆按燃烧时的**烟气特性**可分为**一般阻燃电缆**、**低烟低卤阻燃电缆**和**无卤阻燃电缆**三大类。电线电缆成束敷设时，应采用阻燃型电线电缆。当电缆在桥架内敷设时，应考虑在将来增加电缆时，也能符合阻燃等级，宜按近期敷设电缆的非金属材料体积预留20%裕量。电线在槽盒内敷设时，也宜按此原则来选择阻燃等级。在同一通道中敷设的电缆应选用同一阻燃等级的电缆。阻燃和非阻燃电缆也不宜在同一通道内敷设。非同一设备的电力与控制电缆若在同一通道时，宜互相隔离。直埋地电缆、直埋入建筑孔洞或砌体的电缆及穿管敷设的电线电缆，可选用普通型电线电缆。敷设在有盖槽盒、有盖板的电缆沟中的电缆若已采取封堵、阻水、隔离等防止延燃的措施，可降低一级阻燃要求。

（3）**耐火电线电缆**。耐火电线电缆是指规定试验条件下，在火焰中被燃烧一定时间内能保持正常运行特性的电缆。耐火电缆按**绝缘材质**可分为**有机型**和**无机型**两种。有机型主要是采用耐800℃高温的云母带以50%的重叠搭盖率包覆两层作为耐火层；外部采用聚氯乙烯或交联聚乙烯为绝缘，若同时要求阻燃，只要绝缘材料选用阻燃型材料即可。有机型耐火电缆加入隔氧层后，可以耐受950℃高温。无机型是矿物绝缘电缆。它是采用氧化镁作为绝缘材料、铜管作为护套的电缆，国际上称为MI电缆。耐火电线电缆主要适用于在火灾时仍需要保持正常运行的线路。

三、电线电缆截面面积的选型原则【S2070103】

电线电缆截面面积的选型原则应符合下列规定：①通过负载电流时，线芯温度不超过电线电缆绝缘所允许的长期工作温度。②通过短路电流时，不超过所允许的短路强度，高压电缆要校验热稳定性，母线要校验动、热稳定性。③电压损失在允许范围内。④满足机械强度的要求。⑤低压电线电缆应符合负载保护的要求，TNT系统中还应保证在接地故障时保护电器能断开电路。

四、电气线路的保护措施【S2070104】

低压配电线路保护措施如下：①**短路保护**。短路保护装置应保证在短路电流在导体和连接件中产生的热效应和机械力造成危害之前分断该短路电流。②**过载**保护。保护电器应在过载电流引起的导体升温对导体的绝缘、接头、端子或导体周围的物质造成损害之前分断过载电流。③**接地故障**保护。当发生带电导体与外露可导电部分、装置外可导电部分、PE线、PEN线、大地等之间的接地故障时，保护电器必须切断该故障电路。接地故障保护电器的选择应根据配电系统的接地形式、电气设备使用特点及导体截面面积等确定。TN系统的接地保护方式具体有：当灵敏性符合要求时，采用短路保护兼作接地故障保护。零序电流保护模式适用于TN-C、TN-C-S、TN-S系统，不适用于谐波电流大的配电系统。剩余电流保护模式适用于TN-S系统，不适用于TN-C系统。

第二节 用电设备防火

一、电气照明灯具的选型【S2070201】

灯具的选型应符合国家现行相关标准的有关规定，既要满足使用功能和照明质量的要求，又要满足防火安全的要求。①火灾危险场所应选用**闭合型**、**封闭型**、**密闭型**灯具（灯具的具体选型见《消防安全技术实务》表2-7-1）。火灾危险环境根据火灾事故发生的可能性和后果、危险程度和物质状态的不同，分为下列3类区域：**A区**：具有闪点高于环境温度的可燃液体，且其数量和配置能引起火灾危险的环境（H-1级场所）。**B区**：具有悬浮状、堆积状的可燃粉尘或可燃纤维，虽不能形成爆炸混合物，但在数量和配置上能引起火灾危险的环境（H-2级场所）。**C区**：具有固体状可燃物质，其数量和配置上能引起火灾危险的环境（H-3级场所）。②爆炸危险场所应选用**防爆型**、**隔爆型**灯具（灯具的具体选型见《消防安全技术实务》表2-7-2）。③有腐蚀性气体及特别潮湿的场所，应采用**密闭型**灯具，灯具的各种部件还应进行防腐处理。④潮湿的厂房内和户外可采用**封闭型**灯具，亦可采用有防水灯座的开启型灯具。⑤可能直接受外来机械损伤的场所以及移动式和携带式灯具，应采用有**保护网（罩）**的灯具。⑥振动场所的灯具应具有**防振措施**。⑦有火灾危险和爆炸危险场所的电气照明开关、接线盒、配电盘等，其防护等级也不应低于《消防安全技术实务》表2-7-1及表2-7-2的要求。⑧人防工程内的潮湿场所应采用防潮型灯具；柴油发电机房的储油间、蓄电池室等房间应采用**密闭型**灯具；可燃物品库房**不应设置卤钨灯**等高温照明灯具。

二、照明灯具的设置要求【S2070202】

照明灯具的设置要求如下：①在连续出现或长期出现气体混合物的场所和连续出现或长期出现爆炸性粉尘混合物的场所选用定型照明灯具有困难时，可将开启型照明灯具做成**嵌墙式壁龛灯**，检修门应向墙外开启，并保证通风良好；向室外照射的一面应有双层玻璃严密封闭，其中至少有一层必须是高强度玻璃，安装位置不应设在门、窗及排风口的正上方，距门框、窗框的水平距离应不小于3m，距排风口水平距离应不小于5m。②照明与动力合用一电源时，应有各自的分支回路，所有照明线路均应有短路保护装置。配电盘盘后接线要尽量减少接头；接头应采用锡钎焊焊接并应用绝缘布包好。金属盘面还应有良好接地。③照明电压一般采用220V；携带式照明灯具（俗称行灯）的供电电压不应超过36V；如在金属容器内及特别潮湿场所内作业，行灯电压不得超过12V。36V以下照明供电变压器**严禁**使用**自耦变压器**。④36V以下和220V以上的电源插座应有明显区别，低压插头应无法插入较高电压的插座内。⑤每一照明单相分支回路的电流不宜超过16A，所接光源数不宜超过25个；连接建筑组合灯具时，回路电流不宜超过25A，光源数不宜过超过60个；连接高强度气体放电灯的单相分支回路的电流不应超过30A。⑥插座不宜和照明灯接在同一分支回路上。⑦各种零件必须符合电压、电流等级，不得过电压、过电流使用。⑧明装吸顶灯具采用木制底台时，应在灯具与底台中间铺垫石板或石棉布。附带镇流器的各式荧光吸顶灯，应在灯具与可燃材料之间加垫瓷夹板隔热，禁止直接安装在可燃吊顶上。⑨可燃吊顶上所有暗装、明装灯具、舞台暗装彩灯、舞池脚灯的电源导线，均应穿钢管敷设。⑩舞台暗装彩灯泡、舞池脚灯彩灯灯泡的功率均宜在40W以下，最大不应超过60W。彩灯之间导线应焊接，所有导线不应与可燃材料直接接触。⑪各种零件必须符合电压、电流等级，不得过电压、过电流使用。

三、电气装置防火类型及要求【S2070203】

电气装置是指相关电气设备的组合，具有为实现特定目的所需的相互协调的特性。

（1）**开关**防火。开关应设在开关箱内，开关箱应加盖。木质开关箱的内表面应覆以白铁皮，以防起火时蔓延。开关箱应设在干燥处，不应安装在易燃、受振、潮湿、高温、多尘的场所。

（2）**熔断器**防火。选用熔断器的熔丝时，熔丝的额定电流应与被保护的设备相适应，且不应大于熔断器、电度表等的额定电流。一般应在电源进线、线路分支和导线截面面积改变的地方安装熔断器，尽量使每段线路都能得到可靠的保护。为避免熔体爆断时引起周围可燃物燃烧，熔断器宜装在具有火灾危险厂房的外边，否则应加密封外壳，并远离可燃建筑物件。

（3）**继电器**防火。继电器在选用时，除线圈电压、电流应满足要求外，还应考虑被控对象的延误时间、脱扣电流倍数、触点个数等因素。继电器要安装在少振、少尘、干燥的场所，现场严禁有易燃、易爆物品存在。

（4）**接触器**防火。接触器技术参数应符合实际使用要求，接触器一般应安装在干燥、少尘的控制箱内，其灭弧装置不能随意拆开，以免损坏。

（5）**启动器**防火。启动器起火，主要是由于分断电路时接触部位的电弧飞溅，以及接触部位的接触电阻过大而产生的高温烧毁开关设备并引燃可燃物，因此启动器附近严禁有易燃、易爆物品存在。

（6）**剩余电流保护装置**防火。应按使用要求及规定位置进行选择和安装，以免影响动作性能；在安装带有短路保护的剩余电流保护装置时，必须保证在电弧喷出方向有足够的飞弧距离。应注意剩余电流保护装置的工作条件，在高温、低温、高湿、多尘以及有腐蚀性气体的环境中使用时，应采取必要的辅助保护措施。接线时应注意分清负载侧与电源侧，应按规定接线，切忌接反。注意分清主电路与辅助电路的接线端子，不能接错。注意区分中性线和保护线。

（7）**低压配电柜**防火。配电柜应固定安装在干燥清洁的地方，以便于操作和确保安全。配电柜上的电气设备应根据电压等级、负荷容量、用电场所和防火要求等进行设计或选定。配电柜中配线应采用绝缘导线和合适的截面面积。配电柜的金属支架和电气设备的金属外壳，必须进行保护接地或接零。

四、电动机的火灾原因【S2070204】

电动机的具体火灾原因有以下八个方面：①**过载**。当电动机所带机械负载超过额定负载或者电源电压过低时，会造成绕组电流增加，绕组和铁心温度上升，严重时会引发火灾。②**断相运行**。处于运转中的三相异步电动机，如果因电源断相、接触不良、内部绕组断路等原因而造成断相，电动机虽然还能运转，但由于绕组电流会增大以致烧毁电动机也会引发火灾。③**接触不良**。电动机运转时如果电源线、电源引线、绕组等电气连接点处接触不良，就会造成接触电阻过大而发热或者产生电弧，严重时可引燃电动机内可燃物进而引发火灾。④**绝缘损坏**。由于长期过载使用、受潮湿环境或腐蚀性气体侵蚀、金属异物掉入机壳内、频繁启动、雷击或瞬间过电压等原因，造成电动机绕组绝缘损坏或绝缘能力降低，形成相间和匝间短路，因而引发火灾。⑤**机械摩擦**。当电动机轴承损坏时，摩擦增大，出现局部过热现象，当温度达到一定程度时，会引燃周围可燃物质引发火灾。⑥**选型不当**。应根据不同的使用场所选择不同类型的电动机，如果在易燃易爆场所使用了一般防护式电动机，则当电动机发生故障时，产生的高温或火花可引燃可燃或可爆炸物质，引发火灾或者爆炸。⑦**铁心消耗过大**。电动机运行时，定子和转子铁心内部、外壳产生涡流、磁滞等都会形成一定的损耗，这部分损耗称为铁损。如果电动机铁心的硅钢片由于质量、规格、绝缘强度等不符合要求，会使涡流损耗过大而造成铁心发热和绕组过载，严重时可引发火灾。⑧**接地不良**。当电动机绕组对发生短路时，如果接地保护不良会导致电动机外壳带电，一方面可引起人身触电事故，另一方面致使机壳发热，严重时还会因引燃周围可燃物而引发火灾。

五、电动机的火灾预防措施【S2070205】

（1）合理选择**功率和形式**。

（2）合理选择**启动方式**。三相异步电动机的启动方式包括**直接启动**、**减压启动**两种。其中，直接启动适用于功率较小的异步电动机；减压启动包括星-三角形启动、定子串电阻启动、自耦变压器启动、软启动器启动、变频器启动等，适用于各种功率的电动机。

（3）**正确安装**电动机。电动机应安装在不燃材料制成的机座上，电动机机座的基础与建筑物或其他设备之间应留出距离不小于 1m 的通道。电动机与墙壁之间，或成列装设的电动机一侧已有通道时，另一侧的净距离应不小于 0.3m。电动机与其他设备的裸露带电部分的距离应不小于 1m。

电动机及联动机械至开关的通道应保持畅通，急停按钮应设置在便于操作的地方，以便于紧急事故时的处置。电动机及电源线管均应有牢固的保护接地，电源线靠近电动机一端必须用金属软管或塑料套管保护，保护管与电源线之间必须用夹头扎牢并固定，另一端要与电动机进线盒牢固连接并做固定支点。电动机附近严禁堆放可燃物，附近地面不应有油渍、油棉纱等易燃物。

（4）应设置符合要求的**保护装置**。

（5）启动符合**规范要求**。电动机启动前应按照规程进行试验和外观检查。所有试验应符合要求，机械及电动机部分应完好无异状。电动机的**绝缘电阻**应符合要求，380V 及以下电动机的绝缘电阻不应小于 0.5MΩ，6kV 高压绝缘电阻应不小于 6MΩ。电动机不允许频繁启动，**冷态下**启动次数**不应超过 5 次**，**热态下**启动次数**不应超过 2 次**。

（6）加强**运行监视**。电动机在运行中应对电流、电压、温升、声音、振动、传动装置的状况等进行严格监视，当上述参数超出允许值或出现异常时，应立即停止运行，检查原因，排除故障。

（7）加强电动机的**运行维护**。

第八章　建筑防爆

第一节　建筑防爆基本原则和措施

一、建筑防爆原则【S2080101】

根据物质燃烧爆炸原理，防止发生火灾爆炸事故的基本原则是：控制可燃物和助燃物**浓度**、**温度**、**压力**及**混触条件**，避免物料处于燃爆的危险状态；消除一切足以引起起火爆炸的**点火源**；采取各种**阻隔手段**，阻止火灾爆炸事故的扩大。

二、建筑防爆措施【S2080102】

(1) **预防性技术措施**主要有以下两个方面：①排除能引起爆炸的各类**可燃物质**；②消除或控制能引起爆炸的各种**火源**。

(2) **减轻性技术措施**主要有三个方面：①采取**泄压措施**；②采用抗爆性能良好的**建筑结构体系**；③采取合理的**建筑布置**。

第二节　爆炸危险性厂房、库房的布置

一、爆炸危险区域的划分【S2080201】

(1) 爆炸性**气体环境**的危险区域划分。爆炸性气体、可燃蒸气与空气混合形成爆炸性气体混合物的环境，按其出现的频繁程度和持续时间可分为以下 3 个区域等级。①**0 级区域**（简称 0 区）。在正常运行情况下，爆炸性气体混合物**连续**出现或**长期**出现的环境。正常运行是指正常的开车、运转、停车，可燃物质产品的装卸，密闭容器盖的开闭，安全阀、排放阀以及所有工厂设备都在其设计参数范围内工作的状态。非正常运行情况是指有可能发生设备故障或误操作的情况。②**1 级区域**（简称 1 区）。在正常运行时**可能**出现爆炸性气体混合物的环境。③**2 级区域**（简称 2 区）。在正常运行时**不太可能**出现爆炸性气体混合物的环境，或即使出现也仅是短时存在的爆炸性气体混合物的环境。

(2) 爆炸性**粉尘环境**的危险区域划分。爆炸性粉尘环境应根据爆炸性粉尘混合物出现的频繁程度和持续时间，按下列规定进行分区：①**20 区**。空气中的可燃性粉尘云**持续地、长期地、频繁地**出现于爆炸性环境中。②**21 区**。在正常运行时，空气中的可燃性粉尘云**很可能偶尔**出现于爆炸性环境中。③**22 区**。在正常运行时，空气中的可燃粉尘云**一般不可能**出现于爆炸性粉尘环境中，即使出现，持续时间也是短暂的。

二、爆炸危险区域的范围【S2080202】

（1）爆炸性气体环境爆炸危险区域的范围划分应按**释放源级别**和**通风条件**确定，并应符合下列规定：

1）按释放源的级别划分可分为：①存在**连续级释放源**的区域可划为**0区**。连续级释放源是指连续释放或预计长期释放的释放源。可划为连续级释放源的情况有：没有用惰性气体覆盖的固定顶盖储罐中的可燃液体的表面；油、水分离器等直接与空间接触的可燃液体的表面；经常或长期向空间释放可燃气体或可燃液体的蒸气的排气孔和其他孔口。②存在**一级释放源**的区域可划为**1区**。一级释放源是指在正常运行时，预计可能周期性或偶尔释放的释放源。可划为一级释放源的情况有：在正常运行时，会释放可燃物质的泵、压缩机和阀门等的密封处；储存有可燃液体的容器上的排水口处，在正常运行中，当水排掉时，该处可能会向空间中释放可燃物质；正常运行时，会向空间中释放可燃物质的取样点；正常运行时，会向空间中释放可燃物质的泄压阀、排气口和其他孔口。③存在**二级释放源**的区域可划为**2区**。二级释放源是指在正常运行时，预计不会释放，当出现释放时，仅是偶尔和短期释放的释放源。可划为二级释放源的情况有：正常运行时不能释放可燃物质的泵、压缩机和阀门的密封处；正常运行时不能释放可燃物质的法兰、连接件和管道接头；正常运行时不能向空间释放可燃物质的安全阀、排气孔和其他孔口处；正常运行时不能向空间释放可燃物质的取样点。

2）根据通风条件调整区域。根据通风条件调整爆炸危险区域划分，应遵循以下原则：①当通风良好时，应降低爆炸危险区域等级（爆炸危险区域内的通风，其空气流量能使可燃物质很快稀释到爆炸下限值的**25%以下**时，可定为通风良好）；当通风不良时，应提高爆炸危险区域等级。②局部机械通风在降低爆炸性气体混合物浓度方面比自然通风和一般机械通风更为有效时，可采用**局部机械通风**降低爆炸危险区域等级。③在**障碍物**、**凹坑**和**死角**处，应局部提高爆炸危险区域等级。④利用堤或墙等障碍物，限制比空气重的爆炸性气体混合物的扩散，可缩小爆炸危险区域的范围。

（2）爆炸性**粉尘**环境，其危险区域的范围应按**爆炸性粉尘的量**、**爆炸极限**和**通风条件**确定。

三、爆炸危险性厂房、库房的总平面布局要求【S2080203】

生产的火灾危险性和储存物品的火灾危险性分为**甲**、**乙**、**丙**、**丁**、**戊类**。①有爆炸危险的甲、乙类厂房、库房宜**独立**设置，并宜采用敞开或半敞开式，其承重结构宜采用钢筋混凝土或钢框架、排架结构。②有爆炸危险的厂房、库房与周围建筑物、构筑物应保持一定的**防火间距**。如甲类厂房与民用建筑的防火间距**不应小于25m**，与高层建筑、重要公共建筑的防火间距**不应小于50m**，与明火或散发火花地点的防火间距**不应小于30m**。甲类库房与高层建筑、重要公共建筑物的防火间距**不应小于50m**，与其他民用建筑（裙房，单、多层）和明火或散发火花地点的防火间距按其储存物品性质不同为**25～40m**。③有爆炸危险的厂房平面布置最好采用**矩形**，与主导风向应垂直或夹角**不小于45°**，以有效利用穿堂风吹散爆炸性气体，在山区宜布置在迎风山坡一面且通风良好的地方。④防爆厂房宜**单独**设置，如必须与非防爆厂房贴邻时，只能一面贴邻，并在两者之间用防火墙或防爆墙隔开。相邻两个厂房之间不应直接有门相通，以避免爆炸冲击波的影响。

四、爆炸危险性厂房、库房的平面和空间布置要求【S2080204】

（1）**地下、半地下室**。甲、乙类生产场所和甲、乙类仓库不应设置在地下或半地下。

（2）**中间仓库**。存放原材料、半成品、辅助材料的场所称为中间仓库。①厂房内设置甲、乙类中间仓库时，其储量**不宜超过一昼夜**的需要量。对易燃、易爆的甲、乙类物品需用量较少的厂房，则可适当放宽为存放1~2昼夜的用量；如一昼夜需用量较大，则应严格控制为一昼夜用量。②中间仓库应靠外墙布置，并应采用防火墙和耐火极限不低于1.50h的不燃性楼板与其他部位分隔，中间仓库最好设置直通室外的出口。

（3）**办公室、休息室**。甲、乙类厂房内不应设置办公室、休息室。当办公室、休息室必须与本厂房贴邻建造时，其耐火等级不应低于二级，并应采用耐火极限不低于3.00h的防爆墙隔开并设置独立的安全出口。甲、乙类仓库内严禁设置办公室、休息室等，并不应贴邻建造。

有爆炸危险的甲、乙类生产产生爆炸事故时，普通的砖墙很难抗御其冲击波，即使原来的墙体的耐火极限高，也会因墙体破坏而失去性能，故要采用有一定抗爆强度的防爆墙。防爆墙为在墙体任意一侧受到爆炸冲击波作用并达到设计的压力作用时，能够保持设计所要求的防护性能的实体墙体。防爆墙通常有钢筋混凝土墙、砖墙配筋、夹砂钢木板几种。

（4）**变、配电站**布置要求如下：①甲、乙类厂房属易燃、易爆场所，运行中的变压器存在燃烧或爆裂的可能，不应将变、配电站设在有爆炸危险的甲、乙类厂房内或贴邻建造，且不应设置在具有爆炸性气体、粉尘环境的危险区域内以提高厂房的安全程度。如果生产上确有需要，允许在厂房的一面外墙贴邻建造专为甲类或乙类厂房服务的10kV及以下的变、配电站，并用无门、窗、洞口的防火墙隔开。②对乙类厂房的配电所，如氨压缩机房的配电站，为观察设备、仪表运转情况，需要设观察窗，故作了适当放宽，允许在配电站的防火墙上设置采用不燃材料制作且不能开启的甲级防火窗。

（5）**总控制室与分控制室**。为了保障人员、设备仪表的安全和生产的连续性，有爆炸危险的甲、乙类厂房的总控制室，应**独立**设置。有爆炸危险的甲、乙类厂房的分控制室在受条件限制时可与厂房**贴邻**建造，但必须靠外墙设置，并采用耐火极限不低于3.00h的防火隔墙与其他部分隔开。对于不同生产工艺或生产车间，甲、乙类厂房内各部位的实际火灾危险性均可能存在较大差异，对于贴邻建造且可能受到爆炸作用的分控制室，除分隔墙体的耐火性能要求外，还需要考虑控制室的抗爆要求，即墙体还需采用防爆墙。

（6）有**爆炸危险**的部位布置应满足以下要求：①有爆炸危险的甲、乙类生产部位，宜设置在单层厂房靠外墙的泄压设施或多层厂房顶层靠外墙的泄压设施附近。有爆炸危险的设备宜避开厂房的梁、柱等主要承重构件布置。易产生爆炸的设备应尽量放在靠近外墙靠窗的位置或设置在露天，以减弱其破坏力。②单层厂房中如某一部分用于有爆炸危险的甲、乙类生产，为防止或减少爆炸事故对其他生产部分的破坏，减少人员伤亡，要求甲、乙类生产部位靠外墙设置。防爆房间尽量靠外墙布置，这样泄压面积容易解决，也便于灭火救援。③多层厂房中某一部分或某一层为有爆炸危险的甲、乙类生产时，为避免因该类生产设置在底层及其中间各层，爆炸时结构破坏严重而影响上层建筑结构的安全，故将其设置在最上一层靠外墙的部位。④在厂房中，危险性大的车间和危险性小的车间之间，应用坚固的防火墙隔开。为了车间之间的联系，宜在外墙上开门，利用外廊或阳台联系；也可在防火墙上设置双门斗，尽量使两个门错开，用门斗来减弱爆炸冲击波的威力，缩小爆炸影响范围。考虑到对疏散楼梯的保护，设置在有爆炸危险场所内的疏散楼梯也要考虑设置门斗，以此减弱爆炸冲击波的作用，降低爆炸对疏散楼梯间的影响。此外，门斗还可以限制爆炸性可燃气体、可燃蒸气混合物的扩散。⑤生产、使用或储存相同爆炸物品的房间应尽量集中在一个区域，这样便于对防火墙等防爆建筑结构的处理。性质不同的危险物品的生产应分开，如乙炔与氧气必须分开。

(7) **其他平面和空间**布置要求如下：①厂房内不宜设置地沟，必须设置时，其盖板应严密，采取防止可燃气体、可燃蒸气及粉尘、纤维在地沟积聚的有效措施，且与相邻厂房连通处应采用防火材料密封。②使用和生产甲、乙、丙类液体厂房的管、沟不应和相邻厂房的管、沟相通，该厂房的下水道应设置隔油设施。但是对于水溶性可燃、易燃液体，采用常规的隔油设施不能有效防止可燃液体蔓延与流散，而应根据具体生产情况采取相应的排放处理措施。③甲、乙、丙类液体仓库应设置防止液体流散的设施。遇湿会发生燃烧爆炸的物品仓库应设置防止水浸溃的措施。

第三节 爆炸危险性建筑的构造防爆

一、泄压面积【S2080301】

为了防止建筑物的承重构件因强大的爆炸力遭到破坏，将一定面积的建筑构、配件做成薄弱泄压设施，其面积称为**泄压面积**。长径比过大的空间在泄压过程中会产生较高的压力。有可燃气或可燃粉尘爆炸危险性的建筑物不宜建造得长径比过大，以防止爆炸时产生较大超压，应保证所设计的泄压面积能有效作用。

二、泄压设施的设置及选择要求【S2080302】

(1) 泄压设施的**设置**。当厂房、仓库存在点火源且爆炸性混合物的浓度合适时，就可能发生爆炸。为尽量减少事故的破坏程度，必须在建筑物或装置上预先开设面积足够大的、用低强度材料做成的压力泄放口。

一般情况下，同样等量的爆炸介质在密闭的小空间里和在开敞的空地上爆炸，其爆炸威力不一样，破坏强度不一样。在密闭的空间里爆炸破坏力大得多，因此易发生爆炸的建筑物应设置必要的泄压设施。有爆炸危险的建筑物，设有足够的泄压面积，一旦发生爆炸时，就可大大减轻爆炸时的破坏强度，不致因主体结构遭受破坏而造成重大人员伤亡。

(2) 泄压设施的**选择**。对泄压构件和泄压面积及其设置的要求如下：①泄压轻质屋面板。根据需要可分别由石棉水泥波形瓦和加气混凝土等材料制成，分为有保温层或防水层、无保温层或防水层两种。②泄压轻质外墙分为有**保温层、无保温层**两种形式。③泄压窗可以有多种形式，如轴心偏上中悬泄压窗、抛物线形塑料板泄压窗等。窗户上宜采用安全玻璃。要求泄压窗能在爆炸力递增稍大于室外风压时，能自动向外开启泄压。④作为泄压设施的轻质屋面板和轻质墙体的质量**不宜大于 60kg/m^2**。⑤散发较空气轻的可燃气体、可燃蒸气的甲类厂房（库房）宜采用全部或局部轻质屋面板作为泄压设施。顶棚应尽量平整、避免死角，厂房上部空间应通风良好。⑥泄压面的设置应避开人员集中的场所和主要交通道路，并宜靠近容易发生爆炸的部位。⑦当采用活动板、窗户、门或其他铰链装置作为泄压设施时，必须注意防止打开的泄压孔由于在爆炸正压冲击波之后出现负压而关闭。⑧爆炸泄压孔不能受到其他物体的阻碍，也不允许冰、雪妨碍泄压孔和泄压窗的开启，需要经常检查和维护。⑨泄压面在材料的选择上除了要求质量轻以外，最好具有在爆炸时**易破碎成碎块**的特点，以便于泄压和减少对人的危害。同时，泄压面设置最好靠近易发生爆炸部位，保证顺利泄压。爆炸时易形成尖锐碎片四散的材料，不应布置在公共走道或贵重设备的正面或附近。⑩对于北方和西北寒冷地区，由于冰冻期长、常常积雪，易增加屋面上泄压面的单位面积荷载，使其产生较大重力惯性，从而使泄压受到影响，因而应采取适当措施**防止积雪**。总之，应在设计中采取措施尽量减少泄压面的**单位质量（即重力惯性）**和**连接强度**。

三、防爆结构的形式及选择【S2080303】

耐爆框架结构一般有如下3种形式。①**现浇式钢筋混凝土框架结构**。这种耐爆框架结构的厂房整体性能好、抗爆能力强，但**工程造价高**，通常用于抗爆能力要求高的防爆厂房。②**装配式钢筋混凝土框架结构**。这种框架结构由于梁、柱与楼板等接点处的刚性较差，抗爆能力不如现浇式框架结构。若采用装配式钢筋混凝土框架结构，则应在梁、柱与楼板等接点处预留钢筋焊接头并用高强度等级混凝土现浇成刚性接头，以提高耐爆强度。③**钢框架结构**。这种框架结构虽然耐爆强度较高，但**耐火极限低**，能承受的极限温度仅为400℃，超过该温度，便会在高温作用下变形倒塌。

四、主要隔爆设施【S2080304】

（1）**防爆墙**。防爆墙必须具有抵御爆炸冲击波的作用，同时具有一定的耐火性能。防爆墙的构造设计，按照材料可分为防爆砖墙、防爆钢筋混凝土墙、防爆单层和双层钢板墙、防爆双层钢板中间填混凝土墙等。防爆墙上不得设置通风孔，不宜开门、窗、洞口，必须开设时，应加装防爆门窗。防爆墙分为以下几类：①**防爆砖墙**；②**防爆钢筋混凝土墙**；③**防爆钢板墙**。

（2）**防爆门**。防爆门的骨架一般采用角钢和槽钢拼装焊接，门板选用抗爆强度高的锅炉钢板或装甲钢板，故防爆门又称装甲门。装配门的铰链时，应衬有青铜套轴和垫圈，门扇四周边衬贴橡皮带软垫，以防止防爆门启闭时因摩擦撞击而产生火花。

（3）**防爆窗**。防爆窗的窗框应用角钢板制作，窗玻璃应选用抗爆强度高、爆炸时不易破碎的安全玻璃。如夹层内由两层或多层窗用平板玻璃，以聚乙烯醇缩丁醛塑料作衬片，在高温下加压粘合而成的安全玻璃，抗爆强度高，一旦受爆炸波击破能借助塑料的黏合作用，不会导致因玻璃碎片抛出而引起伤害。

第四节　爆炸危险环境电气防爆

一、电气防爆原理与措施【S2080401】

（1）电气防爆基本原理。电气设备引燃爆炸混合物有两方面原因：一是电气设备产生的**火花**、**电弧**；二是电气设备**表面**（即与爆炸混合物相接触的表面）**发热**。电气防爆是将设备在正常运行时产生电弧、火花的部件放在隔爆外壳内，或采取浇封型、充砂型、油浸型或正压型等其他防爆形式以达到防爆目的；对在正常运行时不会产生电弧、火花和危险高温的设备，如在其结构上再采取一些保护措施（增安型电气设备），使设备在正常运行或认可的过载条件下不产生电弧、火花或过热现象，这种设备在正常运行时就没有引燃源，设备的安全性和可靠性可进一步提高，同样可用于爆炸危险环境。

（2）电气防爆基本措施有以下六种：①宜将正常运行时产生火花、电弧和危险温度的电气设备和线路，布置在**爆炸危险性较小**或**没有爆炸危险**的环境内。②采用**防爆**的电气设备。在满足工艺生产及安全的前提下，应减少防爆电气设备的数量。如无特殊需要，不宜采用携带式电气设备。③按有关电力设备接地设计技术规程规定的一般情况不需要接地的部分，在爆炸危险区域内仍应**接地**，电气设备的金属外壳应可靠接地。④设置**漏电火灾报警**和**紧急断电装置**。在电气设备可能出现故障之前，采取相应补救措施或自动切断爆炸危险区域电源。⑤安全使用**防爆电气设备**。正确地划分爆炸危险环境类别，正确地选型、安装防爆电气设备，正确地维护、检修防爆电气设备。⑥散发**较空气重**的**可燃气体**、**可燃蒸气**的甲类厂房以及有**粉尘**、**纤维爆炸**危险的乙类厂房，应采用不发火花的地面。采用绝缘材料作整体面层时，应采取防静电措施。散发可燃粉尘、纤维的厂房内表面应平整、光滑，并易于清扫。

二、爆炸危险环境区域划分【S2080402】

爆炸危险环境按场所中存在物质的物态不同，分为**爆炸性气体环境**和**可燃性粉尘环境**。爆炸性气体环境是指大气条件下气体、蒸气或雾状的可燃物质与空气混合物点燃后，燃烧将传至全部未燃烧混合物的环境。可燃性粉尘环境是指大气条件下粉尘或纤维状的可燃物质与空气的混合物点燃后，燃烧传至全部未燃混合物的环境。

根据爆炸性气体环境出现的频率和持续时间，将**爆炸性气体环境**分为三个区，即**0 区**、**1 区**、**2 区**。根据爆炸性粉尘混合物出现的频繁程度和持续时间，将**爆炸性粉尘环境**分为三个区，即**20 区**、**21 区**、**22 区**；根据可燃性粉尘/空气混合物出现的**频率**和**持续时间**及**粉尘层厚度**，也将可燃性粉尘环境分为三个区，即**20 区**、**21 区**、**22 区**。爆炸危险环境场所特征如下：①爆炸性气体环境 0 区特征：爆炸性气体环境**连续出现**或**长时间存在**的场所。②爆炸性气体环境 1 区特征：正常运行时，**可能出现**爆炸性气体环境的场所。③爆炸性气体环境 2 区特征：在正常运行时，**不可能出现**爆炸性气体混合物环境，即使出现也是短时间存在的场所。④可燃性粉尘环境 20 区特征：在正常运行过程中可燃性粉尘**连续出现**或**经常出现**，其数量足以形成可燃性粉尘与空气混合物/或可能形成无法控制和极厚的粉尘层的场所及容器内部。⑤可燃性粉尘环境 21 区特征：在正常运行过程中，**可能出现**粉尘数量足以形成可燃性粉尘与空气混合物，但未划入 20 区的场所。该区域包括：与充入或排放粉尘点直接相邻的场所、出现粉尘层和正常操作情况下可能产生可燃浓度的可燃性粉尘与空气混合物的场所。⑥可燃性粉尘环境 22 区特征：在异常条件下，可燃性粉尘**偶尔出现**并且只是**短时间存在**、可燃性粉尘**偶尔出现堆积**或**可能存在粉尘层**并且产生**可燃性粉尘空气混合物**的场所。如果不能保证排除可燃性粉尘堆积或粉尘层时，则应划分为 21 区。

三、爆炸性混合物的分类【S2080403】

爆炸性气体、易燃液体和闪点低于或等于环境温度的可燃液体、爆炸性粉尘或易燃纤维等统称为爆炸性物质。在大气条件下，气体、蒸气、薄雾、粉尘或纤维状的易燃物质与空气混合，点燃后，燃烧将在整个范围内迅速传播的混合物，称为爆炸性混合物。爆炸性物质可分为以下3类。**Ⅰ类**：矿井甲烷。**Ⅱ类**：爆炸性气体混合物（含蒸气、薄雾）。**Ⅲ类**：爆炸性粉尘（含纤维）。

四、爆炸性混合物危险性及其分级分组【S2080404】

爆炸性混合物的危险性是由它的**爆炸极限**、**传爆能力**、**引燃温度**和**最小点燃电流**决定的。各种爆炸性混合物可按最大试验安全间隙、最小点燃电流分级和引燃温度分组，主要是为了配置相应的电气设备，以达到安全生产的目的。

（1）爆炸性气体混合物的分级分组主要有以下三类：①按**最大试验安全间隙（MESG）**分级。最大试验安全间隙是在标准试验条件下，壳内所有浓度的被试验气体或蒸气与空气的混合物点燃后，通过长25mm的接合面均不能点燃壳外爆炸性气体混合物的外壳空腔两部分之间的最大间隙。间隙越小，其传爆能力就越强，危险性越大；反之，间隙越大，其传爆能力越弱，危险性也越小。爆炸性气体混合物，按最大试验安全间隙的大小分为ⅡA、ⅡB、ⅡC三级。ⅡA安全间隙最大，危险性最小；ⅡC安全间隙最小，危险性最大。②按**最小点燃电流（MIC）**分级。最小点燃电流是在温度为20～40℃，在电压为24V、电感为95mH的试验条件下，采用IEC标准火花发生器对空心电感组成的直流电路进行3000次火花试验，能够点燃最易点燃混合物的最小电流。最易点燃混合物是在常温常压下，需要最小引燃能量的混合物。Ⅱ类爆炸性气体混合物，按照最小点燃电流的大小分为ⅡA、ⅡB、ⅡC三级，最小点燃电流越小，危险性就越大。ⅡA最大试验安全间隙最大，最小点燃电流最大，危险性最小；反之，ⅡC危险性最大。③按**引燃温度**分组。爆炸性混合物不需要用明火即能引燃的最低温度，称为引燃温度。引燃温度越低的物质，越容易引燃。爆炸性气体混合物按引燃温度的高低，分为T1、T2、T3、T4、T5、T6六组。T6引燃温度最高，T1引燃温度最低。

（2）爆炸性粉尘混合物的分级。爆炸性粉尘混合物级组根据**粉尘特性**（导电或非导电）分为ⅢA、ⅢB、ⅢC三级。

五、电气设备的基本防爆类别【S2080405】

（1）**隔爆型**（d）。把设备可能点燃爆炸性气体混合物的部件全部封闭在一个外壳内，其外壳能够承受通过外壳任何接合面或结构间隙渗透到外壳内部的可燃性混合物在内部爆炸而不损坏，并且不会引起外部由一种、多种气体或蒸气形成的爆炸性环境的点燃。该类型设备适用于1区、2区危险环境。

（2）**增安型**（e）。对在正常运行条件下不会产生电弧、火花的电气设备进一步采取一些附加措施，提高其安全程度，减小电气设备产生危险温度、电弧和火花的可能性。它不包括在正常运行情况下产生火花或电弧的设备。该类型设备主要用于2区危险环境，部分种类可以用于1区。

（3）**本质安全型**（ia、ib、ic、iD）。在设备内部的所有电路都是标准规定条件（包括正常工作或规定的故障条件）下产生的任何电火花或任何热效应均不能点燃规定的爆炸性气体环境的本质安全电路。该类型设备只能用于弱电设备中，ia 适用于 0 区、1 区、2 区危险环境，ib 适用于 1 区、2 区危险环境，ic 适用于 2 区危险环境，iD 适用于 20 区、21 区和 22 区危险环境。

（4）**正压型**（p_x、p_R、p_D）。具有正压外壳，可以保持内部保护气体的压力高于周围爆炸性环境的压力，阻止外部混合物进入外壳。该类型设备按照保护方法可以用于 1 区、2 区危险环境。

（5）**油浸型**（o）。将整个设备或设备的部件浸在油内（保护液），使之不能点燃油面以上或外壳外面的爆炸性气体环境。该类型设备适用于 1 区、2 区危险环境。

（6）**充砂型**（q）。在外壳内充填沙粒或其他规定特性的粉末材料，使之在规定的使用条件下，壳内产生的电弧或高温均不能点燃周围爆炸性气体环境。该类型设备适用于 1 区、2 区危险环境。

（7）**无火花型**（n、nA）。正常运行条件下，不能够点燃周围的爆炸性气体环境，也不大可能发生引起点燃的故障。该类型设备仅适用于 2 区危险环境。

（8）**浇封型**（m_a、m_b、m_c、m_D）。将可能产生引起爆炸性气体环境爆炸的火花、电弧或危险温度部分的电气部件，浇封在浇封剂（复合物）中，使它不能点燃周围爆炸性气体环境。该类型设备适用于 1 区、2 区危险环境。

（9）**特殊型**（s）。特殊型设备是指国家标准未包括的防爆形式。采用该类型的电气设备，由主管部门制定暂行规定，并经指定的防爆检验单位检验认可，方可按防爆特殊型电气设备使用。该类型设备根据实际使用开发研制，可适用于相应的危险环境。

（10）**粉尘防爆型**。采用限制外壳最高表面温度和采用“尘密”或“防尘”外壳来限制粉尘进入的方式，以防止可燃性粉尘点燃。根据其防爆性能，可选用于 20 区、21 区或 22 区危险环境。

六、防爆电气设备类别【S2080406】

爆炸性气体环境用电气设备分为：①Ⅰ类：煤矿用电气设备。②Ⅱ类：除煤矿外的其他爆炸性气体环境用电气设备。其中，Ⅱ类隔爆型“d”和本质安全型“i”，电气设备又分为ⅡA、ⅡB、ⅡC 类。Ⅱ类无火花型“n”电气设备如果包括密封断路装置、非故障元件或限能设备或电路，该设备应是ⅡA、ⅡB、ⅡC 类，选型按《消防安全技术实务》表 2-8-5。③Ⅲ类：可燃性粉尘环境用电气设备为第Ⅲ类。Ⅲ类又分为ⅢA、ⅢB、ⅢC 三种。ⅢA 类：可燃性飞絮；ⅢB 类：非导电性粉尘；ⅢC 类：导电性粉尘。

七、防爆电气设备温度组别【S2080407】

Ⅱ类爆炸性气体环境用电气设备，按其**最高表面温度**分为 T1、T2、T3、T4、T5、T6 六组，应按对应的 T1～T6 组的电气设备的最高表面温度不超过可能出现的任何气体或蒸气的引燃温度选型。温度组别、最高温度和气体、蒸气引燃温度之间的关系见《消防安全技术实务》表 2-8-6。

八、防爆电气设备防爆标志内容及要求【S2080408】

防爆电气设备的**防爆标志**内容包括：**防爆形式＋设备类别＋温度**。防爆标志示例如下：①Ⅰ类隔爆型：ExdⅠ。②Ⅰ类特殊型：ExsⅠ。③ⅡB类隔爆型T3组：ExdⅡBT3。④ⅡA类本质安全型ia等级丁5组：ExiaⅡAT5。采用一种以上的复合形式时，须先标出主体防爆形式，后标出其他防爆形式。对只允许使用于一种爆炸性气体环境中的电气设备，其标志可用该气体化学分子式或名称表示，这时可不必注明温度组别。对Ⅱ类电气设备的标志，可标温度组别，也可标最高表面温度，或两者都标出。复合型电气设备，应分别在不同防爆形式的外壳上标出相应的防爆形式。ⅡC类本质安全型ib等级关联设备T5组：Ex（ib）ⅡCT5。

九、防爆电气设备选用原则【S2080409】

防爆电气设备选用原则如下：①电气设备的防爆型式应与**爆炸危险区域**相适应。②电气设备的防爆性能应与**爆炸危险环境物质**的**危险性**相适应；当区域存在两种以上爆炸危险物质时，电气设备的防爆性能应满足危险程度较高的物质要求。爆炸性气体环境内，防爆电气设备的类别和温度组别应与爆炸性气体的分类、分级和分组相对应；可燃性粉尘环境内，防爆电气设备的最高表面温度应符合规范规定。③应与**环境条件**相适应。电气设备的选择应符合周围环境内化学的、机械的、热、霉菌以及风沙等不同环境条件对电气设备的要求。电气设备结构应满足电气设备在规定的运行条件下不降低防爆性能的要求。④应符合**整体防爆**的原则，安全可靠、经济合理、使用维修方便。

第九章 建筑设备防火防爆

第一节 采暖系统防火防爆

一、采暖系统介绍【S2090101】

设施的布置情况主要分**集中采暖**和**局部采暖**两大类。其中，集中采暖由锅炉房供给热水或蒸汽（称载热体），通过管道分别输送到各有关室内的散热器，将热量散发后再流回锅炉循环使用，或将空气加热后用风管分送到各有关房间。局部采暖则有火炉、电炉或煤气炉等就地发出热量，只供给本房间内部或少数房间应用。

二、选用采暖装置的原则【S2090102】

（1）甲、乙类厂房和甲、乙类库房内严禁采用明火和电热散热器采暖。

（2）散发可燃粉尘、可燃纤维的生产厂房对采暖的要求如下：①为防止纤维或粉尘积集在管道和散热器上受热自燃，散热器表面平均温度**不应超过82.5℃**（相当于供水温度95℃、回水温度70℃）。但输煤廊的采暖散热器表面平均温度**不应超过130℃**。②散发物（包括可燃气体、蒸气、粉尘）与采暖管道和散热器表面接触能引起燃烧爆炸时，应采用不循环使用的热风采暖，且不应在这些房间穿过采暖管道，如必须穿过时，应用不燃烧材料隔热。③不应使用**肋形散热器**，以防积聚粉尘。

（3）在生产过程中散发的可燃气体、可燃蒸气、可燃粉尘、可燃纤维与采暖管道、散热器表面接触能引起燃烧的厂房以及在生产过程中散发受到水、水蒸气的作用能引起自燃、爆炸的粉尘或产生爆炸性气体的厂房，应采用不循环使用的热风采暖。

三、采暖设备的防火防爆措施【S2090103】

（1）采暖管道要与建筑物的可燃构件保持一定的距离。采暖管道穿过可燃构件时，要用不燃烧材料隔开绝热；或根据管道外壁的温度，使管道与可燃构件之间保持适当的距离。当管道温度**大于100℃**时，距离不小于100mm或采用不燃材料隔热；当温度**小于或等于100℃**时，距离不小于50mm或采用不燃材料隔热。

（2）加热送风采暖设备的**防火设计**应满足以下三点要求：①电加热设备与送风设备的电气开关应有**联锁装置**，以防风机停转时，电加热设备仍单独继续加热，温度过高而引起火灾。②在重要部位，应设置**感温自动报警器**，必要时加设自动防火阀，以控制取暖温度，防止过热起火。③装有电加热设备的**送风管道**应用不燃材料制成。

（3）采用**不燃材料**。甲、乙类厂房、仓库的火灾发展迅速、热量大，采暖管道和设备的绝热材料应采用不燃材料，以防火灾沿着管道的绝热材料迅速蔓延到相邻房间或整个房间。对于其他建筑，可采用燃烧毒性小的难燃绝热材料，但应首先考虑采用不燃材料。存在与采暖管道接触能引起燃烧爆炸的气体、蒸气或粉尘的房间内不应穿过采暖管道，当必须穿过时，应采用不燃材料隔热。

（4）**车库采暖设备**的防火设计。车库采暖设备的防火设计应符合下列要求：①车库内需要采暖时，应设置热水、蒸汽或热风等采暖设备，不应采用火炉或其他明火采暖方式，以防火灾事故的发生。②汽车库或修车库需要采暖时应设集中采暖的有：甲、乙类物品运输车的汽车库；Ⅰ、Ⅱ、Ⅲ类汽车库；Ⅰ、Ⅱ类修车库。③Ⅳ类汽车库和Ⅲ、Ⅳ类修车库，当采用集中采暖有困难时，可采用火墙采暖，但对容易暴露明火的部位，严禁设在汽车库、修车库内，必须设置在车库外，并要求用具有一定耐火极限的不燃性墙体与汽车库、修车库隔开。汽车库采暖部位不应贴邻甲、乙类生产厂房、库房布置。

第二节 通风与空调系统防火防爆

一、通风、空调系统的防火防爆原则【S2090201】

（1）甲、乙类生产厂房中排出的空气不应循环使用，以防止排出的含有可燃物质的空气重新进入厂房，增加火灾危险性。丙类生产厂房中排出的空气，易造成火灾的迅速蔓延，应在通风机前设滤尘器对空气进行净化处理，并应使空气中的含尘浓度**低于**其爆炸下限的**25%**之后，再循环使用。

（2）甲、乙类生产厂房用的送风和排风设备不应布置在同一通风机房内，且其排风设备也不应和其他房间的送、排风设备布置在一起。

（3）通风和空气调节系统的管道布置，横向宜按防火分区设置，**竖向**不宜超过**5层**，以构成一个完整的建筑防火体系，防止和控制火灾的横向、竖向蔓延。当管道在防火分隔处设置防止回流设施或防火阀时，且高层建筑的各层设有自动喷水灭火系统时，能有效地控制火灾蔓延，其管道布置可不受此限制。穿过楼层的垂直风管要求设在管井内，常见防止回流措施如下：①增加各层垂直排风支管的高度，使各层排风支管穿越两层楼板；②排风总竖管直通屋面，小的排风支管分层与总竖管连通；③将排风支管顺气流方向插入竖风道，且支管到支管出口的高度不小于600mm；④在支管上安装止回阀。

（4）厂房内有爆炸危险的场所的排风管道，严禁穿过防火墙和有爆炸危险的房间隔墙等防火分隔物，以防止火灾通过风管道蔓延扩大到建筑的其他部分。

（5）民用建筑内存放容易起火或爆炸物质的房间，设置排风设备时应采用独立的排风系统，且其空气不应循环使用，以防止易燃易爆物质或发生的火灾通过风道扩散到其他房间。此外，其排风系统所排出的气体应通向安全地点进行泄放。

（6）排除含有比空气轻的可燃气体与空气的混合物时，其排风管道应顺气流方向向上坡度敷设，以防在管道内局部积聚而形成有爆炸危险的高浓度气体。

（7）排风口设置的位置应根据可燃气体、蒸气的**密度**不同而有所区别。比空气轻者应设在房间的**顶部**；比空气重者应设在房间的**下部**，以利于及时排出易燃易爆气体。进风口的位置应布置在上风方向，并尽可能远离排气口，保证吸入的新鲜空气中不再含有从房间排出的易燃、易爆气体或物质。

(8) 可燃气体管道和甲、乙、丙类液体管道不应穿过通风管道和通风机房，也不应沿通风管道的外壁敷设。

(9) 含有燃烧和爆炸危险粉尘的空气，在进入排风机前应先采用不产生火花的除尘器进行净化处理，以防浓度较高的爆炸危险粉尘直接进入排风机，遇到火花发生事故；或者在排风管道内逐渐沉积下来自燃起火和助长火势蔓延。

(10) 处理有爆炸危险粉尘的排风机、除尘器应与其他一般风机、除尘器分开设置，且应按单一粉尘分组布置。不同性质的粉尘在一个系统中，容易发生火灾爆炸事故。

(11) 净化有爆炸危险粉尘的干式除尘器和过滤器，宜布置在厂房之外的独立建筑内，且与所属厂房的防火间距不应小于10m，以免粉尘一旦爆炸波及厂房扩大灾害损失。符合下列条件之一的干式除尘器和过滤器，可布置在厂房的单独房间内，但应采用耐火极限分别不低于3.00h的隔墙和1.50h的楼板与其他部位分隔：①有连续**清尘设备**。②**风量**不超过15000m^3/h，且集尘斗的储尘量小于60kg的定期清灰的除尘器和过滤器。

(12) 含有有爆炸危险的粉尘和碎屑的除尘器、过滤器和管道，均应设有**泄压装置**，以防一旦发生爆炸造成更大的损害。净化有爆炸危险的粉尘的干式除尘器和过滤器，应布置在系统的负压段上，以避免其在正压段上漏风而引起事故。

(13) 甲、乙、丙类生产厂房的送、排风管道宜**分层**设置，以防止火灾从起火层通过管道向相邻层蔓延扩散。但进入厂房的水平或垂直送风管设有防火阀时，各层的水平或垂直送风管可合用一个送风系统。

(14) 排除有燃烧、爆炸危险的气体、蒸气和粉尘的排风管道应采用易于导除静电的金属管道，应明装不应暗设，不得穿越其他房间，且应直接通到室外的安全处，尽量远离明火和人员通过或停留的地方，以防止管道渗漏发生事故时造成更大影响。

(15) 通风管道不宜穿过防火墙和不燃性楼板等防火分隔物，如必须穿过时，应在穿过处设防火阀；在防火墙两侧各2m范围内的风管保温材料应采用不燃材料，并在穿过处的空隙用不燃材料填塞。有爆炸危险的厂房，其排风管道不应穿过防火墙和车间隔墙。

二、通风、空调设备设计要求【S2090202】

(1) 空气中含有**容易起火**或**爆炸**物质的房间，其送、排风系统应采用防爆型的通风设备和不会产生火花的材料。当送风机布置在单独分隔的通风机房内，且送风干管上设置防止回流设施时，可采用普通型通风设备。

(2) 含有**易燃**、**易爆粉尘（碎屑）**的空气，在进入排风机前应采用不产生火花的除尘器进行处理，以防止除尘器工作过程中产生火花引起粉尘、碎屑燃烧或爆炸。对于遇湿可能爆炸的粉尘，严禁采用湿式除尘器。

(3) 排除、输送有**燃烧**、**爆炸危险**的气体、蒸气和粉尘的排风系统，应采用不燃材料并设有导除静电的接地装置。其排风设备不应布置在地下、半地下建筑（室）内，以防止有爆炸危险的蒸气和粉尘等物质的积聚。

(4) 排除、输送温度**超过80℃**的空气或其他气体以及容易起火的碎屑的管道，与可燃或难燃物体之间应保持不小于150mm的间隙，或采用厚度不小于50mm的不燃材料隔热，以防止填塞物与构件因受这些高温管道的影响而导致火灾。当管道互为上下布置时，表面温度较高者应布置在上面。

（5）下列任何一种情况下的通风、空气调节系统的送、回风管道上应设置**防火阀**：①送、回风总管穿越防火分区的隔墙处，主要防止防火分区或不同防火单元之间的火灾蔓延扩散。②穿越通风、空气调节机房及重要的房间或火灾危险性大的房间隔墙及楼板处的送、回风管道，以防机房的火灾通过风管蔓延到建筑物的其他房间，或者防止火灾危险性大的房间发生火灾时经通风管道蔓延到机房或其他部位。③多层建筑和高层建筑垂直风管与每层水平风管交接处的水平管段上，以防火灾穿过楼板蔓延扩大。但当建筑内每个防火分区的通风、空气调节系统均独立设置时，该防火分区内的水平风管与垂直总管的交接处可不设置防火阀。④在穿越变形缝的两侧风管上各设一个防火阀，以使防火阀在一定时间内达到耐火完整性和耐火稳定性要求，起到有效隔烟阻火的作用。

（6）防火阀的设置应符合下列规定：①有**熔断器**的防火阀，其动作温度宜为**70℃**。②防火阀宜靠近**防火分隔处**设置。③防火阀安装时，可**明装**也可**暗装**。当防火阀**暗装**时，应在安装部位设置方便检修的**检修口**。④为保证防火阀能在火灾条件下发挥作用，穿过防火墙两侧各2m范围内的风管绝热材料应采用不燃材料且具备足够的刚性和抗变形能力，穿越处的空隙应用不燃材料或防火封堵材料严密填实。⑤防火阀、排烟防火阀的基本分类见《消防安全技术实务》表2-9-1。

（7）防火阀的易熔片或其他感温、感烟等控制设备一经动作，应能顺气流方向自行严密关闭，并应设有单独支吊架等防止风管变形而影响关闭的措施。其他感温元件应安装在容易感温的部位，其作用温度应比通风系统正常工作时的最高温度高约25℃，一般可采用70℃。

（8）通风、空气调节系统的风管、风机等设备应采用不燃烧材料制作，但接触腐蚀性介质的风管和柔性接头，可采用难燃材料。体育馆，展览馆，候机（车、船）楼（厅）等大空间建筑，单、多层办公楼和丙、丁、戊类厂房内的通风、空气调节系统，当风管按防火分区设置且设置了防烟防火阀时，可采用燃烧产物毒性较小的难燃材料。

（9）公共建筑的厨房、浴室、卫生间的垂直排风管道，应采取防止回流设施或在支管上设置防火阀。公共建筑的厨房的排油烟管道宜按防火分区设置，且在与垂直排风管连接的支管处应设置动作温度为150℃的防火阀，以免影响平时厨房操作中的排风。

（10）风管和设备的保温材料、用于加湿器的加湿材料、消声材料及其黏结剂，宜采用不燃烧材料，当确有困难时，可采用燃烧产物毒性较小的难燃烧材料，以减少火灾蔓延。有电加热器时，电加热器的开关和电源开关应与风机的起停联锁控制，以防止通风机已停止工作，而电加热器仍继续加热导致过热起火，电加热器前后各0.8m范围内的风管和穿过有高温、火源等容易起火房间的风管，均必须采用不燃烧保温材料。

（11）燃油、燃气锅炉房在使用过程中存在逸漏或挥发的可燃性气体，要在燃油、燃气锅炉房内保持良好的通风条件，使逸漏或挥发的可燃性气体与空气混合气体的浓度能很快稀释到爆炸下限值的**25%以下**。燃气锅炉房应选用防爆型的事故排风机。燃油或燃气锅炉房可采用自然通风或机械通风，当设置机械通风设施时，该机械通风设备应设置导除静电的接地装置，通风量应符合下列规定：①燃油锅炉房的**正常通风量**按换气次数**不少于3次/h**确定，**事故排风量**应按换气次数**不少于6次/h**确定。②燃气锅炉房的**正常通风量**按换气次数**不少于6次/h**确定，**事故排风量**应按换气次数**不少于12次/h**确定。

(12) 电影院的放映机室宜设置独立的排风系统。当需要合并设置时，通向放映机室的风管应设置防火阀。

(13) 设置气体灭火系统的房间，因灭火后产生大量气体，人员进入之前需将这些气体排出，应设置能排除废气的排风装置；为了不使灭火后产生的气体扩散到其他房间，与该房间连通的风管应设置自动阀门，火灾发生时，阀门应自动关闭。

(14) 车库的通风、空调系统的设计应符合下列要求：①设置通风系统的汽车库，其通风系统宜独立设置。组合建筑内的汽车库和地下汽车库的通风系统应独立设置，不应和其他建筑的通风系统混设，以防止积聚油蒸气而引起爆炸事故。②喷漆间、蓄电池间均应设置独立的排气系统。③风管应采用不燃材料制作，且不应穿过防火墙、防火隔墙。当必须穿过时，除应采用不燃材料将孔洞周围的空隙紧密填塞外，还应在穿过处设置防火阀。防火阀的动作温度宜为70℃。④风管的保温材料应采用不燃或难燃材料。穿过防火墙的风管，其位于防火墙两侧各2m范围内的保温材料应为不燃材料。

第三节 燃油、燃气设施防火防爆

一、柴油发电机火灾危险性及防火防爆措施【S2090301】

建筑高度大于50m的乙、丙类厂房和丙类仓库及一类高层民用建筑的消防用电应按**一级负荷**供电。室外消防用水量大于30L/s的厂房（仓库），室外消防用水量大于35L/s的可燃材料堆场、可燃气体储罐（区）和甲、乙类液体储罐（区），粮食仓库及粮食筒仓，二类高层民用建筑，座位数超过1500个的电影院、剧场，座位数超过3000个的体育馆，任一层建筑面积大于3000m^2的商店和展览建筑，省（市）级及以上的广播电视、电信和财贸金融建筑，室外消防用水量大于25L/s的其他公共建筑的消防用电按**二级负荷**供电。根据我国经济、技术条件和供电情况，建筑中一般采用**柴油发电机组**作为应急电源。

(1) 柴油发电机房的火灾危险性。对于柴油发电机房而言，它主要安装了发电机组、电气设备和供油设施，它可能发生下列三种火灾：①**固体表面火灾**；②**电气火灾**；③**非水溶性可燃液体（柴油）火灾**。

(2) 柴油发电机房的防火防爆措施。柴油发电机房布置在**民用建筑**内时应符合下列规定：①宜布置在首层或地下一、二层，不应布置在人员密集场所的上一层、下一层或贴邻。柴油发电机应采用丙类柴油作燃料，柴油的闪点不应小于60℃。②应采用耐火极限不低于2.00h的不燃烧体隔墙和1.50h的不燃烧体楼板与其他部位隔开，门应采用甲级防火门。③机房内设置储油间时，其总储存量不应大于1m^3，储油间应采用防火墙与发电机间分隔；必须在防火墙上开门时，应设置甲级防火门。④应设置火灾报警装置。⑤应设置与柴油发电机容量和建筑规模相适应的灭火设施。当建筑内其他部位设置自动喷水灭火系统时，柴油发电机房也应设置自动喷水灭火系统。⑥设置在建筑物内的柴油发电机，其进入建筑物内的燃料供给管道应符合下列规定：应在进入建筑物前和设备间内，设置自动和手动切断阀；储油间的油箱应密闭且应设置通向室外的通气管，通气管应设置带阻火器的呼吸阀。油箱的下部应设置防止油品流散的设施。

二、直燃机的火灾危险性及防爆措施【S2090302】

溴化锂直燃式制冷机组（简称直燃机）的基本工作原理是通过燃油或燃气直接提供热源，制取5℃以上的冷水和70℃以下热水的冷热水机组。溴化锂直燃机体积小，安全可靠度高，适合设置在室内。

（1）直燃机的火灾危险性主要有以下三方面：①直燃机使用燃油（轻油、柴油）、燃气（煤气、天然气、液化石油气）作为**燃料**，这些燃料的物化性质决定了燃料本身就具有一定的火灾危险性。②设备在运行过程中当设备控制失灵、管道阀门泄漏以及机件损坏时燃油、燃气泄漏，**液体蒸气**、**气体**与**空气**形成爆炸混合物，遇明火、热源产生燃烧、爆炸。③操作人员违反操作规程造成直燃机熄火，使炉膛内的气体、雾化油体积急剧膨胀造成**炉膛爆炸**，还可能造成水平烟道和烟囱内的气体、油气、油的**裂解气爆炸**。

（2）直燃机房的防火防爆措施。直燃机房的安全核心是防止可燃性气体泄漏，不发生爆炸。①直燃机组在设计和制造上的质量，应符合产品本身质量保证要求。②直燃机房应设置在建筑外的专用房间内，确有困难时，应布置在首层或地下一层靠外墙部位，不应布置在人员密集场所的上一层、下一层或贴邻，并采用无门、窗、洞口的耐火极限不低于2.00h的防火隔墙和1.50h的不燃性楼板与其他部位隔开。当必须开门时，应设甲级防火门。燃油直燃机房的油箱不应大于1m^3，并应设在耐火极限不低于二级的房间内，该房间的门应采用甲级防火门。③直燃机房人员疏散的安全出口不应少于两个，至少应设一个直通室外的安全出口，从机房最远点到安全出口的距离不应超过35m。疏散门应为甲级防火门，外墙开口部位的上方应设置宽度不小于1.00m为不燃烧体的防火挑檐或不小于1.20m的窗间墙。④机房应设置**火灾自动报警系统**（燃油直燃机房应设温感报警探测器，燃气直燃机房应设感烟探测器及可燃气体报警探测器）。应设置与直燃机的容量及建筑规模相适应的灭火设施。当建筑内其他部位设置自动喷水灭火系统时，应设置自动喷水灭火系统及水喷雾灭火装置，两系统之间应可靠联动，报警探测器检测点不少于两个，且应布置在易泄漏的设备或部件上方。当可燃气体浓度达到爆炸下限的25%时，报警系统应能及时准确报警和切断燃气总管上的阀门和非消防电源，并启动事故排风系统。设置自动喷水灭火系统的直燃机房应设置排水设施。⑤主机房应设置可靠的送风、排风系统，室内不应出现负压。燃油机组机房的正常通风量应按换气次数不少于3次/h确定。事故排风量应按不少于6次/h确定。燃气机组机房的正常通风量应按换气次数不少于6次/h确定。事故排风量应按不少于12次/h确定。其机械排风系统与可燃气体浓度报警系统联动，并且送风量不应小于燃烧所需的空气量（18m^3/104kcal，1cal=4.1868J）和人员所需新鲜空气量之和，以保证主机房的天然气浓度低于爆炸下限，应能保证在停电情况下正常运行。⑥应设置**双回路供电**，并应在末端配电箱处设自动切换装置。燃气直燃机房使用气体如密度比空气小，机房应采用防爆照明电器；使用气体密度如比空气大，则机房应设不发火地面，且使用液化石油气的机房不应布置在地下各层。⑦燃气直燃机房应有**事故防爆泄压设施**，并应符合消防技术规范的要求，外窗、轻质屋盖、轻质墙体（自重不超过 $60kg/m^2$）可为泄压设施，在机房四周和顶部及柱子迎爆面安装爆炸减压板，降低爆炸时产生的爆炸压力峰值，保护主体结构。防爆泄压面积的设置应避开人员集中的场所和主要交通道路，并宜靠近容易发生爆炸的部位。⑧进入地下机房的**天然气管道**应尽量缩短，除与设备连接部分的接头外，一律采用**焊接**，并穿套管单独敷设，应尽量减少阀门数量，进气管口应设有可靠的手动和自动阀门。进入建筑物内的燃气管道必须采用专用的非燃材料管道和优质阀门，保证燃气不致泄漏。进气、进油管道上应设置紧急手动和自动切断阀，燃油直燃机应设事故油箱。⑨机房内的电气设备应采用**防爆型**，溴化锂机组所带的真空泵电控柜也应采取隔爆措施。电气设备应有可靠的**接地措施**。⑩烟道和烟囱应具有能够确保稳定燃烧所需的截面积结构，在工作温度下应有足够的强度，在烟道周围 0.50m 以内不允许有可燃物，烟道不得从油库房及有易燃气体的房屋中穿过，排气口水平距离 6m 以内不允许堆放易燃品。⑪每台机组宜采用**单独烟道**，多台机组共用一个烟道时，每台机组的排烟口应设置风门。

三、厨房设备的火灾危险性及防火防爆措施【S2090303】

厨房的火灾危险性有**燃料多**、**油烟重**、**电气线路隐患大**、**灶具器具易引发事故**、**用油不当引发火灾**等。厨房设备防火防爆措施主要有以下几点：①除住宅外，其他建筑内的厨房隔墙应采用耐火极限不低于 2.00h 的不燃烧体，隔墙上的门窗应为乙级防火门窗。同时，餐厅建筑面积大于 $1000m^2$ 的餐馆或食堂，其烹饪操作间的排油烟罩及烹饪部位宜设置自动灭火装置，且应在燃气或燃油管道上设置紧急事故自动切断装置。由于厨房环境温度较高，其洒水喷头选择也应符合其工作环境温度要求，应选用公称动作温度为**93℃**的喷头，颜色为**绿色**。②对厨房内燃气、燃油管道、阀门必须进行定期检查，防止泄漏。如发现燃气泄漏应首先关闭阀门，及时通风，并严禁使用任何明火和启动电源开关。③厨房灶具旁的墙壁、抽油烟机罩等容易污染处应天天清洗，油烟管道至少应**每半年**清洗**一次**。④厨房内的电器设施应严格按照国家技术标准设置，电器开关、插座等，应以封闭为佳，防止水渗，并应安装在远离燃油、燃气设备的部位；厨房内运行的各种机械设备不得超负荷用电，并注意使用过程中防止电器设备和线路受潮。⑤厨房内使用的各种灶具和炊具，应使用经国家质量检测部门检测合格的产品。⑥工作结束后，操作人员应及时关闭所有燃气、燃油阀门，切断电源、火源。

第四节　锅炉房防火防爆

一、锅炉房的火灾危险性【S2090401】

锅炉房的火灾危险性属于丁类生产厂房，但根据锅炉的燃料不同，**燃油和燃煤锅炉房**

分别为**一级**和**二级**。但如装设总额定蒸发量不超过4.00t/h、以煤为燃料的锅炉房，可采用三级耐火等级建筑。燃油锅炉的油箱间、油泵间、油料加热间为丙类生产厂房，建筑物耐火等级不低于二级。

二、锅炉房防火防爆措施【S2090402】

（1）在总平面布局中，锅炉房应选择在主体建筑的下风或侧风方向，且应考虑到由于明火或烟囱飞火，对周围的甲、乙类生产厂房，易燃物品和重要物资仓库，易燃液体储罐，以及稻草和露天粮、棉、木材堆场等部位必须保持的防火间距，一般为**25～50m**。燃煤锅炉房与煤堆场之间应保持**6～8m**的防火间距。灰煤与煤堆之间，应保持**不小于10m**的间距。

（2）锅炉房宜**独立**建造，但确有困难时可贴邻民用建筑布置，但应采用防火墙隔开，且不应贴邻人员密集场所。燃油或燃气锅炉受条件限制必须布置在民用建筑内时，不应布置在人员密集场所的上一层、下一层或贴邻，并应符合下列规定：①燃油和燃气锅炉房应设置在首层或地下一层靠外墙部位，但常（负）压燃油、燃气锅炉可设置在地下二层，当常（负）压燃气锅炉距安全出口的距离大于6.0m时，可设置在屋顶上。当锅炉房设在楼顶时，其顶板应进行双浇混凝土加厚处理，以提高耐火极限。燃油锅炉应采用丙类液体作燃料。采用相对密度（与空气密度的比值）**大于或等于0.75**的可燃气体为燃料的锅炉，不得设置在地下或半地下建筑（室）内。②锅炉房的门应直通室外或直通安全出口；外墙开口部位的上方应设置宽度不小于1.0m的不燃性防火挑檐或高度不小于1.2m的窗槛墙。③锅炉房与其他部位之间应采用耐火极限不低于2.00h的不燃性隔墙和1.50h的不燃性楼板隔开。在隔墙和楼板上不应开设洞口，当必须在隔墙上开设门窗时，应设置甲级防火门窗。④当锅炉房内设置储油间时，其总储存量不应大于1.00m^3，且储油间应采用耐火极限不低于3.0h的防火墙与锅炉间隔开；当必须在防火墙上开门时，应设置甲级防火门。⑤应设置火灾报警装置和与锅炉容量及建筑规模相适应的灭火设施。⑥燃气锅炉房应设置防爆泄压设施。燃油、燃气锅炉房应有良好的自然通风或机械通风设施。燃气锅炉房应选用防爆型的事故排风机。设置机械通风设施时，其机械通风装置应设置导除静电的接地装置，通风量应符合相关规定。

（3）锅炉房为**多层建筑**时，每层至少应有两个出口，分别设在两侧，并设置安全疏散楼梯直达各层操作点。锅炉房前端的总宽度不超过12m，面积不超过200m^2的单层锅炉房，可以开一个门。锅炉房通向室外的门应向外开，在锅炉运行期间不得上锁或闩住，确保出入口畅通无阻。

（4）锅炉的燃料供给管道应在进入建筑物前和设备间内的管道上设置自动和手动切断阀。储油间的油箱应密闭且应设置通向室外的通气管，通气管应设置带阻火器的呼吸阀，油箱的下部应设置防止油品流散的设施。

（5）油箱间、油泵间、油加热间应用防火墙与锅炉间及其他房间隔开，门窗应对外开启，不得与锅炉间相连通，室内的电气设备应为防爆型。

（6）锅炉房电力线路不宜采用裸线或绝缘线明敷，应采用金属管或电缆布线，且不宜沿锅炉烟道、热水箱和其他载热体的表面敷设，电缆不得在煤场下通过。

第五节 电力变压器防火防爆

一、电力变压器的火灾危险性【S2090501】

电力变压器按其冷却介质不同又可分为**干式变压器**和**油浸式变压器**。一旦变压器内部发生过载或短路，可燃的材料和油就会因高温或电火花、电弧作用而分解、膨胀以致汽化，使变压器内部压力剧增。这时可引起变压器外壳爆炸，大量绝缘油喷出燃烧，燃烧着的油流又会进一步扩大火灾危险。

二、电力变压器的安全设置【S2090502】

电力变压器的安全设置应符合以下要求：

（1）油浸变压器室、高压配电装置室的耐火等级**不应低于二级**。

（2）油浸电力变压器、充有可燃油的高压电容器和多油开关等用房宜**独立**建造。当确有困难时可贴邻民用建筑布置，但应采用防火墙隔开，且不应贴邻人员密集场所。

（3）变、配电所不应设置在甲、乙类厂房内或贴邻建造，且不应设置在爆炸性气体、粉尘环境的危险区域内。供甲、乙类厂房专用的10kV及以下的变、配电站，当采用无门、窗、洞口的防火墙隔开时，可一面贴邻建造。乙类厂房的配电所必须在防火墙上开窗时，应设置密封固定的甲级防火窗。

（4）多层民用建筑与单独建造的变电站的防火间距，应符合有关规定。10kV及以下的预装式变电站与民用建筑的防火间距不应小于3.00m。

（5）油浸电力变压器、充有可燃油的高压电容器和多油开关等用房受条件限制必须布置在**民用建筑内**时，不应布置在人员密集场所的上一层、下一层或贴邻，并应符合下列规定：①变压器室应设置在首层或地下一层靠外墙部位。②变压器室的门均应直通室外或直通安全出口；外墙开口部位的上方应设置宽度不小于1.0m的不燃性防火挑檐或高度不小于1.20m的窗槛墙。③变压器室与其他部位之间应采用耐火极限不低于2.00h的不燃性隔墙和1.50h的不燃性楼板隔开。在隔墙和楼板上不应开设洞口，当必须在隔墙上开设门窗时，应设置甲级防火门窗。④变压器室之间、变压器室与配电室之间，应采用耐火极限不低于2.00h的不燃烧体墙隔开。⑤油浸电力变压器、多油断路器室、高压电容器室，应设置防止油品流散的设施。油浸电力变压器下面应设置储存变压器全部油量的事故储油设施。⑥应设置火灾报警装置。⑦应设置与油浸变压器、电容器和多油开关等容量和建筑规模相适应的灭火设施。⑧油浸变压器的**单台容量不应大于630kV·A，总容量不应大于1260kV·A**。

三、电力变压器本体的防火防爆措施【S2090503】

电力变压器本体的防火防爆措施主要有：①防止**变压器过载**运行。②保证**绝缘油质量**。变压器绝缘油在储存、运输或运行维护中，若油质量差或杂质、水分过多，会降低绝缘强度。运行中变压器应定期化验油质，不合格的油应及时更换。③防止**变压器铁心**绝缘老化损坏。④防止**检修不慎破坏绝缘**。变压器检修吊芯时，应注意保护线圈或绝缘套管，如果发现有擦破损伤，应及时处理。⑤保证**导线接触**良好。⑥**防止雷击**。电力变压器的电源一般通过架空线而来，而架空线很容易遭受雷击，变压器会因击穿绝缘而烧毁。避雷器的接地线应与变压器的低压侧中性点或中性点不接地的电力网中，中性点的击穿保险器的接地端及油箱金属外壳连在一起接地。⑦**短路保护**要可靠。⑧限制**变压器接地电阻**。对于采用保护接零的低压系统，变压器低压侧中性点要直接接地，当三相负载不平衡时，零线上会出现电流。当这一电流过大而接触电阻又较大时，接地点就会出现高温，引燃周围的可燃物质。容量在100kV·A以下的变压器接地电阻应不大于10Ω。⑨防止**超温**。⑩变压器室应配备相应的消防设施，如线型感温火灾探测器等探测报警设备、二氧化碳或1G541等与油浸式变压器容量相适应的**自动灭火系统**和**应急照明系统**。消防设施设备的线路，可以考虑采用矿物绝缘类不燃性电缆、耐高温、防火电缆或其他耐火电缆，以满足防火的要求。⑪应经常对运行中的变压器进行**检查**、**维护**。

第十章 建筑装修、保温材料防火

第一节 装修材料的分类与分级

一、装修材料的分类【S2100101】

（1）装修材料按实际应用可分为以下几类：①**饰面材料**。饰面材料包括墙壁、柱面的贴面材料，吊顶材料，地面上、楼梯上的饰面材料以及作为绝缘物的饰面材料。②**装饰件**。装饰件包括固定或悬挂在墙上、顶棚等处的装饰物，如画、手工艺品等。③**隔断**。隔断是指那些可伸缩滑动和自由拆装、不到顶的隔断。④**大型家具**。主要是指那些固定的或轻易不再搬动的家具，如酒吧台、货架、展台、兼有空间分隔功能的到顶柜橱等。⑤**装饰织物**。装饰织物包括窗帘、家具包布、挂毯、床上用品等纺织物等。

（2）装修材料按使用部位和功能可分为以下几类：①**顶棚**装修材料。主要是指使用在建筑物空间内，具有装饰功能的材料。通常，建筑物顶棚装饰材料包括不燃材料和可燃材料两大类。②**墙面**装修材料。主要是指采用各种方式覆盖在墙体表面、起装饰作用的材料。墙面装饰材料种类繁多，按使用部位可分为内墙材料和外墙材料；从结构上可分为涂料和板材两大类。③**地面**装修材料。主要是指用于室内空间地板结构表面并对地板进行装修的材料。地面装修材料分为地坪涂料和铺地材料。④**隔断**装修材料。主要是指在建筑物内用于空间分隔的材料，有隔墙和隔板之分。轻质隔墙材料一般都为不燃类材料。⑤**固定家具**。兼有分隔功能的到顶橱柜应认定为固定家具。⑥**装饰织物**。主要是指窗帘、帷幕、床罩、家具包布等。⑦**其他**装饰材料。主要是指楼梯扶手、挂镜线、踢脚板、窗帘盒（架）、暖气罩等。

二、装修材料的标准分级及常用材料等级划分【S2100102】

建筑内部装修材料按燃烧性能划分为4级，分级对应关系见表2-5。

表2-5 装修材料燃烧性能等级新老标准对比

燃烧性能等级 GB 8624—2012 版/GB 8624—2006 版	装修材料燃烧性能	燃烧性能等级 GB 8624—2012 版/GB 8624—2006 版	装修材料燃烧性能
A 级/A1、A2 级	不燃材料（制品）	B2 级/D、E 级	可燃材料（制品）
B1 级/B、C 级	难燃材料（制品）	B3 级	易燃材料（制品）

注：本表引用《消防安全技术实务》表2-10-1。

常用建筑内部装修材料燃烧性能等级的划分，可按《消防安全技术实务》表2-10-3

中的举例确定。固定家具及其他装修材料的燃烧性能等级，应根据材料的性质，参照《消防安全技术实务》表2-10-3中的等级划分确定。

三、装修材料的燃烧性能分级【S2100103】

（1）**平板式建筑材料**及**制品**的燃烧性能等级和分级判据：满足A1、A2级即为A级，满足B级、C级即为B1级，满足D级、E级即为B2级。

（2）**铺地材料**的燃烧性能等级和分级判据：满足A1、A2级即为A级，满足B级、C级即为B1级，满足D级、E级即为B2级。

（3）**管状绝热材料**的燃烧性能等级和分级判据：满足A1、A2级即为A级，满足B级、C级即为B1级，满足D级、E级即为B2级。

四、常用装修材料等级规定【S2100104】

常用装修材料等级规定如下：①**纸面石膏板**和**矿棉吸声板**。纸面石膏板分为普通纸面石膏板、耐火纸面石膏板、耐水纸面石膏板等。纸面石膏板是以熟石膏作为主要原料，掺入适量轻集料、纤维增强材料和外加剂构成芯材，并以专用护面纸板牢固地黏结在一起的建筑板材。耐火纸面石膏板的增强材料为无机纤维。护面纸板主要起到提高板材**抗弯**、**抗冲击**性能的作用。**矿棉吸声板**是以矿棉为主要原料，添加适量的黏结剂，经成型、压花、饰面等工序加工而成的**吸声效果好**、**防火等级较高**的吸声兼装饰的材料。②**胶合板**。当胶合板表面涂覆饰面型防火涂料时，可作为B1级装修材料使用；当胶合板用于顶棚和墙面装修并且不内含电器、电线等物体时，宜仅在胶合板外表面涂覆防火涂料；当胶合板用于顶棚和墙面装修并且内含有电器、电线等物体时，胶合板的内、外表面以及相应的木龙骨应涂覆防火涂料，或采用阻燃浸渍处理达到B1级。③**壁纸**。常用壁纸有纸质壁纸、布质壁纸两种。所谓纸质壁纸是指以天然纤维作为纸基、纸面上印有各种图案的一种墙纸。这种墙纸强度和韧性差，不耐水。布质壁纸是指将纯棉、化纤布、麻等天然纤维材料经过处理、印花、涂层制成的墙纸。尤其是被直接粘贴于A级基材上且单位质量小于300g/m^2时，在试验过程中，几乎不会出现火焰蔓延的现象，为此可将这类直接粘贴在A级基材上的壁纸作为B1级装修材料使用。④**涂料**。一般室内涂料湿涂覆比不会超过1.5kg/m^2，故施涂于A级基材上的无机装饰涂料，可作为A级装修材料使用；施涂于A级基材上，湿涂覆比小于1.5kg/m^2的有机装饰涂料，可作为B1级装修材料使用。涂料施涂于B1、B2级基材上时，应将涂料连同基材一起按相应的试验方法确定其燃烧性能等级。⑤**多层**和**复合装修材料**。多层装修材料是指几种不同材质或性能的材料同时装修于一个部位。复合型装修材料是指一些隔声、保温材料与其他不燃、难燃材料复合形成一个整体的材料，应由专业检测机构进行整体测试并划分其燃烧性能等级。装修材料只有贴在等于或高于其燃烧性能等级的材料上时，其燃烧性能等级的确认才是有效的。但对复合材料判定时，不宜简单地认定这种组合做法的燃烧性能等级，应进行整体的试验合理验证。⑥**多孔或泡沫状塑料**。当顶棚或墙面局部采用多孔或泡沫状塑料时，其厚度**不应大于15mm**，且面积不得超过该房间顶棚或墙面面积的**10%**。这里所说的面积是指展开面积，墙面面积包括门窗的面积，不应把顶棚和墙面面积合在一起计算。

第二节 装修防火的通用要求

装修防火的通用要求【S2100201】

建筑内部装修中，对某些部位装修材料的防火要求具有一定的共性。①**消防控制室**的顶棚和墙面应采用**A级**装修材料，地面及其他装修应使用**不低于B1级**的装修材料。②**疏散走道**和**安全出口门厅**的顶棚应采用**A级**装修材料，其他装修应采用**不低于B1级**的装修材料。无自然采光楼梯间、封闭楼梯间、防烟楼梯间的顶棚、墙面和地面应采用**A级**装修材料。③**挡烟垂壁**的作用主要是减缓烟气扩散的速度，提高防烟分区蓄烟以及排烟口的排烟效果。防烟分区的挡烟垂壁，其装修材料应采用**A级**装修材料。④建筑内部的变形缝（包括沉降缝、温度伸缩缝、抗震缝等）两侧的基层应采用A级材料，表面装修应采用不低于B1级的装修材料。⑤建筑内部**消火栓**的门不应被装饰物遮掩，消火栓门四周的装修材料颜色应与消火栓门的颜色有明显区别。⑥为了防止配电箱可能产生的火花或高温金属熔珠引燃周围的可燃物和避免箱体传热引燃墙面装修材料，建筑内部的**配电箱**不应直接安装在低于B1级的装修材料上。⑦**灯具**和**灯饰**。照明灯具的高温部位，当靠近非A级装修材料时，应采取隔热、散热等防火保护措施。灯饰所用材料的燃烧性能等级不应低于B1级。灯饰应至少选用B1级材料，若由于装饰效果的需要必须采用B2或B3级材料时，应对其进行阻燃处理使其达到B1级的要求。⑧公共建筑内部不宜设置采用B3级装饰材料制成的壁挂、雕塑、模型、标本；当需要设置时，不应靠近火源或热源。

第三节 特殊功能部位与用房装修防火要求

特殊功能部位与用房装修防火要求【S2100301】

对于一些**人员密集场所**、**火灾危险性大**的场所，其装修应当按照从严要求的原则采取防火措施。①**歌舞娱乐放映游艺场所**。当歌舞厅、卡拉OK厅（含具有卡拉OK功能的餐厅）、夜总会、录像厅、放映厅、桑拿浴室（除洗浴部分外）、游艺厅（含电子游艺厅）、网吧等歌舞娱乐放映游艺场所设置在一、二级耐火等级建筑的**四层**及**四层以上**时，室内装修的顶棚材料应采用A级装修材料，其他部位应采用不低于B1级的装修材料；当设置在**地下一层**时，室内装修的顶棚、地面材料应采用A级装修材料，其他部位应采用不低于B1级的装修材料。②**共享空间**。建筑物设有上下层相连通的中庭、走马廊、敞开楼梯、自动扶梯时，其连通部位的顶棚、墙面应采用A级装修材料，其他部位应采用不低于B1级的装修材料。③**无窗房间**。除地下建筑外，无窗房间内部装修材料的燃烧性能等级，除A级外，应在原规定基础上提高一级。因为，无窗房间一旦发生火灾不易早期发现，且由于无窗房间较为密闭，室内的烟气和毒气不易排出，不利于人员疏散，也不利于消防人员对火情的侦察与施救。④**图书室**、**资料室**、**档案室**和**存放文物的房间**。顶棚、墙面应采用A级装修材料，地面应使用不低于B1级的装修材料。⑤**特殊贵重设备用房**。大中型电子计算机房、中央控制室、电话机房等放置特殊贵重设备的房间的顶棚和墙面应采用A级装修材料，地面及其他装修应用不低于 B1 级的装修材料。⑥**设备机房**。消防水泵房、排烟机房、固定灭火系统钢瓶间、配电室、变压器室、通风和空调机房等设备机房在建筑中起到主控正常运转及安全的作用，其内部所有装修均应采用 A 级装修材料。⑦**建筑内的厨房**。建筑物内厨房的顶棚、墙面、地面这几个部位应采用 A 级装修材料。⑧使用**明火的餐厅和科研试验室**。装修材料的燃烧性能等级，除 A 级外，应比同类建筑物的要求提高一级。⑨**消防设施、疏散指示标志**。建筑内部装修不应遮挡消防设施、疏散指示标志及安全出口，并且不应妨碍消防设施和疏散走道的正常使用，也不应减少安全出口、疏散出口和疏散走道设计所需的净宽度和数量。

第四节　单层、多层公共建筑装修防火

单层、多层公共建筑装修防火要求【S2100401】

（1）基准要求。单层、多层民用建筑内部各部位装修材料的燃烧性能等级不应低于《消防安全技术实务》表 2-10-5 中的规定。从表中可以看出，对建筑面积较大、人员密集的候机楼、客运站、影剧院、商场营业厅等的要求相对较高。

（2）允许**放宽条件**主要分为以下两种情况：①**局部放宽**。考虑到一些建筑物大部分房间的装修材料都可满足规范的要求，而某一局部或某一房间因特殊要求，需采用可燃装修材料，且该局部又无法设置自动报警、自动灭火系统时，允许那些面积小于 100m^2，且采用防火墙和耐火极限不低于甲级的防火门窗与其他部位分隔的房间的装修材料在《消防安全技术实务》表 2-10-5 的基础上**降低一个等级**。②设有**自动消防设施**的放宽。除歌舞娱乐放映游艺场所外，当单层、多层民用建筑需进行内部装修的空间内装有自动灭火系统时，除顶棚外，其内部装修材料的燃烧性能等级可在《消防安全技术实务》表 2-10-5 规定的基础上降低一级；当同时装有火灾自动报警装置和自动灭火系统时，其顶棚装修的燃烧性能等级可在《消防安全技术实务》表 2-10-5 规定的基础上降低一级，其他部位装修材料的燃烧性能等级可不受限制。

第五节　高层公共建筑装修防火

高层公共建筑装修防火要求【S2100501】

（1）基准要求。高层民用建筑内部各部位装修材料的燃烧性能等级不应低于《消防安全技术实务》表 2-10-6 中的规定。

（2）允许放宽条件主要有以下两个方面：①**局部放宽**。很多高层建筑都建有裙房，且裙房的使用功能比较复杂，其内部装修若与整栋建筑取同一标准，在实际操作中有一定困难。考虑到一般裙房与主体高层建筑之间有防火分隔并且裙房的层数有限，因此规定高层民用建筑的裙房内面积小于 500m^2 的房间，当设有自动灭火系统，并且采用耐火等级不低于 2.00h 的隔墙、甲级防火门、窗与其他部位分隔时，顶棚、墙面、地面的装修材料燃烧性能等级可在《消防安全技术实务》表 2-10-6 的基础上降低一级。②设有**自动消防设施**

的放宽。除歌舞娱乐放映游艺场所、100m 以上的高层民用建筑及座位数大于 800 个的观众厅、会议厅、顶层餐厅外，当设有火灾自动报警装置和自动灭火系统时，除顶棚外，其内部装修材料的燃烧性能等级可在《消防安全技术实务》表 2-10-6 的基础上降低一级。

（3）**特殊要求**。近年来，电视塔等特殊高耸建筑物的建筑高度越来越高，内部还建有允许公众进入的观光厅、餐厅等。电视塔等特殊高层建筑内部装修所用的装饰织物应不低于 B1 级，其他均应采用 A 级。

第六节　地下民用建筑装修防火

地下民用建筑装修防火要求【S2100601】

（1）基准要求。地下民用建筑一般是指建于土层之中的并且无法直接自然采光照明的建筑。地下建筑可分为民用、军事、工业和交通等类型，但这里所指的地下民用建筑是指单层、多层、高层民用建筑的地下部分，单独建造在地下的民用建筑以及“平战结合”的地下人防工程。地下民用建筑也包括半地下民用建筑，即房间地平面低于室外地面的高度超过该房间净高的**1/3**，且不超过**1/2**者。

地下民用建筑内部各部位的装修材料的燃烧性能等级除应符合《消防安全技术实务》表 2-10-7 的规定外，还特别规定地下民用建筑的疏散走道和安全出口的门厅，其顶棚、墙面和地面的装修应采用 A 级装修材料。而对于那些人员密度大、人员流动性大的地下商场、地下展览厅的售货柜台、固定货架、展览台等也规定采用 A 级装修材料。

（2）允许放宽条件。单独建造的地下民用建筑的地上部分一般使用面积小且建在地上，火灾危险性和疏散扑救比地下建筑部分容易，因此对单独建造的地下民用建筑的地上部分，其门厅、休息室、办公室等内部装修材料的燃烧性能等级可在《消防安全技术实务》表 2-10-7 的基础上**降低一级**。

第七节　建筑外保温系统防火

一、建筑外保温系统防火基本原则【S2100701】

建筑的**内**、**外保温系统**宜采用燃烧性能为 A 级的保温材料，不宜采用 B2 级保温材料，严禁采用 B3 级保温材料。设有保温系统的**基层墙体**或**屋面板**的耐火极限应符合相应耐火等级建筑墙体或屋面板耐火极限的要求。

二、建筑外保温材料的分类和燃烧特性【S2100702】

（1）外保温材料的分类。从材料燃烧性能的角度看，用于建筑外墙的**保温材料**可以分为三大类：一是以矿棉和岩棉为代表的无机保温材料，通常被认定为不燃材料；二是以胶粉聚苯颗粒保温浆料为代表的有机-无机复合型保温材料，通常被认定为难燃材料；三是以聚苯乙烯泡沫塑料（包括 EPS 板和 XPS 板）、硬泡聚氨酯和改性酚醛树脂为代表的有机保温材料，通常被认定为可燃材料。各种保温材料的燃烧性能等级及热导率见《消防安全技术实务》表2-10-8。

(2) 外保温材料的燃烧特性主要有以下几方面：①**岩棉、矿棉类不燃材料**的燃烧特性。岩棉、矿棉在常温条件下（25℃左右）的热导率通常在0.036~0.041W/(m·K)之间，其本身属于机质硅酸盐纤维，不可燃。②**胶粉聚苯颗粒保温浆料**的燃烧特性。胶粉聚苯颗粒保温浆料是一种有机、无机复合的保温隔热材料，聚苯颗粒的体积大约占80%，热导率为0.06W/(m·K)，燃烧性能等级为B1级，属于难燃材料。③**有机保温材料**的燃烧特性。有机保温材料一般被认为是高效保温材料，其热导率通常较小。目前，我国应用的有机保温材料主要是聚苯乙烯泡沫塑料板（包括EPS板和XPS板）、硬泡聚氨酯和改性酚醛树脂板3种。其中，聚苯乙烯泡沫塑料板属于热塑性材料，它受火或热的作用后，首先会发生收缩、熔化，然后才起火燃烧，燃烧后几乎无残留物存在。硬泡聚氨酯和改性酚醛树脂板属于热固性材料，受火或热的作用时，几乎不发生收缩现象，燃烧成炭，体积变化较小。通常用于建筑外保温的有机保温材料的燃烧性能等级不低于B2级。

三、建筑保温系统防火的通用要求【S2100703】

(1) 采用**内保温系统**的建筑外墙，其保温系统应符合下列要求：①对于**人员密集场所**，用火、燃油、燃气等具有火灾危险性的场所以及各类建筑内的疏散楼梯间、避难走道、避难间、避难层等场所或部位，应采用燃烧性能为A级的保温材料。②对于**其他场所**，应采用低烟、低毒且燃烧性能不低于B1级的保温材料。③保温材料应采用不燃烧材料作**防护层**，采用燃烧性能为B1级的保温材料时，防护层厚度不应小于10mm。

(2) 采用**外保温系统**的建筑外墙，其保温材料应符合下列要求：

1) 与基层墙体、装饰层之间无空腔的建筑外墙外保温系统的保温材料应符合下列要求：①住宅建筑要求：建筑高度大于100m时，保温材料的燃烧性能应为A级；建筑高度大于27m，但不大于100m时，保温材料的燃烧性能不应低于B1级；建筑高度不大于27m时，保温材料的燃烧性能不应低于B2级。②除住宅建筑和设置人员密集场所的建筑外，其他建筑：建筑高度大于50m时，保温材料的燃烧性能应为A级；建筑高度大于24m，但不大于50m时，保温材料的燃烧性能不应低于B1级；建筑高度不大于24m时，保温材料的燃烧性能不应低于B2级。

2) 除设置人员密集场所的建筑外，与基层墙体、装饰层之间有空腔的建筑外墙外保温系统，其保温材料应符合下列要求：①建筑高度**大于24m**时，保温材料的燃烧性能应为**A级**。②建筑高度**不大于24m**时，保温材料的燃烧性能**不应低于B1级**。③设置人员密集场所的建筑，其外墙外保温材料的燃烧性能应为A级。

(3) 建筑外墙采用保温材料与两侧墙体构成无空腔复合保温结构时，该结构体的耐火极限应符合有关技术规范的规定；当保温材料的燃烧性能为B1、B2级时，保温材料两侧的墙体应采用不燃材料且厚度均不应小于50mm。除上述情况外，当建筑的外墙外保温系统按规定采用燃烧性能为B1、B2级的保温材料时，应符合下列要求：①除采用B1级保温材料且建筑高度不大于24m的公共建筑或采用B1级保温材料且建筑高度不大于27m的住宅建筑外，建筑外墙上门、窗的耐火完整性不应低于0.50h。②应在保温系统中每层设置防火隔离带。防火隔离带应采用燃烧性能为A级的材料，防火隔离带的高度不应小于300mm。

(4) 建筑的外墙外保温系统应采用不燃材料在其表面设置防护层，防护层应将保温材料完全包覆。除耐火极限符合有关规定的无空腔复合保温结构体外，当按有关规定采用 B1、B2 级保温材料时，防护层厚度首层不应小于 15mm，其他层不应小于 5mm。

(5) 建筑外墙外保温系统与基层墙体装饰层之间的空腔，应在每层楼板处采用防火封堵材料封堵。

(6) 建筑的屋面外保温系统，当屋面板的耐火极限不低于 1.00h 时，保温材料的燃烧性能不应低于 B2 级；当屋面板的耐火极限低于 1.00h 时，不应低于 B1 级。采用 B1、B2 级保温材料的外保温系统应采用不燃材料作防护层，防护层的厚度不应小于 10mm。当建筑的屋面和外墙外保温系统均采用 B1、B2 级保温材料时，屋面与外墙之间应采用宽度不小于 500mm 的不燃材料设置防火隔离带进行分隔。

(7) 电气线路不应穿越或敷设在燃烧性能为 B1 或 B2 级的保温材料中；确需穿越或敷设时，应采取穿金属管并在金属管周围采用不燃隔热材料进行防火隔离等防火保护措施。设置开关、插座等电器配件的部位周围应采取不燃隔热材料进行防火隔离等防火保护措施。

(8) 建筑外墙的装饰层应采用燃烧性能为 A 级的材料；若建筑高度不大于 50m 时，则可采用 B1 级材料。

第十一章　灭火救援设施

第一节　消 防 车 道

一、消防车道的定义与目的【S2110101】

消防车道是供消防车灭火时通行的道路。消防车道可以利用交通道路，但在通行的净高度、净宽度、地面承载力、转弯半径等方面应满足消防车通行与停靠的需求，并保证畅通。街区内的道路应考虑消防车的通行，室外消火栓的保护半径在**150m 左右**，一般按规定设在城市道路两旁，故将道路中心线间的距离设定为**不宜大于 160m**。消防车道的设置应根据当地消防部队使用的消防车辆的外形尺寸、载重、转弯半径等消防车技术参数，以及建筑物的体量大小、周围通行条件等因素确定。

二、消防车道设置要求【S2110102】

（1）**环形消防车道**具体要求如下：①对于那些高度高、体量大、功能复杂、扑救困难的建筑应设环形消防车道。高层民用建筑、超过 3000 个座位的体育馆、超过 2000 个座位的会堂、占地面积大于 $3000m^2$ 的商店建筑、展览建筑等单层或多层公共建筑的周围应设置环形消防车道，确有困难时，可沿建筑的两个长边设置消防车道。对于高层住宅建筑和山坡地或河道边临空建造的高层民用建筑，可沿建筑的一个长边设置消防车道，但该长边所在建筑立面应为消防车登高操作面。沿街的高层建筑，其街道的交通道路，可作为环形车道的一部分。②高层厂房、占地面积大于 $3000m^2$ 的甲、乙、丙类厂房和占地面积大于 $1500m^2$ 的乙、丙类仓库，应设置环形消防车道，确有困难时，应沿建筑物的两个长边设置消防车道。③设置环形消防车道时至少应有两处与其他车道连通，必要时还应设置与环形车道相连的中间车道，且道路设置应考虑大型车辆的转弯半径。

（2）**穿过建筑**的**消防车道**设置具体要求如下：①对于一些使用功能多、面积大、建筑长度长的建筑，如 L 形、U 形、口形建筑，当其沿街长度超过 150m 或总长度大于 220m 时，应在适当位置设置穿过建筑物的消防车道。②为了日常使用方便和消防人员快速便捷地进入建筑内院救火，有封闭内院或天井的建筑物，当其短边长度大于 24m 时，宜设置进入内院或天井的消防车道；有封闭内院或天井的建筑物沿街时，应设置连通街道和内院的人行通道（可利用楼梯间），其间距不宜大于 80m。③在穿过建筑物或进入建筑物内院的消防车道两侧，不应设置影响消防车通行或人员安全疏散的设施。

（3）尽头式消防车道。当建筑和场所的周边受地形环境条件限制，难以设置环形消防车道或与其他道路连通的消防车道时，可设置尽头式消防车道。

（4）消防水源地消防车道。供消防车取水的天然水源和消防水池应设置消防车道。消防车道边缘距离取水点**不宜大于2m**。

三、消防车道技术要求【S2110103】

消防车道技术要求如下：①消防车道的**净宽**和**净高**。消防车道一般按单行线考虑，净宽度和净空高度均**不应小于4m**，消防车道的坡度**不宜大于8%**。②消防车道的**荷载**。轻、中系列消防车最大总质量**不超过11t**，重系列消防车其总质量为**15～50t**。③消防车道的**最小转弯半径**。车道转弯处应考虑消防车的最小转弯半径，以便于消防车顺利通行。消防车的最小转弯半径是指消防车回转时消防车的前轮外侧循圆曲线行走轨迹的半径。**轻系列消防车**转弯半径大于或等于7m，**中系列消防车**大于或等于9m，**重系列消防车**大于或等于12m，因此，弯道外侧需要保留一定的空间，保证消防车紧急通行，停车场或其他设施不能侵占消防车道的宽度，以免影响扑救工作。④消防车道的**回车场**。尽头式车道应根据消防车辆的回转需要设置回车道或回车场。回车场的面积不应小于12m×12m；对于高层建筑，回车场不宜小于15m×15m；供重型消防车使用时，不宜小于18m×18m。⑤消防车道的**间距**。室外消火栓的保护半径在150m左右，按规定一般设在城市道路两旁，故消防车道的间距应为160m。

第二节 消防登高面、消防救援场地和灭火救援窗

一、消防登高面、消防救援场地和灭火救援窗的定义【S2110201】

（1）**消防登高面**。登高消防车能够靠近高层主体建筑，便于消防车作业和消防人员进入高层建筑进行抢救人员和扑救火灾的建筑立面称为该建筑的消防登高面，也称建筑的消防扑救面。

（2）**消防救援场地**。在高层建筑的消防登高面一侧，地面必须设置消防车道和供消防车停靠并进行灭火救援的作业场地，该场地就称为消防救援场地或消防车登高操作场地。

（3）**灭火救援窗**。在高层建筑的消防登高面一侧外墙上设置的供消防人员快速进入建筑主体且便于识别的灭火救援窗口称为灭火救援窗或称为供消防救援人员进入的窗口。厂房、仓库、公共建筑的外墙应每层设置灭火救援窗。

二、合理确定消防登高面【S2110202】

对于高层建筑，应根据建筑的立面和消防车道等情况，合理确定建筑的消防登高面。根据消防登高车的变幅角的范围以及实地作业，进深不大于4m的裙房不会影响举高车的操作。因此，高层建筑应至少沿一条长边或周边长度的1/4且不小于一条长边长度的底边连续布置消防车登高操作场地，该范围内的裙房进深**不应大于4m**。建筑高度不大于50m的建筑，连续布置消防车登高操作场地有困难时，可间隔布置，但间隔距离**不宜大于30m**，且消防车登高操作场地的总长度仍应符合上述规定。建筑物与消防车登高操作场地相对应的范围内，应设置直通室外的楼梯或直通楼梯间的入口。

三、消防救援场地的设置要求【S2110203】

（1）**最小操作场地面积**。根据登高车的车长15m以及车道的宽度，最小操作场地长度和宽度不宜小于**15m×10m**。对于建筑高度大于50m的建筑，操作场地的长度和宽度分别不应小于20m×10m，场地的坡度**不宜大于3%**。

（2）场地与建筑的**距离**。根据火场经验和登高车的操作，一般距建筑**5m**，最大距离可由建筑高度、举高车的额定工作高度确定。一般如果扑救50m以上的建筑火灾，在5~13m内消防登高车可达其额定高度，为方便布置，登高场地距建筑外墙不宜小于5m，且不应大于10m。

（3）操作场地**荷载**计算。作为消防车登高操作场地，由于需承受30~50t举高车的重量，对中后桥的荷载也需26t，故从结构上考虑应做局部处理。虽然地下管道、暗沟、水池、化粪池等不会影响消防车荷载，但为安全起见，不宜把上述地下设施布置在消防登高操作场地内。同时在地下建筑上布置消防登高操作场地时，地下建筑的楼板荷载应按承载大型重系列消防车计算。

（4）操作空间的**控制**。根据高层建筑的实际高度，合理控制消防登高场地的操作空间，场地与建筑之间不应设置妨碍消防车操作的架空高压电线、树木、车库出入口等障碍，同时要避开地下建筑内设置的危险场所等的泄爆口。

四、灭火救援窗的设置要求【S2110204】

厂房、仓库、公共建筑的外墙应每层设置可供消防救援人员进入的窗口。窗口的净高度和净宽度均**不应小于1.0m**，下沿距室内地面**不宜大于1.2m**，间距**不宜大于20m**，且每个防火分区**不应少于2个**，设置位置应与消防车登高操作场地相对应。窗口的玻璃应**易于破碎**，并应设置可在室外识别的明显标志。

第三节 消防电梯

一、消防电梯的设置范围【S2110301】

①建筑高度**大于33m**的住宅建筑。②一类高层公共建筑和建筑高度**大于32m**的二类高层公共建筑。③设置消防电梯的建筑的地下或半地下室，埋深**大于10m**且总建筑面积**大于3000m²**的其他地下或半地下建筑（室）。④符合下列条件的建筑可不设置消防电梯：建筑高度**大于32m**且设置**电梯**，任一层工作平台上的人数**不超过2**人的高层塔架。局部建筑高度**大于32m**，且局部高出部分的每层建筑面积**不大于50m²**的丁、戊类厂房。

二、消防电梯的设置要求【S2110302】

消防电梯的设置要求如下：①消防电梯应分别设置在不同的防火分区内，且每个防火分区不应少于1台。②建筑高度大于32m且设置电梯的高层厂房（仓库），每个防火分区内宜设置1台消防电梯。③消防电梯应具有**防火**、**防烟**、**防水**功能。④消防电梯应设置前室或与防烟楼梯间合用的前室。设置在仓库连廊、冷库穿堂或谷物筒仓工作塔内的消防电梯，可不设置前室。消防电梯前室应符合以下要求：前室宜靠外墙设置，并应在首层直通室外或经过长度不大于30m的通道通向室外。前室的使用面积公共建筑不应小于$6m^2$，住宅建筑不应小于$4.5m^2$；与防烟楼梯间合用的前室，公共建筑不应小于$10m^2$，住宅建筑不应小于$6m^2$。前室或合用前室的门应采用乙级防火门，不应设置卷帘。⑤消防电梯井、机房与相邻电梯井、机房之间应设置耐火极限**不低于2.00h**的防火隔墙，隔墙上的门应采用**甲级防火门**。⑥在消防电梯的井底应设置排水设施，排水井的容量**不应小于$2m^3$**，排水泵的排水量**不应小于10L/s**，且消防电梯间前室的门口宜设置挡水设施。⑦为了满足消防扑救的需要，消防电梯应选用较大的载重量，一般不应小于800kg，且轿厢尺寸不宜小于**1.5m×2m**。消防电梯要层层停靠，包括地下室各层。为了赢得宝贵的时间，消防电梯的行驶速度从首层至顶层的运行时间不宜大于60s。⑧消防电梯的供电应为**消防电源**并设**备用电源**，在最末级配电箱自动切换，动力与控制电缆、电线、控制面板应采取防水措施；在首层的消防电梯入口处应设置供消防队员专用的操作按钮，使之能快速回到首层或到达指定楼层；电梯轿厢内部应设置专用消防对讲电话，方便队员与控制中心联络。⑨电梯轿厢的内部装修应采用不燃材料。

第四节 直升机停机坪

直升机停机坪的设置范围及要求【S2110401】

建筑高度**大于100m**且标准层建筑面积**大于$2000m^2$**的公共建筑，其屋顶宜设置直升机停机坪或供直升机救助的设施。直升机停机坪的设置要求如下：

（1）起降区的面积大小、耐压强度和标志要求如下：①起降区**面积**的大小。当采用圆形与方形平面的停机坪时，其直径或边长尺寸应等于直升机机翼直径的**1.5倍**；当采用矩形平面时，其短边尺寸大于或等于直升机的长度。在停机坪外5m范围内，不应设设备机房、电梯机房、水箱间、共用天线、旗杆等突出物。②起降区场地的**耐压强度**。由直升机的动荷载、静荷载以及起落架的构造形式决定，同时考虑冲击荷载的影响，以防直升机降落控制不良，导致建筑物破坏。通常，按所承受集中荷载不大于直升机总重的**75%**考虑。③起降区的**标志**。停机坪四周应设置航空障碍灯，并应设置应急照明。特别是当一幢大楼的屋顶层局部为停机坪时，设置停机坪标志尤为重要。停机坪起降区常用符号“**H**”表示，符号所用色彩为白色，需与周围地区取得较好对比时亦可采用黄色，在浅色地面上时可加上黑色边框，使之更为醒目。

（2）设置**待救区**与**出口**。设置待救区，以容纳疏散到屋顶停机坪的避难人员。用钢制栅栏等与直升机起降区分隔，防止避难人员涌至直升机处，延误营救时间或造成事故。待救区应设置不少于2个通向停机坪的出口，每个出口的宽度不宜小于0.90m，其门应向疏散方向开启。

（3）**夜间照明**。停机坪四周应设置航空障碍灯，并应设置应急照明，以保障夜间的起降。

（4）设置**灭火设备**。

第三篇

建筑消防设施考点总结

第一章　概　述

第一节　建筑消防设施的作用及分类

本节考点已在下文其他章节中列出，本节不再赘述。

第二节　建筑消防设施的设置与管理

建筑消防设施管理职责【S3010201】

（1）**各级政府及相关部门**职责。住房与城市建设、交通、规划、国土资源、安全生产监管、质监、工商、民政、教育等相关行政管理部门应当按照各自职责，共同做好建筑消防设施的行业监管工作。各级公安机关消防机构则负有行政监督管理责任。

（2）**单位自主管理**职责。建筑消防设施的产权单位或者受其委托管理的单位应当履行日常管理责任。建筑消防设施的使用、管理单位应当依法履行下列管理职责：①贯彻执行国家有关建筑消防设施使用、维护保养的法律法规、技术标准和地方规章。②明确专门部门和专人负责建筑消防设施的操作、检查和维护保养工作。③制定建筑消防设施的管理制度和操作规程。④落实建筑消防设施的日常维护保养制度，及时整改、设置运行中存在的问题。⑤定期组织对建筑消防设施进行检查测试。⑥建立建筑消防设施配置、运行等情况的管理档案。⑦对员工进行建筑消防设施使用常识教育，定期组织消防演练。⑧履行法律、法规、规章规定的其他责任。

（3）**消防监督**管理职责。公安机关消防机构依法对建筑消防设施的管理情况实施监督，监督管理的内容包括以下几方面：①建筑消防设施的**配置情况**；②建筑消防设施的**运行状况**；③建筑消防设施的**操作规程**、**管理制度**；④建筑消防设施操作、管理人员的消防**安全培训情况**；⑤消防控制室值班情况；⑥建筑消防设施的维修、保养和检测情况；⑦建筑消防设施**管理档案**的建立情况；⑧其他需要监督检查的情况。

第二章 室内外消防给水系统

第一节 消防给水设施

一、消防给水设施【S3020101】

消防给水设施包括消防**水源**（消防水池）、消防**水泵**、消防**供水管道**、**增（稳）压设备**（消防气压罐）、消防**水泵接合器**和**消防水箱**等。

二、消防水泵设置要求【S3020102】

在临时高压消防给水系统、稳高压消防给水系统中均需设置消防泵。在串联消防给水系统和重力消防给水系统中，除需设置消防泵外，还需设置**消防转输泵**。消火栓给水系统与自动喷水灭火系统宜分别设置消防泵。设置消防水泵和消防转输泵时均应设置备用泵。备用泵的工作能力不应小于最大一台消防工作泵的工作能力。自动喷水灭火系统可按“**用一备一**”或“**用二备一**”的比例设置备用泵。下列情况下可不设备用泵：①建筑高度小于54m的住宅和室外消防给水设计流量小于或等于25L/s时。②建筑的室内消防给水设计流量小于或等于10L/s的建筑。

三、消防泵的选用要求及规定【S3020103】

（1）消防水泵的**流量**、**扬程**等应符合以下要求：①消防水泵的性能应满足消防给水系统所需**流量**和**压力**的要求。②消防水泵所配驱动器的功率应满足所选水泵流量扬程性能曲线上任何一点运行**所需功率**的要求。③当采用电动机驱动的消防水泵时，应选择**电动机干式**安装的消防水泵。④流量扬程性能曲线应为无驼峰、无拐点的光滑曲线，零流量时的压力不应大于设计工作压力的140%，且宜大于设计工作压力的120%。⑤当出流量为设计流量的150%时，其出口压力不应低于设计工作压力的65%。⑥泵轴的密封方式和材料应满足消防水泵在低流量时运转的要求。⑦消防给水同一泵组的消防水泵型号宜一致，且工作泵不宜超过3台。⑧多台消防水泵并联时，应校核流量叠加对消防水泵出口压力的影响。

（2）消防水泵的**主要材质**应符合下列规定：水泵外壳宜为**球墨铸铁**；叶轮宜为**铜**或**不锈钢**。

（3）**柴油机消防水泵**应符合下列规定：①柴油机消防水泵应采用**压缩式点火型柴油机**。②柴油机的额定功率应校核海拔和环境温度对柴油机功率的影响。③柴油机消防水泵应具备连续工作性能，试验运行时间不应小于24h。④柴油机消防水泵的蓄电池应保证消防水泵随时自动启泵的要求。⑤柴油机消防水泵的供油箱应根据火灾延续时间确定，且油箱最小有效容积应按 1.5L/kW 配置，柴油机消防水泵油箱内储存的燃料不应小于 50% 的储量。

（4）**轴流深井泵的安装**符合下列规定：①轴流深井泵安装于水井时，其淹没深度应满足其可靠运行的要求，在水泵出流量为 150% 设计流量时，其最低淹没深度应是第一个水泵叶轮底部水位线以上不少于 3.2m，且海拔每增加 300m，深井泵的最低淹没深度应至少增加 0.3m。②轴流深井泵安装在消防水池等消防水源上时，其第一个水泵叶轮底部应低于消防水池的最低有效水位线，且淹没深度应根据水力条件经计算确定，并应满足消防水池等消防水源有效储水量或有效水位能全部被利用的要求；当水泵设计流量大于 125L/s 时，应根据水泵性能确定淹没深度，并应满足水泵气蚀余量的要求。③当消防水池最低水位低于离心水泵出水管中心线或水源水位不能保证离心水泵吸水时，可采用轴流深井泵，并应采用湿式深坑的安装方式安装于消防水池等消防水源上。④当轴流深井泵的电动机露天设置时，应有防雨功能。

四、消防泵的串联和并联【S3020104】

消防泵的串联在**流量不变时可增加扬程**。消防泵的串联宜采用相同型号、相同规格的消防泵。在控制上，应先开启前面的消防泵，后开启后面（按水流方向）的消防泵。在有条件的情况下，应尽量选用多级泵。

消防泵并联的作用主要在于**增大流量**，但在流量叠加时，系统的流量会有所下降，选泵时应考虑这种因素。也就是说，并联工作的总流量增加了，但单台消防泵的流量却有所下降，故应适当加大单台消防泵的流量。并联时也宜选用相同型号和规格的消防泵，以使消防泵的出水压力相等、工作状态稳定。

五、消防水泵的吸水【S3020105】

根据离心泵的特性，水泵启动时其叶轮必须浸没在水中。为保证消防泵及时、可靠地启动，吸水管应采用**自灌式吸水**。在自灌式吸水时，吸水管上应装设阀门，以便于检修。消防水泵**从市政管网直接抽水**时，应在消防水泵出水管上设置有**空气隔断的倒流防止器**。当吸水口处**无吸水井**时，吸水口处应设置**旋流防止器**。

六、消防水泵吸水管的布置要求【S3020106】

消防水泵吸水管应保证**不漏气**，且在布置时应注意：①一组消防水泵，吸水管不应少于两条，当其中一条损坏或检修时，其余吸水管应仍能通过全部消防给水设计流量。②消防水泵吸水管布置应**避免形成气囊**。③消防水泵吸水管喇叭口在消防水池最低有效水位下的淹没深度应根据吸水管喇叭口的**水流速度**和**水力条件**确定，但不应小于 600mm。当采用旋流防止器时，淹没深度不应小于 200mm。④消防水泵的吸水管上应**设置明杆闸阀**或**带自锁装置的蝶阀**，但当设置暗杆阀门时应设有开启刻度和标志；当管径超过 DN300 时，宜设置电动阀门。⑤消防水泵吸水管的直径小于 DN250 时，其流速宜为 1.0～1.2m/s；直径大于 DN250 时，宜为 1.2～1.6m/s。⑥吸水井的布置应满足井内水流顺畅、流速均匀、不产生涡旋的要求，并应便于安装施工。⑦消防水泵的吸水管穿越消防水池时，应采用**柔性套管**；采用刚性防水套管时应在水泵吸水管上设置柔性接头，且管径不应大于 DN150。

⑧消防水泵吸水管可设置管道过滤器，管道过滤器的过水面积应大于管道过水面积的4倍，且孔径不宜小于3mm。⑨消防水泵吸水管水平管段上不应有气囊和漏气现象。变径连接时，应采用**偏心异径管件**并应采用**管顶平接**。

七、消防水泵出水管的布置【S3020107】

消防水泵出水管路应能承受一定的压力，保证不漏水，布置上应注意以下几点：①一组消防水泵应设**不少于两条的输水干管**与消防给水环状管网连接，当其中一条输水管检修时，其余输水管应仍能供应全部消防给水设计流量。②消防水泵的出水管上应设**止回阀**、**明杆闸阀**；当采用蝶阀时，应带有自锁装置；当管径大于DN300时，宜设置电动阀门。③消防水泵出水管的直径小于DN250时，其流速宜为1.5～2.0m/s；直径大于DN250时，宜为2.0～2.5m/s。④消防水泵出水管上应安装**消声止回阀**、**控制阀**和**压力表**；系统的总出水管上还应安装**压力表**和**压力开关**；安装压力表时应加设**缓冲装置**。压力表和缓冲装置之间应安装**旋塞**；压力表量程在没有设计要求时，应为系统工作压力的2～2.5倍。

八、吸水管和出水管上压力表的设置要求【S3020108】

压力表的设置要求如下：①消防水泵出水管压力表的最大量程**不应低于其设计工作压力的2倍**，且不应低于1.60MPa。②消防水泵吸水管宜设置**真空表**、**压力表**或**真空压力表**，压力表的最大量程应根据工程具体情况确定，但不应低于0.70MPa，真空表的最大量程宜为-0.10MPa。③压力表的直径不应小于100mm，应采用直径不小于6mm的管道与消防水泵进出口管相接，并应设置**关断阀门**。

九、流量和压力测试装置要求【S3020109】

一组消防水泵应在消防水泵房内设置**流量**和**压力测试装置**，并应符合下列规定：①单台消防水泵的流量不大于20L/s、设计工作压力不大于0.50MPa时，泵组应**预留**测量用**流量计**和**压力计接口**，其他泵组宜设置泵组流量和压力测试装置。②消防水泵流量检测装置的计量精度应为0.4级，最大量程的75%应大于最大一台消防水泵设计流量值的175%。③消防水泵压力检测装置的计量精度应为0.5级，最大量程75%应大于最大一台消防水泵设计压力值的165%。④每台消防水泵出水管上应设置DN65的试水管，并应采取**排水措施**。

十、消防水泵的启动装置规定【S3020110】

消防水泵的启动装置规定如下：①消防水泵应能**手动**启停和**自动**启动，且应确保从接到启泵信号到水泵正常运转的自动启动时间不应大于2min。消防水泵不应设置自动停泵的控制功能。②消防水泵应由**消防水泵出水干管上设置的压力开关**、**高位消防水箱出水管上的流量开关**或**报警阀压力开关**等开关信号直接自动启动。③消火栓按钮不宜作为直接启动消防泵的开关，但可作为**发出报警信号**的开关或启动干式消火栓系统的**快速启闭装置**等。

十一、消防水泵控制柜的设置要求【S3020111】

消防水泵控制柜应设置在消防水泵房或专用消防水泵控制室内，并应符合下列要求：①消防水泵控制柜在平时应使消防水泵处于**自动启泵**状态。②当自动水灭火系统为开式系统，且设置自动启动确有困难时，经论证后消防水泵可设置在手动启动状态，并应确保24h有人工值班。③消防水泵控制柜设置在专用消防水泵控制室时，其防护等级不应低于IP30；与消防水泵设置在同一空间时，其防护等级不应低于IP55。④消防水泵控制柜应采取**防止被水淹没的措施**。在高温潮湿环境下，消防水泵控制柜内应设置自动防潮除湿的装置。⑤消防水泵控制柜应设置**机械应急启泵**功能，并应保证在控制柜内的控制线路发生故障时由具有管理权限的人员在紧急时启动消防水泵。机械应急启动时，应确保消防水泵在报警后5.0min内正常工作。⑥消防水泵控制柜前面板的明显部位应设置**紧急时打开柜门的装置**。⑦消防水泵控制柜应有显示消防水泵工作状态和故障状态的输出端子及远程控制消防水泵启动的输入端子。控制柜应具有**自动巡检可调**、**显示巡检状态和信号**等功能。

十二、消防水泵的动力装置要求【S3020112】

消防转输泵的供电应符合消防泵的供电要求。消防泵、消防稳压泵及消防转输泵应有**不间断的动力供应**，也可采用内燃机作为动力装置。消防水泵的双电源自动切换时间不应大于2s，一路电源与内燃机动力的切换时间不应大于15s。

十三、室外消防给水管道的布置要求【S3020113】

室外消防给水管道的布置要求如下：①室外消防给水采用**两路消防供水**时，应布置成**环状**，但当采用**一路消防供水**时，可布置成**枝状**。②向环状管网输水的进水管不应少于两条，当其中一条发生故障时，其余的进水管应能满足消防用水总量的供给要求。③消防给水管道应采用阀门将其分成若干**独立段**，每段内室外消火栓的数量不宜超过5个。④管道的直径应根据**流量**、**流速**和**压力**要求经计算确定，但不应小于DN100，有条件的应不小于DN150。

十四、室外消防给水管道的管材、阀门和敷设要求【S3020114】

（1）**管材**。埋地管道宜采用**球墨铸铁管**、**钢丝网骨架塑料复合管**和**加强防腐的钢管**等管材，室内外架空管道应采用热浸锌镀锌钢管等金属管材，并应考虑系统工作压力、覆土深度、土壤的性质、管道的耐腐蚀能力，可能受到土壤、建筑基础、机动车和铁路等其他附加荷载的影响以及管道穿越伸缩缝和沉降缝等综合影响，选择管材和设计管道。

（2）消防给水系统的阀门选择应符合以下要求：①埋地管道的阀门宜采用**带启闭刻度的暗杆闸阀**，当设置在阀门内时可采用**耐腐蚀的明杆闸阀**。②室内架空管道的阀门宜采用蝶阀、明杆闸阀或带启闭刻度的暗杆闸阀等。③室外架空管道宜采用带启闭刻度的暗杆闸阀或耐腐蚀的明杆闸阀。

（3）减压阀的设置应符合：①减压阀应设置在**报警阀组入口前**，当连接两个及以上报警阀组时，应设置**备用减压阀**。②减压阀的进口处应设置**过滤器**，过滤器的孔网直径不宜小于4~5目（3.962~4.699mm），过流面积不应小于管道截面面积的4倍。③过滤器和减压阀前后应设压力表，压力表的表盘直径不应小于100mm，最大量程宜为设计压力的2倍。④过滤器前和减压阀后应设置**控制阀门**。⑤减压阀后应设置**压力试验排水阀**。⑥减压阀应设置流量检测测试接口或流量计。⑦垂直安装的减压阀，水流方向宜向下。⑧比例式减压阀宜垂直安装，可调式减压阀宜水平安装。⑨减压阀和控制阀门宜有保护或锁定调节配件的装置。⑩接减压阀的管段**不应有气堵**、**气阻**。

（4）敷设。当埋地管直径不小于 DN100 时，应在管道弯头、三通和堵头等位置设置**钢筋混凝土支墩**。消防给水管道不宜穿越建筑基础，必须穿越时，应采取**防护套管**等保护措施。

十五、室内消防给水管道设置要求【S3020115】

室内消防给水管道设置要求：①室内消火栓系统管网应布置成**环状**，当室外消火栓设计流量不大于 20L/s，且室内消火栓不超过 10 个时，除现行国家标准《消防给水及消火栓系统技术规范》（GB 50974—2014）第 8.1.2 条外，可布置成**枝状**。②当由室外生产生活消防合用系统直接供水时，合用系统除应满足室外消防给水设计流量以及生产和生活最大小时设计流量的要求外，还应满足室内消防给水系统的**设计流量**和**压力**要求。③室内消防管道管径应根据系统设计**流量**、**流速**和**压力**要求经计算确定：室内消火栓竖管管径应根据竖管最低流量经计算确定，但不应小于 DN100。④室内消火栓竖管应保证检修管道时**关闭停用的竖管不超过 1 根**，当竖管超过 4 根时，可关闭不相邻的 2 根。每根竖管与供水横干管相接处应设置**阀门**。⑤室内消火栓给水管网宜与自动喷水等其他水灭火系统的臂网**分开设置**；当合用消防泵时，供水管路沿水流方向应在报警阀前分开设置。⑥消防给水管道的设计流速不宜大于 2.5m/s，任何消防管道的给水流速不应大于 7m/s。

十六、消防水泵接合器设置要求【S3020116】

消防水泵接合器设置要求：①高层民用建筑、设有消防给水的住宅、超过五层的其他多层民用建筑、超过两层或建筑面积大于 10000m^2 的地下或半地下建筑（室）、室内消火栓设计流量大于 10L/s 平战结合的人防工程、高层工业建筑和超过四层的多层工业建筑、城市交通隧道，其室内消火栓给水系统应设水泵接合器；自动喷水灭火系统、水喷雾灭火系统、泡沫灭火系统和固定消防炮灭火系统等水灭火系统，均应设置消防水泵接合器。②消防水泵接合器的给水流量宜按每个 10～15L/s 计算。每种水灭火系统的消防水泵接合器设置的数量应按系统设计流量经计算确定，但当计算数量超过 3 个时，可根据供水可靠性适当减少。③临时高压消防给水系统向多栋建筑供水时，消防水泵接合器应在每座建筑就近设置。④消防水泵接合器的供水范围，应根据当地消防车的**供水流量**和**压力**确定。⑤消防给水为竖向分区供水时，在消防车供水压力范围内的分区，应分别设置**水泵接合器**；当建筑高度超过消防车供水高度时，消防给水应在设备层等方便操作的地点设置**手抬泵**或**移动泵**接力供水的吸水和加压接口。⑥水泵接合器应设在室外便于消防车使用的地点，且距室外消火栓或消防水池的距离不宜小于 15m，并不宜大于 40m。⑦墙壁消防水泵接合器的安装高度距地面宜为 0.70m；与墙面上的门、窗、孔、洞的净距离不应小于 2.0m，且不应安装在玻璃幕墙下方；地下消防水泵接合器的安装，应使进水口与井盖底面的距离不大于 0.40m，且不应小于井盖的半径。⑧水泵接合器处应标识每个水泵接合器的**供水系统名称**，设置**永久性标志铭牌**，并应标明**供水系统**、**供水范围**和**额定压力**。

十七、稳压泵的工作原理及要求【S3020117】

稳压泵是在消防给水系统中用于稳定平时最不利点水压的给水泵，通常选用**小流量**、**高扬程**的水泵。消防稳压泵也应设置备用泵，通常可按“**一用一备**”原则选用。宜采用**离心泵**，并符合单吸单级或单吸多级离心泵，泵外壳和叶轮等主要部件的材质宜采用不锈钢。

（1）稳压泵**流量**的确定。消防给水系统消防稳压泵的设计流量不应小于消防给水系统管网的正常泄漏量和系统自动启动流量，喷淋消防稳压泵的流量宜为1L/s，且不宜大于一个喷头的流量；消火栓给水系统的消防稳压泵，其流量不应大于5L/s；消火栓给水系统与自动喷水灭火系统合用的消防稳压泵，其流量宜为3L/s。当设有管网泄漏量数据时，稳压泵的设计流量宜按消防给水设计流量的1%～3%计，且不宜小于1L/s。

（2）稳压泵**扬程**的确定。稳压泵的设计压力应符合下列要求：①稳压泵的设计压力应满足系统自动启动和管网充满水的要求。②稳压泵的设计压力应保持系统自动启泵压力设置点处的压力在准工作状态时大于系统设置自动启泵压力，且增加值宜为0.07～0.10MPa。③稳压泵的设计压力应保持系统最不利点处水灭火设施在准工作状态时的静水压力应大于0.15MPa。

十八、消防水池的设置要求【S3020118】

在市政给水管道、进水管道或天然水源不能满足消防用水量，以及市政给水管道为枝状或只有一条进水管的情况下，且室外消火栓设计流量大于20L/s或建筑高度大于50m的建（构）筑物应设消防水池。设置要求如下：①消防水池进水管应根据其**有效容积**和**补水时间**确定，补水时间不宜大于48h；当消防水池有效总容积大于2000m^3时，不应大于96h。消防水池进水管管径应经计算确定，且不应小于DN100。②消防水池的总蓄水有效容积大于500m^3时，宜设**两格能独立使用**的消防水池；当大于1000m^3时，应设置能独立使用的两座消防水池。每格（或座）消防水池应设置独立的出水管，并应设置满足最低有效水位的连通管，且其管径应能满足消防给水设计流量的要求。③对于消防水池，当消防用水与其他用水合用时，应有保证消防用水**不作他用**的技术措施。④消防水池应设置就地水位显示装置，并应在消防控制中心或值班室等地点设置显示消防水池水位的装置，同时应有**最高**和**最低水位报警水位**。⑤消防水池的出水管应保证消防水池的有效容积能被全部利用，应设置**溢流水管**和**排水设施**，并应采用**间接排水**。⑥储存有室外消防用水的供消防车取水的消防水池，应设供消防车取水的**取水口**或**取水井**，吸水高度不应大于6m；取水口或取水井与被保护建筑物（水泵房除外）的外墙距离不宜小于15m，与甲、乙、丙类液体储罐的距离不宜小于40m，与液化石油气储罐的距离不宜小于60m，当采取防止辐射热的保护措施时可减小为40m。

十九、消防水池、高位消防水池的容积【S3020119】

水池的容积分为**有效容积**（储水容积）和**无效容积**（附加容积）。

（1）消防水池的有效容积。有效容积是消火栓、自动喷水灭火系统的设计流量与在火灾延续时间内可连续补充的流量的差值与火灾延续时间的乘积。**火灾延续时间**是指从消防车到达火场后开始出水时起，至火灾被基本扑灭的时间段。当建筑群共用消防水池时，消防水池的容积应按消防用水量最大的一幢建筑物的用水量计算确定。

（2）消防水池的补水。当消防水池采用两路消防供水且在火灾情况下**连续补水**能满足消防要求时，消防水池的有效容积应根据计算确定，但不应小于 $100m^3$；当仅有消火栓系统时不应小于 $50m^3$。

（3）高位消防水池的有效容积。**高位消防水池**的**最低有效水位**应能满足其所服务的水灭火设施所需的工作压力和流量，且其有效容积应满足火灾延续时间内所需的消防用水量，并应符合下列规定：①除可一路消防供水的建筑物外，向高位消防水池供水的给水管**不应少于两条**。②当高层民用建筑采用高位消防水池供水的高压消防给水系统时，高位消防水池储存室内消防用水量确有困难，但火灾时补水可靠，其总有效容积不应小于室内消防用水量的50%。③高层民用建筑高压消防给水系统的高位消防水池总有效容积大于 $200m^3$ 时，宜设置蓄水**有效容积相等**且**可独立使用**的两格；当建筑高度大于 100m 时应设置独立的两座。每格（或座）应有一条独立的出水管向消防给水系统供水。④高位消防水池设置在建筑物内时，应采用耐火极限不低于 2.00h 的隔墙和 1.50h 的楼板与其他部位隔开，并应设**甲级防火门**，且消防水池及其支承框架与建筑构件应连接牢固。

二十、消防水箱的设置要求【S3020120】

采用临时高压给水系统的建筑物应设置高位消防水箱。设置消防水箱的目的：一是提供系统**启动初期**的消防**用水量**和**水压**，在消防泵出现故障的紧急情况下应急供水，确保喷头开放后立即喷水，以及时控制初期火灾，并为外援灭火争取时间；二是利用高位差为系统提供准工作状态下所需的水压，以达到管道内充水并**保持一定压力**的目的。设置常高压给水系统并能保证最不利点消火栓和自动喷水灭火系统等的水量和水压的建筑物，或设置干式消防竖管的建筑物，可不设置消防水箱。

（1）临时高压消防给水系统的高位消防水箱的有效容积应**满足初期火灾消防用水量**的要求，其具体设置要求如下：①一类高层公共建筑，不应小于 $36m^3$，但当建筑高度大于 100m 时，不应小于 $50m^3$，当建筑高度大于 150m 时，不应小于 $100m^3$。②多层公共建筑、二类高层公共建筑和一类高层住宅，不应小于 $18m^3$，当一类高层住宅建筑高度超过 100m 时，不应小于 $36m^3$。③二类高层住宅，不应小于 $12m^3$。④建筑高度大于 21m 的多层住宅，不应小于 $6m^3$。⑤工业建筑室内消防给水设计流量小于或等于 25L/s 时，不应小于 $12m^3$，大于 25L/s 时，不应小于 $18m^3$。⑥总建筑面积大于 $10000m^2$ 且小于 $30000m^2$ 的商店建筑，不应小于 $36m^3$；总建筑面积大于 $30000m^2$ 的商店，不应小于 $50m^3$，当与本条第①款规定不一致时应取其较大值。

（2）高位消防水箱的设置位置**应高于其所服务的水灭火设施**，且最低有效水位应满足水灭火设施最不利点处的静水压力，其具体设置要求如下：①一类高层公共建筑，不应低于 0.10MPa；当建筑高度超过 100m 时，不应低于 0.15MPa。②高层住宅、二类高层公共建筑、多层公共建筑，不应低于 0.07MPa；多层住宅不宜低于 0.07MPa。③工业建筑，不应低于 0.10MPa；当建筑体积小于 $20000m^3$ 时，不宜低于 0.07MPa。④自动喷水灭火系统等自动水灭火系统应根据喷头灭火需求压力确定，但最小不应小于 0.10MPa。⑤当高位消防水箱不能满足本条①～④款的静压要求时，应设稳压泵。

（3）进水管的管径应满足消防水箱 8h 充满水的要求，但管径不应小于 DN32，进水管宜设置**液位阀或浮球阀**。

（4）溢流管的直径不应小于进水管直径的 2 倍，且不应小于 DN100，溢流管的喇叭口直径不应小于溢流管直径的 1.5～2.5 倍。

（5）高位消防水箱出水管管径应满足消防给出设计流量的最小要求，且不应小于 DN100。

（6）高位消防水箱出水管应位于高位消防水箱最低水位以下，并应设置防止消防用水进入高位消防水箱的**止回阀**。

（7）高位消防水箱的进、出水管应设置**带有指示启闭装置**的阀门。

（8）室内采用临时高压消防给水系统时，高位消防水箱的设置应符合下列规定：①高层民用建筑、总建筑面积大于 10000m^2 且层数超过 2 层的公共建筑和其他重要建筑，必须设置高位消防水箱。②其他建筑应设置高位消防水箱，但当设置高位消防水箱确有困难，且采用安全可靠的消防给水形式时，可不设高位消防水箱，但应设置稳压泵。

第二节　室外消火栓系统

一、室外消火栓系统工作原理【S3020201】

（1）**常高压消防给水系统**管网内应经常**保持足够的压力和消防用水量**。

（2）**临时高压消防给水系统**中设有消防泵，平时管网内压力较低。当室外采用高压或临时高压给水系统时，宜与室内消防给水系统合用，独立的室外临时高压消防给水系统宜采用稳压泵维持系统的充水和压力。

（3）**低压消防给水系统**管网内的压力较低，当火灾发生后，消防队员从室外管网内吸水加入消防车内，然后利用消防车直接加压灭火，或者由消防车通过水泵接合器向室内管网内加压供水。建筑物室外宜采用低压消防给水系统，当采用市政给水管网时，应采用双路消防供水，除建筑高度超过 54m 的住宅外，室外消火栓设计流量小于或等于 20L/s 时可采用一路消防供水，且室外消火栓应由市政给水管网直接供水。

二、室外消火栓的设置范围【S3020202】

室外消火栓的设置范围如下：①在城市、居住区、工厂、仓库等的规划和建筑设计中，必须同时设计消防给水系统；城镇（包括居住区、商业区、开发区、工业区等）应沿可通行消防车的街道设置**市政消火栓系统**。②民用建筑、厂房（仓库）、储罐（区）、堆场周围应设**室外消火栓**。③用于消防救援和消防车停靠的屋面上，应设置**室外消火栓系统**。④耐火等级不低于二级，且建筑物体积小于或等于 3000m^3 的戊类厂房；或居住区人数不超过 500 人，且建筑物层数不超过两层的居住区，可不设置室外消防给水系统。

三、市政消火栓的设置要求【S3020203】

①市政消火栓宜采用地上式室外消火栓；在严寒、寒冷等冬季结冰地区宜采用干式地上式室外消火栓，严寒地区宜增设消防水鹤。当采用地下式室外消火栓，地下消火栓井的

直径不宜小于 1.5m，且当地下式室外消火栓的取水口在冰冻线以上时，应采取保温措施。地下式市政消火栓应有明显的**永久性标志**。②市政消火栓宜采用直径 DN150 的室外消火栓，并应符合下列要求：室外地上式消火栓应有一个直径为 150mm 或 100mm 和两个直径为 65mm 的栓口；室外地下式消火栓应有直径为 100mm 和 65mm 的栓口各一个。③市政消火栓宜在道路的一侧设置，并宜靠近十字路口，但当市政道路宽度超过 60.0m 时，应在道路的两侧交叉错落设置市政消火栓。市政桥桥头和城市交通隧道出入口等市政公用设施处，应设置市政消火栓，其保护半径不应超过 150m，间距不应大于 120m。④市政消火栓应布置在消防车易于接近的人行道和绿地等地点，且不应妨碍交通。应避免设置在机械易撞击的地点，确有困难时，应采取**防撞措施**。距路边不宜小于 0.5m，并不应大于 2.0m，距建筑外墙或外墙边缘不宜小于 5.0m。⑤当市政给水管网设有市政消火栓时，其平时运行工作压力不应小于 0.14MPa，火灾时水力最不利市政消火栓的出流量不应小于 15L/s，且供水压力从地面算起不应小于 0.10MPa。⑥严寒地区在城市主要干道上设置消防水鹤的布置间距宜为 1000m，连接消防水鹤的市政给水管的管径不宜小于 DN200，火灾时消防水鹤的出流量不宜低于 30L/s，且供水压力从地面算起不应小于 0.10MPa。

四、室外消火栓的设置要求【S3020204】

设置要求如下：①建筑室外消火栓的数量应根据室外消火栓设计流量和保护半径经计算确定，保护半径不应大于 150.0m，每个室外消火栓的出流量宜按 10～15L/s 计算。室外消火栓宜**沿建筑周围均匀布置**，且不宜集中布置在建筑一侧；建筑消防扑救面一侧的室外消火栓数量不宜少于两个。②人防工程、地下工程等建筑应在出入口附近设置室外消火栓，距出入口的距离不宜小于 5m，并不宜大于 40m；停车场的室外消火栓宜沿停车场周边设置，与最近一排汽车的距离不宜小于 7m，距加油站或油库不宜小于 15m。③甲、乙、丙类液体储罐区和液化烃罐罐区等构筑物的室外消火栓，应设在防火堤或防护墙外，数量应根据每个罐的设计流量经计算确定，但距罐壁 15m 范围内的消火栓，不应计算在该罐可使用的数量内。④工艺装置区等采用高压或临时高压消防给水系统的场所，其周围应设置室外消火栓，数量应根据设计流量经计算确定，且间距不应大于 60.0m。当工艺装置区宽度大于 120.0m 时，宜在该装置区内的路边设置室外消火栓。当工艺装置区、罐区、堆场、可燃气体和液体码头等构筑物的面积较大或高度较高，室外消火栓的充实水柱无法完全覆盖时，宜在适当部位设置**室外固定消防炮**。当工艺装置区、储罐区、堆场等构筑物采用高压或临时高压消防给水系统时，其室外消火栓处宜配置消防水带和消防水枪，工艺装置区等需要设置室内消火栓的场所，应设置在工艺装置休息平台处。⑤室外消防给水引入管当设有**倒流防止器**且火灾时因其水头损失导致室外消火栓不能满足《消防给水及消火栓系统技术规范》第 7.2.8 条的要求，应在该倒流防止器前设置一个室外消火栓。

第三节 室内消火栓系统

一、室内消火栓系统设置场所【S3020301】

（1）应设室内消火栓系统的建筑如下：①建筑占地面积大于 $300m^2$ 的厂房（仓库）。

②体积大于5000m^3的车站、码头、机场的候车（船、机）楼以及展览建筑、商店建筑、旅馆建筑、医疗建筑和图书馆建筑等单、多层建筑。③特等、甲等剧场，超过800个座位的其他等级的剧场和电影院等，超过1200个座位的礼堂、体育馆等单、多层建筑。④建筑高度大于15m或体积大于10000m^3的办公建筑、教学建筑和其他单、多层民用建筑。⑤高层公共建筑和建筑高度大于21m的住宅建筑。⑥对于建筑高度不大于27m的住宅建筑，当确有困难时，可只设置干式消防竖管和不带消火栓箱的DN65的室内消火栓。

（2）可不设室内消火栓系统的建筑如下：①存有与水接触能引起燃烧、爆炸的物品的建筑物和室内没有生产、生活给水管道，室外消防用水取自储水池且建筑体积不大于5000m^3的其他建筑。②耐火等级为一、二级且可燃物较少的单层、多层丁、戊类厂房（仓库），耐火等级为三、四级且建筑体积小于或等于3000m^3的丁类厂房和建筑体积小于或等于5000m^3的戊类厂房（仓库）。③粮食仓库、金库以及远离城镇且无人值班的独立建筑。

国家级文物保护单位的重点砖木或木结构的古建筑，宜设置室内消火栓系统。**人员密集的公共建筑**、建筑高度大于100m的建筑和建筑面积大于200m^2的商业服务网点内应设置消防软管卷盘或轻便消防水龙。**高层住宅建筑的户内**宜配置轻便消防水龙。

二、室内消火栓系统类型及其给水方式【S3020302】

（1）**低层建筑**室内消火栓给水系统及其给水方式。①**直接给水方式**。直接给水方式无加压水泵和水箱，室内消防用水直接由室外消防给水管网提供。当室外给水管网所供水量和水压在全天任何时候均能满足系统最不利点消火栓设备所需水量和水压时，可采用这种供水方式。采用这种给水方式，当生产、生活、消防合用管网时，其进水管上设置的水表应考虑消防流量；当只有一条进水管时，可在水表节点处设置旁通管。②**设有消防水箱的给水方式**。该室内给水管网与室外管网直接连接，利用外网压力供水，同时设有高位消防水箱调节流量和压力，其供水较可靠，可充分利用外网压力，但须设置高位水箱，从而增加了建筑的荷载。当全天内大部分时间室外管网的压力能够满足要求，在用水高峰时室外管网的压力较低，满足不了室内消火栓的压力要求时，可采用这种给水方式。③**设有消防水泵和消防水箱的给水方式**。这种给水方式同时设有消防水泵和消防水箱，是最常用的给水方式。系统中的消防用水平时由屋顶水箱提供，生产生活水泵定时向水箱补水，火灾发生时可启动消防水泵向系统供水。当室外消防给水管网的水压经常不能满足室内消火栓给水系统所需水压时，宜采用这种给水方式。当室外管网不允许消防水泵直接吸水时，应设消防水池。

（2）**高层建筑**室内消火栓给水系统及其给水方式。高层建筑必须依靠建筑物内设置的消防设施进行自救。高层建筑的室内消火栓给水系统应采用独立的消防给水系统。①**不分区消防给水方式**。整栋大楼采用一个区供水，系统简单、设备少。当高层建筑最低消火栓栓口处的静水压力不大于1.0MPa时，可采用此种给水方式。②**分区消防给水方式**。在消防给水系统中，由于配水管道的工作压力要求，系统可有不同的给水方式。系统给水方式的划分原则可根据管材、设备等确定。当高层建筑最低消火栓栓口的静水压力大于1.00MPa或系统工作压力大于2.40MPa时，应采用分区给水系统。分区供水形式可采用消防水泵并行或串联、减压水箱和减压阀减压的形式，但当系统的工作压力大于2.4MPa时，应采用消防水泵串联或减压水箱分区供水形式。

三、室内消火栓系统设置要求【S3020303】

（1）室内消火栓的设置要求如下：①应采用 DN65 的室内消火栓，并**可与消防软管卷盘或轻便水龙设置在同一箱体内**。配置公称直径 65mm 有内衬里的消防水带，长度不宜超过 25.0m；宜配置喷嘴当量直径 16mm 或 19mm 的消防水枪，但当消火栓设计流量为 2.5L/s 时，宜配置喷嘴当量直径 11mm 或 13mm 的消防水枪。②设置**室内消火栓的建筑**，包括设备层在内的各层均应设置消火栓。③屋顶设有直升机停机坪的建筑，应在停机坪出入口处或非电气设备机房处设置消火栓，且距停机坪机位边缘的距离不应小于 5.0m。④消防电梯前室应设置室内消火栓，并应计入消火栓使用数量。⑤室内消火栓的布置应满足同一平面有 2 支消防水枪的 2 股充实水柱同时达到任何部位的要求，但建筑高度小于或等于 24.0m 且体积小于或等于 5000m^3的多层仓库、建筑高度小于或等于 54m 且每单元设置一部疏散楼梯的住宅，采用一支消防水枪计算消防量的场所，可采用一支消防水枪的一股充实水柱到达室内任何部位。⑥建筑室内消火栓栓口的安装高度应便于消防水龙带的连接和使用，其距地面高度宜为 1.1m；其出水方向应便于消防水带的敷设，并宜与设置消火栓的墙面成 90°或向下。⑦设有室内消火栓的建筑应设置带有压力表的试验消火栓，其设置位置对于多层和高层建筑应在其屋顶设置，严寒、寒冷等冬季结冰地区可设置在顶层出口处或水箱间内等便于操作和防冻的位置；对于单层建筑宜设置在水力最不利处，且应靠近出入口。⑧室内消火栓宜**按直线距离计算其布置间距**，对于消火栓按两支消防水枪的两股充实水柱布置的建筑物，消火栓的布置间距不应大于 30.0m；对于消火栓按一支消防水枪的一股充实水柱布置的建筑物，消火栓的布置间距不应大于 50.0m。⑨建筑高度不大于 27m 的住宅，当设置消火栓系统时，可采用**干式消防竖管**。干式消防竖管宜设置在**楼梯间休息平台**，且仅应配置消火栓栓口，干式消防竖管应设置消防车供水接口，消防车供水接口应设置在首层便于消防车接近和安全的地点，竖管顶端应设置自动排气阀。⑩住宅户内宜在生活给水管道上预留一个接 DN15 消防软管或轻便水龙的接口。跃层住宅和商业网点的室内消火栓应至少满足一股充实水柱到达室内任何部位，并宜设置在户门附近。

（2）室内消火栓栓口压力和消防水枪充实水柱。充实水柱是指由水枪喷嘴起至射流 90% 的水柱水量穿过直径为 380mm 圆孔处的一段射流长度。①消火栓栓口动压力不应大于 0.50MPa，当大于 0.70MPa 时，必须设置减压装置。②高层建筑、厂房、库房和室内净空高度超过 8m 的民用建筑等场所，其消火栓栓口动压不应小于 0.35MPa，且消防水枪充实水柱应达到 13m；其他场所的消火栓栓口动压不应小于 0.25MPa，且消防水枪充实水柱应达到 10m。

（3）消防软管卷盘和轻便水龙的设置要求。消防软管卷盘由**小口径消火栓**、**输水缠绕软管**、**小口径水枪**等组成。①消防软管卷盘应配置内径不小于 ϕ19mm 的消防软管，其长度宜为 30m；轻便水龙应配置公称直径 ϕ25mm 有内衬里的消防水带，长度宜为 30.0m。消防软管卷盘和轻便水龙应配置当量喷嘴直径为 6mm 的消防水枪。②消防软管卷盘和轻便水龙的用水量可不计入消防用水总量。③剧院、会堂闷顶内的消防软管卷盘应设在马道入口处，以方便工作人员使用。

第三章　自动喷水灭火系统

第一节　系统的分类与组成

本节内容已在其他章节中总结归纳，此处不再赘述。

第二节　系统的工作原理与适用范围

一、湿式系统的工作原理及适用范围【S3030201】

湿式系统在准工作状态时，由**消防水箱**或**稳压泵**、**气压给水设备**等稳压设施维持管道内充水的压力。发生火灾时，在火灾温度的作用下，**闭式喷头**的热敏元件动作，喷头开启并开始喷水。此时管网中的水由静止变为流动，**水流指示器**动作送出电信号，在**报警控制器**上显示某一区域喷水的信息。由于持续喷水泄压造成湿式报警阀的上部水压低于下部水压，在压力差的作用下，原来处于关闭状态的**湿式报警阀**将**自动开启**。此时压力水通过湿式报警阀流向管网，同时打开通向水力警铃的通道，**延迟器**充满水后，**水力警铃**发出声响警报，**压力开关**动作并输出启动供水泵的信号。供水泵投入运行后，完成系统的启动过程。湿式系统适合在温度**不低于4℃且不高于70℃**的环境中使用。

二、干式系统的工作原理及适用范围【S3030202】

干式系统在准工作状态时，由**消防水箱**或**稳压泵**、**气压给水设备**等稳压设施维持干式报警阀入口前管道内的充水压力，报警阀出口后的管道内**充满有压气体**（通常采用压缩空气），报警阀处于关闭状态。发生火灾时，在火灾温度的作用下，**闭式喷头**的热敏元件动作，闭式喷头开启，使干式阀的出口压力下降，加速器动作后促使**干式报警阀**迅速开启，管道开始排气充水，剩余压缩空气从系统最高处的**排气阀**和开启的喷头处喷出。此时，通向水力警铃和压力开关的通道被打开，**水力警铃**发出声响警报，**压力开关**动作并输出启泵信号，启动系统供水泵；管道完成排气充水过程后，开启的喷头开始喷水。从闭式喷头开启至供水泵投入运行前，由消防水箱、气压给水设备或稳压泵等供水设施为系统的配水管道充水。干式系统适用于环境温度**低于4℃或高于70℃**的场所。干式系统由于准工作状态时配水管道内没有水，喷头动作、系统启动时必须经过一个管道排气、充水的过程，因此会出现**滞后喷水现象**，不利于系统及时控火灭火。

三、预作用系统的工作原理及适用范围【S3030203】

雨淋阀后的管道内平时无水或充以有压气体。发生火灾时，由**火灾自动报警系统**自动开启**雨淋报警阀**，配水管道开始排气充水，使系统在闭式喷头动作前转换成湿式系统，并在闭式喷头开启后立即喷水。预作用系统可消除干式系统在喷头开放后延迟喷水的弊病，因此其在**低温和高温环境中可替代干式系统**。系统处于准工作状态时，严禁管道漏水。严禁系统误喷的忌水场所应采用预作用系统。

四、雨淋系统的工作原理及适用范围【S3030204】

发生火灾时，由**火灾自动报警系统**或**传动管**自动控制开启**雨淋报警阀**和**供水泵**，向系统管网供水，由雨淋阀控制的开式喷头同时喷水。雨淋系统的喷水范围由雨淋阀控制，在系统启动后立即大面积喷水。因此，雨淋系统主要适用于需大面积喷水、快速扑灭火灾的特别危险场所。火灾的水平蔓延速度快、闭式喷头的开放不能及时使喷水有效覆盖着火区域，或室内净空高度超过一定高度且必须迅速扑救初期火灾，或属于严重危险级Ⅱ级的场所，应采用雨淋系统。

五、水幕系统的工作原理及适用范围【S3030205】

发生火灾时，由**火灾自动报警**系统联动开启**雨淋报警阀组**和**供水泵**，向系统管网和喷头供水。防火分隔水幕系统利用密集喷洒形成的水墙或多层水帘，可封堵防火分区处的孔洞，阻挡火灾和烟气的蔓延，因此适用于局部防火分隔处。

第三节 系统设计主要参数

一、火灾危险等级【S3030301】

自动喷水灭火系统设置场所的火灾危险等级共分为4类8级，自动喷水灭火系统设置场所火灾危险等级举例见《消防安全技术实务》表3-3-1。具体等级分类如下：①**轻危险级**。一般是指可燃物品较少、火灾放热速率较低、外部增援和人员疏散较容易的场所。②**中危险级**。一般是指内部可燃物数量、火灾放热速率中等，火灾初期不会引起剧烈燃烧的场所。大部分民用建筑和工业厂房划归中危险级。根据此类场所种类多、范围广的特点，再细分为中Ⅰ级和中Ⅱ级。③**严重危险级**。一般是指火灾危险性大，且可燃物品数量多，火灾发生时容易引起猛烈燃烧并可能迅速蔓延的场所。④**仓库火灾危险级**。根据仓库储存物品及其包装材料的火灾危险性，将仓库火灾危险等级划分为Ⅰ、Ⅱ、Ⅲ级。**仓库火灾危险Ⅰ级**一般是指储存食品、烟酒以及用木箱、纸箱包装的不燃或难燃物品的场所；**仓库火灾危险Ⅱ级**一般是指储存木材、纸、皮革等物品和用各种塑料瓶、盒包装的不燃物品及各类物品混杂储存的场所；**仓库火灾危险Ⅲ级**一般是指储存A组塑料与橡胶及其制品等物品的场所。

二、自动喷水系统设计基本参数【S3030302】

（1）**民用建筑和工业厂房**的系统设计基本参数。对于民用建筑和工业厂房，系统设计基本参数应符合《消防安全技术实务》表3-3-2的要求。仅在走道设置单排闭式喷头的闭式系统，其作用面积应按最大疏散距离所对应的走道面积确定；在装有网格、栅板类通透性吊顶的场所，系统的喷水强度应按《消防安全技术实务》表3-3-2规定值的1.3倍确定；干式系统的作用面积按《消防安全技术实务》表3-3-2规定值的1.3倍确定。系统最不利点处喷头的工作压力不应低于0.05MPa。

（2）**非仓库类高大净空场所**的系统设计基本参数。对于非仓库类高大净空场所，湿式系统的设计基本参数应符合《消防安全技术实务》表3-3-3的要求。最大储物高度超过3.5m的自选商场应按16L/(min·m^2)确定喷水强度。

（3）**不同仓库内**的系统设计基本参数主要分以下几类：①堆垛储物仓库。Ⅰ级、Ⅱ级堆垛储物仓库和Ⅲ级分类堆垛储物仓库的系统设计基本参数分别不应低于《消防安全技术实务》表3-3-4和表3-3-5的规定。②货架储物仓库。Ⅰ级、Ⅱ级仓库危险级的货架储物仓库，系统的设计基本参数应符合《消防安全技术实务》表3-3-6的要求。③混储仓库。当Ⅰ级、Ⅱ级仓库危险级的仓库中混杂储存有Ⅲ级仓库危险级的货品时，系统的设计基本参数应符合《消防安全技术实务》表3-3-7的要求。④采用早期抑制快速响应喷头的仓库。采用早期抑制快速响应喷头的仓库，其系统设计基本参数不应低于《消防安全技术实务》表3-3-8的规定。

（4）**局部应用系统**设计基本参数。室内最大净空高度不超过8m，且保护区域总建筑面积不超过1000m^2的民用建筑可采用局部应用湿式自动喷水灭火系统，但系统应采用快速响应喷头，喷水强度不应低于6L/(min·m^2)，持续喷水时间不应低于0.5h。喷头的选型、布置和作用面积（按开放喷头数确定），应符合下列要求：①采用流量系数$K=80$快速响应喷头的系统，喷头的布置应符合中危险级Ⅰ级场所的有关规定，作用面积应符合《消防安全技术实务》表3-3-9的规定。②采用流量系数$K=115$快速响应扩展覆盖喷头的系统，同一配水支管上喷头的最大间距和相邻配水支管的最大间距，正方形布置时不应大于4.4m，矩形布置时长边不应大于4.6m，喷头至墙的距离不应大于2.2m，作用面积应按开放喷头数不少于6只确定。

（5）**水幕系统**设计基本参数。水幕系统的设计基本参数应符合《消防安全技术实务》表3-3-10的要求。

（6）**持续喷水时间**。除特殊规定外，系统的持续喷水时间应按火灾延续时间不小于1.0h确定。

第四节　系统主要组件及设置要求

一、洒水喷头分类及设置要求【S3030401】

（1）洒水喷头的分类。根据结构组成和安装方式，洒水喷头可分为不同的类型，**闭式喷头**具有释放机构，由**玻璃球**、**易熔元件**、**密封件**等零件组成。平时，闭式喷头的出水口由释放机构封闭，达到公称动作温度时，玻璃球破裂或易熔元件熔化，释放机构自动脱落，喷头开启喷水。闭式喷头具有定温探测器和定温阀及布水器的作用。**开式喷头**（包括**水幕喷头**）没有释放机构，喷口呈常开状态。喷头根据其灵敏度，可分为**早期抑制快速响应（ESFR）喷头**、**快速响应喷头**和**标准响应喷头**。早期抑制快速响应喷头的响应时间系数RTI<28 $(m\cdot s)^{0.5}$；快速响应喷头的响应时间系数为RTI≤50$(m\cdot s)^{0.5}$；标准响应喷

头的响应时间系数为 $RTI = 80 \sim 350 (m \cdot s)^{0.5}$。

（2）喷头选型要求如下：①对于湿式自动喷水灭火系统，在吊顶下布置喷头时，应采用**下垂型或吊顶型喷头**；顶板为水平面的轻危险级、中危险级Ⅰ级居室和办公室，可采用边墙型喷头；易受碰撞的部位，应采用带保护罩的喷头或吊顶型喷头；在不设吊顶的场所内设置喷头，当配水支管布置在梁下时，应采用直立型喷头。②对于干式系统和预作用系统，应采用直立型喷头或干式下垂型喷头。③对于水幕系统，防火分隔水幕应采用开式洒水喷头或水幕喷头，防护冷却水幕应采用水幕喷头。④对于公共娱乐场所，中庭环廊，医院、疗养院的病房及治疗区域，老年、少儿、残疾人的集体活动场所，地下的商业及仓储用房，宜采用快速响应喷头。⑤闭式系统的喷头，其公称动作温度宜**比环境最高温度高30℃**。

（3）喷头设置要求：①同一根配水支管上喷头的间距及相邻配水支管的间距，应根据系统的**喷水强度、喷头的流量**系数和工作压力确定。②同一场所内的喷头应布置在同一个平面上，并应贴近顶板安装，使闭式喷头处于有利于接触火灾烟气的位置。直立型、下垂型标准喷头溅水盘与顶板的距离不应小于75mm，且不大于150mm。③当在梁或其他障碍物的下方布置喷头时，喷头与顶板之间的距离不得大于300mm。在梁和障碍物及密肋梁板下布置的喷头，溅水盘与梁等障碍物及密肋梁板底面的距离不得小于25mm，且不得大于100mm。④在梁间布置的喷头，在符合喷头与梁等障碍物之间距离规定的前提下，喷头溅水盘与顶板的距离不应大于550mm，以避免喷水遭受阻挡。仍不能达到上述要求时，应在梁底面下方增设喷头。⑤净空高度不超过8m的场所，且间距不超过4m×4m的十字梁，可在梁间布置一只喷头，其保护范围内的喷水强度应采取提高喷头工作压力或采用大流量喷头的方法予以保证。

二、湿式报警阀组组成及工作原理【S3030402】

湿式报警阀组的主要元件为**止回阀**，其开启条件与入口压力及出口流量有关，它与**延迟器**、**水力警铃**、**压力开关**、**控制阀**等组成报警阀组。湿式报警阀组中报警阀的结构有两种，即隔板座圈型和导阀型。隔板座圈型湿式报警阀上设有进水口、报警口、测试口、检修口和出水口，阀内部设有阀瓣、阀座等组件，是控制水流方向的主要可动密封件。在准工作状态时，阀瓣上下充满水，水的压强近似相等。由于阀瓣上面与水接触的面积大于下面与水接触的面积，因此阀瓣受到的水压合力向下。在水压力及自重的作用下，阀瓣坐落在阀座上，处于关闭状态。当水源压力出现波动或冲击时，通过补偿器（或补水单向阀）使上、下腔压力保持一致，水力警铃不发生报警，压力开关不接通，阀瓣仍处于准工作状态。补偿器具有防止误报或误动作功能。闭式喷头喷水灭火时，补偿器来不及补水，阀瓣上面的水压下降，当其下降到使下腔的水压足以开启阀瓣时，下腔的水便向洒水管网及动作喷头供水，同时水沿着报警阀的环形槽进入报警口，流向延迟器、水力警铃，警铃发出声响报警，压力开关开启，给出电接点信号并启动自动喷水灭火系统的给水泵。

三、延迟器的工作原理【S3030403】

延迟器是一个罐式容器，其入口与报警阀的报警水流通道连接，出口与压力开关和水力警铃连接，延迟器入口前安装有过滤器。在准工作状态下，**可防止因压力波动而产生误**

报警。当配水管道发生渗漏时，有可能引起湿式报警阀阀瓣的微小开启，使水进入延迟器。但是，水的流量小，进入延迟器的水会从延迟器底部的节流孔排出，使延迟器无法充满水，更不能从出口流向压力开关和水力警铃。只有当湿式报警阀开启，经报警通道进入延迟器的水流将延迟器注满并由出口溢出时，才能驱动水力警铃和压力开关。

四、水力警铃的工作原理【S3030404】

水力警铃是一种**靠水力驱动**的机械警铃，安装在报警阀组的报警管道上。报警阀开启后，水流进入水力警铃形成一股高速射流，冲击水轮带动铃锤快速旋转，敲击铃盖发出声响警报。

五、干式报警阀组组成及工作原理【S3030405】

干式报警阀组主要由**干式报警阀**、**水力警铃**、**压力开关**、**空压机**、**安全阀**、**控制阀**等组成。报警阀的阀瓣将阀门分成两部分，出口侧与系统管路相连，内充压缩空气，进口侧与水源相连，配水管道中的气压抵住阀瓣，使配水管道始终保持干管状态，通过两侧气压和水压的压力变化控制阀瓣的封闭和开启。喷头开启后，干式报警阀自动开启，其后续的一系列动作类似于湿式报警阀组。其中的阀瓣、水密封阀座、气密封阀座组成隔断水、气的可动密封件。在准工作状态下，报警阀处于关闭位置，橡胶面的阀瓣紧紧地闭合于两个同心的水、气密封阀座上，内侧为水密封圈，外侧为气密封圈，内、外侧之间的环形隔离室与大气相通，大气由报警接口配管通向平时开启的自动滴水球阀。在注水口加水加到打开注水排水阀有水流出为止，然后关闭注水口。注水是为了使气垫圈起密封作用，防止系统中的空气泄漏到隔离室或大气中。

六、雨淋报警阀组组成及工作原理【S3030406】

其按照结构可分为**隔膜式**、**推杆式**、**活塞式**、**蝶阀式**雨淋报警阀。雨淋报警阀广泛应用于雨淋系统、水幕系统、水雾系统、泡沫系统等各类开式自动喷水灭火系统中。雨淋阀是水流控制阀，可以通过**电动**、**液动**、**气动**及**机械**方式开启。雨淋阀的阀腔分成上腔、下腔和控制腔三部分。控制腔与供水管道连通，中间设限流传压的孔板。供水管道中的压力水推动控制腔中的膜片，进而推动驱动杆顶紧阀瓣锁定杆，锁定杆产生力矩，把阀瓣锁定在阀座上。阀瓣使下腔的压力水不能进入上腔。控制腔泄压时，使驱动杆作用在阀瓣锁定杆上的力矩低于供水压力作用在阀瓣上的力矩，于是阀瓣开启，供水进入配水管道。

七、预作用报警装置组成及工作原理【S3030407】

预作用报警装置由预作用**报警阀组**、**控制盘**、**气压维持装置**和**空气供给装置**等组成，它是通过**电动**、**气动**、**机械**或**其他**方式控制报警阀组开启，使水能够单向流入喷水灭火系统，并同时进行报警的一种单向阀组装置。自动喷水灭火系统应根据不同的系统形式设置相应的报警阀组。保护室内钢屋架等建筑构件的闭式系统，应设置独立的报警阀组；水幕系统应设置独立的报警阀组或感温雨淋阀。报警阀组宜设在安全且易于操作、检修的地点，环境温度不低于4℃且不高于70℃，距地面的距离宜为1.2m。水力警铃应设置在有人值班的地点附近，其与报警阀连接的管道直径应为20mm，总长度不宜大于20m；水力警铃的工作压力不应大于 0.05MPa。一个报警阀组控制的喷头数，对于湿式系统、预作用系统不宜超过 800 只，对于干式系统不宜超过 500 只。串联接入湿式系统配水干管的其他自动喷水灭火系统，应分别设置独立的报警阀组，其控制的喷头数计入湿式阀组控制的喷头总数。每个报警阀组供水的最高和最低位置喷头的高程差不宜大于 50m。

控制阀安装在报警阀的入口处，用于在系统检修时关闭系统。控制阀应保持在常开位置，保证系统时刻处于警戒状态。使用信号阀时，其启闭状态的信号反馈到消防控制中心；使用常规阀门时，必须用锁具锁定阀板位置。

八、水流指示器组成及设置要求【S3030408】

水流指示器是将**水流信号转换成电信号**的一种水流报警装置，一般用于湿式、干式、预作用、循环启闭式、自动喷水-泡沫联用系统中。水流指示器设置要求主要有：①水流指示器的功能是及时报告发生火灾的部位。在设置闭式自动喷水灭火系统的建筑内，每个防火分区和每个楼层均应设置水流指示器。当水流指示器前端设置控制阀时，应采用信号阀。②仓库内顶板下喷头与货架内喷头应分别设置水流指示器。

九、压力开关组成及设置要求【S3030409】

压力开关是一种压力传感器，其作用是将系统的压力信号转化为电信号。设置要求：①压力开关安装在**延迟器出口后**的报警管道上。自动喷水灭火系统应采用压力开关控制稳压泵，并应能调节启停稳压泵的压力。②雨淋系统和防火分隔水幕，其水流报警装置宜采用压力开关。

十、末端试水装置组成及设置要求【S3030410】

末端试水装置由**试水阀**、**压力表**以及**试水接头**等组成，其作用是检验系统的可靠性，测试干式系统和预作用系统的管道充水时间。设置要求：①每个报警阀组控制的**最不利点喷头处**应设置末端试水装置，其他防火分区和楼层应设置直径为 25mm 的试水阀。②末端试水装置和试水阀应设在便于操作的部位，应配备有足够排水能力的排水设施。③末端试水装置应由试水阀、压力表以及试水接头组成。末端试水装置出水口的流量系数 K，应与系统同楼层或同防火分区选用的喷头相等。末端试水装置的出水，应采用孔口出流的方式排入排水管道。

十一、管道及连接件要求【S3030411】

配水管道应采用内外壁**热镀锌钢管**或铜管、**涂覆钢管**和**不锈钢管**，其工作压力不应大于 1.20MPa。系统管道的连接应采用**沟槽式**连接件（卡箍），或用**螺纹**、**法兰**连接。配水管两侧每根配水支管控制的标准喷头数：轻、中危险级场所不应超过 8 只；同时在吊顶上下安装喷头的配水支管，上下侧均不超过 8 只；严重危险级和仓库危险级场所不应超过 6 只。短立管及末端试水装置的连接管，其管径不应小于 25mm。

第四章　水喷雾灭火系统

第一节　系统灭火机理

水喷雾系统灭火机理【S3040101】

水喷雾的灭火机理主要是**表面冷却**、**窒息**、**乳化**和**稀释作用**，这四种作用在水雾滴喷射到燃烧物质表面时通常是以几种作用同时发生并实现灭火的。

第二节　系统分类

水喷雾系统分类【S3040201】

（1）按**启动方式**分类。水喷雾灭火系统按启动方式可分为**电动启动水喷雾灭火系统**和**传动管启动水喷雾灭火系统**。电动启动水喷雾灭火系统是以普通的火灾报警系统为火灾探测系统，通过传统的点式感温、感烟探头或缆式火灾探测器探测火灾。当有火情发生时，探测器将火警信号传到火灾报警控制器上，火灾报警控制器打开雨淋阀，同时启动水泵，喷水灭火。为了减小系统的响应时间，雨淋阀前的管道上应是充满水的状态。传动管水喷雾灭火系统是以**传动管**为火灾探测系统，传动管内充满压缩空气或压力水，当传动管上的闭式喷头受火灾高温影响动作后，传动管内的压力迅速下降，打开封闭的雨淋阀。

（2）按**应用方式**分类。水喷雾灭火系统按应用方式可分为**固定式**水喷雾灭火系统、**自动喷水-水喷雾混合配置**系统和**泡沫-水喷雾联用**系统。

第三节　系统工作原理与适用范围

一、水喷雾系统工作原理【S3040301】

水喷雾灭火系统的工作原理：当系统的火灾探测器发现火灾后，自动或手动打开雨淋报警阀组，同时发出火灾报警信号给报警控制器，并启动消防水泵，通过供水管网到达水雾喷头，水雾喷头喷水灭火。

二、水喷雾系统适用范围【S3040302】

水喷雾灭火系统的防护目的主要有**灭火**和**防护冷却**两大类。**灭火**适用于以灭火为目的的水喷雾灭火系统，主要适用于固体火灾、可燃液体火灾和电气火灾。**防护冷却**适用于以防护冷却为目的的水喷雾灭火系统，主要适用于：可燃气体和甲、乙、丙类液体的生产、储存、装卸、使用设施和装置的防护冷却；火灾危险性大的化工装置及管道的冷却防护；不适用于不适宜用水扑救的物质；使用水雾会造成爆炸或破坏的场所。

三、水喷雾系统设置场所【S3040303】

（1）固定式水喷雾灭火系统主要设置在以下场所：①建筑内的燃油、燃气锅炉房，可燃油油浸电力变压器室，充可燃油的高压电容器和多油开关室，自备发电机房。②单台容量在40MW及以上的厂矿企业可燃油油浸电力变压器，单台容量在90MW及以上的可燃油油浸电厂电力变压器，单台容量在125MW及以上的独立变电所可燃油油浸电力变压器。

（2）自动喷水-水喷雾混合配置系统。自动喷水-水喷雾混合配置系统适用于用水量比较少、保护对象比较单一的室内场所，如建筑室内燃油、燃气锅炉房等。对于设置有自动喷水灭火系统的建筑，为了降低工程造价，可将自动喷水灭火系统的配水干管或配水管作为建筑内局部场所应用的自动喷水-水喷雾混合配置系统的供水管。

（3）泡沫-水喷雾联用系统。泡沫-水喷雾联用系统适用于采用泡沫灭火比采用水灭火效果更好的某些对象，或者灭火后需要进行冷却，防止火灾复燃的场所。

第四节　系统设计参数

水喷雾系统设计参数【S3040401】

水喷雾系统的设计基本参数应根据系统的**保护对象**和**防护目的**来确定。

（1）水雾喷头的**工作压力**。用于灭火目的时，水雾喷头的工作压力不应小于0.35MPa；用于防护冷却目的时，水雾喷头的工作压力不应小于0.2MPa。但对于甲、乙、丙类液体储罐不应小于0.15MPa。

（2）水喷雾灭火系统的**响应时间**是指由火灾报警设备发出信号至系统中最不利点水雾喷头喷出水雾的时间，它是系统由报警到实施喷水灭火的时间参数。用于灭火目的时，系统的响应时间不应大于45s；用于液化气生产、储存装置或装卸设施的防护冷却目的时，系统的响应时间不应大于60s；用于其他设施的防护冷却目的时，系统的响应时间不应大于300s。

（3）水喷雾灭火系统的**保护面积**是指保护对象的全部暴露外表面面积。水喷雾系统主要用于保护室外的大型专用设施或设备，同时也用于保护建筑物内的设施或设备，其保护面积可按以下原则确定：①按保护对象的规则外表面面积确定。②当保护对象的外表面面积不规则时，应按包容保护对象的最小规则形体的外表面面积确定。③变压器的保护面积除应按扣除底面面积以外的变压器油箱外表面面积确定外，还应包括**散热器**的外表面面积和储油柜（油枕）及集油坑的投影面积。④分层敷设电缆的保护面积应按整体包容电缆的最小规则形体的外表面面积确定。⑤输送机皮带的保护面积应按上行皮带的上表面面积确定。⑥开口可燃液体容器的保护面积应按液面面积确定。⑦当水喷雾系统用于室内保护对象时，保护面积可按室内建筑面积或保护对象的外表面面积确定。

（4）**喷雾强度**和**持续喷雾时间**。系统的设计喷雾强度和持续喷雾时间应符合《消防安全技术实务》表3-4-1 的规定。

（5）自动喷水-水喷雾混合配置系统设计。自动喷水-水喷雾混合配置系统的设计应符合下列要求：①自动喷水-水喷雾混合配置系统中自动喷水系统的设计应符合现行国家标准《自动喷水灭火系统设计规范》(GB 50084—2001)［2005 年版］的规定，水喷雾系统的设计应符合现行国家标准《水喷雾灭火系统技术规范》(GB 50219—2014）的规定。②高层建筑内用水量较小的水喷雾系统的供水管道可以由自动喷水灭火系统的配水干管或配水管直接引出。③由自动喷水系统的配水干管或配水管供水的水喷雾系统，供水管提供的水压和流量应满足水喷雾系统的要求。

（6）泡沫-水喷雾联用系统设计。泡沫-水喷雾联用系统的设计应符合下列规定：①泡沫系统的设计应按现行国家标准《泡沫灭火系统设计规范》(GB 50151—2010）执行。②泡沫供给时间不应小于10min。

第五节　系统组件及设置要求

一、水雾喷头的分类及主要性能参数【S3040501】

水雾喷头是在一定压力的作用下，利用离心或撞击原理将水流分解成细小水雾滴的喷头。

（1）水雾喷头的分类。水雾喷头按结构可分为两种：①**离心雾化型的水雾喷头**有 A 型和 B 型两种。A 型水雾喷头的进水口与出水口成 90°角，安装后喷头出水方向可在一定范围内进行调节。B 型水雾喷头的出水口和进水口在一条直线上，安装后是完全固定不可调节的。②**撞击型水雾喷头**根据需要可以水平安装，也可以下垂、斜向安装。

（2）水雾喷头的主要性能参数有以下几类：①**工作压力**。水雾喷头的雾化效果与喷头的工作压力有直接关系。通常情况下，喷头的工作压力越高，其水雾滴粒径越小，雾化效果越好，灭火和冷却的效率也就越高。用于灭火的水雾喷头，其工作压力应为 0.35 ~ 0.8MPa；用于防护冷却的水雾喷头，其工作压力应为 0.2 ~ 0.6MPa。②**雾化角**。水雾喷头常见的雾化角有 45°、60°、90°、120°和 150°五种规格。③**流量系数**。水雾喷头的流量系数 K 为 16 ~ 102，由水雾喷头生产厂家自己确定。④**有效射程**。水雾喷头的有效射程是指喷头水平喷射时，水雾达到的最高点与喷口之间的距离。⑤**水雾滴平均直径**。水雾滴平均直径随喷头工作压力的变化而变化，压力越大，水雾滴平均直径越小。一般水雾滴的粒径应在 0.3 ~ 1mm 的范围内。

二、水雾喷头布置要求【S3040502】

（1）布置方式。水雾喷头的平面布置方式可为**矩形**或**菱形**。当按矩形布置时，水雾喷头之间的距离不应大于水雾喷头水雾锥底圆半径的 1.4 倍；当按菱形布置时，水雾喷头之间的距离不应大于水雾喷头水雾锥底圆半径的 1.7 倍。

（2）**保护变压器**的水雾喷头的布置要求。保护对象为油浸式变压器时，水雾喷头应布置在变压器周围，不宜布置在变压器顶部；保护变压器顶部的水雾不应直接喷向高压套管；变压器的油枕、冷却器、集油坑均应设水雾喷头进行保护；水雾喷头之间的水平距离与垂直距离应满足水雾锥相交的要求。

（3）**保护储罐**、**球罐**的水雾喷头的布置要求如下：①当保护对象为可燃气体和甲、乙、丙类液体储罐时，水雾喷头宜布置在保护对象周围，其与保护储罐外壁之间的距离不应大于 0.7m。②当保护对象为球罐时，水雾喷头的喷口应面向球心；水雾锥沿球罐纬线方向应相交，沿经线方向应相接；当球罐的容积等于或大于 $1000m^3$ 时，水雾锥沿球罐纬线方向应相交，沿经线方向宜相接，但赤道以上环管之间的距离不应大于 3.6m；无防护层的球罐钢支柱和罐体液位计、阀门等处应设水雾喷头进行保护。

（4）**保护电缆**的水雾喷头的布置要求。当保护对象为电缆时，水雾喷头喷射的水雾应完全包围电缆。电缆水平敷设或垂直敷设时，都按平面保护对象考虑。对于水平敷设的电缆，喷头宜布置在其上方；对于垂直敷设的电缆，喷头可沿其侧面布置。多层水平或垂直敷设的电缆，其层间没有装设耐火隔板时，设置的喷头要采用包围式，使中间层的电缆处于水雾的包围中，以便迅速窒息灭火。当电缆支架阻挡水雾时，在该部位应增设喷头。

（5）**保护输送机传动带**的水雾喷头的布置要求。当保护对象为输送机传动带时，水雾应完全包围输送机的机头，机尾和上、下行传动带。输送机传动带，其喷头的布置应采用包围式，使水雾覆盖上行传动带、输送物、下行返回传动带以及支架构件等全部表面。

（6）保护其他对象的水雾喷头的布置要求。当保护对象为室内燃油、燃气锅炉、电液装置、氢密封油装置、发电机、充油开关时，水雾喷头宜在保护对象的顶部周围平面布置，使水雾直接喷向并完全覆盖保护对象。当保护对象为汽轮机油箱、磨煤机润滑油箱时，水雾喷头宜沿油箱顶部周围平面布置，使水雾直接喷向并完全覆盖油箱液面。

三、雨淋阀的种类、组成及工作原理【S3040503】

雨淋阀一般有**角式雨淋阀**和**直通雨淋阀**两种。

（1）角式雨淋阀的组成及工作原理如下：①角式雨淋阀组的组成。角式雨淋阀组由**角式雨淋阀**、**供水蝶阀**、**单向阀**、**电磁阀**、**手动快开阀**、**过滤器**、**压力开关**、**水力警铃**等主要部件组成。②角式雨淋阀的工作原理。角式雨淋阀利用隔膜的上下运动来实现阀瓣的启闭。隔膜将阀分为压力腔（即控制腔）、工作腔和供水腔，来自供水管的压力水流（0.14～1.2MPa）作用于隔膜下部阀瓣，也从控制管路经单向阀进入压力腔而作用于隔膜的上部，由于隔膜上、下受水作用面积的差异，保证了隔膜雨淋阀具有良好的密封性。当保护区发生火警时，通过火灾报警灭火控制器直接打开隔膜雨淋阀的电磁阀，使压力腔的水快速排出。压力腔泄压使作用于阀瓣下部的水迅速推起阀瓣，水流即进入工作腔，流向整个管网喷水灭火。同时，部分压力水流向报警管网，使水力警铃发出铃声报警，压力开关动作，给值班室发出信号指示或直接启动消防水泵供水。此时，由于隔膜雨淋阀控制管路上的电磁阀具有自锁功能，所以雨淋阀被锁定为开启状态，灭火后，手动将电磁阀复位，稍后雨淋阀将自行复位。

（2）直通雨淋阀的组成及工作原理如下：①直通雨淋阀组的组成。直通雨淋阀组主要由**直通雨淋阀**、**信号蝶阀**、**单向阀**、**电磁阀**、**手动球阀**、**压力开关**、**水力警铃**等主要部件组成。直通雨淋阀相对其他形式的雨淋阀而言，具有水力性能好、水力摩阻损失小的优点。②直通雨淋阀的工作原理。直通雨淋阀利用隔膜的左右运动实现阀瓣的启闭。由隔膜将阀分为控制腔和工作腔。来自供水管的压力水流（0.14～1.6MPa）作用于阀瓣，同时，压力水还从控制管路经单向阀进入控制腔而作用于隔膜的左部，由隔膜通过推杆将力传递到压臂上，由压臂压紧阀瓣，保证隔膜雨淋阀具有良好的密封性。

阀门具有三种控制方式：**电动**、**手动**和**传动**控制。电动控制是当保护区发生火灾时，通过火灾报警控制器直接打开直通雨淋阀的电磁阀，使控制腔的水快速排出。手动控制是人员手动打开控制管路上的手动球阀排水泄压，启动阀门。传动控制是依靠安装在保护区内与系统相连的闭式喷头在火灾时玻璃球破裂，进而排水或排气泄压。由于控制腔的泄压，通过推杆作用在压臂上的力消除，作用于阀瓣下部的水迅速推起阀瓣，水流即进入工作腔，流向整个管网喷水灭火；同时，一部分压力水流向报警管网，使水力警铃发出铃声报警，压力开关动作，发出信号指示或直接启动消防水泵供水。灭火后，需手动复位雨淋阀。

四、雨淋阀组的功能及设置要求【S3040504】

（1）雨淋阀组应具备的功能：①有**自动**控制和**手动**控制两种操作方式。②能监测供水、出水压力。③能接通或关闭水喷雾灭火系统的供水。④能接受电信号电动开启雨淋阀，或能接受传动管信号液动或气动开启雨淋阀。⑤能驱动水力警铃报警。⑥能显示雨淋阀启、闭状态。

（2）雨淋阀设置要求：①雨淋阀组宜设在环境温度**不低于4℃**，并有排水设施的室内，其位置宜靠近保护对象并便于操作。②雨淋阀组设在室外时，雨淋阀组配件应具有防腐功能；设在防爆区的雨淋阀组配件应符合防爆要求。③寒冷地区的雨淋阀组应采用电伴热或蒸气伴热进行保温。④并联设置的雨淋阀组，雨淋阀入口处应设**止回阀**。⑤雨淋阀前的管道应设置**可冲洗的过滤器**；当水雾喷头无滤网时，雨淋阀后的管道上也应设置过滤器。过滤器滤网应采用耐腐蚀金属材料，滤网的孔径应为4.0～4.7目（0.600～0.710mm）。⑥雨淋阀的试水口应接入可靠的排水设施。

五、雨淋阀组管道【S3040505】

水喷雾系统的管道分为雨淋阀前管道和阀后管道两部分。阀后管道应采用内外热镀锌钢管，且管道上不应设置其他用水设施。系统管道的工作压力不应大于1.6MPa，系统管道应采用**沟槽式**连接件（**卡箍**）连接，或**螺纹**、**法兰**连接。镀锌管道不得采用电焊、气焊挖孔、热煨弯或其他破坏镀锌层的操作。系统管道采用钢管时，管径不应小于25mm；采用不锈钢管或铜管时，管径不应小于20mm。系统管道的最低处或水容易聚集的地方应设置放水阀或排污口。

第五章 细水雾灭火系统

第一节 系统灭火机理

细水雾的灭火机理【S3050101】

细水雾的灭火机理主要是**表面冷却**、**窒息**、**辐射热阻隔**和**浸湿作用**。

第二节 系 统 分 类

细水雾系统分类【S3050201】

（1）按**工作压力**分类可分为：①**低压系统**：系统分布管网工作压力小于或等于 1.21MPa 的细水雾灭火系统。②**中压系统**：系统分布管网工作压力大于 1.21MPa 且小于 3.45MPa 的细水雾灭火系统。③**高压系统**：系统分布管网工作压力大于或等于 3.45MPa 的细水雾灭火系统。

（2）按**应用方式**分类可分为：①**全淹没式**系统。②**局部应用式**系统。

（3）按**动作方式**分类可分为：①**开式系统**是指采用开式细水雾喷头的系统，包括**全淹没**应用方式和**局部**应用方式。②**闭式系统**是指采用闭式细水雾喷头的细水雾灭火系统，又可以分为**湿式**、**干式**和**预作用**三种形式。

（4）按**雾化介质**分类可分为：①**单流体**系统。②**双流体**系统。

（5）按**供水方式**分类可分为：①**泵组式系统**：采用泵组（或稳压装置）作为供水装置的细水雾灭火系统，适用于高、中和低压系统。②**瓶组式系统**：采用贮水容器贮水、贮气容器进行加压供水的细水雾灭火系统，适用于中、高压系统。③**瓶组与泵组结合式系统**：既采用泵组又采用瓶组作为供水装置的细水雾灭火系统，适用于高、中和低压系统。

第三节 系统组成与工作原理

一、开式细水雾灭火系统组成及工作原理【S3050301】

开式细水雾灭火系统包括**全淹没应用方式**和**局部应用方式**，采用开式细水雾喷头，由配套的火灾自动报警系统自动联锁或远控、手动启动后，控制一组喷头同时喷水的自动细水雾灭火系统。泵组式系统由**细水雾喷头**、**控制阀组**、**系统管网**、**泵组**（消防水泵和稳压装置）、**水源**（储水池或储水箱）以及**火灾自动报警**及**联动控制系统**组成。瓶组式系统由**细水雾喷头**、**控制阀**、**启动瓶**、**储水瓶组**、**瓶架**、**系统管网**以及**火灾自动报警及联动控制系统**组成。自动控制方式时，火灾发生后，报警控制器收到两个独立的火灾报警信号后，自动启动系统控制阀组和消防水泵，向系统管网供水，水雾喷头喷出细水雾，实施灭火。

二、闭式细水雾灭火系统工作原理【S3050302】

闭式细水雾灭火系统采用闭式细水雾喷头。根据使用场所的不同，闭式细水雾灭火系统又可以分为**湿式系统**、**干式系统**和**预作用系统**三种形式。闭式细水雾灭火系统适宜于采用非密集柜存储的图书库、资料库和档案库等保护对象。除喷头不同外，闭式细水雾灭火系统的工作原理与闭式自动喷水灭火系统相同。

第四节　系统适用范围

细水雾系统特性及适用范围【S3050401】

细水雾灭火系统的特性主要有**节能环保性**、**电气绝缘性**和**烟雾消除作用**三个特性。细水雾灭火系统适用于扑救以下火灾：可燃固体火灾（**A 类**）；可燃液体火灾（**B 类**）；电气火灾（**E 类**）。不适用范围如下：①能与水发生剧烈反应或产生大量有害物质的活泼金属及其化合物火灾。②可燃气体火灾，包括液化天然气等低温液化气体的场合。③可燃固体的深位火灾。

第五节　系统设计参数

一、细水雾系统选型【S3050501】

下列场所宜选择**全淹没应用方式**的开式系统：液压站、配电室、电缆隧道、电缆夹层、电子信息系统机房、文物库以及密集柜存储的图书库、资料库和档案库。下列场所宜选择**局部应用方式**的开式系统：油浸变压器室、涡轮机房、柴油发电机房、润滑油站和燃油锅炉房、厨房内烹饪设备及其排烟罩和排烟管道部位。下列场所可选择**闭式系统**：采用非密集柜储存的图书库、资料库和档案库。系统宜采用**泵组式系统**；难以设置泵房或消防供电不能满足系统工作要求的场所，可选择瓶组系统，但闭式系统不应采用瓶组系统。

二、细水雾系统设计参数【S3050502】

细水雾灭火系统喷头的最低设计工作压力不应小于 1. 20MPa。

(1) 闭式系统的设计参数。闭式系统的作用面积不宜小于 140m^2，每套泵组所带喷头数量不应超过 100 只。系统的**喷雾强度**、**喷头的布置间距**和**安装高度**宜根据火灾模拟试验结果确定。当喷头的设计工作压力不小于 10MPa 时，也可根据喷头的安装高度按表 3-1 确定系统的最小喷雾强度和喷头的布置间距。当喷头的设计工作压力小于 10MPa 时，应经试验确定系统的最小喷雾强度、喷头的布置间距和安装高度。

表 3-1 闭式系统的喷雾强度、喷头的布置间距和安装高度

应用场所	喷头的安装高度/m	系统的最小喷雾强度 /L·(min·m^2)$^{-1}$	喷头的布置间距/m
采用非密集柜储存的图书库、资料库、档案库	>3.0 且≤5.0	3.0	>2.0
	≤3.0	2.0	≤3.0

注：本表引用《消防安全技术实务》表 3-5-2。

（2）全淹没应用方式的开式系统的设计参数。全淹没应用方式的开式系统，其喷雾强度、喷头的布置间距、安装高度和工作压力宜根据火灾模拟试验结果确定，也可根据喷头的安装高度按表 3-1 确定系统的最小喷雾强度和喷头的布置间距。当喷头的实际安装高度介于《消防安全技术实务》表 3-5-3 中规定的高度值之间时，系统的最小喷雾强度应取较高安装高度时的规定值。

（3）全淹没应用方式的开式系统的防护区容积。全淹没应用方式的开式系统，其单个防护区的容积，泵组系统不宜大于 3000m^3，瓶组系统不宜超过 260m^3，且瓶组系统所保护的防护区不宜超过 4 个。当大于该容积时，宜将该防护区分成多个更小的防护区进行保护，并应符合下列规定：①当各分区的火灾危险性相同或相近时，系统的设计参数可根据其中容积最大分区的参数确定。②当应用条件与《消防安全技术实务》表 3-5-3 不相符合时，应经火灾模拟试验确定。

（4）局部应用方式的开式系统的保护面积。局部应用方式的开式系统，其保护面积应按下列规定确定：①对于外形规则的保护对象，应为该保护对象的外表面面积。②对于外形不规则的保护对象，应为包容该保护对象的最小规则形体的外表面面积。③对于可能发生可燃液体流淌火灾或喷射火灾的保护对象，除应符合上述要求外，还应包括可燃液体流淌火灾或喷射火灾可能影响到的区域的水平投影面积。

（5）**系统设计响应时间**。开式系统的设计响应时间不应大于 30s。采用全淹没应用方式的瓶组式系统，当同一防护区内采用多组瓶组时，各瓶组必须能同时启动，其动作响应时差不应大于 2s。

（6）**系统持续喷雾时间**。①以下保护对象设计持续喷雾时间为 20min：油浸变压器室、柴油发电机房、液压站、润滑油站、燃油锅炉房、涡轮机房。②以下保护对象设计持续喷雾时间为 30min：配电室、电气设备间、电缆夹层、电缆隧道、电子信息机房、通信机房等电子机房、图书库、资料库、档案库、文物库。③以下保护对象持续喷雾时间 15s，冷却时间 15min：厨房烹饪设备、排烟罩、排烟管道。

（7）实体模拟试验结果的应用。在工程应用中采用实体模拟试验结果时，应符合下列规定：①系统设计喷雾强度不应小于试验所用喷雾强度。②喷头最低工作压力不应小于试验测得最不利点喷头的工作压力。③喷头布置间距和安装高度分别不应大于试验时的喷头间距和安装高度。④喷头的安装角度应与试验安装角度一致。

第六节　系统组件及设置要求

一、供水装置分类及组成【S3050601】

（1）泵组供水装置。①**储水箱**。系统的储水箱应采用密闭结构，并应采用不锈钢或其他能保证水质的材料制作，且应具有防尘、避光的技术措施。储水箱应设置保证自动补水的装置，并应设置液位显示、高低液位报警装置和溢流、透气及放空装置。②**水泵**。泵组系统应设置独立的水泵。水泵应具有自动和手动启动功能以及巡检功能。系统的水泵应设置备用泵，其工作性能应与最大一台主泵相同，主、备用泵应具有自动切换功能，并应能手动操作停泵。泵的出水总管上应设置压力显示装置、安全阀和泄放试验阀。每台泵的出水口均应设置止回阀。当水泵采用柴油机作为动力时，应保证其能持续运行60min。闭式系统的泵组系统应设置稳压泵，其流量不应大于系统中水力最不利点一只喷头的流量，工作压力应满足工作泵的启动要求。③**水泵控制柜（盘）**。水泵控制柜（盘）防护等级不应低于IP54。④**安全阀**。安全阀设置在水泵的出水总管上，其动作压力应为系统最大工作压力的1.15倍。

（2）瓶组系统的供水装置由**储水容器**、**储气容器**和**压力显示装置**等部件组成。储水容器、储气容器均应设置安全阀。使用多个储水容器和储气容器的瓶组系统，同一集流管下储水容器或储气容器的规格、充装量和充装压力应分别一致。储水量和储气量应根据保护对象的重要性、维护恢复时间等设置备用量。对于恢复时间超过48h的瓶组系统，应按主用量的100%设置备用量。容器组的操作面距墙或操作面之间的距离不宜小于0.8m。

二、细水雾喷头分类及设置要求【S3050602】

（1）喷头的分类如下：①按**动作方式**分类：**开式细水雾喷头**、**闭式细水雾喷头**。②按**开孔数量**分类：**单孔细水雾喷头**、**多孔细水雾喷头**。③按**材质**分类：**不锈钢细水雾喷头**、**黄铜细水雾喷头**等。④按**适用性**分类：**通用喷头**、**专用喷头**。⑤按**作用**分类：**灭火专用喷头**、**冷却防护喷头**和**水雾封堵喷头**等。

（2）喷头的选择：①对于喷头的喷孔易被外部异物堵塞的场所，应选用具有相应防护措施且不影响细水雾喷放效果的喷头，如粉尘场所应选用带防尘罩（端盖）的喷头，但在喷雾时不应造成喷雾阻挡和对人员造成伤害。②对于电子数据处理机房、通信机房的地板夹层，宜选择适用于低矮空间的喷头。③对于闭式系统，应选择响应时间指数不大于$50(m\cdot s)^{0.5}$的喷头，其公称动作温度宜高于环境最高温度30℃，且同一防护区内应采用相同热敏性能的喷头。④对于腐蚀性环境应采用防腐材料或具有防腐镀层的喷头。

（3）喷头的布置要求如下：①**闭式**系统喷头布置要求。闭式系统的喷头布置应能保证细水雾喷放均匀并完全覆盖保护区域；喷头与墙壁的距离不应大于喷头最大布置间距的1/2；喷头与其他遮挡物的距离应保证遮挡物不影响喷头正常喷放细水雾，当无法避免时，应采取补偿措施；喷头的感温组件与顶棚或梁底的距离不宜小于75mm，并不宜大于150mm。当场所内设置吊顶时，喷头可贴临吊顶布置。②**开式**系统喷头布置要求。开式系统的喷头布置与闭式系统喷头的布置要求相同，但对于电缆隧道或夹层，喷头宜布置在电缆隧道或夹层的上部，并应能使细水雾完全覆盖整个电缆或电缆桥架。③**局部应用方式的开式**系统喷头布置要求。采用局部应用方式的开式系统，其喷头布置应能保证细水雾完全包容或覆盖保护对象或部位，喷头与保护对象的距离不宜小于 0.5m。用于保护室内油浸变压器时，变压器高度超过 4m 的，喷头宜分层布置；冷却器距变压器本体超过 0.7m 的，应在其间隙内增设喷头；喷头不应直接对准高压进线套管；变压器下方设置集油坑的，喷头布置应能使细水雾完全覆盖集油坑。④喷头与无绝缘带电设备的**间距**。见《消防安全技术实务》表 3-5-5。⑤**喷头备品**。系统应按喷头的型号规格存储备用喷头，其数量不应小于相同型号规格喷头实际设计使用总数的 1%，且分别不应少于 5 只。

三、控制阀组的选择及设置【S3050603】

（1）控制阀的选择满足以下要求：①**雨淋阀**。中、低压细水雾灭火系统的控制阀可以采用雨淋阀。②**分配阀**。高压细水雾灭火系统的控制阀组通常采用分配阀，它类似于气体灭火系统中的选择阀，但它不仅具备了选择阀的功能，而且具有启动系统和关闭系统的双重功能；也可采用**电动阀和手动阀组合**的方式完成控水阀组的功能。

（2）控制阀的设置。开式系统应按**防护区**设置分区控制阀，且宜在分区控制阀上或阀后邻近位置设置泄放试验阀。闭式系统应按楼层或防火分区设置分区控制阀，且应为带开关锁定或开关指示的阀组。分区控制阀宜靠近防护区设置，并应设置在防护区外便于操作、检查和维护的位置。

（3）**动作信号反馈装置**。分区控制阀上宜设置系统动作信号反馈装置。当分区控制阀上无系统动作信号反馈装置时，应在分区控制阀后的配水干管上设置系统动作信号反馈装置。

四、过滤装置的设置要求【S3050604】

①在储水箱进水口处以及出水口处或控制阀前应设置过滤器。系统控制阀组前的管道应**就近设置过滤器**；当细水雾喷头无滤网时，雨淋控制阀组后应设过滤器；最大的过滤器过滤等级或目数应保证不大于喷头最小过流尺寸的 80%。②在每一个细水雾喷头的供水侧应设一个喷头过滤网，对于喷口最小过流尺寸大于 1.2mm 的多喷嘴喷头或喷口最小过流尺寸大于 2mm 的单喷嘴喷头，可不设喷头过滤网。③管道过滤器的最小尺寸应根据系统的**最大过流流量**和**工作压力**确定。④管道过滤器应具有**防锈功能**且应设旁通管。

五、试水阀、泄水阀和排气阀的设置要求【S3050605】

（1）**试水阀**。细水雾灭火系统的闭式系统应在每个分区阀后管网的最不利点处设置试水阀，其设置要求同自动喷水灭火系统，并应符合下列规定：①试水阀前应设置压力表。②试水阀出口的流量系数应与一只喷头的流量系数等效。③试水阀的接口大小应与管网末端的管道一致，测试水的排放不应对人员和设备等造成危害。细水雾灭火系统的开式系统应在分区控制阀上或阀后邻近位置设置泄放试验阀。

（2）**泄水阀**。细水雾灭火系统的管网最低点处应设置泄水阀，如系统管网有多个最低点处，则应根据管网情况设置多个泄水阀。

（3）**排气阀**。细水雾灭火系统的闭式系统的最高点处宜设置手动排气阀，在系统管网充满水形成准工作状态时使用。

六、细水雾灭火系统管网的设置要求【S3050606】

细水雾灭火系统的管道应采用冷拔法制造的**奥氏体不锈钢钢管**或**其他耐腐蚀**和**耐压性**能相当的金属管道。系统最大工作压力不小于 3.50MPa 时，应采用牌号为 022 Cr17Ni12Mo2的奥氏体不锈钢无缝钢管。系统管道连接件的材质应与管道相同。系统管道宜采用专用**接头**或**法兰**连接，也可采用**亚弧焊**焊接。系统管道和管道附件的公称压力不应小于系统的最大工作压力。对于泵组式系统，水泵吸水口至储水箱之间的管道、管道附件、阀门的公称压力不应小于1.0MPa。采用全淹没应用方式的开式系统，管网宜均衡布置。对于油浸变压器作为保护对象时，系统管道不宜横跨变压器的顶部，且不应影响设备的正常操作。系统管道应采用**防晃金属支、吊架**固定在建筑构件上，并应能承受管道充满水时的重量及冲击。

第六章 气体灭火系统

第一节 系统灭火机理

气体系统灭火机理【S3060101】

二氧化碳灭火系统作用主要在于**窒息**，其次是**冷却**。**七氟丙烷灭火系统**，灭火主要在于它去除热量的速度快以及使灭火剂分散和消耗氧气。**IG-541 混合气体灭火系统**属于物理灭火方式。混合气体释放后把氧气浓度降低到不能支持燃烧来扑灭火灾。IG-541 混合气体灭火剂是由氮气、氩气和二氧化碳气体按一定比例混合而成的气体，以环保的角度来看，是一种较为理想的灭火剂。

第二节 系统分类和组成

气体灭火系统分类【S3060201】

（1）按**使用的灭火剂**可分为二氧化碳灭火系统、七氟丙烷灭火系统以及惰性气体灭火系统。其中二氧化碳灭火系统按灭火剂储存压力不同可分为高压系统（指灭火剂在常温下储存的系统）和低压系统（指将灭火剂在 -20 ~ -18℃低温下储存的系统）两种应用形式。管网起点计算压力（绝对压力）：高压系统应取 5.17MPa，低压系统应取 2.07MPa。高压储存容器中二氧化碳的温度与储存地点的环境温度有关。低压系统储存容器内二氧化碳灭火剂的温度利用保温和制冷手段被控制在 -18 ~ -20℃之间。

（2）按系统的**结构特点**分类可分为无管网和管网两类，其中管网系统又可分为**组合分配系统**和**单元独立系统**。

（3）按**应用方式**分类可分为全淹没灭火系统和局部应用灭火系统。

（4）按**加压方式**分类可分为：①**自压式气体灭火系统**；②**内储压式气体灭火系统**；③**外储压式气体灭火系统**。

第三节 系统工作原理及控制方式

一、气体灭火系统工作原理【S3060301】

（1）**高压二氧化碳**灭火系统、**内储压式七氟丙烷**灭火系统与**惰性气体**灭火系统。当防护区发生火灾，产生烟雾、高温和光辐射使烟感、温感、感光等探测器探测到火灾信号，探测器将火灾信号转变为电信号传送到报警灭火控制器，控制器自动发出声光报警并经逻辑判断后，启动联动装置，经过一段时间延时，发出系统启动信号，启动驱动气体瓶组上的容器阀释放驱动气体，打开通向发生火灾的防护区的选择阀，同时打开灭火剂瓶组的容器阀，各瓶组的灭火剂经连接管汇集到集流管，通过选择阀到达安装在防护区内的喷头进行喷放灭火，同时安装在管道上的信号反馈装置动作，将信号传送到控制器，由控制器启动防护区外的释放警示灯和警铃。另外，通过压力开关监测系统是否正常工作，若启动指令发出，而压力开关的信号未反馈，则说明系统存在故障，值班人员应在听到事故报警后尽快到储瓶间，手动开启储存容器上的容器阀，实施人工启动灭火。

（2）**外储压式七氟丙烷**灭火系统。控制器发出系统启动信号，启动驱动气体瓶组上的容器阀释放驱动气体，打开通向发生火灾的防护区的选择阀，同时打开加压单元气体瓶组的容器阀，加压气体经减压进入灭火剂瓶组，加压后的灭火剂经连接管汇集到集流管，通过选择阀到达安装在防护区内的喷头进行喷放灭火。

二、气体灭火系统控制方式【S3060302】

气体灭火系统的控制方式主要有：①**自动控制方式**。②**手动控制方式**。③**应急机械启动工作方式**。④**紧急启动/停止工作方式**。

第四节　系统适用范围

气体灭火系统适用范围【S3060401】

（1）二氧化碳灭火系统：灭火前可**切断气源**的气体火灾，液体火灾或石蜡、沥青等可熔化的固体火灾，固体表面火灾及棉毛、织物、纸张等部分固体深位火灾，电气火灾。**该系统不得用于扑救下列火灾**：硝化纤维、火药等含氧化剂的化学制品火灾；钾、钠、镁、钛、锆等活泼金属火灾；氢化钾、氢化钠等金属氢化物火灾。

（2）七氟丙烷灭火系统：电气火灾，液体表面火灾或可熔化的固体火灾，固体表面火灾；灭火前可切断气源的气体火灾。**本系统不得用于扑救下列物质的火灾**：含氧化剂的化学制品及混合物，如硝化纤维、硝酸钠等；活泼金属，如钾、钠、镁、钛、锆、铀等；金属氢化物，如氢化钾、氢化钠等；能自行分解的化学物质，如过氧化氢、联胺等。

（3）其他气体灭火系统：扑救电气火灾、固体表面火灾、液体火灾和灭火前能切断气源的气体火灾。其他气体灭火系统**不适用**于扑救下列火灾：硝化纤维、硝酸钠等氧化剂或含氧化剂的化学制品火灾；钾、镁、钠、钛、锆、铀等活泼金属火灾；氢化钾、氢化钠等金属氢化物火灾；过氧化氢、联胺等能自行分解的化学物质火灾；可燃固体物质的深位火灾。

第五节　系统设计参数

一、防护区的设置要求【S3060501】

（1）**防护区的划分**。防护区应根据封闭空间的结构特点和位置来划分，防护区划分应符合下列规定：防护区宜以**单个封闭空间**划分；同一区间的吊顶层和地板下需同时保护时，可合为一个防护区；采用管网灭火系统时，一个防护区的面积不宜大于800m²，且容积不宜大于3600m³；采用预制灭火系统时，一个防护区的面积不宜大于500m²，且容积不宜大于1600m³。

（2）**耐火性能**。防护区围护结构及门窗的耐火极限均不宜低于0.50h；吊顶的耐火极限不宜低于0.25h。全淹没灭火系统防护区建筑物构件耐火时间（一般为30min）包括：**探测火灾时间**、**延时时间**、**释放灭火剂时间**及保持灭火剂设计浓度的**浸渍时间**。延时时间为30s，释放灭火剂时间对于扑救表面火灾应不大于1min，对于扑救固体深位火灾不应大于7min。

（3）**耐压性能**。防护区围护结构承受内压的允许压强，不宜低于1200Pa。

（4）**泄压能力**。对于全封闭的防护区应设置**泄压口**，七氟丙烷灭火系统的泄压口应位于防护区净高的2/3以上。泄压口宜设在外墙上。泄压口面积按相应气体灭火系统设计规定计算。对于设有防爆泄压设施或门窗缝隙未设密封条的防护区可不设泄压口。

（5）**封闭性能**。在防护区的围护构件上不宜设置敞开孔洞，否则将会造成灭火剂流失。在必须设置敞开孔洞时，应设置能手动和自动关闭的装置。在喷放灭火剂前，应自动关闭防护区内除泄压口外的开口。

（6）**环境温度**。防护区的最低环境温度不应低于－10℃。

二、设置气体灭火系统的安全要求【S3060502】

设置气体灭火系统的安全要求如下：①设置气体灭火系统的防护区应设疏散通道和安全出口，保证防护区内所有人员在30s内撤离完毕。②防护区内的疏散通道及出口，应设消防**应急照明灯具**和**疏散指示标志灯**。防护区内应设火灾声音报警器，必要时，可增设闪光报警器。防护区的入口处应设火灾声光报警器和灭火剂喷放指示灯，以及防护区采用的相应气体灭火系统的永久性标志牌。灭火剂喷放指示灯信号，应保持到防护区通风换气后，以手动方式解除。③防护区的门应**向疏散方向开启**，并能**自行关闭**；用于疏散的门必须能从防护区内打开。④灭火后的防护区应**通风换气**，地下防护区和无窗或设固定窗扇的地上防护区，应设置机械排风装置，排风口宜设在防护区的下部并应直通室外。通信机房、电子计算机房等场所的通风换气次数应不小于每小时5次。⑤储瓶间的门**应向外开启**，储瓶间内应**设应急照明**；储瓶间应有良好的通风条件，地下储瓶间应设机械排风装置，排风口应设在下部，室内气体可通过排风管排至室外。⑥经过有爆炸危险和变电、配电场所的管网，以及布设在以上场所的金属箱体等，应设**防静电接地**。⑦有人工作防护区的灭火设计浓度或实际使用浓度，不应大于有毒性反应浓度。⑧防护区内设置的预制灭火系统的充压压力不应大于2.5MPa。⑨灭火系统的手动控制与应急操作应有防止误操作的警示显示与措施。⑩设有气体灭火系统的场所，宜配置**空气呼吸器**。

三、二氧化碳灭火系统的设计【S3060503】

（1）一般规定。二氧化碳灭火系统按应用方式可分为全淹没灭火系统和局部应用灭火系统。全淹没灭火系统应用于扑救封闭空间内的火灾；局部应用灭火系统适用于扑救不需封闭空间条件的具体保护对象的非深位火灾。

1）采用**全淹没灭火系统**的防护区，应符合下列规定：①对气体、液体、电气火灾和固体表面火灾，在喷放二氧化碳前不能自动关闭的开口，其面积不应大于防护区总内表面积的3%，且开口不应设在底面。②对固体深位火灾，除泄压口以外的开口，在喷放二氧化碳前应自动关闭。③防护区的围护结构及门窗的耐火极限不应低于0.50h，吊顶的耐火极限不应低于0.25h；围护结构及门窗的允许压强不宜小于1200Pa。④防护区用的通风机和通风管道中的防火阀，在喷放二氧化碳前应自动关闭。

2）采用**局部应用灭火系统**的保护对象，应符合下列规定：①保护对象周围的空气流动速度不宜大于3m/s。必要时，应采取挡风措施。②在喷头与保护对象之间，喷头喷射角范围内不应有遮挡物。③当保护对象为可燃液体时，液面至容器缘口的距离不得小于150mm。启动释放二氧化碳之前或同时，**必须切断可燃、助燃气体的气源**。组合分配系统的二氧化碳储存量，不应小于所需储存量最大的一个防护区域或保护对象的储存量。当组合分配系统保护5个及以上的防护区或保护对象，或者在48h内不能恢复时，二氧化碳应有备用量，备用量不应小于系统设计的储存量。对于高压系统和单独设置备用储存容器的低压系统，备用量的储存容器应与系统管网相连，应能与主储存容器切换使用。

（2）**全淹没灭火系统**的设计。二氧化碳设计浓度不应小于灭火浓度的1.7倍，并不得低于34%。当防护区内存有两种及两种以上可燃物时，防护区的二氧化碳设计浓度应采用可燃物中最大的二氧化碳设计浓度。当防护区的环境温度超过100℃时，二氧化碳的设计用量应在设计规范计算值的基础上每超过5℃增加2%。当防护区的环境温度低于-20℃时，二氧化碳的设计用量应在设计规范计算值的基础上每降低1℃增加2%。防护区应设置泄压口，并宜设在外墙上，其高度应大于防护区净高的2/3。当防护区设有防爆泄压孔时，可不单独设置泄压口。全淹没灭火系统二氧化碳的喷放时间不应大于1min。当扑救固体深位火灾时，喷放时间不应大于7min，并应在前2min内使二氧化碳的浓度达到30%。

（3）局部应用系统的设计。局部应用灭火系统的设计可采用**面积法**或**体积法**。当保护对象的着火部位是比较平直的表面时，宜采用面积法；当着火对象为不规则物体时，应采用体积法。局部应用灭火系统的二氧化碳喷射时间不应小于0.5min。对于燃点温度低于沸点温度的液体和可熔化固体的火灾，二氧化碳的喷射时间不应小于1.5min。

当采用面积法设计时，应符合下列规定：①保护对象计算面积应取被保护表面整体的垂直投影面积。②架空型喷头应以喷头的出口至保护对象表面的距离确定设计流量和相应的正方形保护面积；槽边型喷头保护面积应由设计选定的喷头设计流量确定。③架空型喷头的布置宜垂直于保护对象的表面，其瞄准点应是喷头保护面积的中心。当确需非垂直布置时，喷头的安装角不应小于45°。其瞄准点应偏向喷头安装位置的一方。

四、其他气体灭火系统的设计【S3060504】

（1）一般规定主要有以下内容：①采用气体灭火系统保护的防护区，其灭火设计用量或惰化设计用量，应根据防护区内可燃物相应的**灭火设计浓度**或**惰化设计浓度**经计算确定。②有爆炸危险的气体、液体类火灾的防护区，应采用惰化设计浓度；无爆炸危险的气体、液体类火灾和固体类火灾的防护区，应采用灭火设计浓度。③几种可燃物共存或混合时，灭火设计浓度或惰化设计浓度，应按其中**最大**的灭火设计浓度或惰化设计浓度确定。④两个或两个以上的防护区采用组合分配系统时，一个组合分配系统所保护的防护区**不应超过8个**。⑤组合分配系统的灭火剂储存量，应按储存量最大的防护区确定。⑥灭火系统的灭火剂储存量，应为防护区的灭火设计用量与储存容器内的灭火剂剩余量和管网内的灭火剂剩余量之和。⑦灭火系统的储存装置72h内不能重新充装恢复工作的，应按系统原储存量的100%设置备用量。⑧灭火系统的设计温度，应采用20℃。⑨同一集流管上的储存容器，其**规格**、**充压压力**和**充装量**应相同。⑩同一防护区，当设计两套或三套管网时，**集流管可分别设置**，系统启动装置必须共用。⑪各管网上喷头流量均应按同一灭火设计浓度、同一喷放时间进行设计。⑫管网上不应采用四通管件进行分流。⑬喷头的**保护高度**和**保护半径**，应符合下列规定：最大保护高度不宜大于6.5m；最小保护高度不应小于0.3m；喷头安装高度小于1.5m时，保护半径不宜大于4.5m，喷头安装高度不小于1.5m时，保护半径不应大于7.5m。⑭喷头宜贴近防护区顶面安装，距顶面的最大距离不宜大于0.5m。⑮一个防护区设置的预制灭火系统，其装置数量不宜超过10台。⑯同一防护区内的预制灭火系统装置多于1台时，必须能同时启动，其动作响应时差不得大于2s。

（2）七氟丙烷灭火系统要求如下：①灭火设计浓度不应小于灭火浓度的1.3倍，惰化设计浓度不应小于惰化浓度的1.1倍。②固体表面火灾的灭火浓度为5.8%，设计规范中未列出的，应经试验确定。③图书、档案、票据和文物资料库等防护区，灭火设计浓度宜采用10%。④油浸变压器室、带油开关的配电室和自备发电机房等防护区，灭火设计浓度宜采用9%。⑤通信机房和电子计算机房等防护区，灭火设计浓度宜采用8%。⑥防护区实际应用的浓度不应大于灭火设计浓度的1.1倍。⑦在通信机房和电子计算机房等防护区，设计喷放时间不应大于8s；在其他防护区，设计喷放时间不应大于10s。⑧灭火浸渍时间应符合下列规定：木材、纸张、织物等固体表面火灾，宜采用20min；通信机房、电子计算机房内的电气设备火灾，应采用5min；其他固体表面火灾，宜采用10min；气体和液体火灾，不应小于1min。⑨七氟丙烷灭火系统应采用**氮气增压输送**。氮气的含水量不应大于0.006%。⑩储存容器的增压压力宜分为三级，并应符合下列规定：一级，(2.5+0.1)MPa（表压）；二级，(4.2+0.1)MPa（表压）；三级，(5.6+0.1)MPa（表压）。⑪七氟丙烷单位容积的充装量应符合下列规定：一级增压储存容器，不应大于1120kg/m³；二级增压焊接结构储存容器，不应大于950kg/m³；二级增压无缝结构储存容器，不应大于1120kg/m³；三级增压储存容器，不应大于1080kg/m³。⑫管网的管道内容积，不应大于流经该管网的七氟丙烷储存量体积的80%。⑬管网布置宜设计为均衡系统，并应符合下列规定：喷头设计流量应相等；管网的第1分流点至各喷头的管道阻力损失，其相互间的最大差值不应大于20%。

（3）IG541混合气体灭火系统要求如下：灭火设计浓度不应小于灭火浓度的1.3倍，惰化设计浓度不应小于灭火浓度的1.1倍。固体表面火灾的灭火浓度为28.1%，规范中未列出的，应经试验确定。当IG541混合气体灭火剂喷放至设计用量的95%时，其喷放时间不应大于60s且不应小于48s。

灭火浸渍时间应符合下列规定：①木材、纸张、织物等固体表面火灾，宜采用20min。②通信机房、电子计算机房内的电气设备火灾，宜采用10min。③其他固体表面火灾，宜采用10min。

储存容器充装量应符合下列规定：①一级充压（15.0MPa）系统，充装量应为211.15kg/m³。②二级充压（20.0MPa）系统，充装量应为281.06kg/m³。

第六节 系统组件及设置要求

一、二氧化碳灭火系统组件及设置要求【S3060601】

（1）**灭火剂储存**装置。高压系统的储存装置应符合下列规定：储存容器的工作压力不应小于 15MPa，储存容器或容器阀上应设**泄压装置**，其泄压动作压力应为 19MPa ± 0.95MPa；储存装置的环境温度应为 0 ~ 49℃。

低压系统的储存装置应符合下列规定：储存容器的设计压力不应小于 2.5MPa，并应采取良好的绝热措施。储存容器上至少应设置两套安全泄压装置，其泄压动作压力应为 2.38MPa ±0.12MPa；储存装置的高压报警压力设定值应为 2.2MPa，低压报警压力设定值应为 1.8MPa；容器阀应能在喷出要求的二氧化碳量后自动关闭；储存装置应远离热源，其位置应便于再充装，其环境温度宜为 -23 ~ 49℃；储存装置应设**称重检漏装置**。当储存容器中充装的二氧化碳量损失 10% 时，应及时补充；储存装置的布置应方便检查和维护，并应避免阳光直射；储存装置宜设在专用的储存容器间内。局部应用灭火系统的储存装置可设置在固定的安全围栏内。专用的储存容器间的设置应符合下列规定：应靠近防护区，出口应直接通向室外或疏散走道；耐火等级不应低于二级；室内应保持干燥和良好通风；设在地下的储存容器间应设机械排风装置，排风口应通向室外。

（2）**容器阀**。容器阀按其结构形式，可分为**差动式**和**膜片式**两种。容器阀的启动方式一般有手动启动、气启动、电磁启动和电爆启动等方式。与之对应的启动装置有手动启动器、气启动器、电磁启动器、电爆启动器。

（3）**选择阀**。在多个保护区域的组合分配系统中，每个防护区或保护对象在集流管上的排气支管上应设置与该区域对应的选择阀。选择阀的位置宜靠近储存容器，并应便于手动操作，方便检查维护。选择阀上应设有标明防护区的铭牌。选择阀可采用**电动**、**气动**或**机械**操作方式。**选择阀的工作压力**：高压系统不应小于 12MPa，低压系统不应小于 2.5MPa。系统启动时，选择阀应在容器阀动作之前或同时打开。

（4）**喷头**。喷头是用来控制灭火剂**流速**和**喷射方向**的组件。全淹没灭火系统的喷头布置应使防护区内二氧化碳分布均匀，喷头应**接近顶棚**或**屋顶**安装。设置在粉尘或喷漆作业等场所的喷头，应增设不影响喷射效果的**防尘罩**。

（5）**压力开关**。压力开关可以将压力信号转换成电气信号，一般设置在选择阀前后，以判断各部位的动作正确与否。

（6）**安全阀**。安全阀一般设置在储存容器的容器阀上及组合分配系统中的集流管部分。在组合分配系统的集流管部分，由于选择阀平时处于关闭状态，在容器阀的出口处至选择阀的进口端之间形成了一个封闭的空间，因而在此空间内容易形成一个危险的高压区。为了防止储存器发生误喷射，因此在集流管末端设置一个安全阀或泄压装置，当压力值超过规定值时，安全阀自动开启泄压以保证管网系统的安全。

（7）**管道**。高压系统管道及其附件应能承受最高环境温度下二氧化碳的储存压力，低压系统管道及其附件应能承受 4.0MPa 的压力，并应符合下列规定：管道应进行**内外表面镀锌防腐**处理。对镀锌层有腐蚀的环境，管道可采用不锈钢管、铜管或其他抗腐蚀的材料。挠性连接的软管必须能承受系统的工作压力和温度，并宜采用不锈钢软管。低压系统的管网中应采取防膨胀收缩措施。在可能产生爆炸的场所，管网应吊挂安装并采取防晃措施。管道可采用螺纹连接、法兰连接或焊接。公称直径等于或小于 80mm 的管道，宜采用螺纹连接；公称直径大于 80mm 的管道，宜采用法兰连接。管网中阀门之间的封闭管段应设置泄压装置，其泄压动作压力：高压系统应为 15MPa ± 0. 75MPa，低压系统应为 2. 38MPa ±0. 12MPa。

二、其他气体灭火系统组件及设置要求【S3060602】

（1）一般规定。储存装置应符合下列规定：管网系统的储存装置应由**储存容器**、**容器阀**和**集流管**等组成；七氟丙烷和 IG541 预制灭火系统的储存装置应由**储存容器**、**容器阀**等组成；容器阀和集流管之间应采用**挠性连接**。储存容器和集流管应采用**支架固定**；储存装置上应设耐久的固定铭牌；管网灭火系统的储存装置宜设在专用储瓶间内。储瓶间宜靠近防护区，并应符合建筑物耐火等级不低于二级的有关规定及有关压力容器存放的规定，且应有直接通向室外或疏散走道的出口。储瓶间和设置预制灭火系统的防护区的环境温度应为 -10 ~ 50℃；储存装置的布置，应便于操作、维修及避免阳光照射。操作面距墙面或两操作面之间的距离，不宜小于 1. 0m，且不应小于储存容器外径的 1. 5 倍。

在储存容器或容器阀上，应设**安全泄压装置**和**压力表**。组合分配系统的集流管，应设安全泄压装置。在通向每个防护区的灭火系统主管道上，应设**压力信号器**或**流量信号器**。组合分配系统中的每个防护区应设置控制灭火剂流向的**选择阀**，其公称直径应与该防护区灭火系统的主管道公称直径相等。喷头的布置应满足喷放后气体灭火剂在防护区内**均匀分布**的要求。当保护对象属可燃液体时，喷头射流方向不应朝向液体表面。管道及管道附件应符合下列规定：输送气体灭火剂的管道应采用**无缝钢管**。输送气体灭火剂的管道安装在腐蚀性较大的环境里，宜采用**不锈钢管**。输送启动气体的管道，宜采用铜管；当公称直径小于或等于 80mm 时，宜采用**螺纹连接**；大于 80mm 时，宜采用**法兰连接**。

（2）七氟丙烷灭火系统组件专用要求。储存容器或容器阀以及组合分配系统集流管上的安全泄压装置的动作压力，应符合下列规定：①储存容器增压压力为 2. 5MPa 时，应为 5. 0MPa ±0. 25MPa（表压）。②储存容器增压压力为 4. 2MPa，最大充装量为 950kg/m^3 时，应为 7. 0MPa ±0. 35MPa（表压）；最大充装量为 1120kg/m^3 时，应为 8. 4MPa ±0. 42MPa（表压）。③储存容器增压压力为 5. 6MPa 时，应为 10. 0MPa ±0. 50MPa（表压）。

增压压力为 2. 5MPa 的储存容器，宜采用**焊接容器**；增压压力为 4. 2MPa 的储存容器，可采用焊接容器或无缝容器；增压压力为 5. 6MPa 的储存容器，应采用无缝容器。在容器阀和集流管之间的管道上应设单向阀。

（3）IG541 混合气体灭火系统组件专用要求。储存容器或容器阀以及组合分配系统集流管上的安全泄压装置的动作压力，应符合下列规定：①一级充压（15. 0MPa）系统，应为 20. 7MPa ±1. 0MPa（表压）。②二级充压（20. 0MPa）系统，应为 27. 6MPa ±1. 4MPa（表压）。③储存容器应采用无缝容器。

（4）操作与控制。采用气体灭火系统的防护区，应设置**火灾自动报警系统**。管网灭火系统应设**自动**控制、**手动**控制和**机械应急操作**三种启动方式。预制灭火系统应设自动控制和手动控制两种启动方式。采用自动控制启动方式时，根据人员安全撤离防护区的需要，应有不大于30s的可控延迟喷射；对于平时无人工作的防护区，可设置为无延迟喷射。

灭火设计浓度或实际使用浓度大于无毒性反应浓度（NOAEL浓度）的防护区，应设手动与自动控制的转换装置。当人员进入防护区时，应能将灭火系统转换为手动控制方式；当人员离开时，应能恢复为自动控制方式。防护区内外应设手动、自动控制状态的显示装置。

自动控制装置应在接到两个独立的火灾信号后才能启动。手动控制装置和手动与自动转换装置应设在防护区疏散出口的门外便于操作的地方，安装高度为中心点距地面1.5m。机械应急操作装置应设在储瓶间内或防护区疏散出口门外便于操作的地方。

气体灭火系统的操作与控制，应包括对开口封闭装置、通风机械和防火阀等设备的联动操作与控制。组合分配系统启动时，选择阀应在容器阀开启前或同时打开。

第七章 泡沫灭火系统

第一节 系统的灭火机理

泡沫系统的灭火机理【S3070101】

①**隔氧窒息**作用。②**辐射热阻隔**作用。③**吸热冷却**作用。水溶性液体火灾必须选用**抗溶性泡沫液**。扑救水溶性液体火灾应采用液上喷射或半液下喷射泡沫，不能采用液下喷射泡沫。对于非水溶性液体火灾，当采用液上喷射泡沫灭火时，选用蛋白、氟蛋白、成膜氟蛋白或水成膜泡沫液均可；当采用液下喷射泡沫灭火时，必须选用氟蛋白、成膜氟蛋白或水成膜泡沫液。泡沫液的储存温度应为0~40℃。

第二节 系统的组成和分类

泡沫系统的分类【S3070201】

（1）按**喷射方式**分为：①**液上喷射系统**。它有固定式、半固定式、移动式三种应用形式。②**液下喷射系统**。该系统通常设计为固定式和半固定式。③**半液下喷射系统**。

（2）按**系统结构**分为：①**固定式系统**是指由固定的泡沫消防水泵或泡沫混合液泵、泡沫比例混合器（装置）、泡沫产生器（或喷头）和管道等组成的灭火系统。②**半固定式系统**是指由固定的泡沫产生器与部分连接管道，泡沫消防车或机动泵，用水带连接组成的灭火系统。③**移动式系统**是指由消防车、机动消防泵或有压水源、泡沫比例混合器、泡沫枪、泡沫炮或移动式泡沫产生器，用水带等连接组成的灭火系统。

（3）按**发泡倍数**分为:①**低倍数泡沫灭火系统**是指发泡倍数小于20的泡沫灭火系统。该系统是甲、乙、丙类液体储罐及石油化工装置区等场所的首选灭火系统。②**中倍数泡沫灭火系统**是指发泡倍数为20~200的泡沫灭火系统。中倍数泡沫灭火系统在实际工程中应用较少,且多用作辅助灭火设施。③**高倍数泡沫灭火系统**是指发泡倍数大于200的泡沫灭火系统。

（4）按**系统形式**分为全淹没系统、局部应用系统、移动系统、泡沫-水喷淋系统和泡沫喷雾系统。

第三节 系统形式的选择

一、泡沫系统选择基本要求【S3070301】

甲、乙、丙类液体储罐区宜选用低倍数泡沫灭火系统。甲、乙、丙类液体储罐区固定式、半固定式或移动式泡沫灭火系统的选择应符合下列规定：低倍数泡沫灭火系统，应符合相关现行国家标准的规定；油罐中倍数泡沫灭火系统宜为固定式。全淹没式、局部应用式和移动式中倍数、高倍数泡沫灭火系统的选择，应根据防护区的**总体布局**、**火灾的危害程度**、**火灾的种类**和**扑救条件**等因素，经综合技术经济比较后确定。储罐区泡沫灭火系统的选择，应符合下列规定：烃类液体固定顶储罐，可选用液上喷射、液下喷射或半液下喷射系统；水溶性甲、乙、丙类液体的固定顶储罐，应选用液上喷射或半液下喷射系统；外浮顶和内浮顶储罐应选用液上喷射系统；烃类液体外浮顶储罐、内浮顶储罐、直径大于18m 的固定顶储罐以及水溶性液体的立式储罐，不得选用泡沫炮作为主要灭火设施；高度大于7m、直径大于9m 的固定顶储罐，不得选用泡沫枪作为主要灭火设施；油罐中倍数泡沫灭火系统，应选用液上喷射系统。

二、泡沫系统适用场所【S3070302】

①**全淹没式高倍数泡沫灭火系统**可用于**封闭空间场所**和设有阻止泡沫流失的**固定围墙或其他围挡设施**的场所。②**全淹没式中倍数泡沫灭火系统**可用于**小型封闭空间**场所和设有阻止泡沫流失的**固定围墙**或**其他围挡设施**的小场所。③**局部应用式高倍数泡沫灭火系统**可用于**四周不完全封闭的 A 类火灾**与 **B 类火灾**场所和**天然气液化站与接收站的集液池**或**储罐围堰区**。④**局部应用式中倍数泡沫灭火系统**可用于**四周不完全封闭的 A 类火灾**场所、**限定位置的流散 B 类火灾**场所和**固定位置面积不大于 $100m^2$ 的流淌 B 类火灾**场所。⑤**移动式高倍数泡沫灭火系统**可用于**发生火灾的部位难以确定**或**人员难以接近**的火灾场所、**流淌的 B 类火灾**场所和发生火灾时需要排烟、降温或排除有害气体的**封闭空间**。⑥**移动式中倍数泡沫灭火系统**可用于发生火灾的部位难以确定或人员难以接近的**较小火灾场所**、流散的 B 类火灾场所和不大于 $100m^2$ 的流淌 B 类火灾场所。⑦**泡沫-水喷淋系统**可用于具有**非水溶性液体泄漏火灾危险的室内场所**和存放量不超过 $25L/m^2$ 或超过 $25L/m^2$，但有缓冲物的水溶性液体室内场所。⑧**泡沫喷雾系统**可用于独立变电站的油浸电力变压器和面积不大于 $200m^2$ 的非水溶性液体室内场所。

第四节 系统的设计要求

一、低倍数泡沫灭火系统设计要求【S3070401】

（1）基本要求如下：①储罐区泡沫灭火系统扑救一次火灾的泡沫混合液设计用量，应按**罐内用量**、**该罐辅助泡沫枪用量**、**管道剩余量**三者之和最大的储罐确定。②设置固定式泡沫灭火系统的储罐区，应配置用于扑救液体流散火灾的辅助泡沫枪，每支辅助泡沫枪的泡沫混合液流量不应小于 240L/min。③采用固定式泡沫灭火系统的储罐区，宜沿防火堤外均匀布置泡沫消火栓，且泡沫消火栓的间距不应大于 60m。④当储罐区固定式泡沫灭火系统的泡沫混合液流量大于或等于 100L/s 时，系统的泵、比例混合装置及其管道上的**控制阀**、**干管控制阀**宜具备**远程控制功能**。⑤储罐区固定式泡沫灭火系统应具备**半固定式**系统功能。⑥为了使系统及时灭火，固定式泡沫灭火系统的设计应满足在泡沫消防水泵或泡沫混合液泵启动后，将泡沫混合液或泡沫输送到保护对象的时间不大于 5min。

（2）**固定顶储罐**。固定顶储罐的保护面积，应按**储罐横截面面积**计算。泡沫混合液供给强度及连续供给时间，应符合下列规定：①非水溶性液体储罐液上喷射泡沫灭火系统，其泡沫混合液供给强度及连续供给时间不应小于《消防安全技术实务》表3-7-1的规定。②非水溶性液体储罐液下或半液下喷射系统，其泡沫混合液供给强度不应小于5.0L/(min·m^2)、连续供给时间不应小于40min。③水溶性液体和其他对普通泡沫有破坏作用的甲、乙、丙类液体储罐液上或半液下喷射系统，其泡沫混合液供给强度及连续供给时间不应小于《消防安全技术实务》表3-7-2的规定。当一个储罐所需的泡沫产生器数量大于1个时，宜选用同规格的泡沫产生器，且应沿罐周均匀布置；对于水溶性液体储罐来说，应设置泡沫缓冲装置。

（3）**外浮顶储罐**。钢制单盘式与双盘式外浮顶储罐的保护面积，应按**罐壁与泡沫堰板间的环形面积**确定。非水溶性液体的泡沫混合液供给强度不应小于12.5L/(min·m^2)，连续供给时间不应小于30min。外浮顶储罐泡沫堰板的设计，应符合下列规定：①当泡沫喷射口设置在罐壁顶部、密封或挡雨板上方时，泡沫堰板应高出密封圈0.2m；当泡沫喷射口设置在金属挡雨板下部时，泡沫堰板高度不应小于0.3m。②当泡沫喷射口设置在罐壁顶部时，泡沫堰板与罐壁的间距不应小于0.6m。当泡沫喷射口设置在浮顶上时，泡沫堰板与罐壁的间距不宜小于0.6m。③应在泡沫堰板的最低部位设排水孔，排水孔的开孔面积宜按每1m^{2}环形面积280mm^{2}确定，排水孔高度不宜大于9mm。外浮顶储罐泡沫产生器的型号和数量应按泡沫混合液供给强度、连续供给时间及单个泡沫产生器的最大保护周长经计算确定。当泡沫喷射口设置在罐壁顶部时，应配置泡沫导流罩。对于直径不大于45m的外浮顶储罐，需要在储罐梯子平台上设置带闷盖的管牙接口；直径大于45m的外浮顶储罐，需要在储罐梯子平台上设置二分水器；管牙接口或二分水器应由管道接至防火堤外，且管道的管径应满足所配泡沫枪的压力、流量要求。

（4）**内浮顶储罐**。钢制单盘式、双盘式与敞口隔舱式内浮顶储罐的保护面积，应按**罐壁与泡沫堰板间的环形**面积确定；其他内浮顶储罐应按固定顶储罐对待。

钢制单盘式、双盘式与敞口隔舱式内浮顶储罐的泡沫堰板与罐壁的距离不应小于0.55m，其高度不应小于0.5m；单个泡沫产生器保护周长不应大于24m；非水溶性液体的泡沫混合液供给强度不应小于12.5L/(min·m^2)，水溶性液体的泡沫混合液供给强度不应小于《消防安全技术实务》表3-7-2规定的1.5倍；泡沫混合液连续供给时间不应小于30min。

按固定顶储罐对待的内浮顶储罐，对于非水溶性液体，其泡沫混合液供给强度和连续供给时间不应小于《消防安全技术实务》表3-7-1的规定；对于水溶性液体，当设有泡沫缓冲装置时，其泡沫混合液供给强度和连续供给时间不应小于《消防安全技术实务》表3-7-2的规定；当未设泡沫缓冲装置时，泡沫混合液供给强度不应小于《消防安全技术实务》表3-7-2的规定，但泡沫混合液连续供给时间不应小于《消防安全技术实务》表3-7-2规定的1.5倍。

（5）其他场所。当甲、乙、丙类液体槽车装卸栈台设置泡沫炮或泡沫枪系统时，应符合下列规定：应能保护泵、计量仪器、车辆及与装卸产品有关的各种设备；火车装卸栈台的泡沫混合液量不应小于30L/s；汽车装卸栈台泡沫混合液量不应小于8L/s；泡沫混合液连续供给时间不应小于30min。

当保护设有围堰的非水溶性液体流淌火灾场所时，其保护面积应按围堰包围的地面面积与其中不燃结构占据的面积之差计算，其泡沫混合液供给强度与连续供给时间不应小于《消防安全技术实务》表3-7-3的规定。当甲、乙、丙类液体泄漏导致的室外流淌火灾场所设置泡沫枪、泡沫炮系统时，应根据保护场所的具体情况确定最大流淌面积，其泡沫混合液供给强度和连续供给时间不应小于《消防安全技术实务》表3-7-4的规定。

二、高倍数、中倍数泡沫灭火系统【S3070402】

（1）**全淹没系统**。全淹没系统应由**固定的泡沫发生器**、**比例混合装置**、**固定泡沫液与水供给管路**、**水泵及其相关设备或组件**组成。

全淹没系统的防护区应是**封闭**或设置灭火所需的**固定围挡的区域**，且应符合下列规定：①泡沫的围挡应为**不燃结构**，且应在系统设计灭火时间内具备围挡泡沫的能力。②门、窗等位于设计淹没深度以下的开口，在充分考虑人员撤离的前提下，应在泡沫喷放前或同时关闭。③对于不能自动关闭的开口，全淹没系统应对其泡沫损失进行相应补偿。④在泡沫淹没深度以下的墙上设置窗口时，宜在窗口部位设置网孔基本尺寸不大于3.15mm的钢丝网或钢丝纱窗。⑤利用防护区外部空气发泡的封闭空间，应设置排气口，其位置应避免燃烧产物或其他有害气物回流到泡沫发生器进气口。排气口在灭火系统工作时应自动、手动开启，其排气速度不宜超过5m/s。⑥防护区内应设置**排水设施**。

（2）**局部应用系统**的保护范围应包括**火灾蔓延的所有区域**；对于多层或三维立体火灾，应提供适宜的泡沫封堵设施；对于室外场所，应考虑风等气候因素的影响。高倍数泡沫的供给速率应按下列要求确定：①淹没或覆盖保护对象的时间不应大于2min。②淹没或覆盖A类火灾保护对象最高点的厚度不应小于0.6m。③对于汽油、煤油、柴油或苯，覆盖起火部位的厚度不应小于2m。④其他B类火灾的泡沫覆盖深度应由试验确定。

对于A类火灾场所，中倍数泡沫灭火系统的设计应符合下列规定：①覆盖保护对象的时间不应大于2min。②覆盖保护对象最高点的厚度宜由试验确定。③泡沫连续供给时间不应小于12min。对于流散的或不大于100m^2流淌的B类火灾场所，中倍数泡沫灭火系统的设计应符合下列规定：①沸点不低于45℃的非水溶性液体，泡沫混合液供给强度应大于4L/(min·m^2)。②室内场所的最小泡沫供给时间，应大于10min。③室外场所的最小泡沫供给时间，应大于15min。④水溶性液体、沸点低于45℃的非水溶性液体，设置泡沫灭火系统的适用性及其泡沫混合液供给强度，应由试验确定。

（3）**移动式系统**。高倍数泡沫系统的**淹没时间**或**覆盖保护对象时间**、**泡沫供给速率**与**连续供给时间**，应根据保护对象的类型与规模确定。

高倍数泡沫系统的泡沫液和水的储备量应符合下列规定：当辅助全淹没或局部应用高倍数泡沫灭火系统使用时，可在其泡沫液和水的储备量中增加5%~10%；当在消防车上配备时，每套系统的泡沫液储备量不宜小于0.5t；当用于扑救煤矿火灾时，每个矿山救护大队应储存大于2t的泡沫液。

对于沸点不低于45℃的非水溶性液体流散的B类火灾或面积不大于100m^2的流淌B类火灾，中倍数泡沫混合液供给强度应大于4L/(min·m^2)。供水压力可根据泡沫发生器和比例混合器的进口工作压力及比例混合器和水带的压力损失确定。高倍数泡沫灭火系统用于扑救煤矿井下火灾时，应配置导泡筒，且泡沫产生器的驱动风压、发泡倍数应满足矿井的特殊需要。移动式系统的泡沫液与相关设备应放置在能立即运送到所有指定防护对象的场所；当移动泡沫发生装置预先连接到水源或泡沫混合液供给源时，应放置在易于接近的地方，且水带长度应能达到其最远的防护地。当两个或两个以上的移动式泡沫发生装置同时使用时，其泡沫液和水供给源应能足以供给可能使用的最大数量的泡沫发生装置。系统应选用有衬里的消防水带，并应符合下列规定：水带的口径与长度应满足系统要求；水带应以能立即使用的排列形式储存，且应防潮。系统所用的电源与电缆应满足输送功率要求，且应满足保护接地和防水以及耐受一般不当使用的要求。

（4）**油罐中倍数泡沫灭火系统**。系统扑救一次火灾的泡沫混合液设计用量，应按**罐内用量**、该罐**辅助泡沫枪用量**、**管道剩余量**三者之和最大的储罐确定。固定顶与内浮顶油罐的保护面积应为油罐的横截面积。系统泡沫混合液供给强度不应小于 $4L/(min \cdot m^2)$，连续供给时间不应小于30min。设置固定式中倍数泡沫灭火系统的油罐区，宜设置低倍数泡沫枪与泡沫栓；当设置中倍数泡沫枪时，其数量与连续供给时间，不应小于《消防安全技术实务》表3-7-6的规定。

固定顶油罐与内浮顶油罐中倍数泡沫灭火系统的泡沫产生器与管道布置，当中倍数泡沫产生器设置数量大于或等于3个时，可每两个产生器共享1根管道引至防火堤外。油罐中倍数泡沫灭火剂应采用特制8%型蛋白泡沫液。

三、泡沫-水喷淋系统与泡沫喷雾系统设置要求【S3070403】

（1）基本要求如下：①泡沫-水喷淋系统泡沫混合液与水的连续供给时间应符合下列规定：泡沫混合液连续供给时间不应小于10min；泡沫混合液与水的连续供给时间之和应不小于60min。②泡沫-水雨淋系统与泡沫-水预作用系统的控制，应符合下列规定：系统应同时具备**自动**、**手动**功能和**应急机械手动启动**功能；机械手动启动力不应超过180N；系统自动或手动启动后，泡沫液供给控制装置应自动随供水主控阀的动作而动作，或与之同时动作；系统应设置故障监视与报警装置，且应在主控制盘上显示。③当泡沫液管线埋地敷设或地上敷设长度超过15m时，泡沫液应充满其管线，并应提供检查系统密封性的手段，且泡沫液管线及其管件的温度应保持在泡沫液指定的储存温度范围内。④泡沫-水喷淋系统应设置系统试验接口，其口径应分别满足系统最大流量与最小流量要求。⑤泡沫-水喷淋系统的防护区应设置**安全排放或容纳设施**，且排放或容纳量应按被保护液体最大可能泄漏量、固定系统喷洒量以及管枪喷射量之和确定。⑥泡沫-水雨淋系统与泡沫-水预作用系统配套设置的火灾探测与联动控制系统应符合下列规定：设置在腐蚀气体环境中的探测装置，应由耐腐蚀材料制成或采取防腐蚀保护；当选用带闭式喷头的传动管传递火灾信号时，传动管的长度不应大于300m，公称直径宜为15～25mm，传动管上喷头应选用快速响应喷头，且布置间距不宜大于2.5m。

（2）泡沫-水雨淋系统。泡沫-水雨淋系统的保护面积应按保护场所内的**水平面面积**或**水平面投影面积**确定。当保护非水溶性液体时，其泡沫混合液供给强度不应小于下列规定：①当喷头设置高度不低于10m，供给时间为10min时，蛋白、氟蛋白泡沫混合液供给强度为 $8L/(min \cdot m^2)$；水成膜、成膜氟蛋白泡沫混合液供给强度为 $6.5L/(min \cdot m^2)$。②当喷头设置高度高于10m，供给时间为10min时，蛋白、氟蛋白泡沫混合液供给强度为 $10L/(min \cdot m^2)$；水成膜、成膜氟蛋白泡沫混合液供给强度为 $8L/(min \cdot m^2)$。

泡沫-水雨淋系统应设置**雨淋阀**、**水力警铃**，并应在每个雨淋阀出口管路上设置压力开关，但喷头数小于10个的单区系统可不设雨淋阀和压力开关。喷头的布置应根据系统设计供给强度、保护面积和喷头特性确定，喷头周围不应有影响泡沫喷洒的障碍物。泡沫-水雨淋系统设计时应进行管道水力计算，自雨淋阀开启至系统各喷头达到设计喷洒流量的时间不得超过60s；任意四个相邻喷头组成的四边形保护面积内的平均泡沫混合液供给强度不应小于设计供给强度。

（3）闭式泡沫-水喷淋系统。闭式泡沫-水喷淋系统的作用面积应为465m^2，当防护区面积小于465m^2时，可按防护区实际面积确定，另外也可采用试验值。系统的供给强度不应小于6.5L/(min·m^2)。系统输送的泡沫混合液应在8L/s至最大设计流量范围内达到额定的混合比。闭式泡沫-水喷淋系统应选用**闭式洒水喷头**。当喷头设置在屋顶时，其公称动作温度应为121～149℃；当喷头设置在保护场所的中间层面时，其公称动作温度应为57～79℃；当保护场所的环境温度较高时，其公称动作温度宜高于环境最高温度30℃。

闭式泡沫-水喷淋系统任意四个相邻喷头组成的四边形保护面积内的平均供给强度不应小于设计供给强度，且不宜大于设计供给强度的1.2倍；喷头周围不应有影响泡沫喷洒的障碍物；每只喷头的保护面积不应大于12m^2；同一支管上两只相邻喷头的水平间距、两条相邻平行支管的水平间距，均不应大于3.6m。

泡沫-水湿式系统的管道充注泡沫预混液时，其管道及管件应耐泡沫预混液腐蚀，且不应影响泡沫预混液的性能，充注泡沫预混液系统的环境温度宜为5～40℃；当系统管道充水时，在8L/s的流量下，自系统启动至喷泡沫的时间不应大于2min，充水系统的环境温度应为4～70℃。

泡沫-水预作用系统与泡沫-水干式系统的管道充水时间不宜大于1min；泡沫-水预作用系统每个报警阀控制喷头数不应超过800只，泡沫-水干式系统每个报警阀控制喷头数不宜超过500只。

（4）**泡沫喷雾系统**。泡沫喷雾系统保护油浸电力变压器时，系统的保护面积应按变压器油箱本体水平投影且四周外延1m计算确定；泡沫混合液或泡沫预混液供给强度不应小于8L/(min·m^2)，连续供给时间不应小于15min；喷头的设置应使泡沫覆盖变压器油箱顶面，且每个变压器进出线绝缘套管升高座孔口应设置单独的喷头保护；保护绝缘套管升高座孔口喷头的雾化角宜为60°，其他喷头的雾化角不应大于90°；系统所用泡沫灭火剂的灭火性能级别应为Ⅰ级，抗烧水平不应低于C级。

泡沫喷雾系统保护非水溶性液体室内场所时，泡沫混合液或预混液供给强度不应小于6.5L/(min·m^2)，连续供给时间不应小于10min。系统保护面积内的泡沫混合液供给强度应均匀，泡沫应直接喷洒到保护对象上，喷头周围不应有影响泡沫喷洒的障碍物。

泡沫喷雾系统的喷头应带过滤器，其工作压力不应小于其额定压力，且不宜高于其额定压力0.1MPa。系统喷头、管道与电气设备带电（裸露）部分的安全净距应符合国家现行有关标准的规定。当系统采用泡沫预混液时，其有效使用期不宜小于3年。

泡沫喷雾系统应同时具备自动、手动和应急机械手动启动方式。在自动控制状态下，灭火系统的响应时间不应大于60s。

第五节 系统组件及设置要求

一、泡沫消防泵选择及设置要求【S3070501】

（1）泡沫消防水泵、泡沫混合液泵的选择与设置要求。泡沫消防水泵、泡沫混合液泵应选择**特性曲线平缓的离心泵**，且其工作压力和流量应满足系统设计要求；当采用水力驱动平衡式比例混合装置时，应将其消耗的水流量计入泡沫消防水泵的额定流量内；当采用环泵式比例混合器时，泡沫混合液泵的额定流量应为系统设计流量的1.1倍；泵进口管道上，应设置真空压力表或真空表；泵出口管道上，应设置压力表、单向阀和带控制阀的回流管。

（2）泡沫液泵的选择与设置要求。泡沫液泵的工作压力和流量应满足系统最大设计要求，并应与所选比例混合装置的工作压力范围和流量范围相匹配，同时应保证在设计流量下泡沫液供给压力大于最大水压力；泡沫液泵的**结构形式**、**密封**或**填充类型**应适宜输送所选的泡沫液，其材料应耐泡沫液腐蚀且不影响泡沫液的性能；除水力驱动型泵外，泡沫液泵应按《泡沫灭火系统设计规范》（GB 50151—2010）对泡沫消防泵的相关规定设置动力源和备用泵，备用泵的规格型号应与工作泵相同，工作泵故障时应能自动与手动切换到备用泵；泡沫液泵应耐受时长不低于10min的空载运行。

二、环泵式泡沫比例混合器范围、要求及使用方法【S3070502】

环泵式泡沫比例混合器固定安装在泡沫消防泵的旁路上。环泵式泡沫比例混合器的限制条件较多，设计难度较大，达到混合比时间较长。但其结构简单、工程造价低且配套的泡沫液储罐为常压储罐，便于操作、维护、检修、试验。环泵式泡沫比例混合器适用于建有**独立泡沫消防泵站**的场所，尤其适用于储罐规格较单一的甲、乙、丙类液体储罐区。

采用环泵式泡沫比例混合器时，其设计应符合下列要求：①水池相对水位不宜过高，以保证泡沫比例混合器出口压力（背压）为零或负压。但当其进口（即泡沫消防泵出口）压力为0.7～0.9MPa时，出口压力可为0.02～0.03MPa。②泡沫比例混合器泡沫液入口不应高于泡沫液储罐最低液面1m。③比例混合器的出口压力大于零时，其吸液管上应设有**防止水倒流入泡沫液储罐的措施**。④为防止泡沫比例混合器被异物堵塞或其他故障对系统安全性造成影响，要求并联安装一个备用泡沫比例混合器。

启动消防泵，将水压调到系统所需的压力，将比例混合器的指针转到所需要的泡沫混合液量指数上，开启比例混合器的阀门和泡沫液管路的阀门，水与泡沫液即按比例混合，混合液经管道输送到泡沫产生器，即可产生空气泡沫。

三、压力式泡沫比例混合器范围、要求及使用方法【S3070503】

压力式泡沫比例混合器适用于**低倍数泡沫灭火系统**，也可用于集中控制流量基本不变的一个或多个防护区的全淹没式高倍数泡沫灭火系统和局部应用式高倍数泡沫灭火系统。压力式泡沫比例混合器是工厂生产的由比例混合器与泡沫液储罐组成一体的独立装置。它适用于全厂统一采用**高压或稳高压消防给水系统**的石油化工企业，尤其适用于**分散设置独**

立泡沫站的**石油化工生产装置区**。

采用压力式泡沫比例混合器时，其设计应符合下列要求：①压力比例混合器的单罐容积不宜大于 $10m^3$。②无囊式压力比例混合器，当单罐容积大于 $5m^3$ 且储罐内无分隔设施时，宜设置一台小容积压力比例混合器，其容积应大于 $0.5m^3$，并能保证系统按最大设计流量连续提供 3min 的泡沫混合液。③无囊式压力比例混合器的控制阀门应采用合格产品且应选型得当，以防止泡沫液储罐进水，使泡沫液失效。④泡沫液储罐的内部材料或防腐处理不适应所储存的泡沫液，将导致储罐损坏和泡沫液的变质。特别是水成膜泡沫液含有较大比例的碳氢活化剂与氟碳活化剂以及有机溶剂，长期储存，碳氢活化剂和有机溶剂不但对金属有腐蚀作用，而且对许多非金属材料也有很强的溶解、溶胀和渗透作用，若内壁材料不相宜，其泡沫液储罐使用寿命会缩短；碳钢长期与水成膜泡沫液直接接触，铁离子会使氟碳活化剂变质，碳氢活化剂和有机溶剂溶解的非金属材料分子或离子进入泡沫液中也会影响其性能。

与混合器配套的消防水泵的压力，必须符合混合器进口工作压力范围的要求，否则将影响混合比，降低泡沫质量；混合器使用时应首先开启排气阀，随后开启进水阀，当排气阀出水时即可关闭，待储罐内压力升到需要值时，可开启储液阀，混合液即可输出；混合器使用后，要将出液阀，进水阀分别关闭，然后开启排气阀，待压力表回零后，开启放液阀，将储罐内泡沫液和水放尽。

四、平衡式泡沫比例混合器范围、要求及使用条件【S3070504】

平衡式比例混合装置的比例混合精度较高，适用的泡沫混合液流量范围较大，泡沫液储罐为常压储罐。平衡压力流量控制阀与泡沫比例混合器有**分体式**和**一体式**两种。平衡式比例混合器的适用范围较广，目前工程中采用较多，尤其设置若干个独立泡沫站的大型甲、乙、丙类液体储罐区，多采用水力驱动式平衡式泡沫比例混合器。

当采用平衡式泡沫比例混合装置时，应符合下列要求：①比例混合器的泡沫液进口压力应大于进口压力，但其压差不应大于 0.2MPa。②比例混合器的泡沫液进口管道上应设单向阀。③当采用水力驱动式泡沫液泵时，可不设置备用泵；采用其他动力源的泡沫液泵时，应设置备用泵且动力源的要求与泡沫泵站的动力源要求相同。④为保证系统使用或试验后用水冲洗干净，不留残液，泡沫液管道上应设冲洗及放空管道。

PHP 型平衡式泡沫比例混合器必须**垂直安装使用**；PHP 平衡式泡沫比例混合器应与消防水泵和泡沫液泵配套使用；当使用 3% 或 6% 型泡沫液时，必须按照泡沫液型号配用，否则比例失调；使用时两只压力表指示的压力值必须相同，才能满足混合比的要求。

五、管线式泡沫比例混合器【S3070505】

管线式泡沫比例混合器的混合比精度通常不高，因此在固定式泡沫灭火系统中很少使用，其主要用于**移动式**泡沫灭火系统，与**泡沫炮**、**泡沫枪**、**泡沫产生器**装配为一体使用。

设置要求主要有以下几点：①在低倍数泡沫灭火系统中，为形成良好的泡沫，要求管线式泡沫比例混合器的出口压力应满足克服混合器的出口至泡沫产生装置这段消防水带的水头损失和泡沫产生装置进口需要的压力。②在高倍数泡沫灭火系统中，使用管线式泡沫比例混合器时应符合下列规定：水的进口压力范围为 0.6 ~ 1.2MPa；水流量范围为 150 ~

900L/min；比例混合器的压力损失可按水进口压力的35%计算。

PHF系列管线式负压比例混合器进口压力应设计保持在0.6~1.2MPa范围内；应配用3%或6%泡沫液；应水平安装使用；该系列比例混合器与高倍数泡沫灭火系统的安装距离不应超过40m。

六、泡沫产生装置【S3070506】

（1）**低倍数泡沫产生器**。低倍数泡沫产生器有**横式**和**竖式**两种，均安装在油罐壁的上部，仅安装形式不同，构造和工作原理是相同的。低倍数泡沫产生器应符合下列规定：①固定顶储罐、按固定顶储罐对待的内浮顶储罐，宜选用立式泡沫产生器。②泡沫产生器进口的工作压力应为其额定值±0.1MPa。③泡沫产生器的空气吸入口及露天的泡沫喷射口，应设置防止异物进入的金属网。④横式泡沫产生器的出口，应设置长度不小于1m的泡沫管。⑤外浮顶储罐上的泡沫产生器，不应设置密封玻璃。

（2）**高背压泡沫产生器**。高背压泡沫产生器是从贮罐内底部液下喷射空气泡沫扑救油罐火灾的主要设备。高背压泡沫产生器应符合下列规定：①进口工作压力应在标定的工作压力范围内。②出口工作压力大于泡沫管道的阻力和罐内液体静压力之和。③发泡倍数不应小于2，且不应大于4。

（3）**高倍数泡沫产生器**应符合下列规定：①在防护区内设置并利用热烟气发泡时，应选用水力驱动型泡沫产生器。②在防护区内固定设置泡沫产生器时，应采用**不锈钢材料**的发泡网。

（4）**中倍数泡沫产生器**。中倍数泡沫产生器分为**吸气型**和**吹气型**两种，吸气型的发泡原理和低倍数泡沫产生器相同，吹气型的发泡原理和高倍数泡沫产生器相同。吸气型泡沫产生器的发泡倍数要低于吹气型的泡沫产生器。该种产泡器目前有固定式和手提式两种。

第八章　干粉灭火系统

第一节　灭火机理

一、干粉灭火剂【S3080101】

干粉灭火剂是由**灭火基料**（如小苏打、碳酸铵、磷酸的铵盐等）和**适量润滑剂**（硬脂酸镁、云母粉、滑石粉等）、**少量防潮剂**（硅胶）混合后共同研磨制成的细小颗粒，是用于灭火的干燥且易于飘散的固体粉末灭火剂。

二、干粉灭火剂的类型【S3080102】

（1）**普通干粉灭火剂**。这类灭火剂可扑救 B 类、C 类、E 类火灾，又称为 BC 干粉灭火剂。属于这类的干粉灭火剂有：①以碳酸氢钠为基料的钠盐干粉灭火剂。②以碳酸氢钾为基料的紫钾干粉灭火剂。③以氯化钾为基料的超级钾盐干粉灭火剂。④以硫酸钾为基料的钾盐干粉灭火剂。⑤以碳酸氢钠和钾盐为基料的混合型干粉灭火剂。⑥以尿素和碳酸氢钠（碳酸氢钾）的反应物为基料的氨基干粉灭火剂（毛耐克斯 Monnex 干粉）。

（2）**多用途干粉灭火剂**。这类灭火剂可扑救 A 类、B 类、C 类、E 类火灾，因而又称为 ABC 干粉灭火剂。属于这类的干粉灭火剂有：①以磷酸盐为基料的干粉灭火剂。②以磷酸铵和硫酸铵混合物为基料的干粉灭火剂。③以聚磷酸铵为基料的干粉灭火剂。

（3）**专用干粉灭火剂**。这类灭火剂可扑救 D 类火灾，又称为 D 类专用干粉灭火剂。属于这类的干粉灭火剂有：石墨类、氯化钠类、碳酸氢钠类。

三、干粉灭火剂注意事项【S3080103】

BC 类与 ABC 类干粉不能兼容。BC 类干粉与蛋白泡沫或者化学泡沫不兼容。对于一些扩散性很强的气体，如氢气、乙炔气体、干粉喷射后难以稀释整个空间的气体，对于**精密仪器**、仪表会留下残渣，用干粉灭火不适用。

四、干粉的灭火机理【S3080104】

干粉在动力气体（氮气、二氧化碳）的推动下射向火焰进行灭火。干粉在灭火过程中，粉雾与火焰接触、混合，发生一系列物理和化学作用，既具有**化学灭火剂**的作用，同时又具有**物理抑制剂**的特点，所以其灭火机理包括**化学抑制**、**隔离**以及**冷却窒息**作用。

第二节　系统的组成和分类

干粉灭火系统的分类【S3080201】

（1）按灭火方式分类：①全淹没干粉灭火系统。②局部应用干粉灭火系统。

（2）按设计情况分类：①设计型干粉灭火系统。②预制型干粉灭火系统。

（3）按系统保护情况分类：①组合分配系统。②单元独立系统。

（4）按驱动气体储存方式分类：①储气式干粉灭火系统。②储压式干粉灭火系统。③燃气式干粉灭火系统。

第三节　系统工作原理及适用范围

一、干粉系统工作原理【S3080301】

（1）**自动控制方式**。保护对象着火后，温度上升达到规定值，探测器发出火灾信号到控制器，然后由控制器打开相应报警设备（如声光及警铃）。当启动机构接收到控制器的启动信号后将启动瓶打开，启动瓶内的氮气通过管道将高压驱动气体瓶组的瓶头阀打开，瓶中的高压驱动气体进入集气管，经过高压阀进入减压阀，减压至规定压力后，通过进气阀进入干粉储罐内，搅动罐中干粉灭火剂，使罐中干粉灭火剂疏松形成便于流动的气粉混合物。当干粉罐内的压力升到规定压力数值时，定压动作机构开始动作，打开干粉罐出口球阀，干粉灭火剂则经过总阀门、选择阀、输粉管和喷嘴向着火对象，或者经喷枪射到着火对象的表面，进行灭火。

（2）**手动控制方式**。手动紧急停止是在系统启动后的延迟时段内发现不需要或不能够实施喷放灭火剂的情况时可采用的一种使系统中止的手段。一旦系统开始喷放灭火剂，手动紧急停止装置便失去了作用。启用紧急停止装置后，虽然系统控制装置停止了后继动作，但干粉储罐增压仍然继续，系统处于蓄势待发的状态，这时仍有可能需要重新启动系统，释放灭火剂。要求做到在使用手动紧急停止装置后，手动启动装置可以再次启动。

二、干粉系统适用范围【S3080302】

干粉灭火系统迅速可靠，适用于火焰蔓延迅速的易燃液体。它造价低，占地小，不冻结，对于无水及寒冷的我国北方地区尤为适宜。适用于灭火前可切断气源的气体火灾、易燃、可燃液体和可熔化固体火灾、可燃固体表面火灾、带电设备火灾。系统不适用范围：火灾中产生含有氧的化学物质、可燃金属、可燃固体深位火灾。

第四节　系统设计参数

一、系统设计参数的一般规定【S3080401】

干粉灭火系统按应用方式可分为全淹没灭火系统和局部应用灭火系统。扑救封闭空间内的火灾应采用全淹没灭火系统；扑救具体保护对象的火灾应采用局部应用灭火系统。

采用**全淹没灭火系统的防护区**，应符合下列规定：①喷放干粉时不能自动关闭的防护区开口，其总面积不应大于该防护区总内表面积的15%，且开口不应设在底面。②防护区的围护结构及门窗的耐火极限不应小于0.50h，吊顶的耐火极限不应小于0.25h；围护结构及门窗的允许压力不宜小于1200Pa。

采用**局部应用灭火系统的保护对象**，应符合下列规定：①保护对象周围的空气流动速度不应大于2m/s。必要时，应采取挡风措施。②在喷头和保护对象之间，喷头喷射角范围内不应有遮挡物。③当保护对象为可燃液体时，液面至容器缘口的距离不得小于150mm。

当防护区或保护对象有可燃气体，易燃、可燃液体供应源时，启动干粉灭火系统之前或同时，必须切断气体、液体的供应源。

可燃气体，易燃、可燃液体和可熔化固体火灾宜采用碳酸氢钠干粉灭火剂；可燃固体表面火灾应采用磷酸铵盐干粉灭火剂。组合分配系统的灭火剂储存量不应小于所需储存量最多的一个防护区或保护对象的储存量。组合分配系统保护的防护区与保护对象之和不得超过8个。当防护区与保护对象之和超过5个时，或者在喷放后48h内不能恢复到正常工作状态时，灭火剂应有备用量。备用量不应小于系统设计的储存量。备用干粉储存容器应与系统管网相连，并能与主用干粉储存容器切换使用。

二、全淹没灭火系统设计参数【S3080402】

全淹没灭火系统设计参数主要有：①全淹没灭火系统的灭火剂设计浓度不得小于0.65kg/m^3。②全淹没灭火系统的干粉喷射时间不应大于30s。③防护区应设泄压口，并宜设在外墙上，其高度应大于防护区净高的2/3。

三、局部应用灭火系统设计【S3080403】

局部应用灭火系统的设计可采用面积法或体积法。当保护对象的着火部位是平面时，宜采用面积法；当采用面积法不能做到使所有表面被完全覆盖时，应采用体积法。室内局部应用灭火系统的干粉喷射时间不应小于30s；室外或有复燃危险的室内局部应用灭火系统的干粉喷射时间不应小于60s。

当采用**面积法**设计时，应符合下列规定：①保护对象计算面积应取被保护表面的垂直投影面积。②架空型喷头应以喷头的出口至保护对象表面的距离确定其干粉输送速率和相应保护面积；槽边型喷头保护面积应由设计选定的干粉输送速率确定。

当采用**体积法**设计时，保护对象的计算体积应采用假定的封闭罩的体积。封闭罩的底应是实际底面；封闭罩的侧面及顶部当无实际围护结构时，它们至保护对象外缘的距离不应小于1.5m。

四、预制灭火装置设计要求【S3080404】

预制灭火装置应符合下列规定：①灭火剂储存量不得大于150kg。②管道长度不得大于20m。③工作压力不得大于2.5MPa。一个防护区或保护对象宜用**一套预制灭火装置保护**。一个防护区或保护对象所用预制灭火装置最多不得超过4套，并应**同时启动**，其动作响应时间差不得大于2s。

第五节 系统组件及设置要求

一、干粉系统组件【S3080501】

储存装置宜由**干粉储存容器**、**容器阀**、**安全泄压装置**、**驱动气体储瓶**、**瓶头阀**、**集流管**、**减压阀**、**压力报警**及**控制装置**等组成。**干粉储存容器**设计压力可取1.6MPa或2.5MPa压力级；其干粉灭火剂的装量系数不应大于0.85；其增压时间不应大于30s。驱动气体应选用惰性气体，宜选用氮气；二氧化碳含水率不应大于0.015%（m/m），其他气体含水率不得大于0.006%（m/m）；驱动压力不得大于干粉储存容器的最高工作压力。储存装置的布置应方便检查和维护，并宜**避免阳光直射**，其环境温度应为-20~50℃。储存装置宜设在专用的储存装置间内。**专用储存装置间**的设置应符合下列规定：应靠近防护区，出口应直接通向室外或疏散通道；耐火等级不应低于二级；宜保持干燥和良好通风，并应设应急照明。当采取**防湿**、**防冻**、**防火**等措施后，局部应用灭火系统的储存装置可设置在固定的安全围栏内。

二、干粉系统设置要求【S3080502】

驱动气体管道连接必须牢固，每安装一段管道就应吹扫一次，保证管内干净。在减压阀前，要经过**过滤网**。干粉灭火剂须按规定的品种和数量灌装，灌装最好在晴天，避免在阴雨天操作，并应一次装完，立即**密封**。喷头的工作压力一般在$(0.5\sim7)\times10^4$Pa之间。全淹没系统喷头应均匀分布，喷头间距不大于2.25m，喷头与墙的距离不大于1m，每个喷头的保护容积不大于$14m^3$。

BC类干粉中较成熟和经济的是碳酸氢钠干粉，故扑灭BC类火灾推荐采用碳酸氢钠干粉；ABC类干粉固然也能扑灭BC类火灾，但不经济，故不推荐用ABC类干粉扑灭BC类火灾。扑灭A类火灾只能用ABC类干粉，其中较成熟和经济的是磷酸铵盐干粉，所以扑灭A类火灾推荐采用磷酸铵盐干粉。

第九章　火灾自动报警系统

第一节　火灾探测器、手动火灾报警按钮和系统分类

一、火灾探测器分类【S3090101】

（1）根据**探测火灾特征参数**分类：①**感温**火灾探测器：响应异常温度、温升速率和温差变化等参数的探测器。②**感烟**火灾探测器：响应悬浮在大气中的燃烧和/或热解产生的固体或液体微粒的探测器，进一步可分为离子感烟、光电感烟、红外光束、吸气型等。③**感光**火灾探测器：响应火焰发出的特定波段电磁辐射的探测器，又称火焰探测器，进一步可分为紫外、红外及复合式等类型。④**气体**火灾探测器：响应燃烧或热解产生的气体的火灾探测器。⑤**复合**火灾探测器：又可分为烟温复合、红外紫外复合等火灾探测器。

（2）根据**监视范围**分类：①**点型**火灾探测器：响应一个小型传感器附近的火灾特征参数的探测器。②**线型**火灾探测器：响应某一连续路线附近的火灾特征参数的探测器。

此外，还有一种多点型火灾探测器：响应多个小型传感器（例如热电偶）附近的火灾特征参数的探测器。

（3）根据其**是否具有复位（恢复）功能**分类：①**可复位**探测器；②**不可复位**探测器。

（4）根据其**是否具有可拆卸性**分类：①**可拆卸**探测器；②**不可拆卸**探测器。

二、手动火灾报警按钮的分类【S3090102】

手动火灾报警按钮是火灾自动报警系统中不可缺少的一种手动触发器件，它通过手动操作报警按钮的启动机构向火灾报警控制器发出火灾报警信号。

手动火灾报警按钮按**编码方式**分为**编码型**报警按钮与**非编码型**报警按钮。

三、火灾自动报警系统分类及适用范围【S3090103】

火灾自动报警系统适用于人员居住和经常有人滞留的场所、存放重要物资或燃烧后产生严重污染需要及时报警的场所。火灾自动报警系统根据保护对象及设立的消防安全目标不同分为：①**区域报警系统**由火灾探测器、手动火灾报警按钮、火灾声光警报器及火灾报警控制器等组成，系统中可包括消防控制室图形显示装置和指示楼层的区域显示器。适用于仅需要报警，不需要联动自动消防设备的保护对象。②**集中报警系统**适用于具有联动要求的保护对象。③**控制中心报警系统**一般适用于建筑群或体量很大的保护对象，这些保护对象中可能设置几个消防控制室，也可能由于分期建设而采用了不同企业的产品或同一企业不同系列的产品，或由于系统容量限制而设置了多个起集中作用的火灾报警控制器等情况。

第二节 系统组成、工作原理和适用范围

一、火灾自动报警系统的组成【S3090201】

(1) **火灾探测报警系统**的组成主要有：①**触发器件**。主要包括火灾探测器和手动火灾报警按钮。②**火灾报警装置**。③**火灾警报装置**。④**电源**。火灾自动报警系统属于消防用电设备，主电源应当采用消防电源，备用电源可采用蓄电池。

(2) **消防联动控制系统**。消防联动控制系统由**消防联动控制器**、**消防控制室图形显示装置**、**消防电气控制装置**（防火卷帘控制器、气体灭火控制器等）、**消防电动装置**、**消防联动模块**、**消火栓按钮**、**消防应急广播设备**、**消防电话**等设备和组件组成。

二、火灾自动报警系统工作原理【S3090202】

火灾发生时，安装在保护区域现场的**火灾探测器**，将火灾产生的烟雾、热量和光辐射等火灾特征参数转变为电信号，经数据处理后，将火灾特征参数信息传输至**火灾报警控制器**；或直接由火灾探测器做出火灾报警判断，将报警信息传输到火灾报警控制器。火灾报警控制器在接收到探测器的火灾特征参数信息或报警信息后，经报警确认判断，**显示报警探测器的部位**，记录报警的时间。处于火灾现场的人员，在发现火灾后可立即触动安装在现场的手动火灾报警按钮，将报警信息传输到火灾报警控制器，接收到报警信息后，经报警确认判断，显示动作的手动报警按钮的部位，记录报警的时间。火灾报警控制器在确认火灾探测器和手动火灾报警按钮的报警信息后，驱动安装在被保护区域现场的火灾警报装置，发出火灾警报，向处于被保护区域内的人员警示火灾的发生。

火灾发生时，**火灾探测器**和**手动火灾报警按钮**的报警信号等联动触发信号传输至**消防联动控制器**，消防联动控制器按照预设的逻辑关系对接收到的触发信号进行识别判断，在满足逻辑关系条件时，消防联动控制器按照预设的控制时序启动相应**自动消防系统**（设施），实现预设的消防功能；消防控制室的消防管理人员也可以通过操作消防联动控制器的手动控制盘直接启动相应的消防系统（设施），从而实现相应消防系统（设施）预设的消防功能。消防联动控制接收并显示消防系统（设施）动作的反馈信息。

第三节 系统设计要求

一、系统形式选择与设计要求【S3090301】

(1) **火灾自动报警系统形式的选择**主要满足以下几点：①仅需要报警，不需要联动自动消防设备的保护对象宜采用区域报警系统。②不仅需要报警，同时需要联动自动消防设备，且只需设置一台具有集中控制功能的火灾报警控制器和消防联动控制器的保护对象，应采用集中报警系统，并应设置一个消防控制室。③设置两个及两个以上消防控制室的保护对象，或已设置两个及两个以上集中报警系统的保护对象，应采用控制中心报警系统。

(2) **火灾自动报警系统的设计**应满足以下要求：

1）区域报警系统的设计要求如下：①系统应由火灾探测器、手动火灾报警按钮、火灾声光警报器以及火灾报警控制器等组成，系统中可包括消防控制室图形显示装置和指示楼层的区域显示器。②火灾报警控制器应设置在有人员值班的场所。③系统设置消防控制室图形显示装置时，该装置应具有传输有关信息的功能；系统未设置消防控制室图形显示装置时，应设置火警传输设备。

2）集中报警系统的设计要求：①系统应由火灾探测器、手动火灾报警按钮、火灾声光警报器、消防应急广播、消防专用电话、消防控制室图形显示装置、火灾报警控制器、消防联动控制器等组成。②系统中的火灾报警控制器、消防联动控制器和消防控制室图形显示装置、消防应急广播的控制装置、消防专用电话总机等起到集中控制作用的消防设备，均应设置在消防控制室内。

3）控制中心报警系统的设计应符合以下几个要求：①有两个及两个以上消防控制室时，应确定其中一个为主消防控制室。②主消防控制室应能显示所有火灾报警信号和联动控制状态信号，并应能控制重要的消防设备；各分消防控制室内的消防设备之间可以互相传输并显示状态信息，但不应互相控制。

（3）**报警区域和探测区域的划分**要求如下：

1）**报警区域**的划分。报警区域应根据防火分区或楼层划分可将一个防火分区或一个楼层划分为一个报警区域，也可将发生火灾时需要同时联动消防设备的相邻几个防火分区或楼层划分为一个报警区域；电缆隧道的一个报警区域宜由一个封闭长度区间组成，一个报警区域不应超过相连的三个封闭长度区间；道路隧道的报警区域应根据排烟系统或灭火系统的联动需要确定，且不宜超过150m；甲、乙、丙类液体储罐区的报警区域应由一个储罐区组成，每个50000m^3及以上的外浮顶储罐应单独划分为一个报警区域。

2）**探测区域**的划分。探测区域应按独立房（套）间划分。一个探测区域的面积不宜超过500m^2；从主要入口能看清其内部，且面积不超过1000m^2的房间，也可划为一个探测区域；红外光束感烟火灾探测器和缆式线型感温火灾探测器的探测区域的长度，不宜超过100m；空气管差温火灾探测器的探测区域长度宜为20～100m。

下列场所应单独划分探测区域：①敞开或封闭楼梯间、防烟楼梯间。②防烟楼梯间前室、消防电梯前室、消防电梯与防烟楼梯间合用的前室、走道、坡道。③电气管道井、通信管道井、电缆隧道。④建筑物闷顶、夹层。

二、火灾探测器选择的一般规定【S3090302】

在选择火灾探测器时，要根据探测区域内可能发生的**初期火灾的形成和发展特征**、**房间高度**、**环境条件**以及**可能引起误报的原因**等因素来决定。

对火灾初期有阴燃阶段产生大量的烟和少量的热，很少或没有火焰辐射的场所，应选择感烟火灾探测器。对火灾发展迅速，可产生大量热、烟和火焰辐射的场所，可选择**感温**火灾探测器、**感烟**火灾探测器、**火焰**探测器或其组合。对火灾发展迅速，有强烈的火焰辐射和少量的烟、热的场所，应选择火焰探测器。对火灾初期有阴燃阶段，且需要早期探测的场所，宜增设一氧化碳火灾探测器。对使用、生产可燃气体或可燃蒸汽的场所，应选择**可燃气体探测器**。应根据保护场所可能发生火灾的部位和燃烧材料的分析，并根据火灾探测器的类型、灵敏度和响应时间等选择相应的火灾探测器，对火灾形成特征不可预料的场所，可根据模拟试验的结果选择火灾探测器。同一探测区域内设置多个火灾探测器时，可选择具有复合判断火灾功能的火灾探测器和火灾报警控制器。

三、点型火灾探测器的选择【S3090303】

（1）对不同高度的房间，可按《消防安全技术实务》表 3-9-2 选择点型火灾探测器。

（2）下列场所宜选择**点型感烟火灾探测器**：饭店、旅馆、教学楼、办公楼的厅堂、卧室、办公室、商场等；计算机房、通信机房、电影或电视放映室等；楼梯、走道、电梯机房、车库等；书库、档案库等。

（3）符合下列条件之一的场所，**不宜选择点型离子感烟火灾探测器**：相对湿度经常大于 95%；气流速度大于 5m/s；有大量粉尘、水雾滞留；可能产生腐蚀性气体；在正常情况下有烟滞留；产生醇类、醚类、酮类等有机物质。

（4）符合下列条件之一的场所，**不宜选择点型光电感烟**火灾探测器：有大量粉尘、水雾滞留；可能产生蒸汽和油雾；高海拔地区；在正常情况下有烟滞留等。

（5）符合下列条件之一的场所，宜选择**点型感温火灾探测器**；且应根据使用场所的典型应用温度和最高应用温度选择适当类别的感温火灾探测器：①相对湿度经常大于 95%。②可能发生无烟火灾。③有大量粉尘。④吸烟室等在正常情况下有烟或蒸汽滞留的场所。⑤厨房、锅炉房、发电机房、烘干车间等不宜安装感烟火灾探测器的场所。⑥需要联动熄灭“安全出口”标志灯的安全出口内侧。⑦其他无人滞留、且不适合安装感烟火灾探测器，但发生火灾时需要及时报警的场所。

（6）可能产生阴燃或发生火灾不及时报警将造成重大损失的场所，不宜选择点型感温火灾探测器；温度在 0℃以下的场所，不宜选择定温探测器；温度变化较大的场所，不宜选择具有差温特性的探测器。

（7）符合下列条件之一的场所，宜选择**点型火焰探测器**或**图像型火焰探测器**：火灾时有强烈的火焰辐射；可能发生液体燃烧等无阴燃阶段的火灾；需要对火焰做出快速反应。

（8）符合下列条件之一的场所，不宜选择点型火焰探测器和图像型火焰探测器：在火焰出现前有浓烟扩散；探测器的镜头易被污染；探测器的“视线”易被油雾、烟雾、水雾和冰雪遮挡；探测区域内的可燃物是金属和无机物；探测器易受阳光、白炽灯等光源直接或间接照射。

（9）探测区域内正常情况下有高温物体的场所，不宜选择单波段红外火焰探测器。

（10）正常情况下有阳光、明火作业，探测器易受 X 射线、弧光和闪电等影响的场所，不宜选择紫外火焰探测器。

（11）下列场所宜选择**可燃气体探测器**：使用可燃气体的场所；燃气站和燃气表房以及存储液化石油气罐的场所；其他散发可燃气体和可燃蒸气的场所。

（12）在火灾初期产生一氧化碳的下列场所可选择**点型一氧化碳火灾探测器**：烟雾不容易对流或顶棚下方有热屏障的场所；在棚顶上无法安装其他点型火灾探测器的场所；需要多信号复合报警的场所。

（13）污物较多且必须安装**感烟火灾探测器**的场所，应选择间断吸气的点型采样吸气式感烟火灾探测器或具有过滤网和管路自清洗功能的管路采样吸气式感烟火灾探测器。

四、线型火灾探测器的选择要求【S3090304】

①无遮挡的大空间或有特殊要求的房间，宜选择线型光束感烟火灾探测器。②符合下列条件之一的场所，**不宜选择线型光束感烟火灾探测器**：有大量粉尘、水雾滞留；可能产生蒸汽和油雾；在正常情况下有烟滞留；固定探测器的建筑结构由于振动等原因会产生较大位移的场所。③下列场所或部位，宜选择**缆式线型感温火灾探测器**：电缆隧道、电缆竖井、电缆夹层、电缆桥架；不易安装点型探测器的夹层、闷顶；各种皮带输送装置；其他环境恶劣不适合点型探测器安装的场所。④下列场所或部位，宜选择**线型光纤感温火灾探测器**：除液化石油气外的石油储罐；需要设置线型感温火灾探测器的易燃易爆场所；需要监测环境温度的地下空间等场所宜设置具有实时温度监测功能的线型光纤感温火灾探测器；公路隧道、敷设动力电缆的铁路隧道和城市地铁隧道等。⑤**线型定温火灾探测器**的选择，应保证其不动作温度符合设置场所的最高环境温度的要求。

五、吸气式感烟火灾探测器的选择【S3090305】

下列场所宜选择**吸气式感烟火灾探测器**：具有高速气流的场所；大空间、舞台上方、建筑高度超过 12m 或有特殊要求的场所；低温场所；需要进行隐蔽探测的场所；需要进行火灾早期探测的重要场所；人员不宜进入的场所。灰尘比较大的场所，不应选择没有过滤网和管路自清洗功能的管路采样式吸气感烟火灾探测器。

六、系统设备的设计及设置【S3090306】

（1）**火灾报警控制器**和**消防联动控制器**的**设计容量**具体规定如下：①火灾报警控制器的设计容量。任意一台火灾报警控制器所连接的火灾探测器、手动火灾报警按钮和模块等设备总数和地址总数，均不应超过 3200 点，其中每一总线回路联结设备的总数不宜超过 200 点，且应留有不少于额定容量 10% 的余量。②消防联动控制器的设计容量。任意一台消防联动控制器地址总数或火灾报警控制器（联动型）所控制的各类模块总数不应超过 1600 点，每一联动总线回路联结设备的总数不宜超过 100 点，且应留有不少于额定容量 10% 的余量。

（2）**总线短路隔离器的设计参数**。系统总线上应设置总线短路隔离器，每只总线短路隔离器保护的火灾探测器、手动火灾报警按钮和模块等消防设备的总数不应超过 32 点；总线穿越防火分区时，应在穿越处设置总线短路隔离器。

（3）**火灾报警控制器**和**消防联动控制器的设置**。火灾报警控制器和消防联动控制器，应设置在消防控制室内或有人员值班的房间和场所。火灾报警控制器和消防联动控制器安装在墙上时，其主显示屏高度宜为 1.5 ~ 1.8m，其靠近门轴的侧面距墙不应小于 0.5m，正面操作距离不应小于 1.2m。集中报警系统和控制中心报警系统中的区域火灾报警控制器在满足下列条件时，可设置在无人员值班的场所：①本区域内无需要手动控制的消防联动设备。②本区域火灾报警控制器的所有信息在集中火灾报警控制器上均有显示，且能接收集中火灾报警控制器的联动控制信号，并自动启动相应的消防设备。③设置的场所只有值班人员可以进入。

（4）**火灾探测器的设置**具体要求如下：

1）点型感烟感温火灾探测器的**安装间距**要求：①在宽度小于3m的内走道顶棚上设置点型探测器时，宜居中布置。感温火灾探测器的安装间距不应超过10m；感烟火灾探测器的安装间距不应超过15m；探测器至端墙的距离，不应大于探测器安装间距的1/2。②点型探测器至墙壁、梁边的水平距离，不应小于0.5m。③点型探测器周围0.5m内，不应有遮挡物。④点型探测器至空调送风口边的水平距离不应小于1.5m，并宜接近回风口安装。探测器至多孔送风顶棚孔口的水平距离不应小于0.5m。

2）点型感烟、感温火灾探测器的**设置数量**要求如下：①探测区域的每个房间应至少设置一只火灾探测器。②锯齿型屋顶和坡度大于15°的人字形屋顶，应在每个屋脊处设置一排点型探测器。③房间被书架、设备或隔断等分隔，其顶部至顶棚或梁的距离小于房间净高的5%时，每个被隔开的部分应至少安装一只点型探测器。

3）**火焰探测器**和**图像型火灾探测器**的设置要求如下：①应考虑探测器的探测视角及最大探测距离，可通过选择探测距离长、火灾报警响应时间短的火焰探测器，提高保护面积要求和报警时间要求。②探测器的探测视角内不应存在遮挡物。③应避免光源直接照射在探测器的探测窗口。④单波段的火焰探测器不应设置在平时有阳光、白炽灯等光源直接或间接照射的场所。

4）**线型光束感烟火灾探测器**的设置：①探测器的光束轴线至顶棚的垂直距离宜为0.3～1.0m，距地高度不宜超过20m。②相邻两组探测器的水平距离不应大于14m，探测器至侧墙水平距离不应大于7m，且不应小于0.5m，探测器的发射器和接收器之间的距离不宜超过100m。③探测器应设置在固定结构上。④探测器的设置应保证其接收端避开日光和人工光源的直接照射。⑤选择反射式探测器时，应保证在反射板与探测器之间任何部位进行模拟试验时，探测器均能正确响应。

5）**线型感温火灾探测器**的设置：①探测器在保护电缆、堆垛等类似保护对象时，应采用接触式布置；在各种皮带输送装置上设置时，宜设置在装置的过热点附近。②设置在顶棚下方的线型感温火灾探测器，至顶棚的距离宜为0.1m。探测器的保护半径应符合点型感温火灾探测器的保护半径要求；探测器至墙壁的距离宜为1～1.5m。③光栅光纤感温火灾探测器每个光栅的保护面积和保护半径，应符合点型感温火灾探测器的保护面积和保护半径要求。④设置线型感温火灾探测器的场所有联动要求时，宜采用两只不同火灾探测器的报警信号组合。⑤与线型感温火灾探测器连接的模块不宜设置在长期潮湿或温度变化较大的场所。

6）**管路采样式吸气感烟火灾探测器**的设置要求如下：①非高灵敏型探测器的采样管网安装高度不应超过16m；高灵敏型探测器的采样管网安装高度可超过16m；采样管网安装高度超过16m时，灵敏度可调的探测器应设置为高灵敏度，且应减小采样管长度和采样孔数量。②探测器的每个采样孔的保护面积、保护半径，应符合点型感烟火灾探测器的保护面积、保护半径的要求。③一个探测单元的采样管总长不宜超过200m，单管长度不宜超过100m，同一根采样管不应穿越防火分区。采样孔总数不宜超过100个，单管上的采样孔数量不宜超过25个。④当采样管道采用毛细管布置方式时，毛细管长度不宜超过4m。⑤吸气管路和采样孔应有明显的火灾探测器标识。⑥在设置过梁、空间支架的建筑中，采样管路应固定在过梁、空间支架上。⑦当采样管道布置形式为垂直采样时，每2℃温差间隔或3m间隔（取最小者）应设置一个采样孔，采样孔不应背对气流方向。⑧采样管网应按确认的设计软件或方法进行设计。⑨探测器的火灾报警信号、故障信号等信息应传给火灾报警控制器，涉及消防联动控制时，探测器的火灾报警信号还应传给消防联动控制器。

7）其他说明：①镂空面积与总面积的比例不大于15%时，应设置在吊顶下方。②镂空面积与总面积的比例大于30%时，应设置在吊顶上方。③镂空面积与总面积的比例为15%～30%时，设置部位应根据实际试验结果确定。④探测器设置在吊顶上方且火警确认灯无法观察到时，应在吊顶下方设置火警确认灯。⑤地铁站台等有活塞风影响的场所，镂空面积与总面积的比例为30%～70%时，探测器宜同时设置在吊顶上方和下方。

（5）**手动火灾报警按钮的设置**具体要求如下：①每个防火分区应至少设置一只手动火灾报警按钮。从一个防火分区内的任何位置到最邻近的手动火灾报警按钮的步行距离不应大于30m。②手动火灾报警按钮宜设置在疏散通道或出入口处。列车上设置的手动火灾报警按钮，应设置在每节车厢的出入口和中间部位。手动火灾报警按钮应设置在明显和便于操作的部位。当安装在墙上时，其底边距地高度宜为1.3～1.5m，且应有明显的标志。

（6）**区域显示器（火灾显示盘）的设置**具体要求如下：每个报警区域宜设置一台区域显示器（火灾显示盘）；宾馆、饭店等场所应在每个报警区域设置一台区域显示器。当一个报警区域包括多个楼层时，宜在每个楼层设置一台仅显示本楼层的区域显示器。区域显示器应设置在出入口等明显和便于操作的部位。当安装在墙上时，其底边距地面高度宜为1.3～1.5m。

（7）**火灾警报器的设置**。火灾警报器应设置在每个楼层的楼梯口、消防电梯前室、建筑内部拐角等处的明显部位，且不宜与安全出口指示标志灯具设置在同一面墙上。每个报警区域内应均匀设置火灾警报器，其声压级不应小于60dB；在环境噪声大于60dB的场所，其声压级应高于背景噪声15dB。设置在墙上时，其底边距地面高度应大于2.2m。

（8）**消防应急广播的设置**。民用建筑内扬声器应设置在走道和大厅等公共场所。每个扬声器的额定功率不应小于3W，其数量应能保证从一个防火分区内的任何部位到最近一个扬声器的直线距离不大于25m，走道末端距最近的扬声器距离不应大于12.5m；在环境噪声大于60dB的场所设置的扬声器，在其播放范围内最远点的播放声压级应高于背景噪声15dB；客房设置专用扬声器时，其功率不宜小于1.0W。壁挂扬声器的底边距地面高度应大于2.2m。

（9）**消防专用电话的设置**。消防专用电话网络应为独立的消防通信系统。消防控制室应设置消防专用电话总机。多线制消防专用电话系统中的每个电话分机应与总机单独连接。电话分机或电话插孔的设置，应符合下列规定：①消防水泵房、发电机房、配变电室、计算机网络机房、主要通风和空调机房、防排烟机房、灭火控制系统操作装置处或控制室、企业消防站、消防值班室、总调度室、消防电梯机房及其他与消防联动控制有关且经常有人值班的机房均应设置消防专用电话分机。消防专用电话分机，应固定安装在明显且便于使用的部位，并应有区别于普通电话的标识。②设有手动火灾报警按钮或消火栓按钮等处，宜设置电话插孔，并宜选择带有电话插孔的手动火灾报警按钮。③各避难层应每隔 20m 设置一个消防专用电话分机或电话插孔。④电话插孔在墙上安装时，其底边距地面高度宜为 1.3～1.5m。⑤消防控制室、消防值班室或企业消防站等处，应设置可直接报警的外线电话。

(10) **模块的设置**。每个报警区域内的模块宜相对集中设置在本报警区域内的金属模块箱中。严禁将模块设置在配电（控制）柜（箱）内。本报警区域内的模块不应控制其他报警区域的设备。未集中设置的模块附近应有尺寸不小于 10cm×10cm 的标识。

(11) **消防控制室图形显示装置的设置**。

(12) **火灾报警传输设备或用户信息传输装置的设置**。

(13) **防火门监控器的设置**。防火门监控器应设置在消防控制室内，未设置消防控制室时，应设置在有人员值班的场所。电动开门器的手动控制按钮应设置在防火门内侧墙面上，距门不宜超过 0.5m，底边距地面高度宜为 0.9～1.3m。防火门监控器的设置应符合火灾报警控制器的安装设置要求。

七、布线设计要求【S3090307】

火灾自动报警系统的布线包括供电线路、信号传输线路和控制线路。

(1) **布线设计的一般规定**如下：火灾自动报警系统的传输线路和 50V 以下供电的控制线路，应采用电压等级不低于交流 300/500V 的铜芯绝缘导线或铜芯电缆。采用交流 220/380V 的供电和控制线路，应采用电压等级不低于交流 450/750V 的铜芯绝缘导线或铜芯电缆。供电线路和传输线路设置在室外时，**应埋地敷设**。火灾自动报警系统的供电线路和传输线路设置在地（水）下隧道或湿度大于 90% 的场所时，线路及接线处**应做防水处理**。采用无线通信方式的系统设计，应符合下列规定：①无线通信模块的设置间距不应大于额定通信距离的 75%。②无线通信模块应设置在**明显部位**，且应有明显标识。

(2) **室内布线设计**具体要求如下：火灾自动报警系统的传输线路应采用**金属管**、**可挠（金属）电气导管**、**B1 级以上的钢性塑料管**或**封闭式线槽**保护。火灾自动报警系统的供电线路、消防联动控制线路应采用耐火铜芯电线电缆，报警总线、消防应急广播和消防专用电话等传输线路应采用阻燃或阻燃耐火电线电缆。线路暗敷设时，宜采用金属管、可挠（金属）电气导管或 B1 级以上的刚性塑料管保护，并应敷设在不燃烧体的结构层内，且保护层厚度不宜小于 30mm；线路明敷设时，应采用金属管、可挠（金属）电气导管或金属封闭线槽保护。矿物绝缘类不燃性电缆可明敷。

火灾自动报警系统用的电缆竖井，宜与电力、照明用的低压配电线路电缆竖井分别设置。如受条件限制必须合用时，应将火灾自动报警系统用的电缆和电力、照明用的低压配电线路电缆分别布置在竖井的两侧。不同电压等级的线缆不应穿入同一根保护管内，当合用同一线槽时，线槽内**应有隔板分隔**。采用穿管水平敷设时，除报警总线外，不同防火分区的线路不应穿入同一根管内。从接线盒、线槽等处引到探测器底座盒、控制设备盒、扬声器箱的线路，均应加金属保护管保护。火灾探测器的传输线路，宜选择不同颜色的绝缘导线或电缆。正极“+”线应为**红色**，负极“-”线应为**蓝色**或**黑色**。同一工程中相同用途导线的颜色应一致，接线端子应有标号。

八、消防联动控制设计的一般规定【S3090308】

在火灾报警后经**逻辑确认**（或**人工确认**），消防联动控制器应在3s内按设定的控制逻辑准确发出联动控制信号给相应的消防设备，当消防设备动作后将动作信号反馈给消防控制室并显示。消防联动控制器的电压控制输出应采用直流24V，其电源容量应满足受控消防设备同时启动且维持工作的控制容量要求，当供电线路压降超过5%时，其直流24V电源应由现场提供。消防**水泵**、**防烟**和**排烟风机**的控制设备，除应采用联动控制方式外，还应在消防控制室火灾报警控制器（联动型）或消防联动控制器的手动控制盘采用**直接手动控制**，手动控制盘上的启停按钮应与消防水泵、防烟和排烟风机的控制箱（柜）直接用控制线或控制电缆连接。需要火灾自动报警系统联动控制的消防设备，其联动触发信号应采用两个报警触发装置报警信号的“与”逻辑组合。

九、自动喷水灭火系统的联动控制设计【S3090309】

（1）**湿式系统**和**干式系统**具体要求：①湿式报警阀**压力开关**的动作信号作为系统启动的联动触发信号，直接控制启动喷淋消防泵，系统的**联动控制**不受消防联动控制器处于自动或手动状态影响。②湿式系统和干式系统的**手动控制**设计将喷淋消防泵控制箱（柜）的启动、停止按钮用专用线路直接连接至设置在消防控制室内的消防联动控制器的手动控制盘上，直接手动控制喷淋消防泵的启动与停止。③水流指示器、信号阀、压力开关、喷淋消防泵的启动和停止的动作信号应反馈至消防联动控制器。

（2）**预作用系统**具体要求如下：①由同一报警区域内两只及两只以上独立的感烟火灾探测器或一只感烟火灾探测器与一只手动火灾报警按钮的报警信号（“与”逻辑），作为预作用阀组开启的联动触发信号。消防联动控制器在接收到满足逻辑关系的联动触发信号后，**联动控制**预作用阀组的开启，使系统转变为湿式系统；当系统设有快速排气装置时，同时联动控制排气阀前的电动阀的开启。湿式系统的联动控制设计应符合第（1）条的规定。②预作用系统的手动控制设计。将喷淋消防泵控制箱（柜）的启动和停止按钮、预作用阀组和快速排气阀入口前的电动阀的启动和停止按钮，用专用线路直接连接至设置在消防控制室内的消防联动控制器的手动控制盘上，直接手动控制喷淋消防泵的启动、停止及预作用阀组和电动阀的开启。③水流指示器、信号阀、压力开关、喷淋消防泵的启动和停止的动作信号，有压气体管道气压状态信号和快速排气阀入口前电动阀的动作信号应反馈至消防联动控制器。

（3）**雨淋系统**具体要求如下：①由同一报警区域内两只及两只以上独立的感烟火灾探测器或一只感烟火灾探测器与一只手动火灾报警按钮的报警信号（“与”逻辑），作为雨淋阀组开启的联动触发信号。消防联动控制器在接收到满足逻辑关系的联动触发信号后，**联动控制**雨淋阀组的开启。②将雨淋消防泵控制箱（柜）的启动和停止按钮、雨淋阀组的启动和停止按钮，用专用线路直接连接至设置在消防控制室内的消防联动控制器的手动控制盘上，直接**手动控制**雨淋消防泵的启动、停止及雨淋阀组的开启。③水流指示器，压力开关，雨淋阀组、雨淋消防泵的启动和停止的动作信号应反馈至消防联动控制器。

（4）**自动控制的水幕系统**具体要求如下：①自动控制的水幕系统用于防火卷帘的保护

时，由防火卷帘下落到楼板面的动作信号与本报警区域内任一火灾探测器或手动火灾报警按钮的报警信号（“与”逻辑）作为水幕阀组启动的联动触发信号，消防联动控制器在接收到满足逻辑关系的联动触发信号后，**联动控制**水幕系统相关控制阀组的启动。仅用水幕系统作为防火分隔时，由该报警区域内两只独立的感温火灾探测器的火灾报警信号（“与”逻辑）作为水幕阀组启动的联动触发信号，在联动触发信号的逻辑关系满足后，由消防联动控制器联动控制水幕系统相关控制阀组的启动。②将水幕系统相关控制阀组和消防泵控制箱（柜）的启动、停止按钮用专用线路直接连接至设置在消防控制室内的消防联动控制器的手动控制盘上，直接**手动控制**消防泵的启动、停止及水幕系统相关控制阀组的开启。③压力开关、水幕系统相关控制阀组和消防泵的启动、停止的动作信号，应反馈至消防联动控制器。

十、消火栓系统的联动与手动控制设计要求【S3090310】

（1）**消火栓系统的联动控制设计**具体要求有：①消火栓系统出水干管上设置的低压压力开关、高位消防水箱出水管上设置的流量开关或报警阀压力开关等信号作为触发信号，直接控制启动消火栓泵，消火栓泵的联动控制不受消防联动控制器处于自动或手动状态影响。②当建筑内设置火灾自动报警系统时，消火栓按钮的动作信号作为报警信号及启动消火栓泵的联动触发信号，消防联动控制器在接收到满足逻辑关系的联动触发信号后，联动控制消火栓泵的启动。

（2）**消火栓系统的手动控制设计**。将消火栓泵控制箱（柜）的启动、停止按钮用专用线路直接连接至设置在消防控制室内的消防联动控制器的手动控制盘上，直接手动控制消火栓泵的启动与停止。

（3）**消火栓泵的动作信号应反馈至消防联动控制器**。

十一、气体（泡沫）灭火系统的联动控制设计【S3090311】

（1）**气体（泡沫）灭火系统的联动控制设计**。气体（泡沫）灭火系统应由专用的气体（泡沫）灭火控制器控制。在防护区域内设有手动与自动控制转换装置的系统，其手动或自动控制方式的工作状态应在防护区内、外的手动、自动控制状态显示装置上显示，该状态信号应反馈至消防联动控制器。气体（泡沫）灭火控制器直接连接火灾探测器时，气体（泡沫）灭火系统的联动控制设计应符合下列要求：

1）由同一防护区域内**两只独立的火灾探测器的报警信号**、**一只火灾探测器与一只手动火灾报警按钮的报警信号**或**防护区外的紧急启动信号**作为系统的联动触发信号，探测器的组合宜采用**感烟火灾探测器**和**感温火灾探测器**，各类探测器应按规定分别计算保护面积。

2）任一防护区域内设置的感烟火灾探测器、其他类型火灾探测器或手动火灾报警按钮的首次报警信号作为系统的首个联动触发信号，气体（泡沫）灭火控制器在接收到首个联动触发信号后，启动设置在该防护区内的**火灾声光警报器**。

3）同一防护区域内与首次报警的火灾探测器或手动火灾报警按钮相邻的感温火灾探测器、火焰探测器或手动火灾报警按钮的报警信号作为系统的后续联动触发信号，气体（泡沫）灭火控制器在接收到后续联动触发信号后，执行以下联动操作：①关闭防护区域的送、排风机及送排风阀门。②停止通风和空气调节系统及关闭设置在该防护区域的电动防火阀。③联动控制防护区域开口封闭装置的启动，包括关闭防护区域的门、窗。④启动气体（泡沫）灭火装置，气体（泡沫）灭火控制器可设定不大于30s的延迟喷射时间。

4）平时无人工作的防护区，可设置为无延迟的喷射，气体（泡沫）灭火控制器在接收到满足联动逻辑关系的首个联动触发信号后，执行以下联动操作：①关闭防护区域的送、排风机及送排风阀门。②停止通风和空气调节系统及关闭设置在该防护区域的电动防火阀。③联动控制防护区域开口封闭装置的启动，包括关闭防护区域的门、窗。在接收到满足联动逻辑关系的后续联动触发信号后，启动气体（泡沫）灭火装置。

5）气体灭火防护区出口外上方应设置表示气体喷洒的火灾声光警报器，指示气体释放的声信号应与该保护对象中设置的火灾声警报器的声信号有明显区别。启动气体（泡沫）灭火装置的同时，应启动设置在防护区入口处表示气体喷洒的火灾声光警报器；组合分配系统应首先开启相应防护区域的选择阀，然后启动气体（泡沫）灭火装置。气体（泡沫）灭火控制器不直接连接火灾探测器时，气体（泡沫）灭火系统的联动触发信号应由火灾报警控制器或消防联动控制器发出；联动触发信号和联动控制均应符合上述要求。

（2）**气体（泡沫）灭火系统的手动控制设计**要求如下：

1）在防护区疏散出口的门外应设置气体（泡沫）灭火装置的手动启动和停止按钮。**手动启动按钮按下时**，气体（泡沫）灭火控制器应执行以下联动操作：①关闭防护区域的送、排风机及送排风阀门。②停止通风和空气调节系统及关闭设置在该防护区域的电动防火阀。③联动控制防护区域开口封闭装置的启动，包括关闭防护区域的门、窗。④启动设置在防护区入口处表示气体喷洒的火灾声光警报器。**手动停止按钮按下时**，气体（泡沫）灭火控制器应停止正在执行的联动操作。

2）气体（泡沫）灭火控制器上应设置对应于不同防护区的手动启动和停止按钮。**手动启动按钮按下时**，气体（泡沫）灭火控制器应执行以下联动操作：①关闭防护区域的送、排风机及送排风阀门。②停止通风和空气调节系统及关闭设置在该防护区域的电动防火阀。③联动控制防护区域开口封闭装置的启动，包括关闭防护区域的门、窗。④启动设置在防护区入口处表示气体喷洒的火灾声光警报器。**手动停止按钮按下时**，气体（泡沫）灭火控制器应停止正在执行的联动操作。

3）气体（泡沫）灭火装置启动及喷放各阶段的联动控制及系统的反馈信号，应反馈至消防联动控制器。系统的联动反馈信号应包括下列内容：①气体（泡沫）灭火控制器直接连接的**火灾探测器**的报警信号。②**选择阀**的动作信号。③**压力开关**的动作信号。

十二、防烟排烟系统的联动控制设计【S3090312】

（1）**防烟系统的联动控制设计**要求：①由加压送风口所在防火分区内的两只独立的火灾探测器或一只火灾探测器与一只手动火灾报警按钮的报警信号，作为送风口开启和加压送风机启动的联动触发信号，消防联动控制器在接收到满足逻辑关系的联动触发信号后，联动控制火灾层和相关层前室等需要加压送风场所的加压送风口开启和加压送风机启动。②由同一防烟分区内且位于电动挡烟垂壁附近的两只独立的感烟火灾探测器的报警信号（“与”逻辑）作为电动挡烟垂壁降落的联动触发信号，消防联动控制器在接收到满足逻辑关系的联动触发信号后，联动控制电动挡烟垂壁的降落。

（2）**排烟系统的联动控制设计**要求：①由同一防烟分区内的两只独立的火灾探测器的报警信号（“与”逻辑）作为排烟口、排烟窗或排烟阀开启的联动触发信号，消防联动控制器在接收到满足逻辑关系的联动触发信号后，联动控制排烟口、排烟窗或排烟阀的开启，同时停止该防烟分区的空气调节系统。②由排烟口、排烟窗或排烟阀开启的动作信号作为排烟风机启动的联动触发信号，消防联动控制器在接收到满足逻辑关系的联动触发信号后，**联动控制**排烟风机的启动。③应能在消防控制室内的消防联动控制器上手动控制**送风口**、**电动挡烟垂壁**、**排烟口**、**排烟窗**、**排烟阀**的开启或关闭及防烟风机、排烟风机等设备的启动或停止，防烟、排烟风机的启动、停止按钮应采用专用线路直接连接至设置在消防控制室内的消防联动控制器的手动控制盘上，并应直接手动控制防烟、排烟风机的启动与停止。④送风口、排烟口、排烟窗或排烟阀开启和关闭的动作信号，防烟、排烟风机启动和停止及电动防火阀关闭的动作信号，均应反馈至消防联动控制器。⑤排烟风机入口处的总管上设置的280℃**排烟防火阀**在关闭后应直接联动控制风机停止，排烟防火阀及风机的动作信号应反馈至消防联动控制器。

十三、防火门及防火卷帘系统的联动控制设计【S3090313】

（1）**防火门系统的联动控制设计**要求：①由常开防火门所在防火分区内的两只独立的火灾探测器或一只火灾探测器与一只手动火灾报警按钮的报警信号，作为常开防火门关闭的联动触发信号，消防联动控制器在接收到满足逻辑关系的联动触发信号后，联动控制防火门关闭或向防火门监控器发出联动触发信号，由防火门监控器联动控制防火门关闭。②疏散通道上各防火门的开启、关闭及故障状态信号应反馈至防火门监控器。

（2）**疏散通道上设置的防火卷帘的联动控制设计**要求：防火卷帘的升降应由防火卷帘控制器控制，防火卷帘的联动触发信号可以由火灾报警控制器连接的火灾探测器的报警信号组成，也可以由防火卷帘控制器直接连接的火灾探测器的报警信号组成。防火卷帘控制器直接连接在火灾探测器上时，防火卷帘控制器在接收到满足逻辑关系的联动触发信号后，按规定的控制时序联动控制防火卷帘的下降。防火卷帘控制器不直接连接在火灾探测器上时，消防联动控制器在接收到满足逻辑关系的联动触发信号后，按规定的控制逻辑时序向防火卷帘控制器发出联动控制信号，由防火卷帘控制器控制防火卷帘的下降。

防火卷帘下降至距楼板面1.8m处、下降到楼板面的动作信号和防火卷帘控制器直接连接的感烟、感温火灾探测器的报警信号，应反馈至消防联动控制器。

1）疏散通道上设置的防火卷帘的**联动控制设计原则**：①防火分区内任两只独立的感烟火灾探测器或任一只专门用于联动防火卷帘的感烟火灾探测器的报警信号作为防火卷帘下降的首个联动触发信号，防火卷帘控制器在接收到满足逻辑关系的联动触发信号后，联动控制防火卷帘下降至距楼板面1.8m处。②任一只专门用于联动防火卷帘的感温火灾探测器的报警信号作为防火卷帘下降的后续联动触发信号，防火卷帘控制器在接收到满足逻辑关系的联动触发信号后，联动控制防火卷帘下降到楼板面。③在卷帘的任一侧距卷帘纵深0.5~5m内应设置不少于2只专门用于联动防火卷帘的感温火灾探测器。

2）疏散通道上设置的防火卷帘的**手动控制设计**：由防火卷帘两侧设置的手动控制按

钮控制防火卷帘的升降。

(3) 非疏散通道上设置的防火卷帘的联动控制设计要求：①由防火卷帘所在防火分区内任两只独立的火灾探测器的报警信号（“与”逻辑），作为防火卷帘下降的联动触发信号，防火卷帘控制器在接收到满足逻辑关系的联动触发信号后，**联动控制**防火卷帘直接下降到楼板表面。②由防火卷帘两侧设置的手动控制按钮控制防火卷帘的升降，并应能在消防控制室内的消防联动控制器上**手动控制**防火卷帘的降落。

十四、火灾警报和消防应急广播系统的联动控制设计【S3090314】

火灾自动报警系统应设置**火灾声光警报器**，并应在确认火灾后启动建筑内的所有火灾声光警报器。未设置消防联动控制器的火灾自动报警系统，火灾声光警报器应由火灾报警控制器控制；设置消防联动控制器的火灾自动报警系统，火灾声光警报器应由火灾报警控制器或消防联动控制器控制。公共场所宜设置具有同一种火灾变调声的火灾声警报器；具有多个报警区域的保护对象，宜选用带有语音提示的火灾声警报器；学校、工厂等各类日常使用电铃的场所，不应使用警铃作为火灾声警报器。火灾声警报器设置带有语音提示功能时，应同时设置语音同步器。

同一建筑内设置多个火灾声警报器时，火灾自动报警系统应能**同时启动**和**停止**所有火灾声警报器的工作。火灾声警报器单次发出火灾警报时间宜为 8 ~ 20s，同时设有消防应急广播时，火灾声警报应与消防应急广播交替循环播放。

集中报警系统和控制中心报警系统应设置**消防应急广播**。消防应急广播系统的联动控制信号应由消防联动控制器发出。当确认火灾后，应同时向全楼进行广播。消防应急广播的单次语音播放时间宜为 10 ~ 30s，应与火灾声警报器分时交替工作，可采取 1 次声警报器播放、1 次或 2 次消防应急广播播放的交替工作方式循环播放。

十五、消防应急照明和疏散指示系统的联动控制设计【S3090315】

集中控制型消防应急照明和疏散指示系统，应由**火灾报警控制器**或**消防联动控制器**启动应急照明控制器实现。集中电源非集中控制型消防应急照明和疏散指示系统，应由**消防联动控制器**联动应急照明集中电源和应急照明分配电装置实现。自带电源非集中控制型消防应急照明和疏散指示系统，应由**消防联动控制器**联动消防应急照明配电箱实现。当确认火灾后，由发生火灾的报警区域开始，顺序启动全楼疏散通道的消防应急照明和疏散指示系统，系统全部投入应急状态的启动时间不应大于 5s。

十六、相关联动控制设计【S3090316】

消防联动控制器应具有切断火灾区域及相关区域的非消防电源的功能，当需要切断正常照明时，宜在自动喷淋系统、消火栓系统动作前切断。

火灾时可立即切断的**非消防电源**有：普通动力负荷、自动扶梯、排污泵、空调用电、康乐设施、厨房设施等。火灾时不应立即切掉的非消防电源有：正常照明、生活给水泵、安全防范系统设施、地下室排水泵、客梯和Ⅰ~Ⅲ类汽车库作为车辆疏散口的提升机。

消防联动控制器应具有自动打开涉及疏散的电动栅杆等的功能，宜开启相关区域安全技术防范系统的摄像机监视火灾现场。消防联动控制器应具有打开疏散通道上由门禁系统控制的门和庭院的电动大门的功能，并应具有打开停车场出入口挡杆的功能。

第四节 可燃气体探测报警系统

一、可燃气体探测报警系统分类及适用场所【S3090401】

（1）可燃气体探测器分类。现有可燃气体探测器主要有 7 个品种，即：测量范围为 0～100% LEL 的**点型**可燃气体探测器；测量范围为 0～100% LEL 的**独立式**可燃气体探测器；测量范围为 0～100% LEL 的**便携式**可燃气体探测器；测量**人工煤气**的**点型**可燃气体探测器；测量**人工煤气**的**独立式**可燃气体探测器；测量**人工煤气**的**便携式**可燃气体探测器；**线型**可燃气体探测器。

上述 7 种可燃气体探测器可按不同特征进行分类：①按**防爆要求**分为防爆型可燃气体探测器、非防爆型可燃气体探测器。②按**使用方式**分为固定式可燃气体探测器、便携式可燃气体探测器。③按**探测可燃气体的分布特点**分为点型可燃气体探测器、线型可燃气体探测器。④按**探测气体特征**分为探测爆炸气体的可燃气体探测器、探测有毒气体的可燃气体探测器。

（2）可燃气体报警控制器分类。可燃气体报警控制器按**系统连线方式**分类为：①**多线制**可燃气体报警控制器。②**总线制**可燃气体报警控制器。

（3）系统适用场所。可燃气体探测报警系统适用于使用、生产或聚集可燃气体或可燃液体蒸汽场所可燃气体浓度探测，在泄漏或聚集可燃气体浓度达到爆炸下限前发出报警信号。

二、可燃气体探测报警系统设计【S3090402】

可燃气体探测报警系统是一个独立的子系统，属于**火灾预警系统**，应独立组成。可燃气体探测器应接入可燃气体报警控制器，不应直接接入火灾报警控制器的探测器回路。由可燃气体报警控制器将报警信号传输至消防控制室的图形显示装置或集中火灾报警控制器，但其显示应与火灾报警信息有区别；石化行业涉及过程控制的可燃气体探测器，可接入 DCS 等生产控制系统，但其报警信号应接入消防控制室。

（1）可燃气体探测器的设置。探测气体密度小于空气密度的可燃气体探测器应设置在被保护空间的顶部，探测气体密度大于空气密度的可燃气体探测器应设置在被保护空间的下部，探测气体密度与空气密度相当时，可燃气体探测器可设置在被保护空间的中间部位或顶部。可燃气体探测器宜设置在可能产生可燃气体的部位附近。线型可燃气体探测器的保护区域长度不宜大于 60m。

（2）可燃气体报警控制器的设置。当有消防控制室时，可燃气体报警控制器可设置在保护区域附近；当无消防控制室时，可燃气体报警控制器应设置在有人员值班的场所。

第五节　电气火灾监控系统

一、电气火灾监控系统的分类及适用场所【S3090501】

（1）**电气火灾监控探测器**的分类如下：

1）电气火灾监控探测器按**工作方式**分类：①独立式电气火灾监控探测器，即可以自成系统，不需要配接电气火灾监控设备。②非独立式电气火灾监控探测器，即自身不具有报警功能，需要配接电气火灾监控设备组成系统。

2）电气火灾监控探测器按**工作原理**分类：①剩余电流保护式电气火灾监控探测器。②测温式（过热保护式）电气火灾监控探测器。③故障电弧式电气火灾监控探测器。

（2）**电气火灾监控设备**的分类。电气火灾监控设备按**系统连线方式**分类为：①多线制电气火灾监控设备。②总线制电气火灾监控设备。

（3）系统适用场所。电气火灾监控系统适用于具有电气火灾危险场所，尤其是**变电站**、**石油石化**、**冶金**等不能中断供电的重要供电场所的电气故障探测，在产生一定电气火灾隐患的条件下发出报警信号。

二、电气火灾监控系统设计【S3090502】

电气火灾监控系统是一个独立的子系统，属于火灾预警系统。电气火灾监控探测器应接入电气火灾监控器，不应直接接入火灾报警控制器的探测器回路。在无消防控制室且电气火灾监控探测器设置数量不超过8个时，可采用独立式电气火灾监控探测器。

（1）**剩余电流式电气火灾监控探测器的设置**。剩余电流式电气火灾监控探测器应以设置在低压配电系统首端为基本原则，宜设置在第一级配电柜（箱）的出线端。在供电线路泄漏电流大于5300mA时，宜在其下一级配电柜（箱）上设置。

剩余电流式电气火灾监控探测器不宜设置在IT系统的配电线路和消防配电线路中。选择剩余电流式电气火灾监控探测器时，应计及供电系统自然漏流的影响，并选择参数合适的探测器；探测器报警值宜为300～500mA。具有探测线路故障电弧功能的电气火灾监控探测器，其保护线路的长度不宜大于100m。

（2）**测温式电气火灾监控探测器的设置**。测温式电气火灾监控探测器应设置在电缆接头、端子、重点发热部件等部位。保护对象为1000V及以下的配电线路测温式电气火灾监控探测器应采用接触式设置。保护对象为1000V以上的供电线路，测温式电气火灾监控探测器宜选择光栅光纤测温式或红外测温式电气火灾监控探测器，光栅光纤测温式电气火灾监控探测器应直接设置在保护对象的表面。

（3）**独立式电气火灾监控探测器的设置**。独立式电气火灾监控探测器的设置应符合电气火灾监控探测器的设置要求。设有火灾自动报警系统时，独立式电气火灾监控探测器的报警信息和故障信息应在消防控制室图形显示装置或集中火灾报警控制器上显示；但该类信息与火灾报警信息的显示应有区别。未设火灾自动报警系统时，独立式电气火灾监控探测器应将报警信号传至有人员值班的场所。

（4）**电气火灾监控器的设置**。设有消防控制室时，电气火灾监控器应设置在消防控制室内或保护区域附近；设置在保护区域附近时，应将报警信息和故障信息传入消防控制室。未设消防控制室时，电气火灾监控器应设置在有人员值班的场所。

第六节 消防控制室

一、消防控制室的建筑防火设计【S3090601】

设有**消防联动功能的火灾自动报警系统**和**自动灭火系统**或**设有消防联动功能的火灾自动报警系统**和**机械防（排）烟设施**的建筑，应设置消防控制室。

消防控制室的设置应符合下列规定：①单独建造的消防控制室，其耐火等级不应低于二级。②附设在建筑内的消防控制室，宜设置在建筑内首层的靠外墙部位，亦可设置在建筑物的地下一层，但应采用耐火极限不低于2.00h的隔墙和不低于1.50h的楼板，与其他部位隔开，并应设置直通室外的安全出口。③消防控制室送、回风管的穿墙处应设**防火阀**。④消防控制室内严禁有与消防设施无关的电气线路及管路穿过。⑤不应设置在电磁场干扰较强及其他可能影响消防控制设备工作的设备用房附近。

二、消防控制室的功能要求【S3090602】

消防控制室内设置的消防设备应包括**火灾报警控制器**、**消防联动控制器**、**消防控制室图形显示装置**、**消防专用电话总机**、**消防应急广播控制装置**、**消防应急照明和疏散指示系统**控制装置、消防电源监控器等设备，或具有相应功能的组合设备。消防控制室内设置的消防控制室图形显示装置，应能显示建筑物内设置的全部消防系统，及相关设备的动态信息，并应为远程监控系统预留接口，同时应具有向远程监控系统传输有关信息的功能。消防控制室应设有用于火灾报警的外线电话。消防控制室应有相应的竣工图纸、各分系统控制逻辑关系说明、设备使用说明书、系统操作规程、应急预案、值班制度、维护保养制度及值班记录等文件资料。

具有两个及两个以上消防控制室时，应确定主消防控制室和分消防控制室。主消防控制室的消防设备应对系统内共用的消防设备进行控制，并显示其状态信息；主消防控制室内的消防设备应能显示各分消防控制室内消防设备的状态信息，并可对分消防控制室内的消防设备及其控制的消防系统和设备进行控制；各分消防控制室内的消防设备之间可以互相传输、显示状态信息，但不应互相控制。

（1）消防控制室**资料**。

（2）消防控制室**管理及应急程序**。

（3）消防控制室的**设备布置**。消防控制室内设备面盘前的操作距离，单列布置时不应小于1.5m；双列布置时不应小于2m；在值班人员经常工作的一面，设备面盘至墙的距离不应小于3m；设备面盘后的维修距离不宜小于1m；设备面盘的排列长度大于4m时，其两端应设置宽度不小于1m的通道；在与建筑其他弱电系统合用的消防控制室内，消防设备应集中设置，并应与其他设备之间有明显的间隔。

（4）消防控制室的**控制与显示功能**要求如下：①应在10s内显示输入的火灾报警信号和反馈信号的状态信息，100s内显示其他输入信号的状态信息。②火灾报警控制器应能显示火灾探测器、火灾显示盘、手动火灾报警按钮的正常工作状态、火灾报警状态、屏蔽状态及故障状态等相关信息；应能控制火灾声光警报器的启动和停止。③消防联动控制器。

（5）消防控制室图形显示装置的**信息记录**要求。消防控制室图形显示装置应能记录建筑消防设施运行状态信息，记录容量不应少于10000条，记录备份后方可被覆盖。应具有产品维护保养的内容和时间、系统程序的进入和退出时间、操作人员姓名或代码等内容的记录，存储记录容量不应少于10000条，记录备份后方可被覆盖。应记录消防安全管理信息及系统内各个消防设备（设施）的制造商、产品有效期，记录容量不应少于10000条，记录备份后方可被覆盖。应能对历史记录打印归档或刻录存盘归档。

（6）**信息传输**要求。消防控制室图形显示装置应能在接收到火灾报警信号或联动信号后10s内将相应信息按规定的通讯协议格式传送给监控中心。消防控制室图形显示装置，应能在接收到建筑消防设施运行状态信息后100s内将相应信息按规定的通信协议格式传送给监控中心。当具有自动向监控中心传输消防安全管理信息功能时，消防控制室图形显示装置应能在发出传输信息指令后100s内将相应信息按规定的通信协议格式传送给监控中心。消防控制室图形显示装置应能接收监控中心的查询指令并按规定的通信协议格式将信息传送给监控中心。

第十章 防排烟系统

防排烟设施设置场所【S3100001】

建筑内的**防烟楼梯间及其前室、消防电梯间前室或合用前室、避难走道的前室、避难层（间）**应设置防烟设施。民用建筑中应设置排烟设施的有：设置在一、二、三层且房间建筑面积大于100m^{2}和设置在四层及以上或地下、半地下的歌舞娱乐放映游艺场所；中庭；公共建筑中建筑面积大于100m^{2}且经常有人停留的地上房间和建筑面积大于300m^{2}可燃物较多的地上房间；建筑中长度大于20m的疏散走道。工业建筑中应设置排烟设施的有：人员、可燃物较多的丙类生产场所；丙类厂房中建筑面积大于300m^{2}且经常有人停留或可燃物较多的地上房间；建筑面积大于5000m^{2}的丁类生产车间；占地面积大于1000m^{2}的丙类仓库；高度大于32m的高层厂（库）房中长度大于20m的内走道，其他厂（库）房中长度大于40m的疏散走道。地下、半地下建筑（室）、地上建筑内的无窗房间，当总建筑面积大于200m^{2}或一个房间建筑面积大于50m^2，且经常有人停留或可燃物较多时，应设置排烟设施。

第一节 自然通风与自然排烟

一、自然通风方式【S3100101】

（1）**自然通风方式的选择**。对于建筑高度小于等于50m的公共建筑、工业建筑和建筑高度小于等于100m的住宅建筑，由于这些建筑受风压作用影响较小，利用建筑本身的采光通风，也可基本起到防止烟气进一步进入安全区域的作用，采用**自然通风方式**的防烟系统，简便易行。当采用凹廊、阳台作为防烟楼梯间的前室或合用前室，或者防烟楼梯间前室或合用前室具有两个不同朝向的可开启外窗且可开启窗面积符合相关规定。

（2）**自然通风设施的设置**要求如下：①封闭楼梯间、防烟楼梯间每5层内的可开启外窗或开口的有效面积不应小于2.00m^2，且在该楼梯间的最高部位应设置有效面积不小于1.00m^{2}的可开启外窗或开口。②防烟楼梯间前室、消防电梯前室可开启外窗或开口的有效面积不应小于2.00m^2，合用前室不应小于3.00m^2。③采用自然通风方式的避难层（间）应设有**不同朝向的可开启外窗**，其有效面积不应小于该避难层（间）地面面积的1%，且每个朝向的有效面积不应小于2m^2。④可开启外窗应方便开启；设置在高处的可开启外窗应设置距地面高度为1.30～1.50m的开启装置。⑤可开启外窗或开口的有效面积计算，与自然排烟相关要求相同。

二、自然排烟方式的选择【S3100102】

设有中庭的建筑，**中庭应设自然排烟系统**，且应符合要求。四类隧道和行人或非机动车辆的三类隧道，因长度较短、发生火灾的概率较低或火灾危险性较小，可不设置排烟设施。当隧道较短或隧道沿途顶部可开设通风口时可以采用**自然排烟**。自然排烟口的总面积大于本防烟分区面积的2%时，宜采用自然排烟方式。敞开式汽车库以及建筑面积小于1000m^2的地下一层汽车库、修车库，其汽车进出口可直接排烟，且不大于一个防烟分区，可以不设排烟系统，但汽车库和修车库内最不利点至汽车坡道口不应大于30m。

三、自然排烟设施的设置【S3100103】

（1）排烟窗应设置在排烟区域的**顶部**或**外墙**，并应符合下列要求：①当设置在外墙上时，排烟窗应在储烟仓以内或室内净高度的1/2以上，并应沿火灾烟气的气流方向开启；排烟口通常设置在**墙壁的上部靠近顶棚处**或**顶棚上**。当房间高度小于3.00m时，排烟口的下缘应在离顶棚面80cm以内；当房间高度在3.00～4.00m时，排烟口下缘应在离地板面2.10m以上部位；而当房间高度大于4.00m时，排烟口下缘在房间总高度一半以上即可。②宜分散均匀布置，每组排烟窗的长度不宜大于3.00m。③设置在防火墙两侧的排烟窗之间水平距离不应小于2.00m。④自动排烟窗附近应同时设置便于操作的手动开启装置，手动开启装置距地面高度宜1.30～1.50m。⑤走道设有机械排烟系统的建筑物，当房间面积不大于300m^2时，除排烟窗的设置高度及开启方向可不限外，其余仍按上述要求执行。⑥室内或走道的任一点至防烟分区内最近的排烟窗的水平距离不应大于30m，当室内高度超过6.00m且具有自然对流条件时，其水平距离可增加25%。当工业建筑采用自然排烟方式时，其水平距离尚不应大于建筑空间净高的2.8倍。

（2）可开启外窗的形式有**侧开窗**和**顶开窗**。侧开窗有**上悬窗**、**中悬窗**、**下悬窗**、**平开窗**和**侧拉窗**等。其中，除了上悬窗外，其他窗都可以作为排烟使用。在设计时，必须将这些作为排烟使用的窗设置在储烟仓内。如果中悬窗的下开口部分不在储烟仓内，这部分的面积不能计入有效排烟面积之内。在计算有效排烟面积时，侧拉窗按实际拉开后的开启面积计算，其他型式的窗按其开启投影面积计算。

（3）室内净空高度大于6m且面积大于500m^2的中庭、营业厅、展览厅、观众厅、体育馆、客运站、航站楼等公共场所采用自然排烟时，应采取下列措施之一：①有火灾自动报警系统的应设置自动排烟窗。②无火灾自动报警系统的应设置集中控制的手动排烟窗。③常开排烟口。

（4）厂房、仓库的外窗设置应符合下列要求：①侧窗应沿建筑物的两条对边均匀设置。②顶窗应在屋面均匀设置且宜采用自动控制；屋面斜度小于等于12°，每200m^2的建筑面积应设置相应的顶窗；屋面斜度大于12°，每400m^2的建筑面积应设置相应的顶窗。

（5）除洁净厂房外，设置自然排烟或机械排烟系统的任一层建筑面积大于2500m^2的制鞋、制衣、玩具、塑料、木器加工储存等丙类工业建筑，尚宜或可在屋面上设置可熔性采光带（窗），其建筑面积应符合下列要求：①未设置自动喷水灭火系统的或采用钢结构屋顶或预应力混凝土屋面板的建筑，不应小于楼地面积的10%。②其他建筑不应小于楼地面积的5%。③可熔性采光带（窗）按其实际面积计算。

（6）采用**可开启外窗进行自然排烟**时，厂房、仓库的可开启外窗的排烟面积应符合下列要求：①采用自动排烟窗时，厂房的排烟面积不应小于排烟区域建筑面积的2%，仓库的排烟面积应增加1.0倍。②用手动排烟窗时，厂房的排烟面积不应小于排烟区域建筑面积的3%，仓库的排烟面积应增加1.0倍。注：当设有自动喷水灭火系统时，排烟面积可减半。

（7）仅采用固定采光带（窗）进行自然排烟时，固定采光带（窗）的面积应达到第（6）条可开启外窗面积的2.5倍。

（8）同时设置**可开启外窗**和**固定采光带**（窗）时，应符合下列要求：①当设置自动排烟窗时，自动排烟窗的面积与40%的固定采光带（窗）的面积之和应达到第（6）条规定所需的排烟面积要求。②当设置手动排烟窗时，手动排烟窗的面积与60%的固定采光带（窗）的面积之和应按厂房的排烟面积不应小于排烟区域建筑面积的3%，仓库的排烟面积应增加1.0倍来要求。

第二节　机械加压送风系统

一、机械加压送风系统的组成及工作原理【S3100201】

机械加压送风系统主要由**送风口**、**送风管道**、**送风机**和**吸风口**组成。为保证疏散通道不受烟气侵害使人员安全疏散，发生火灾时，从安全性的角度出发，高层建筑内可分为四个安全区：**第一类安全区**为防烟楼梯间、避难层；**第二类安全区**为防烟楼梯间前室、消防电梯间前室或合用前室；**第三类安全区**为走道；**第四类安全区**为房间。依据上述原则，加压送风时应使防烟楼梯间压力＞前室压力＞走道压力＞房间压力，同时还要保证各部分之间的压差不要过大，造成开门困难影响疏散。

二、机械加压送风系统的选择【S3100202】

（1）建筑高度小于等于50m的公共建筑、工业建筑和建筑高度小于等于100m的住宅建筑，当前室或合用前室采用机械加压送风系统，且其加压送风口设置在前室的顶部或正对前室入口的墙面上时，楼梯间可采用**自然通风方式**。当前室的加压送风口的设置不符合上述规定时，防烟楼梯间应采用机械加压送风系统。将前室的机械加压送风口设置在前室的顶部，其目的是为了**形成有效阻隔烟气的风幕**而将送风口设在正对前室入口的墙面上，是为了形成正面阻挡烟气侵入前室的效应。

（2）建筑高度大于50m的公共建筑、工业建筑和建筑高度大于100m的住宅建筑，其防烟楼梯间、消防电梯前室应采用**机械加压送风**方式的防烟系统。

（3）当防烟楼梯间采用机械加压送风方式的防烟系统时，楼梯间应设置机械加压送风设施，前室可不设机械加压送风设施，但合用前室应设机械加压送风设施。防烟楼梯间的楼梯间与合用前室的机械加压送风系统应**分别独立设置**。

（4）带裙房的高层建筑的防烟楼梯间及其前室、消防电梯前室或合用前室，当裙房高度以上部分利用可开启外窗进行自然通风，裙房等高范围内不具备自然通风条件时，该高层建筑不具备自然通风条件的前室、消防电梯前室或合用前室应设置**局部正压送风系统**。其送风口设置方式也应设置在前室的顶部或将送风口设在正对前室入口的墙面上。

（5）地下室、半地下室楼梯间与地上部分楼梯间均需设置机械加压送风系统时，宜分别独立设置。受建筑条件限制时，可与地上部分的楼梯间共用机械加压送风系统，但应分别计算地上、地下的加压送风量，相加后作为共用加压送风系统风量，且应采取有效措施满足地上、地下的送风量的要求。这是因为当地下、半地下与地上的楼梯间在一个位置布置时，由于《建筑设计防火规范》要求在**首层必须采取防火分隔措施**，因此实际上就是两个楼梯间。当这两个楼梯间合用加压送风系统时，应分别计算地下、地上楼梯间加压送风量，合用加压送风系统风量应为地下、地上楼梯间加压送风量之和。通常地下楼梯间层数少，因此在计算地下楼梯间加压送风量时，开启门的数量取 1。为满足地上、地下的送风量的要求且不造成超压，在设计时必须注意在送风系统中设置**余压阀**等相应的有效措施。

（6）地上部分楼梯间利用可开启外窗进行自然通风时，地下部分的防烟楼梯间应采用机械加压送风系统。当地下室层数为 3 层及以上，或室内地面与室外出入口地坪高差大于 10m 时，按规定应设置**防烟楼梯**间，并设有**机械加压送风**。其前室为独立前室时，前室可不设置防烟系统，否则前室也应按要求采取机械加压送风方式的防烟措施。

（7）自然通风条件不能满足每 5 层内的可开启外窗或开口的有效面积不应小于 $2.00m^2$，且在该楼梯间的最高部位应设置有效面积不小于 $1.00m^2$ 的可开启外窗或开口的封闭楼梯间，应设置机械加压送风系统。当封闭楼梯间位于地下且不与地上楼梯间共用时，可不设置机械加压送风系统，但应在首层设置不小于 $1.20m^2$ 的可**开启外窗或直通室外的门**。

（8）避难层应设置**直接对外的可开启窗口或独立的机械防烟设施**，外窗应采用乙级防火窗或耐火极限不低于 1.00h 的 C 类防火窗。

（9）建筑高度大于 100m 的高层建筑，其送风系统应竖向分段设计，且每段高度不应超过 100m。

（10）建筑高度小于等于 50m 的建筑，当楼梯间设置加压送风井（管）道确有困难时，楼梯间可采用**直灌式加压送风系统**，并应符合下列规定：①建筑高度大于 32m 的高层建筑，应采用楼梯间多点部位送风的方式，送风口之间距离不宜小于建筑高度的 1/2。②直灌式加压送风系统的送风量应按计算值或按《消防安全技术实务》表 3-10-1 中的送风量增加 20%。③加压送风口不宜设在影响人员疏散的部位。

（11）人防工程的下列部位应设置机械加压送风防烟设施：**防烟楼梯间及其前室或合用前室；避难走道的前室**。

（12）建筑高度大于 32m 的高层汽车库、室内地面与室外出入口地坪的高差大于 10m 的地下汽车库，应采用防烟楼梯间。

三、机械加压送风系统的主要设计参数【S3100203】

（1）加压送风量的计算。在计算系统送风量时，对于楼梯间，常开风口，按照疏散层的门开启时，其门洞达到规定风速值所需的送风量和其他门漏风总量之和计算。对于前室，常闭风口，按照其门洞达到规定风速值所需的送风量以及未开启常闭送风阀漏风总量之和计算。一般情况下，经计算后楼梯间窗缝或合用前室电梯门缝的漏风量，对总送风量的影响很小，在工程的允许范围内可以忽略不计。如遇漏风量很大的情况，计算中可加上此部分漏风量。

（2）加压送风量的选取要求如下：①机械加压送风系统的设计风量应充分考虑**管道沿程损耗和漏风量**，且不应小于计算风量的 1.2 倍。②封闭避难层（间）的机械加压送风量应按避难层（间）净面积每平方米不少于 $30m^3/h$ 计算。避难走道前室的送风量应按直接开向前室的疏散门的总断面积乘以 1.00m/s 门洞断面风速计算。③人民防空工程的防烟楼梯间的机械加压送风量不应小于 25000m^3/h。当防烟楼梯间与前室或合用前室分别送风时，防烟楼梯间的送风量不应小于 16000m^3/h，前室或合用前室的送风量不应小于 12000m^3/h。

（3）风压的有关规定及计算方法。机械加压送风机的全压，除计算最不利管道压头损失外，尚**应有余压**。机械加压送风量应满足走廊至前室至楼梯间的压力呈递增分布，余压值应符合下列要求：①前室、合用前室、消防电梯前室、封闭避难层（间）与走道之间的压差应为 25 ~ 30Pa。②防烟楼梯间、封闭楼梯间与走道之间的压差应为 40 ~ 50Pa。③当系统余压值超过最大允许压力差时应采取泄压措施。为了促使防烟楼梯间内的加压空气向走道流动，发挥对着火层烟气的阻挡作用，因此要求在加压送风时，防烟楼梯间的空气压力大于前室的空气压力，而前室的空气压力大于走道的空气压力。

（4）送风风速。当采用**金属管道**时，管道风速不应大于 20m/s；当采用**非金属材料管道**时，不应大于 15m/s。加压送风口的风速不宜大于 7m/s。

四、机械加压送风的组件与设置要求【S3100204】

（1）机械加压送风机。机械加压送风风机可采用轴流风机或中、低压离心风机，其安装位置应符合下列要求：①送风机的进风口宜**直通室外**。②送风机的进风口宜设在机械加压送风系统的下部，且应采取**防止烟气侵袭的措施**。③送风机的进风口不应与排烟风机的出风口设在同一层面。当必须设在同一层面时，送风机的进风口与排烟风机的出风口应分开布置。竖向布置时，送风机的进风口应设置在排烟机出风口的下方，其两者边缘最小垂直距离不应小于 3.00m；水平布置时，两者边缘最小水平距离不应小于 10m。④送风机应设置在**专用机房内**。该房间应采用耐火极限不低于 2.00h 的隔墙和 1.50h 的楼板及甲级防火门与其他部位隔开。⑤当送风机出风管或进风管上安装单向风阀或电动风阀时，应采取火灾时**阀门自动开启**的措施。

（2）加压送风口用作机械加压送风系统的风口，具有**赶烟**、**防烟**的作用。加压送风口分**常开**和**常闭**两种形式。常闭型风口靠感烟（温）信号控制开启，也可手动（或远距离缆绳）开启，风口可输出动作信号，联动送风机开启。风口可设 280℃ 重新关闭装置。①除直灌式送风方式外，楼梯间宜每隔 2 ~ 3 层设一个常开式百叶送风口；合用一个井道的剪刀楼梯的两个楼梯间应每层设一个常开式百叶送风口；分别设置井道的剪刀楼梯的两个楼梯间应分别每隔一层设一个常开式百叶送风口。②前室、合用前室应每层设一个常闭式加压送风口，并应设手动开启装置。③送风口的风速不宜大于 7m/s。④送风口不宜设置在被门挡住的部位。需要注意的是采用机械加压送风的场所**不应设置百叶窗**、**不宜设置可开启外窗**。

（3）送风管道要求如下：①送风井（管）道应采用**不燃烧材料**制作，且宜优先采用光滑井（管）道，不宜采用土建井道。②送风管道应独立设置在管道井内。当必须与排烟管道布置在同一管道井内时，排烟管道的耐火极限不应小于 2.00h。③管道井应采用耐火极限不小于 1.00h 的隔墙与相邻部位分隔，当墙上必须设置检修门时应采用乙级防火门。④未设置在管道井内的加压送风管，其耐火极限不应小于 1.50h。

（4）余压阀。余压阀是**控制压力差**的阀门。为了保证防烟楼梯间及其前室、消防电梯间前室和合用前室的正压值，防止正压值过大而导致疏散门难以推开，应在防烟楼梯间与前室，前室与走道之间设置余压阀，控制余压阀两侧正压间的压力差不超过50Pa。

第三节　机械排烟系统

一、机械排烟系统的组成及工作原理【S3100301】

机械排烟系统是由**挡烟壁**（活动式或固定式挡烟垂壁，或挡烟隔墙、挡烟梁）、**排烟口**（或带有排烟阀的排烟口）、**排烟防火阀**、**排烟道**、**排烟风机**和**排烟出口**组成的。当建筑物内发生火灾时，采用机械排烟系统，将房间、走道等空间的烟气排至建筑物外。通常是由火场人员**手动控制**或由**感烟探测**将火灾信号传递给防排烟控制器，开启活动的挡烟垂壁将烟气控制在发生火灾的防烟分区内，并打开排烟口以及和排烟口联动的排烟防火阀，同时关闭空调系统和送风管道内的防火调节阀防止烟气从空调、通风系统蔓延到其他非着火房间，最后由设置在屋顶的排烟机将烟气通过排烟管道排至室外。

目前常见的有**机械排烟与自然补风组合**、**机械排烟与机械补风组合**、**机械排烟与排风合用**、**机械排烟与通风空调系统合用**等形式。一般要求是：①排烟系统与通风、空气调节系统宜分开设置。当合用时，应符合下列条件：系统的风口、风道、风机等应满足排烟系统的要求；当火灾被确认后，应能开启排烟区域的排烟口和排烟风机，并在15s内自动关闭与排烟无关的通风、空调系统。②走道的机械排烟系统宜竖向设置；房间的机械排烟系统宜按防烟分区设置。③排烟风机的全压应按排烟系统最不利环管道进行计算，其排烟量应增加漏风系数。④人防工程机械排烟系统宜单独设置或与工程排风系统合并设置。当合并设置时，必须采取在火灾发生时能将排风系统自动转换为排烟系统的措施。⑤车库机械排烟系统可与人防、卫生等排气、通风系统合用。

二、机械排烟系统的选择【S3100302】

建筑内应设排烟设施，但**不具备自然排烟条件的房间**、**走道**及**中庭**等，均应采用机械排烟方式。高层建筑主要受自然条件（如室外风速、风压、风向等）的影响会较大，一般采用机械排烟方式较多。人防工程下列部位应设置机械排烟设施：①建筑面积大于50m²，且经常有人停留或可燃物较多的房间、大厅。②丙、丁类生产车间。③总长度大于20m的疏散走道。④电影放映间、舞台等。除敞开式汽车库、建筑面积小于1000m²的地下一层汽车库和修车库外，汽车库、修车库应设置排烟系统（可选机械排烟系统）。机械排烟系统横向应按**每个防火区**独立设置。建筑高度超过50m的公共建筑和建筑高度超过100m的住宅排烟系统应竖向分段独立设置，且每段高度，公共建筑不宜超过50m，住宅不宜超过100m。需要注意的在同一个防烟分区内不应**同时**采用自然排烟方式和机械排烟方式。

三、机械排烟系统的主要设计参数【S3100303】

（1）机械排烟系统的设计风量应充分考虑管道**沿程损耗和漏风量**，当一台排风机担负多个防烟分区时，排烟风机的设计风量不应小于计算量的1.2倍。

（2）一个防烟分区的排烟量应根据**场所内的热释放量**以及按本节相关规定的计算确

定，但下列场所可按以下规定确定：①建筑面积小于等于500m^2的房间，其排烟量应不小于60m^3/(h·m^2)，或设置不小于室内面积2%的排烟窗。②当建筑面积大于500m^2的公共建筑和工业建筑，其排烟量应符合相关规定的数值，或设置自然排烟窗，其所需有效排烟面积及排烟口风速计算应符合相关规定。③当公共建筑仅需在走道或回廊设置排烟时，机械排烟量不应小于13000m^3/h，或在走道两端（侧）均设置面积不小于2m^2的排烟窗，且两侧排烟窗的距离不应小于走道长度的2/3。④当公共建筑室内与走道或回廊均需设置排烟时，其走道或回廊的机械排烟量可按60m^3/(h·m^2)计算，或设置不小于走道、回廊面积2%的排烟窗。⑤汽车库的排烟量不应小于30000m^3/h且不应小于《消防安全技术实务》表3-10-9-2中的数值，或设置不小于室内面积2%的排烟窗。⑥对于人防工程，担负一个或两个防烟分区排烟时，应按该部分总面积每平方米不小于60m^3/h计算，但排烟风机的最小排烟风量不应小于7200m^3/h；担负三个或三个以上防烟分区排烟时，应按其中最大防烟分区面积每平方米不小于120m^3/h计算。

（3）当公共建筑中庭周围场所设有机械排烟时，中庭的排烟量可**按周围场所中最大排烟量的2倍数**值计算，且不应小于107000m^3/h（或25m^2的有效开窗面积）；当公共建筑中庭周围仅需在回廊设置排烟或周围场所均设置自然排烟时，中庭的排烟量应对应《消防安全技术实务》表3-10-6中的热释放量按本节相关规定的计算确定。中庭的排烟量不应小于40000m^3/h或按上述排烟量和自然排烟口的风速不大于0.4m/s计算有效开窗面积。

（4）当烟羽流的质量流量大于150kg/s，或储烟仓的烟层温度与周围空气温差小于15℃时，应重新调整排烟措施。

（5）**排烟风速**。当采用金属风道时，管道风速不应大于20m/s；当采用非金属材料风道时，不应大于15m/s；当采用土建风道时，不应大于10m/s。排烟口的风速不宜大于10m/s。

四、机械排烟系统中排烟风机的设置要求【S3100304】

（1）排烟风机可采用**离心式或轴流排烟风机**（满足280℃时连续工作30min的要求），排烟风机入口处应设置280℃能自动关闭的排烟防火阀，该阀应与排烟风机连锁。当该阀关闭时，排烟风机应能停止运转。

（2）排烟风机宜设置在**排烟系统的顶部**，烟气出口宜朝上，并应高于加压送风机和补风机的进风口，两者垂直距离或水平距离应符合：竖向布置时，送风机的进风口应设置在**排烟机出风口的下方**，其两者边缘最小垂直距离不应小于3.00m；水平布置时，两者边缘最小水平距离不应小于10.00m。

（3）排烟风机应设置在专用机房内，该房间应采用耐火极限不低于2.00h的隔墙和1.50h的楼板及甲级防火门与其他部位隔开。风机两侧应有600mm以上的空间。当必须与其他风机合用机房时，应符合下列条件：①机房内应设有自动喷水灭火系统。②机房内不得设有用于机械加压送风的风机与管道。

（4）排烟风机与排烟管道上不宜设有软接管。当排烟风机及系统中设置有软接头时，该软接头应能在280℃的环境条件下连续工作不少于30min。

五、机械排烟系统中排烟防火阀的设置要求【S3100305】

排烟系统竖向穿越防火分区时垂直风管应设置在管井内，且与垂直风管连接的水平风管应设置 280℃**排烟防火阀**。排烟防火阀安装在排烟系统管道上，平时呈关闭状态，火灾时由**电讯号**或**手动**开启，同时排烟风机启动开始排烟；当管内烟气温度达到 280℃时自动关闭，同时排烟风机停机。

六、机械排烟系统中排烟阀（口）的设置要求【S3100306】

①排烟阀（口）的设置，排烟口应设在防烟分区所形成的储烟仓内，用隔墙或挡烟垂壁划分防烟分区时，每个防烟分区应分别设置排烟口，排烟口应尽量设置在防烟分区的**中心部位**，排烟口至该防烟分区最远点的水平距离不应超过 30m。走道内排烟口应设置在其净空高度的 1/2 以上，当设置在侧墙时，其最近的边缘与吊顶的距离不应大于 0.50m。②火灾时由火灾自动报警系统联动开启排烟区域的排烟阀（口），应在现场设置**手动开启**装置。③排烟口的设置宜**使烟流方向与人员疏散方向相反**，排烟口与附近安全出口相邻边缘之间的水平距离不应小于 1.50m。④每个排烟口的排烟量不应大于最大允许排烟量。⑤当排烟阀（口）设在吊顶内，通过吊顶上部空间进行排烟时，封闭式吊顶的吊平顶上设置的烟气流入口的颈部烟气速度不宜大于 1.50m/s，且吊顶应采用不燃烧材料；非封闭吊顶的吊顶开孔率不应小于吊顶净面积的 25%，且应均匀布置。⑥单独设置的排烟口，平时应处于关闭状态，其控制方式可采用自动或手动开启方式；手动开启装置的位置应便于操作；排风口和排烟口合并设置时，应在排风口或排风口所在支管设置自动阀门，该阀门必须具有防火功能，并应与火灾自动报警系统联动；火灾时，着火防烟分区内的阀门仍应处于开启状态，其他防烟分区内的阀门应全部关闭。⑦排烟口的尺寸可根据烟气通过排烟口有效截面时的速度不大于 10m/s 进行计算。排烟速度越高，排出气体中空气所占比率越大，因此排烟口的最小截面积一般不应小于 0.04m^2。⑧同一分区内设置数个排烟口时，要求做到所有排烟口能同时开启，排烟量应等于各排烟口排烟量的总和。

七、机械排烟系统中排烟管道的设置要求【S3100307】

①排烟管道必须采用**不燃材料**制作。当采用金属风道时，管道风速不应大于 20m/s；当采用非金属材料风道时，不应大于 15m/s。②当吊顶内有可燃物时，吊顶内的排烟管道应采用不燃烧材料进行隔热，并应与可燃物保持不小于 150mm 的距离。③排烟管道井应采用耐火极限不小于 1.00h 的隔墙与相邻区域分隔；当墙上必须设置检修门时，应采用**乙级防火门**；排烟管道的耐火极限不应低于 0.50h，当水平穿越两个及两个以上防火分区或排烟管道在走道的吊顶内时，其管道的耐火极限不应小于 1.50h；排烟管道不应穿越前室或楼梯间，如果确有困难必须穿越时，其耐火极限不应小于 2.00h，且不得影响人员疏散。④当排烟管道竖向穿越防火分区时，垂直风道应设在管井内，且排烟井道必须要有 1.00h 的耐火极限。当排烟管道水平穿越两个及两个以上防火分区时，或者布置在走道的吊顶内时，为了防止火焰烧坏排烟风管而蔓延到其他防火分区，要求排烟管道应采用耐火极限 1.50h 的防火风道，其主要原因是耐火极限 1.50h 防火管道与 280℃排烟防火阀的耐火极限相当，可以看成是防火阀的延伸，另外可以**精简防火阀**的设置，减少误动作，提高排烟的可靠性。

当确有困难需要穿越特殊场合（如通过消防前室、楼梯间、疏散通道等处）时，排烟管道的耐火极限不应低于 2.00h，主要考虑在极其特殊的情况下穿越上述区域时，应采用

2.00h 的耐火极限的加强措施，确保人员安全疏散。

八、机械排烟系统中挡烟垂壁的设置要求【S3100308】

挡烟垂壁是为了阻止烟气沿水平方向流动而垂直向下吊装在顶棚上的**挡烟构件**，其有效高度不小于500mm。挡烟垂壁可采用**固定式或活动式**，当建筑物净空较高时可采用固定式的，将挡烟垂壁长期固定在顶棚上；当建筑物净空较低时，宜采用活动式。挡烟垂壁应用不燃烧材料制作。活动式的挡烟垂壁应由感烟控测器控制，或与排烟口联动，或受消防控制中心控制，但同时应能就地手动控制。活动挡烟垂壁落下时，其下端距地面的高度应大于1.80m。

九、补风系统的参数与设置【S3100309】

（1）补风系统的选择。对于建筑地上部分的机械排烟的走道、小于 $500m^2$ 的房间，由于这些场所的面积较小，排烟量也较小，可以利用建筑的各种缝隙，满足排烟系统所需的补风，为了简便系统管理和减少工程投入，可以不用专门为这些场所设置补风系统。除这些场所以外的排烟系统均应设置补风系统。

（2）补风的主要设计参数主要有：①补风系统应直接从室外引入空气，补风量不应小于排烟量的50%。②汽车库内无直接通向室外的汽车疏散出口的防火分区，当设置机械排烟系统时，应同时设置进风系统，且送风量不宜小于排烟量50%。③在人防工程中，当补风通路的空气阻力不大于50Pa时，可自然补风；当补风通路的空气阻力大于50Pa时，应设置火灾时可转换成补风的机械送风系统或单独的机械补风系统，补风量不应小于排烟风量的50%。④机械补风口的风速不宜大于10m/s，人员密集场所补风口的风速不宜大于5m/s；自然补风口的风速不宜大于3m/s。

（3）补风系统组件与设置主要有：①**补风口**。补风口与排烟口设置在同一空间内相邻的防烟分区时，补风口位置不限；当补风口与排烟口设置在同一防烟分区时，补风口应设在储烟仓下沿以下；补风口与排烟口水平距离不应少于5m。机械送风口或自然补风口设于储烟仓以下，才能形成理想的气流组织。②**补风机**。补风机的设置与机械加压送风机的要求系统。排烟区域所需的补风系统应与排烟系统联动开闭。

第四节 防排烟系统的联动控制

一、防烟系统的联动控制程序【S3100401】

对采用总线控制的系统，当某一防火分区发生火灾时，该防火分区内的感烟、感温探测器探测的**火灾信号**发送至**消防控制主机**，主机发出开启与探测器对应的该防火分区内前室及合用前室的**常闭加压送风口**的信号，至相应送风口的**火警联动模块**，由它开启送风口，消防控制中心收到送风口动作信号，就发出指令给装在加压送风机附近的火警联动模块，启动前室及合用前室的加压送风机，同时启动该防火分区内所有楼梯间加压送风机。当防火分区跨越楼层时，应开启该防火分区内全部楼层的前室及合用前室的常闭加压送风口及其加压送风机。当火灾确认后，火灾自动报警系统应能在15s内联动**开启常闭加压送**

风口和**加压送风机**。除火警信号联动外，还可以通过联动模块在消防中心直接点动控制，或在消防控制室通过多线控制盘直接手动启动加压送风机，也可手动开启常闭型加压送风口，由送风口开启信号联动加压送风机。另外设置就地启停控制按钮，以供调试及维修用。系统中任一常闭加压送风口开启时，相应加压风机应能联动启动。火警撤销由消防控制中心通过火警联动模块停加压送风机，送风口通常由**手动**复位。消防控制设备应显示防烟系统的送风机、阀门等设施启闭状态。

二、排烟系统的联动控制程序【S3100402】

机械排烟系统中的常闭排烟阀（口）应设置**火灾自动报警系统联动开启功能**和**就地开启的手动装置**，并与排烟风机联动。火警时，与排烟阀（口）相对应的火灾探测器探得火灾信号发送至消防控制主机，主机发出开启排烟阀（口）信号至相应排烟阀的火警联动模块，由它开启排烟阀（口），排烟阀的电源是直流 24V。消防控制主机收到排烟阀（口）动作信号，就发出指令给装在排烟风机、补风机附近的火警联动模块，启动**排烟风机**、**补风机**。除火警信号联动外，还可以通过联动模块在消防中心直接点动控制，或在消防控制室通过多线控制盘直接**手动启动**，也可现场手动启动排烟风机、补风机。另外设置**就地启停控制按钮**，以供调试及维修用。当火灾确认后，火灾自动报警系统应在 15s 内联动开启同一排烟区域的全部排烟阀（口）、排烟风机和补风设施，并应在 30s 内自动关闭与排烟无关的通风、空调系统。担负两个及以上防烟分区的排烟系统，应仅打开着火防烟分区的排烟阀（口），其他防烟分区的排烟阀（口）应呈关闭状态。系统中任一排烟阀（口）开启时，相应排烟风机、补风机应能联动启动。火警撤销由消防控制中心通过火警联动模块停排烟风机、补风机，关闭排烟阀（口）。

排烟系统吸入高温烟雾，当烟温度达到 280℃时，应停排烟风机，所以在风机进口处设置排**烟防火阀**，或当一个排烟系统负担多个防烟分区时，排烟支管应设 280℃自动关闭的排烟防火阀。当烟温达到 280℃时，排烟防火阀自动关闭，可通过**触点开关**（串入风机启停回路）直接停排烟风机，但收不到防火阀关闭的信号。也可在排烟防火阀附近设置火警联动模块，将防火阀关闭的信号送到消防控制中心，消防中心收到此信号后，再送出指令至排烟风机火警联动模块停风机，这样消防控制中心不但收到停排烟风机信号，而且也能收到防火阀的动作信号。消防控制设备应显示排烟系统的排烟风机、补风机、阀门等设施启闭状态。

第十一章 消防应急照明和疏散指示系统

第一节 系统分类与组成

一、消防应急灯具分类【S3110101】

消防应急灯具包括**消防应急照明灯具**、**消防应急标志灯具**以及**消防应急照明标志复合灯具**。其中消防应急标志灯具一般均用图形加以标示，有时会有辅助的文字信息。消防应急照明标志灯具中的发光部分为便携式的消防应急照明灯具也称为疏散用手电筒。

消防应急照明标志复合灯具同时具备**应急照明**和**疏散指示**两种功能。持续型消防应急灯具是指光源在主电源或应急电源工作时均处于点亮状态的消防应急灯具，非持续型灯具的光源在主电源工作时不点亮，仅在应急电源工作时处于点亮状态。

自带电源型消防应急灯具的电池、光源及相关电路安装在灯具内部，一般分两种，一种为电池、光源和相关电路为一体；另一种为电池和相关电路为一体，光源为分体。**子母型**消防应急灯具由子灯具和母灯具组成，子灯具的电源和点亮方式均由母灯具控制。**集中电源型**灯具的电源由应急照明集中电源提供，自身无独立的电池，不能独立工作。

二、消防应急系统的分类【S3110102】

消防应急照明和疏散指示系统按照灯具的应急供电方式和控制方式的不同，分为**自带电源非集中控制型**系统、**自带电源集中控制型**系统、**集中电源非集中控制型**系统、**集中电源集中控制型**系统。

第二节 系统的工作原理与性能要求

系统的性能要求【S3110201】

（1）应急转换时间。系统的应急转换时间不应大于5s；高危险区域使用系统的应急转换时间不应大于0.25s。

（2）标志灯具的表面亮度主要有两条要求：①仅用**绿色**或**红色图形**构成标志的标志灯，其标志表面最小亮度不能小于50cd/m²，最大亮度不大于300cd/m²。②用**白色与绿色组合**或**白色与红色组合**构成的图形作为标志的标志灯表面最小亮度不小于5cd/m²，最大亮度不大于300cd/m²，白色、绿色或红色本身最大亮度与最小亮度比值不大于10。白色与相邻绿色或红色交界两边对应点的亮度比不小于5且不大于15。

（3）照明灯具的光通量。消防应急照明灯具应急状态下的光通量不能低于其标称的光通量，且不小于50lm。疏散用手电筒的发光色温在2500～2700K之间。

（4）系统自检。系统持续主电工作48h后每隔(30±2)d自动由主电工作状态转入应急工作状态并持续30～180s，然后自动恢复到主电工作状态。系统持续主电工作**每隔一年**自动由主电工作状态转入应急工作状态并持续至放电终止，然后自动恢复到主电工作状态，持续应急工作时间不少于30min。

（5）应急转换控制。在消防控制室，应设置**强制使消防应急照明和疏散指示系统切换和应急投入的手自动控制装置**。在设置了火灾自动报警系统的场所，消防应急照明和疏散指示系统的切换和应急投入要接受火灾自动报警系统的联动控制。

第三节　系统的选择及设计要求

一、系统选择及设计一般要求【S3110301】

系统的选择要遵循**专业性**、节能和安全性三个原则。系统的设计一般要求如下：①应急转换时间。人员密集场所的应急转换时间不应大于1.5s，其他场所的应急转换时间不应大于5s。②蓄电池组初装容量。100m及以下建筑的初始放电时间不小于90min；100m以上建筑的初始放电时间不小于180min；避难层的初始放电时间不小于540min。

二、供电设计分类及要求【S3110302】

（1）**平面疏散区域供电**。平面疏散区域供电由应急照明总配电柜的主电以树干式或放射式供电，并按防火分区设置应急照明配电箱。应急照明集中电源或应急照明分配电装置；非人员密集场所可在多个防火分区设置一个共用应急照明配电箱，但每个防火分区要采用单独的应急照明供电回路；当应急照明配电箱的主电源取自于本防火分区的备用照明配电箱；多个防火分区共用一个应急照明配电箱的主电源应取自应急电源干线或备用照明配电箱的供电侧。

大于2000m^2的防火分区单独设置应急照明配电箱或应急照明分配电装置；小于2000m^2的防火分区可采用**专用应急照明回路**；应急照明回路沿电缆管井垂直敷设时，公共建筑应急照明配电箱供电范围不宜超过8层，住宅建筑不宜超过16层；一个应急照明配电箱或应急照明分配电装置所带灯具覆盖的防火分区总面积不超过4000m^2，地铁隧道内不超过一个区段的1/2，道路交通隧道内不超过500m。

当应急照明集中电源和应急照明分配电装置在同一平面层时，应急照明电源采用**放射式**供电方式；二者不在同一平面层，且配电分支干线沿同一电缆管井敷设时，应急照明集中电源可采用**放射式或树干式**供电方式。商住楼的商业部分与居住部分应分开，并单独设置应急照明配电箱或应急照明集中电源。

（2）**垂直疏散区域及其扩展区域的供电**。每个垂直疏散通道及其扩展区可按一个独立的防火分区考虑，并采用垂直配灯方式；建筑高度超过50m的每个垂直疏散通道及扩展区宜单独设置应急照明配电箱或应急照明分配电装置。

（3）**避难层及航空疏散场所**。避难层及航空疏散场所的消防应急照明由变配电所放射式供电。

（4）**消防工作区域及其疏散走道的供电**。消防控制室、高低压配电房、发电机房及蓄电池类自备电源室、消防水泵房、防烟及排烟机房、消防电梯机房、BAS 控制中心机房、电话机房、通信机房、大型计算机房、安全防范控制中心机房等在发生火灾时有人值班的场所，应同时设置备用照明和疏散照明；楼层配电间（室）及其他火灾时无人值班的场所可不设备用照明和疏散照明；备用照明可采用普通灯具，并由双电源供电。

（5）**灯具配电回路**。AC220V 或 DC216V 灯具的供电回路工作电流不宜大于 10A；安全电压灯具的供电回路工作电流不宜大于 5A；每个应急供电回路所配接的灯具数量不宜超过 64 个；应急照明集中电源经应急照明分配电装置配接消防应急灯具；应急照明分配电装置及应急照明配电箱的输入及输出配电回路中不装设剩余电流动作脱扣保护装置。除高大空间场所，疏散区域内的应急工作电压均采用**安全电压**。

（6）**应急照明配电箱及应急照明分配电装置的输出**。输出回路不超过 8 路；采用安全电压时的每个回路输出电流不大于 5A；采用非安全电压时的每个回路输出电流不大于 16A。

三、非集中控制型系统的设计【S3110303】

（1）**系统的应急转换**。未设置火灾自动报警系统的场所，系统在正常照明中断后转入应急工作状态；设置火灾自动报警系统的场所，自带电源非集中控制型系统由火灾自动报警系统联动各应急照明配电箱实现工作状态的转换。集中电源非集中控制型系统由火灾自动报警系统联动各应急照明集中电源和应急照明分配电装置实现工作状态的转换。

（2）**应急照明集中电源**和**分配电装置**设计。应急照明集中电源的控制装置设置在消防控制室内，未设置消防控制室的建筑，应急照明集中电源控制装置设置在有人员值班的场所。集中设置蓄电池组的系统，应急照明集中电源能手动控制消防应急照明分配电装置的工作状态。分散设置蓄电池组的系统其控制装置能手动控制各蓄电池组及转换装置的工作状态。

四、集中控制型系统的设计【S3110304】

（1）集中控制型系统的控制方式。接收到火灾自动报警系统的火灾报警信号或联动控制信号后，应急照明控制器控制相应的消防应急灯具转入应急工作状态。**自带电源集中控制型系统**由应急照明控制器控制系统内的应急照明配电箱和相应的消防应急灯具及其他附件实现工作状态转换。**集中电源集中控制型系统**由应急照明控制器控制系统内应急照明集中电源、应急照明分配电装置和相应的消防应急灯具及其他附件实现工作状态转换。

（2）应急照明控制器设计。系统内仅有一台应急照明控制器时，应急照明控制器设置于消防控制室或有人员值班的场所；系统内有多台应急照明控制器时，主控制器设置在消防控制室内，其他控制器可设置在配电间等场所内。每台应急照明控制器直接控制的**应急照明集中电源**、**应急照明分配电装置**、**应急照明配电箱**和**消防应急灯具等**设备总数不大于 3200 个。应急照明控制器的主电源由消防电源供电，应急照明控制器的备用电源至少使控制器在主电源中断后工作 3h。

第十二章 城市消防远程监控系统

第一节 系统组成和工作原理

一、城市消防远程监控系统组成【S3120101】

该系统由**用户信息传输装置、报警传输网络、监控中心**以及**火警信息终端**等几部分组成。监控中心的主要设备包括报警受理系统、信息查询系统、用户服务系统，同时还包括通信服务器、数据库服务器、网络设备、电源设备等。

二、城市消防远程监控系统的分类【S3120102】

按**信息传输方式**可分为**有线城市消防远程监控系统、无线城市消防远程监控系统、有线/无线兼容城市消防远程监控系统**。

按**报警传输网络形式**可分为**基于公用通信网的城市消防远程监控系统、基于专用通信网的城市消防远程监控系统、基于公用/专用兼容通信网的城市消防远程监控系统**。

三、系统的工作原理【S3120103】

（1）数据的采集和传输。城市消防远程监控系统在实际应用中，用户信息传输装置与监控中心的通信传输链路**一般设置主、备两路**，先选择主要传输链路进行信息传送，一旦主要传输链路发生故障或信息传输失败，用户信息传输装置能够自动切换至备用传输链路向监控中心进行信息传送。

（2）信息的接收和显示。设在监控中心的**报警受理系统**能够对用户信息传输装置发来的**火灾自动报警信息**和**建筑消防设施运行状态信息**进行接收和显示。

（3）信息的处理。监控中心对接收到的信息，按照**不同信息类型进行分别处理**。①火灾报警信息处理。监控中心接收到联网用户的火灾报警信息后，由中心值班人员根据警情信息，同联网用户消防控制室值班人员联系，进行警情确认，一旦火灾警情被确认后，监控中心立即向设置在城市消防通信指挥中心的火警信息终端传送火灾报警信息。同时，监控中心通过**移动电话、SMS 短信息**或**电子邮件**方式发送，向联网用户的消防责任人或相关负责人发送火灾报警信息。②其他建筑消防设施运行信息的处理。

第二节 城市消防远程监控系统的设计

一、系统的设计原则【S3120201】

城市消防远程监控系统的设计应能保证系统具有**实时性、适用性、安全性**和**可扩**

展性。

二、系统性能要求【S3120202】

监控中心能同时接收和处理不少于 3 个联网用户的火灾报警信息。从用户信息传输装置获取火灾报警信息到监控中心接收显示的响应时间不大于 10s。监控中心向城市消防通信指挥中心或其他接处警中心转发经确认的火灾报警信息的时间不大于 3s。监控中心与用户信息传输装置之间通信巡检周期不大于 2h，并能够**动态设置巡检方式**和**时间**。监控中心的火灾报警信息、建筑消防设施运行状态信息等记录**应备份**，其保存周期不少于 1 年。**按年度进行统计处理**后，保存至光盘、磁带等存储介质上。录音文件的保存周期不少于 6 个月。远程监控系统具有统一的时钟管理，累计误差不大于 5s。

三、信息传输要求【S3120203】

设置火灾自动报警系统的单位，一般列为系统的主要联网用户；未设置火灾自动报警系统的单位，也可以作为系统的联网用户。系统的联网用户按下列要求发送信息：**联网用户将建筑消防设施运行状态信息实时发送至监控中心**。**联网用户将消防安全管理信息发送至监控中心**。其中，**日常防火巡查信息**和**消防设施定期检查信息**应在检查完毕后的**当日内**发送至监控中心，其他发生变化的消防安全管理信息应在 3 **日内**发送至监控中心。

四、报警传输网络与系统连接【S3120204】

城市消防远程监控系统的信息传输可采用**有线通信**或**无线通信**方式。报警传输网络可采用**公用通信网**或**专用通信网**构建。

（1）报警传输网络通信方式主要有有线和无线两种。具体要求如下：①当城市消防远程监控系统采用**有线通信方式**传输时可选择下列接入方式：用户信息传输装置和报警受理系统通过电话用户线或电话中继线接入公用电话网；用户信息传输装置和报警受理系统通过电话用户线或光纤接入公用宽带网；用户信息传输装置和报警受理系统通过模拟专线或数据专线接入专用通信网。②当城市消防远程监控系统采用**无线通信方式传输**时可选择下列接入方式：用户信息传输装置和报警受理系统通过移动通信模块接入公用移动网；用户信息传输装置和报警受理系统通过无线电收发设备接入无线专用通信网络；用户信息传输装置和报警受理系统通过集群语音通路或数据通路接入无线电集群专用通信网络。

（2）系统连接与信息传输。设有火灾自动报警系统的联网用户，采用火灾自动报警系统向用户信息传输装置提供火灾报警信息和建筑消防设施运行状态信息；未设火灾自动报警系统的联网用户，采用报警按钮或其他自动触发装置向用户信息传输装置提供火灾报警信息和建筑消防设施运行状态信息。

联网用户的建筑消防设施宜**采用数据接口的方式**与用户信息传输装置连接，不具备数据接口的，可采用**开关量接口方式**进行连接。远程监控系统在城市消防通信指挥中心或其他接处警中心设置火警信息终端，以便指挥中心及时获取火警信息。火警信息终端与监控中心的信息传输应通过专线（网）进行。远程监控系统为公安机关消防机构设置信息查询接口，以便消防部门进行建筑消防设施运行状态信息和消防安全管理信息的查询。远程监控系统为联网用户设置信息服务接口。

五、系统设置与设备配置【S3120205】

城市消防远程监控系统的设置，**地级及以上城市**应设置一个或多个远程监控系统，并且单个远程监控系统的联网用户数量不宜大于5000个。**县级城市**宜设置远程监控系统，或与地级及以上城市远程监控系统合用。监控中心设置在耐火等级为一、二级的建筑中，且宜设置在**比较安全的部位**；监控中心不能布置在电磁场干扰较强处或其他影响监控中心正常工作的设备用房周围。用户信息传输装置一般设置在联网用户的消防控制室内。联网用户未设置消防控制室时，用户信息传输装置宜设置在有人员值班的场所。

六、系统的电源要求【S3120206】

监控中心的电源应按所在建筑物的最高负荷等级配置，且不低于二级负荷，并应**保证不间断供电**。用户信息传输装置的主电源应有**明显标识**，并应直接与消防电源连接，**不应使用电源插头**；与其他外接备用电源也应直接连接。用户信息传输装置应有主电源与备用电源之间的**自动切换装置**。当主电源断电时，能自动切换到备用电源上；当主电源恢复时，也能自动切换到主电源上。主电源与备电源的切换不应使传输装置产生误动作。备用电源的电池容量应能提供传输装置在正常监视状态下至少工作8h。

第三节　系统的主要设备

城市消防远程监控系统的主要设备【S3120301】

城市消防远程监控系统的主要设备有**用户信息传输装置**、**报警受理系统**、**信息查询系统**、**用户服务系统**、**火警信息终端通信服务器**、**数据库服务器**几类。用户信息传输装置设置在联网用户端，是通过报警传输网络与监控中心进行信息传输的装置。主要具备以下功能：①火灾报警信息的接收和传输功能。②建筑消防设施运行状态信息的接收和传输功能。③手动报警功能。④巡检和查岗功能。⑤故障报警功能。⑥自检功能。⑦主、备电源切换功能。

用户信息传输装置应具有**主、备电源自动切换功能**；备用电源的容量应能保证用户信息传输装置连续正常工作时间不小于8h。

第十三章 建筑灭火器配置

第一节 灭火器的分类

一、灭火器的分类【S3130101】

灭火器的种类较多，按其**移动方式**可分为：**手提式和推车式**；按**驱动灭火剂的动力来源**可分为：**储气瓶式、储压式**；按所**充装的灭火剂**则又可分为：**水基型、干粉、二氧化碳灭火器、洁净气体灭火器**等；按**灭火类型**分：**A 类灭火器、B 类灭火器、C 类灭火器、D 类灭火器、E 类灭火器**等。

各类灭火器一般都有特定的型号与标识，我国灭火器的型号是按照《消防产品型号编制方法》(GN 11—1982）编制的。它由类、组、特征代号及主要参数几部分组成。类、组、特征代号用大写汉语拼音字母表示；一般编在型号首位，是灭火器本身的代号。通常用“M”表示。灭火剂代号编在型号第二位：**F—干粉灭火剂；T—二氧化碳灭火剂；Y—1211 灭火剂；Q—清水灭火剂**。型式号编在型号中的第三位，是各类灭火器结构特征的代号。目前我国灭火器的结构特征有**手提式**（包括手轮式）、**推车式**、**鸭嘴式**、**舟车式**、**背负式**五种，其中型号分别用 S、T、Y、Z、B 表示。型号最后面的阿拉伯数字代表灭火剂质量或容积，一般单位为千克或升，如“MF/ABC2”表示 2kgABC 干粉灭火器；“MSQ9”表示容积为 9L 的手提式清水灭火器；“MFT50”表示灭火剂质量为 50kg 推车式（碳酸氢钠）干粉灭火器。灭火器型号应以汉语拼音大写字母和阿拉伯数字标于筒体。

二、水基型灭火器概念及分类【S3130102】

水基型灭火器一般由水、氟碳表面活性剂、碳氢表面活性剂、阻燃剂、稳定剂等多组分配合而成，以氮气（或二氧化碳）为驱动气体，是一种高效的灭火剂。

（1）**清水灭火器**。清水灭火器是指筒体中充装的是清洁的水，并以二氧化碳（氮气）为驱动气体的灭火器。一般有 6L 和 9L 两种规格。清水灭火器由保险帽、提圈、筒体、二氧化碳（氮气）气体贮气瓶和喷嘴等部件组成，使用时摘下保险帽，用手掌拍击开启杆顶端灭火器头，清水便会从喷嘴喷出。它主要用于扑救**固体物质火灾**，但**不适于扑救油类、电气、轻金属以及可燃气体火灾**。清水灭火器的有效喷水时间为 1min 左右，所以当灭火器中的水喷出时，应迅速将灭火器提起，将水流对准燃烧最猛烈处喷射；同时，清水灭火器在使用中应始终与地面保持大致垂直状态，不能颠倒或横卧，否则会影响水流喷出。

（2）**水基型泡沫灭火器**。水基型泡沫灭火器内部装有 AFFF 水成膜泡沫灭火剂和氮气，除具有氟蛋白泡沫灭火剂的显著特点外，还可在烃类物质表面迅速形成一层能抑制其蒸发的水膜，靠泡沫和水膜的双重作用迅速有效地灭火，是化学泡沫灭火器的更新换代产品。它能扑灭**可燃固体**、**液体的初起火灾**，更多用于扑救石油及石油产品等非水溶性物质的火灾（抗溶性泡沫灭火器可用于扑救水溶性易燃、可燃液体火灾）。水基型泡沫灭火器是木竹类、织物、纸张及油类物质的开发加工、贮运等场所的消防必备品，并广泛应用于油田、油库、轮船、工厂、商店等场所。

（3）**水基型水雾灭火器**。它能在3s内将一般火势熄灭，不复燃，并且具有将近千度的高温瞬间降至30～40℃的功效，主要适合配置在具有**可燃固体物质的场所**，如商场、饭店、写字楼、学校、旅游、娱乐场所、纺织厂、橡胶厂、纸制品厂、煤矿厂甚至家庭等。

三、干粉灭火器概念及适用范围【S3130103】

干粉灭火器是利用**氮气**作为**驱动动力**，将筒内的干粉喷出灭火的灭火器。干粉灭火剂是用于灭火的干燥且易于流动的微细粉末，由具有灭火效能的无机盐和少量的添加剂经干燥、粉碎、混合而成的微细固体粉末组成。除扑救金属火灾的专用干粉化学灭火剂外，干粉灭火剂一般分为BC干粉灭火剂和ABC干粉灭火剂两大类。目前国内已经生产的产品有：磷酸铵盐、碳酸氢钠、氯化钠、氯化钾干粉灭火剂等。

干粉灭火器可扑灭一般**可燃固体火灾**，还可扑灭**油**、**气等燃烧引起的火灾**，主要用于扑救**石油**、**有机溶剂**等**易燃液体**、**可燃气体**和**电气设备的初期火灾**，广泛用于油田、油库、炼油厂、化工厂、化工仓库、船舶、飞机场以及工矿企业等。

四、二氧化碳灭火器灭火原理及适用场所【S3130104】

二氧化碳灭火器靠自身的压力驱动喷出二氧化碳进行灭火。二氧化碳在灭火时具有两大作用：一是**窒息作用**；二是具有**冷却作用**。二氧化碳灭火器用来扑灭**图书**、**档案**、**贵重设备**、**精密仪器**、**600V以下电气设备及油类**的初起火灾。

五、洁净气体灭火器灭火原理及适用场所【S3130105】

这类灭火器是将**洁净气体**（如IG541、七氟丙烷、三氟甲烷等）灭火剂直接加压充装在容器中，使用时，灭火剂从灭火器中排出形成气雾状射流射向燃烧物，当灭火剂与火焰接触时发生一系列物理化学反应，使燃烧中断，达到灭火目的。洁净气体灭火器适用于扑救**可燃液体**、**可燃气体**和**可融化的固体物质**以及**带电设备**的初期火灾，可在图书馆、宾馆、档案室、商场、企事业单位以及各种公共场所使用，其中IG541灭火剂的成分为50%的氮气、40%的二氧化碳和10%的惰性气体。洁净气体灭火器对环境无害，在自然中存留期短，灭火效率高且低毒，适用于有工作人员常驻的防护区，是卤代烷灭火器在现阶段较为理想的替代产品。

第二节 灭火器的构造

一、灭火器配件【S3130201】

灭火器配件主要由**灭火器筒体**、**阀门**（俗称器头）、**灭火剂**、**保险销**、**虹吸管**、**密封**

圈和压力指示器（二氧化碳灭火器除外）等组成。

二、灭火器分类及构造【S3130202】

（1）**手提式灭火器**。手提式灭火器结构根据**驱动气体的驱动方式**可分为：**贮压式**、**外置储气瓶式**、**内置储气瓶式**三种形式。外置储气瓶式和内置储气瓶式主要应用于干粉灭火器。随着科技的发展，性能安全可靠的贮压式干粉灭火器逐步取代了储气瓶式干粉灭火器。储气瓶式干粉灭火器较贮压式干粉灭火器构造复杂、零部件多、维修工艺繁杂。目前这两种结构的灭火器已经停止生产，市场上主要是贮压式结构的灭火器。

手提贮压式灭火器主要由筒体、器头阀门、喷（头）管、保险销、灭火剂、驱动气体（一般为氮气，与灭火剂一起充装在灭火器筒体内，额定压力一般在1.2～1.5MPa）、压力表以及铭牌等组成。在待用状态下，灭火器内驱动气体的压力通过压力表显示出来，以便判断灭火器是否失效。

手提式二氧化碳灭火器结构与手提贮压式灭火器结构相似，只是充装压力较高而已，一般在5.0MPa左右，二氧化碳既是灭火剂又是驱动气体。手提式二氧化碳灭火器的结构与其他手提式灭火器的结构基本相似，只是二氧化碳灭火器的充装压力较大，取消了压力表，增加了安全阀。判断二氧化碳灭火器是否失效，利用称重法。标准要求二氧化碳灭火器每年至少检查一次，低于额定充装量的95%就应进行检修。

注意事项：使用二氧化碳灭火器时，在室外使用的，应选择在上风方向喷射，使用时宜佩戴手套，不能直接用手抓住喇叭筒外壁或金属连接管，防止手被冻伤。在室内狭小空间使用的，灭火后操作者应迅速离开，以防窒息。

（2）**推车式灭火器**。推车式灭火器主要由灭火器筒体、阀门机构、喷管喷枪、车架、灭火剂、驱动气体（一般为氮气，与灭火剂一起密封在灭火器筒体内）、压力表及铭牌组成。铭牌的内容与手提式灭火器的铭牌内容基本相同。

推车式灭火器一般由两人配合操作，使用时两人一起将灭火器推或拉到燃烧处，在离燃烧物10m左右停下，一人快速取下喷枪（二氧化碳灭火器为喇叭筒）并展开喷射软管后，握住喷枪（二氧化碳灭火器为喇叭筒根部的手柄），另一人快速按逆时针方向旋动手轮，并开到最大位置。灭火方法和注意事项与手提式灭火器基本一致。

第三节 灭火器的灭火机理与适用范围

一、灭火器的灭火机理【S3130301】

干粉灭火器的主要灭火机理，一是靠干粉中的无机盐的挥发性分解物，与燃烧过程中燃料所产生的自由基或活性基团发生**化学抑制**和**副催化作用**，使燃烧的链反应中断而灭火；二是靠干粉的粉末落在可燃物表面外，发生化学反应，并在高温作用下形成一层玻璃状覆盖层，从而隔绝氧气，进而**窒息灭火**。另外，还有部分稀氧和冷却作用。二氧化碳主要依靠**窒息作用**和**部分冷却作用**灭火。

二、灭火器的适用范围【S3130302】

根据可燃物的类型和燃烧特性将火灾分为六类，各种类型的火灾所适用的灭火器依据灭火剂的性质应有所不同。①**A 类火灾**（固体物质火灾）：水基型（水雾、泡沫）灭火器、ABC 干粉灭火器，都能用于有效扑救 A 类火灾。②**B 类火灾**（液体或可融化的固体物质火灾）：这类火灾发生时，可使用水基型（水雾、泡沫）灭火器、BC 类或 ABC 类干粉灭火器、洁净气体灭火器进行扑救。③**C 类火灾**（气体火灾）：发生 C 类火灾发生时，可使用干粉灭火器、水基型（水雾）灭火器、洁净气体灭火器、二氧化碳灭火器进行扑救。④**D 类火灾**（金属火灾）：这类火灾发生时可用 7150 灭火剂（俗称液态三甲基硼氧六环，这类灭火器我国目前没有现成的产品，它是特种灭火剂，适用于扑救 D 类火灾。其主要化学成分为偏硼酸三甲酯），也可用干沙、土或铸铁屑粉末代替进行灭火。⑤**E 类火灾**（带电火灾）：物体带电燃烧的火灾发生时，最好使用二氧化碳灭火器或洁净气体灭火器进行扑救，如果没有，也可以使用干粉、水基型（水雾）灭火器扑救。应注意的是，使用二氧化碳灭火器扑救电气火灾时，为了防止短路或触电不得选用装有金属喇叭喷筒的二氧化碳型灭火器；如果电压超过 600V，应先断电后灭火（600V 以上电压可能会击穿二氧化碳，使其导电，危害人身安全）。⑥**F 类火灾**（烹饪器具内的烹饪物火灾）：F 类火灾通常在家庭或饭店发生。当烹饪器具内的烹饪物，如动植物油脂发生火灾时，由于二氧化碳灭火器对 F 类火灾只能暂时扑灭，容易复燃，一般可选用 BC 类干粉灭火器（试验表明，ABC 类干粉灭火器对 F 类火灾灭火效果不佳）、水基型（水雾、泡沫）灭火器进行扑救。

三、灭火器配置场所的危险等级【S3130303】

（1）工业建筑。工业建筑灭火器配置场所的危险等级，应根据其生产、使用、储存物品的火灾危险性，可燃物数量，火灾蔓延速度，扑救难易程度等因素，划分为以下三级：①**严重危险级**；②**中危险级**；③**轻危险级**。

按照标准对厂房和库房中的可燃物的火灾危险性分类，来划分工业建筑场所的危险等级。厂房中属于严重危险级的是甲、乙类物品生产场所，属于中危险级的是丙类物品生产场所，属于轻危险级的是丁、戊类物品生产场所；库房中属于严重危险级的是甲、乙类物品储存场所，属于中危险级的是丙类物品储存场所，属于轻危险级的是丁、戊类物品储存场所。

（2）民用建筑。民用建筑灭火器配置场所的危险等级，应根据其使用性质、人员密集程度、用电用火情况、可燃物数量、火灾蔓延速度、扑救难易程度等因素，划分为以下三级：①**严重危险级**；②**中危险级**；③**轻危险级**。

第四节　灭火器的配置要求

一、灭火器的基本参数【S3130401】

灭火器的基本参数主要反映在灭火器的铭牌上。灭火器的铭牌包含有以下内容：①灭火器的**名称**、**型号**和**灭火剂类型**。②灭火器的**灭火种类**和**灭火级别**。③灭火器使用**温度范围。④灭火器**驱动气体名称和数量**。⑤灭火器水压试验压力（应**永久性标志**在灭火器上）。⑥灭火器**生产许可证编号**或**认证标记**。⑦灭火器**生产连续序号**。灭火器连续序号用钢印等永久性方法在灭火器不受内压的底圈上标识。⑧灭火器**生产日期**。⑨灭火器**制造厂名称**。⑩灭火器的**使用方法**，包括一个或多个图形说明，该说明应在铭牌的明显位置，在简身上应不超过120°弧度。⑪再充装说明和日常维护说明。

其中，灭火器的灭火级别，表示灭火器能够扑灭不同种类火灾的效能，由表示灭火效能的数字和灭火种类的字母组成。对于建设工程灭火器配置，灭火器的灭火类别和灭火级别是主要参数。

二、灭火器的设置及选择【S3130402】

（1）**灭火器的设置**。灭火器的设置应遵循以下规定：①灭火器不应设置在不易被发现和黑暗的地点，且**不得影响安全疏散**。②对有视线障碍的灭火器设置点，应设置指示其位置的发光标志。③灭火器的摆放应稳固，其**铭牌应朝外**。手提式灭火器宜设置在灭火器箱内或挂钩、托架上，其顶部离地面高度不应大于1.50m；底部离地面高度不宜小于0.08m。灭火器箱不应上锁。④灭火器不应设置在潮湿或强腐蚀性的地点，当必须设置时，应有相应的保护措施。灭火器设置在室外时，亦应有相应的保护措施。⑤灭火器不得设置在超出其使用温度范围的地点。

（2）**灭火器的选择**。灭火器的选择应考虑灭火器配置场所的火灾种类、灭火器配置场所的危险等级、灭火器的灭火效能和通用性、灭火剂对保护物品的污损程度、灭火器设置点的环境温度、使用灭火器人员的体能。

三、灭火器配置场所的配置设计【S3130403】

灭火器的配置设计一般可按下述步骤和要求进行：①确定各灭火器配置场所的**火灾种类**和**危险等级**。②**划分计算单元**，计算各单元的保护面积。③计算各单元的**最小需配灭火级别**。④确定各单元内的灭火器**设置点的位置**和**数量**。⑤计算每个灭火器设置点的最小需配灭火级别。⑥确定各单元和每个设置点的灭火器的类型、规格与数量。⑦确定每具灭火器的设置方式和要求。⑧一个计算单元内的灭火器数量不应少于2具，每个设置点的灭火器数量不宜多于5具。⑨在工程设计图上用灭火器图例和文字标明灭火器的类型、规格、数量与设置位置。

四、灭火器配置场所计算单元的划分【S3130404】

（1）计算单元划分。计算单元是指在进行灭火器配置设计过程中，考虑了火灾种类、危险等级和是否相邻等因素后，为便于设计而进行的区域划分。但对于危险等级和火灾种类都相同的相邻配置场所，或危险等级和火灾种类有一个不相同的相邻配置场所，应按以下规定划分：①灭火器配置场所的危险等级和火灾种类均相同的相邻场所，可将一个楼层或一个防火分区作为一个计算单元。②灭火器配置场所的**危险等级**或**火灾种类**不相同的场所，应分别作为一个计算单元。③同一计算单元不得跨越防火分区和楼层。

（2）计算单元保护面积（S）的计算。在划分灭火器配置场所后，还需对保护面积进行计算。对灭火器配置场所（单元）灭火器保护面积计算，规定如下：①建筑物应按其建筑面积进行计算。②可燃物露天堆场，甲、乙、丙类液体储罐区，可燃气体储罐区按堆垛、储罐的占地面积进行计算。

五、计算单元的最小需配灭火级别【S3130405】

火灾场所单位灭火级别的最大保护面积依据**火灾危险等级**、**火灾种类**从表 3-2 或表3-3 中选取。

表 3-2　A 类火灾场所灭火器的最低配置基准

危险等级	严重危险级	中危险级	轻危险级
单具灭火器最小配置灭火级别	3A	2A	1A
单位灭火级别最大保护面积（m^2/A）	50	75	100

注：本表引用《消防安全技术实务》表 3-13-5。

表 3-3　B、C 类火灾场所灭火器的最低配置基准

危险等级	严重危险级	中危险级	轻危险级
单具灭火器最小配置灭火级别	89B	55B	21B
单位灭火级别最大保护面积（m^2/B）	0.5	1.0	1.5

注：1. 歌舞娱乐放映游艺场所、网吧、商场、寺庙以及地下场所等的计算单元的最小需配灭火级别应在《消防安全技术实务》公式（3-13-1）计算结果的基础上增加 30%。

2. 本表引用《消防安全技术实务》表 3-13-6。

六、灭火器设置点的确定【S3130406】

每个灭火器设置点实配灭火器的灭火级别和数量不得小于最小需配灭火级别和数量的计算值。计算单元中的灭火器设置点数依据**火灾的危险等级**、**灭火器型式**（手提式或推车式）按不大于《消防安全技术实务》表 3-13-8 或表 3-13-9 规定的最大保护距离合理设置，并应保证最不利点至少在 1 具灭火器的保护范围内。

第十四章 消防供配电

第一节 消防用电及负荷等级

一、消防用电的负荷等级分类及要求【S3140101】

消防负荷指消防用电设备，根据供电可靠性及中断供电所造成的损失或影响的程度，分为一级负荷、二级负荷及三级负荷。

（1）**一级负荷**适用场所及供电方式要求如下：

1）下列场所的消防用电应按一级负荷供电：建筑高度大于50m的乙、丙类生产厂房和丙类物品库房，一类高层民用建筑，一级大型石油化工厂，大型钢铁联合企业，大型物资仓库等。

2）一级负荷应由两个电源供电，且两个电源要符合下列条件之一：①两个电源之间无联系。②两个电源有直接联系，但符合下列要求：任一电源发生故障时，两个电源的任何部分均不会同时损坏。发生任何一种故障且保护装置正常时，有一个电源不中断供电，并且在发生任何一种故障且主保护装置失灵以至两个电源均中断供电后，应能在有人员值班的处所完成各种必要操作，迅速恢复一个电源供电。

3）结合消防用电设备的特点，以下供电方式可视为一级负荷供电：①电源一个来自区域变电站（电压在35kV及以上），同时另设一台自备发电机组。②电源来自两个区域变电站。③电源来自两个不同的发电厂。

（2）**二级负荷**适用场所及供电方式要求如下：

1）下列建筑物、储罐（区）和堆场的消防用电应按二级负荷供电：室外消防用水量大于30L/s的厂房（仓库），室外消防用水量大于35L/s的可燃材料堆场、可燃气体储罐（区）和甲、乙类液体储罐（区），粮食仓库及粮食筒仓，二类高层民用建筑，座位数超过1500个的电影院、剧场，座位数超过3000个的体育馆，任一层建筑面积大于3000m^2的商店和展览建筑，省（市）级及以上的广播电视、电信和财贸金融建筑，室外消防用水量大于25L/s的其他公共建筑。

2）二级负荷的电源供电方式可以根据负荷容量及重要性进行选择：①二级负荷的供电系统要尽可能采用两回线路供电。②负荷较小或地区供电条件较困难的条件下，允许有一回6kV以上专线架空线或电缆供电。当采用架空线时，可为一回路架空线供电；当用电缆线路供电时，由于电缆发生故障恢复时间和故障点排查时间长，故应采用两个电缆组成的线路供电，并且每个电缆均应能承受100%的二级负荷。

（3）**三级消防负荷**供电方式要求如下：三级消防用电设备采用**专用的单回路**电源供电，并在其配电设备设有**明显标志**。其配电线路和控制回路应按照防火分区进行划分。消防水泵、消防电梯、防排烟风机等消防设备，应急电源可采用第二路电源、带自启动的应急发电机组或由二者组成的系统供电方式。消防控制室、消防水泵、消防电梯、防烟排烟风机等的供电，要在最末一级配电箱处设置**自动切换装置**。

二、消防备用电源分类及选型设置【S3140102】

（1）**应急发电机组**。应急发电机组有**柴油发电机组**和**燃气轮机发电机组**两种。

（2）**消防应急电源**。消防应急电源是指平时以市政电源给蓄电池充电，市电断电后利用蓄电池继续供电的备用电源装置。

（3）**消防备用电源的选型及设置**。消防备用电源电源类型的选择，应根据负荷的容量、允许中断供电的时间以及要求的电源为交流或直流等条件来进行。

1）需要配接备用电源的消防设备及适宜的备用电源种类具体匹配如下：①室内消火栓系统、排烟系统、自动喷水灭火系统、泡沫灭火系统、干粉灭火系统、电动防火门窗、应急发电机组和消防应急电源均适宜。②消防电梯适宜使用应急发电机组而不适宜使用消防应急电源。③火灾自动报警系统、消防联动控制系统、消防应急照明和疏散指示系统不适宜使用应急发电机组而适宜使用消防应急电源。

2）电源的切换要求如下：①允许中断供电时间为15s以上的供电，可选用快速自启动的发电机组。②允许中断供电时间为毫秒级的供电，可选用蓄电池静止型不间断供电装置、蓄电池机械储能电机型不间断供电装置或柴油发电机不间断供电装置。应急电源与正常电源之间必须采取**防止并列运行的措施**。

第二节　消防电源供配电系统

一、消防负荷的电源设计【S3140201】

消防电源要在变压器的低压出线端设置单独的主断路器，不能与非消防负荷共用同一进线断路器和共用同一低压母线段。消防电源应**独立设置**，即从建筑物变电所低压侧封闭母线处或进线柜处就将消防电源分出而各自成独立系统。如果建筑物为低压电缆进线，则从进线隔离电器下端将消防电源分开，从而确保消防电源相对建筑物而言是独立的，提高了消防负荷供电的可靠性。当建筑物双重电源中的备用电源为冷备用，且备用电源的投入时间不能满足消防负荷允许中断供电的时间时，要设置**应急发电机组**。

二、消防备用电源的设计【S3140202】

当消防电源由自备应急发电机组提供备用电源时，消防用电负荷为一级或二级的要设置**自动**和**手动**启动装置，并在30s内供电；当采用中压柴油发电机组时，火灾确认后要在60s内供电。工作电源与应急电源之间要采用**自动切换方式**，同时按照**负载容量由大到小的原则顺序启动**。电动机类负载启动间隔宜在10～20s之间。当采用柴油发电机组作消防备用电源时，其电压等级要符合下列规定：①供电半径不大于400m时，宜采用低压柴油发电机组。②供电半径大于400m时，宜采用中压柴油发电机组。③线路压降应不大于供电电压的5%。

消防备用电源应满足火灾时消防设备**持续运行时间的要求**：用于商业楼、展览楼、综合楼、一类建筑的财贸金融楼、图书馆、书库、重要的档案楼、科研楼和旅馆的消防水泵火灾时，持续运行时间为3h，其他高层建筑为2h；用于防火卷帘的水幕泵火灾时，持续运行时间为3h；用于消防电梯火灾时，持续运行时间应大于消防水泵、水幕泵火灾时持续运行时间；建筑高度大于100m的民用建筑，加压风机、防排烟机火灾时持续运行时间要大于90min；医疗建筑、老年人建筑、总建筑面积大于100000m^{2}的公共建筑，火灾时持续运行时间要大于60min；其他建筑要大于30min。采用FEPS作为备用电源时，电池初装容量应为使用容量的3倍；三相供电的EPS单机容量不宜大于120kW，单项供电的EPS单机容量不宜大于30kW，且应有单节电池保护和电能均衡装置。

三、配电设计要求【S3140203】

消防水泵、喷淋水泵、水幕泵和消防电梯要由变配电站或主配电室直接出线，采用**放射式**供电；防排烟风机、防火卷帘以及疏散照明可采用**放射式或树干式**供电。消防水泵、防排烟风机及消防电梯的两路低压电源应能在设备机房内自动切换，其他消防设备的电源应能在每个防火分区配电间内**自动切换**；消防控制室两路低压电源应能在消防控制室内自动切换。

消防水泵、防排烟风机和正压送风机等设备不能采用变频调速器作为控制装置。电动机类的消防设备不能采用EPS/UPS作为备用电源。主消防泵为电动机水泵，备用消防泵为柴油机水泵，主消防泵可采用一路电源供电。消防设备的配电箱和控制箱宜安装在配电室、消防设备机房、配电小间或电气竖井内；当必须在其他场所安装时，箱体要采取防火措施，并满足火灾时消防设备持续运行时间的要求。

消防负荷的配电线路所设置的保护电器要**具有短路保护功能**，但不宜设置过负荷保护装置，如设置只能动作于报警而不能用于切断消防供电。消防水泵因轴封锈蚀而使消防水泵堵转，启动电流会很快使电缆发热，温度在达到设定值时为保护电器动作而切断电源，这是不允许的。如果不设置过负荷保护，出现堵转，电缆温度上升100℃或200℃对于耐火750℃或950℃的电缆影响不是很大，在最大力矩的作用下，有可能克服电动机轴封阻力，使电动机逐渐转动起来。消防负荷的配电线路不能设置剩余电流动作保护和过、欠电压保护，因为在火灾这种特殊情况下，不管消防线路和消防电源处于什么状态或故障，为消防设备供电是最重要的。消防设备的配电装置与非消防设备的配电装置宜分列安装；若必须并列安装，则分界处应设防火隔断。消防配电设备应设有明显标志，专用消防配电柜宜采用红色柜体。

四、电线电缆的选择【S3140204】

火灾报警与消防联动控制系统的布线要选择**铜芯绝缘电线**或**铜芯电缆**。对于火灾自动报警系统的传输线路和采用50V以下电压供电的控制线路，选择的导线电压等级不应低于交流300V。消防用电设备配电系统的水平分支线路不宜跨越防火分区，当跨越防火分区时应采取**防止火灾延燃的措施**。

第四篇

其他建筑、场所防火考点总结

第一章 概 述

其他建筑、场所的火灾特点【S4010101】

其他建筑和场所由于其特殊的用途和建筑特点，除了具有一般工业和民用建筑的火灾危险性和特点外，各类建筑还具有其自身的火灾危险特性。

（1）具有**火灾爆炸的高危性**。**石油化工**企业的生产工艺不乏高温、高压、蒸馏、裂解等。汽车**加油加气站**由于储存、加注的**汽油**、液化石油气、压缩天然气等物质具有易燃易爆的特性。

（2）具有**火灾危险源的流动性**。**地铁、隧道**一旦发生火灾事故，往往具有起火部位移动性、燃烧形式多样性、火灾蔓延跳跃性的特点。

（3）具有**火灾规模大的危险性**。**飞机库**由于飞机停泊维修保养的需要，一般都是大跨度、大空间的建筑，且飞机进库维修时总带有一定量的可燃和易燃液体，一旦发生火灾，短时间内可使飞机受热面的机身蒙皮发生破坏，引发燃油箱爆炸，易燃液体流散，火势迅猛发展的后果。

（4）具有**灭火救援的艰难性**。**石油化工**企业一旦发生火灾爆炸，很有可能酿成立体的、流淌的、大规模的火灾事故，对灭火救援人员的人身安全也造成严重的威胁。**地铁、隧道、人防工程**深埋地下，空间封闭且通风不良，发生火灾时，高温烟气难以及时排除，安全疏散设施有限，消防通信不畅，灭火救援十分艰难。**洁净厂房**和**信息机房**由于其生产工艺的需要，往往采用密闭性能良好的空间，灭火救援困难。

（5）具有**火灾损失无法估量的可能性**。

第二章　石油化工防火

第一节　石油化工火灾危险性及其特点

一、石油化工火灾危险性【S4020101】

①**原料、中间体及产品**具有易燃易爆性。石油产品的特性主要有**易燃、易爆、易挥发、易扩散、易流淌、易集聚静电、易受热膨胀、毒害和腐蚀性**等。②**工艺装置泄漏**易形成爆炸性混合物。火灾爆炸危险性主要取决于**物料**的火灾爆炸危险性、**催化剂（引发剂）**的危险性、**工艺控制**参数以及**反应器**的形式和构造等。③**温度、压力**等参数控制不当易引发爆炸和火灾。④**违章操作**等人为因素引发火灾爆炸等事故。

二、石油化工火灾的特点【S4020102】

石油化工生产的火灾特点主要有以下几点：①**爆炸与燃烧并存**，易造成人员伤亡。②燃烧速度快、火势发展迅猛。③易形成立体火灾。④火灾扑救困难。

第二节　生 产 防 火

一、生产防火装置布置【S4020201】

①工艺生产装置区域内的露天设备、储罐、建筑物、构筑物等，宜**按生产流程集中合理**布置。②工艺生产装置区域内的设备宜布置在**露天敞开式**或**半敞开式**的建（构）筑物内，按生产流程、地势、风向等要求，分别集中布置。明火设备应集中布置在区域内的**边缘**部位，放在散发可燃气体设备、建（构）筑物的侧风向或上风向。但是有飞火的明火设备，应该布置在上述设备的建（构）筑物的侧风向，并远离可能泄漏液化石油气、可燃气体、可燃蒸气的工艺设备及储罐。③有火灾爆炸危险的甲、乙类生产设备、建（构）筑物宜布置在装置区的**边缘**，其中有爆炸危险和高压的设备，一般布置在一侧，必要时设置在防爆构筑物内。④**容器组、大型容器等危险性较大的压力设备和机器**应远离仪表室、变电所、配电所、分析化验室及人员集中的办公室与生活室。仪表室、变电所、分析化验室、压缩机房、泵房等建筑物的屋顶上，不应设置液化气体、易燃及可燃液体的容器。⑤**自控仪表室、变配电室**不应与有可能泄漏液化石油气及散发相对密度大于0.7的可燃气体甲类生产设备、建筑物相邻布置。如果必须相邻布置，则应用密封的不燃性实体墙或走廊相隔，必要时宜采取室内正压通风设施，其地面标高要高出装置地面0.6m以上。⑥在一座厂房内**有不同生产类别**，因为安全需要隔开生产时，应用不开孔洞的防火墙隔开。在同一

建筑物内布置了多种毒害物质时，应按产品毒性大小予以隔开，储存有害物质的储罐，尽可能布置在室外或敞开式建筑物内。⑦**有害物质的工艺设备**，应布置在操作地点的下风侧。在多层建筑物内，设置有散发有害气体及粉尘的工艺设备时，应尽可能布置在建筑物上层，如需布置在下层时，则应有防止污染上层空气的有效措施。⑧**可燃气体及易燃液体的在线自动分析仪器室**，应设置在生产现场或与分析化验室等辅助建筑物相隔开的单独房间内。⑨工艺生产装置内**设备、建筑物平面布置**的防火间距，不应小于《消防安全技术实务》表4-2-1中的规定。

二、工艺操作防火【S4020202】

在石油化工生产中，**“对加工物质的危险性认识不足”、“误操作问题”、“化学工艺问题”**三类因素是主要的致灾因素。主要有以下措施：①要保证**原材料和成品的质量**。要有**专人**负责领发料，建立**专门制度**，配料时应取样化验分析，核对品种、成分、数量，除去有害杂质，以保证原料的纯净。②要严格掌握**原料的配比**。③**防止加料过快过多**。④注意物料的**投料顺序**。⑤**防止跑、冒、滴、漏**。生产设备、储存容器和输送管线等都要**密闭**。⑥严格控制**温度**。⑦严格控制**压力**。⑧**防止搅拌中断**。⑨严守**操作规程**。⑩做好**抽样探伤**。石油化工设备及受压容器**每年**都要做抽样探伤，必要时，还要做100%的检查。

三、泄压排放设施的种类【S4020203】

泄压排放设施按其**功能**分为两种：一种是**正常情况下**排放；另一种是**事故情况下**排放。**甲、乙、丙类**的设备均应有这些事故紧急排放设施。常用可燃气体或蒸气的排放系统可以利用专门的设施，或利用通常的工艺管道和容器进行排放。大型的石油化工生产装置都是通过**火炬**来排放易燃易爆气体的。

四、火炬系统的安全设置【S4020204】

火炬系统的安全设置：①**防火间距**。距火炬筒**30m**范围内严禁可燃气体放空。②**火炬高度**。火炬的高度依据顶端火焰的辐射热对地面上人员的热影响，或大风时火焰长度及倾斜度对邻近构筑物及生产装置的热影响确定，应使火焰的**辐射热**不致影响人身及设备的安全。③**排放能力**。火炬的排放能力应以正常运转时、停车大检修时、全停电或部分停电时、仪器设备故障或发生火灾时等可能出现的排放量中**最大可能的排出气量**为准。必须保证火炬燃烧嘴具有能处理其中最大的气体排放量的能力。④**保证排出气体处理质量**。火炬具有净化、排放并使可燃性气态物质燃烧而消除可燃性的作用。火炬燃烧嘴是关系排出气体处理质量的重要部件，要求其喷出的气流速度要适中，一般控制在声速的1/5左右，既不能吹灭火焰，也不可将火焰吹飞。⑤**设置自动控制系统**。在中央控制室内应安装具有气体排放、输送和燃烧等的参数控制仪表和信号显示装置。主要参数应以**极限值信号装置**的调节仪表来控制。⑥**设置安全装置**。为了防止排出的气体带液体，可燃气体放空管道在接入火炬前，应设置分液器。为了防止火焰和空气倒入火炬筒，在火炬筒上部应安装防回火装置。为及时发现空气倒入火炬系统的情况，须设置火炬管内出现真空的信号装置，并能随即进行联锁，以改变吹洗可燃气体和惰性气体的供给量。为了防止气体通过液封时产生水力冲击或发生泄漏，应该在分离器、液封和冷凝液受槽上，安装最高和最低液位的信号装置。为更好地提高火炬装置的耐爆性，还可在排放气体的管道上安装气体的最低余压和流速的自动调节系统。为保证气体的无烟燃烧，应设有自动调节送至火炬喷头的可燃气体和蒸汽比例的调节器。当排放气体中含有乙炔或存在爆炸分解危险时，在火炬筒的入口前，应设置拉西环填料的塔式阻火器。

五、放空管的安全设置【S4020205】

（1）**安装要求**。放空管一般应设在设备或容器的**顶部**，室内设备安设的放空管应引出室外，其管口要高于附近有人操作的最高设备 2m 以上。此外，**连续排放的放空管口**，还应高出半径 20m 范围内的平台或建筑物顶 3.5m 以上；**间歇排放的放空管口**，应高出 10m 范围内的平台或建筑物顶 3.5m 以上；平台或建筑物应与放空管垂直面呈 45°。

（2）**设置安全装置**。排放后可能立即燃烧的可燃气体，应经冷却装置冷却后接至放空设施。放空管上应安装阻火器或其他限制火焰的设备，以防止气体在管道出口处着火，并使火焰扩散到工艺装置中。由于紧急放空管和安全阀放空管口均装于高出建筑物顶部，且排放易燃易爆介质，其冲出气柱较高，容易遭受雷击，因此放空管口应处在防雷保护范围内。当放空气体流速较快时，为防止因静电放电引起事故，放空管应有良好的接地。

（3）**防止大气污染**。为了防止火灾危险和有害人身健康的大气污染，当事故放空大量可燃有毒气体及蒸气时，均须**排放至火炬燃烧**。排放可能携带腐蚀性液滴的可燃气体，应经过气液分离器分离后，接入通往火炬的管线，不得在装置附近未经燃烧直接放空。

六、安全阀的设置【S4020206】

根据国家现行相关法规规定，在非正常条件下，可能超压的下列设备应设安全阀：①顶部最高操作压力大于等于 0.1MPa 的压力容器。②顶部最高操作压力大于 0.03MPa 的蒸馏塔、蒸发塔和汽提塔（汽提塔蒸汽通入另一蒸馏塔者除外）。③往复式压缩机各段出口或电动往复泵、齿轮泵、螺杆泵等容积式泵的出口（设备本身已有安全阀者除外）。④凡与鼓风机、离心式压缩机、离心泵或蒸汽往复泵出口连接的设备不能承受其最高压力时，鼓风机、离心式压缩机、离心泵或蒸汽往复泵的出口。⑤可燃气体或液体受热膨胀，可能超过设计压力的设备。⑥顶部最高操作压力为 0.03～0.1MPa 的设备应根据工艺要求设置。

第三节 储运防火

一、储罐种类【S4020301】

（1）按储罐的**设计内压**分类。一般可分为**常压**储罐、**低压**储罐和**压力**储罐。常压储罐的最高设计内压为 6kPa（表压），低压储罐的最高设计内压为 103.4kPa（表压）。设计内压大于 103.4kPa（表压）的储罐为压力储罐。大多数油料，如原油、汽油、柴油、润滑油等均应采用**常压**储罐储存。液化石油气、丙烷、丙烯、丁烯等高蒸气压产品一般采用**压力**储罐储存（低温液化石油气除外）。只有常温下饱和蒸气压较高的轻石脑油或某些化工物料采用**低压**储罐储存。

（2）按储罐**安装位置**的不同分类。一般可分为**地上储罐**、**地下储罐**、**半地下储罐**。

（3）按储罐的**材质**分类。一般可分为**金属储罐**和**非金属储罐**。

（4）按储罐的**结构形状**分类。一般可分为**立式圆筒状**、**卧式圆筒状**和**特殊形状**三类。立式储罐按罐顶结构又可分为**固定顶**储罐和**活动顶**储罐两类。固定顶有**锥顶**和**拱顶**两种。活动顶有**外浮顶**和**内浮顶**两种。卧式储罐有**圆筒形**和**椭圆形**两种。特殊形状的储罐有**球形罐**、**扁球形罐**、**水滴形罐**。特殊形状的储罐多用于储存**高蒸气压**的石油产品，如液化石油气、丙烷、丙烯、丁烷等。

二、储存设施防火设计要求【S4020302】

（1）**罐区**防火设计。甲、乙、丙类液体储罐区，液化石油气储罐区，可燃、助燃气体储罐区，可燃材料堆场等，应设置在城市（区域）的边缘或相对独立的安全地带，并宜设置在城市（区域）全年**最小频率风向的上风侧**，应与装卸区、辅助生产区及办公区分开布置。桶装、瓶装甲类液体不应露天存放。甲、乙、丙类液体储罐（区）宜布置在地势较低的地带。当布置在地势较高的地带时，应采取安全防护设施。液化石油气储罐（区）宜布置在地势平坦、开阔等不易积存液化石油气的地带，四周应设置高度不小于1.0m的不燃烧体实体防护墙。罐组内，相邻可燃液体地上储罐的防火间距不应小于《消防安全技术实务》表4-2-2中的规定。液化烃、可燃气体、助燃气体的罐组内储罐的防火间距不应小于《消防安全技术实务》表4-2-3中的规定。

（2）**储罐**防火。储罐**选型**时，首先应保证使用的可靠性和安全性，要求储罐结构**密封性好**。储罐安装的所有**电气设备**和**仪器仪表**，必须符合相应的防爆等级和类别，测量油面的电子仪表、温度计以及其他指示器和探测器等，均应按专门的设计要求安装在储罐上。钢制储罐必须做防雷接地，接地点不应少于**两处**。钢质储罐接地点沿储罐周长的间距，不宜大于30m，接地电阻不宜大于10Ω。当装有阻火器的地上卧式储罐的壁厚和地上固定顶钢质储罐的顶板厚度等于或大于4mm时，可不设避雷针。铝顶储罐和顶板厚度小于4mm的钢质储罐，应装设避雷针。浮顶罐或内浮顶罐可不设避雷针，但应将浮顶与罐体用两根导线做电气连接。

三、铁路装卸防火设计要求及措施【S4020303】

铁路油品装卸作业区一般布置在油品生产、仓储区的边缘地带，主要由油品装卸线、装卸栈桥、装卸鹤管、零位罐、缓冲罐、油泵房等设备和设施组成。

（1）**装卸区**的防火要求如下：①**铁路油品装卸线**。装卸线一般不与生产、仓储区的出入口道路相交，以避免铁路调车作业影响生产、仓储区内车辆正常的出入，以及发生火灾时外来救援车辆的顺利通过。装卸线一般采用**尽头式**布置，其车位数根据油品运量的大小确定。装卸作业频繁、收发油品种类较多的企业，一般要设置3股作业线，相邻作业线之间要保持20m以上的缓冲段。②**装卸栈桥**。装卸栈桥采用非燃材料建造，是装卸油品的操作台。装卸栈桥一般都设置在装卸线的一侧，通常与鹤管共同建造，并设有倾角不大于60°的吊梯，方便人员上到罐车顶部。栈桥段铁路须采用**非燃材料**的轨枕。在距离装卸栈桥边缘10m以外的油品输入管道上，设有**紧急切断阀**。③**防火间距**。当两条油品装卸线共用一座栈桥或一排鹤管时，两条装卸线中心线的距离：采用公称直径为100mm的**小鹤管**

时，一般不大于6m；采用公称直径为200mm的**大鹤管**时，不大于7.5m。相邻两座装卸栈桥之间两条油品装卸线中心线的距离，当两者或其中之一用于甲、乙类油品时，一般不小于10m，当两者都用于丙类油品时，一般不小于6m。卸车线中心线至零位罐的距离一般不小于6m。装卸栈桥边缘与油品装卸中心线的距离，自轨面算起，高度3m以下的一般不小于2m，高度3m以上的一般不小于1.85m。装卸栈桥至作业区内其他铁路线的间距一般不小于20m，至主要道路的间距一般不小于15m。油品装卸鹤管至油品生产、仓储企业围墙的铁路大门的距离，一般不小于20m。鹤管的水平伸长不得小于2.6m。鹤管在铁路接近限界之内部分的最多位置距轨顶的高差一般不小于5.5m。④**电气防爆**。处在爆炸危险区域范围内的电气设备，都要采取相应的防爆措施。电气设备一般选用dⅡAT3型；电气线路要采用钢管配线并做好隔离密封。⑤**防雷、防静电**。在棚内进行易燃油品灌装作业的，需要装设避雷针（带）予以保护。装卸栈桥的首末端及中间等处，要将钢轨、输油管道、鹤管等设施相互做电气连接并接地，两组跨接点的间距一般不大于20m，每组接地电阻不大于10Ω。在装卸甲、乙、丙A类油品（原油除外）的装卸作业区内，操作平台的扶梯入口处要设置消除人体静电的导除装置。⑥**消防车道的布置**。作业区内需设**环形**消防车道。受条件限制的，可设置有回车场的尽头式消防车道。消防车道与装卸栈桥的距离一般不大于80m且不小于15m。当消防车道与铁路油品装卸作业区内的铁路平面相交时，交叉点要在铁路机车停车限界之外，平交的角度最好为90°，困难时一般不小于45°。⑦**消防设施和灭火器材的设置**。装卸栈桥，宜设置**半固定消防给水系统**，供水压力一般不小于0.15MPa，消火栓间距不大于60m。附近有固定消防设施可利用的装卸栈桥，宜设置消防给水及泡沫灭火设施，泡沫混合液量一般不小于30L/s，有顶盖的装卸栈桥消防冷却水量一般不小于45L/s；无顶盖的装卸栈桥消防冷却水一般不小于30L/s。装卸作业区一般要设置户外手动报警设施，值班室内要设报警电话。要按规定配置石棉板、灭火毯、灭火器等消防器材。

（2）**装卸作业的防火措施**。铁路油罐车装卸作业须采取有力的措施来确保消防安全：装卸油品操作人员都要穿戴防静电工服、工帽、工鞋和纯棉手套。①**装卸前**：装卸作业前，油罐车需要调到指定车位，并采取固定措施。机车必须离开。操作人员要认真检查相关设施，确认油罐车缸体和各部件正常，装卸设备和设施合格，栈桥、鹤管、铁轨的静电跨接线连接牢固，静电接地线接地良好。②**装卸时**：装卸时严禁使用铁器敲击罐口。灌装时，要按列车沿途所经地区最高气温下的允许灌装速度予以灌装，鹤管内的油品流速要控制在4.5m/s以下。雷雨天气或附近发生火灾时，不得进行装卸作业，应盖严油罐车罐口，关闭有关重要阀门，断开有关设备的电源。③**装卸后**：装卸完毕后，须静止至少2min，然后再进行计量等作业。作业结束后，要及时清理作业现场，整理归放工具，切断电源。

四、公路装卸防火设计要求及措施【S4020304】

公路运输的主要工具是汽车油罐车，罐体一般包括筒体、封头、量油口、人孔、灌油口、卸油口、通气阀和其他一些必要附件。

（1）装卸车场防火设计要求。装卸车场一般都附属于石油天然气站场、石油化工企业或石油库内，主要由高架罐、油泵房、装车棚（亭）、装车栈桥、卸车台、控制室等油品装卸设施组成。①装卸车场的**平面布置**。装卸车场应布置在石油天然气站场、石油化工企业和石油库的边缘地带，并用围墙和其他区域隔开。装卸车场要设有**单独的出入口**和能保证消防车辆顺利接近火灾场地的**消防车道**。当出入口合用时，装卸车场内要设消防车回车场地。②**防火间距**。装卸车鹤管之间的距离一般不小于4m，装卸车鹤管与缓冲罐之间的距离一般不小于5m。汽车装油鹤管与其装油泵房属同一操作单元，其间距可适当缩小。甲、乙类油品装卸鹤管与相邻生产设施的防火间距，除满足有关国家标准的要求外，一般不小于表4-1中的规定。③**电气防爆**。处在爆炸危险区域范围内的电气设备，都要采取相应的防爆措施。电气设备一般选用dⅡAT3型；电气线路要采用钢管配线并做好隔离密封。④**防雷防静电**。装车棚要装设避雷针予以保护。油品管道进入油品装卸区时，要在进入点接地。防雷接地电阻一般不能大于10Ω。甲、乙、丙类油品的油罐车装卸设施要设置与油罐车跨接的防静电接地装置，轻质油品的装卸作业区内操作平台的扶梯入口处，要设置消除人体静电的装置。油品装卸场所用于跨接的防静电接地装置，一般采用能检测接地的防静电接地仪器。移动式的接地连接线，最好采用绝缘附套导线，通过防爆开关，将接地装置与油品装卸设施相连。防静电接地装置的接地电阻一般不大于100Ω。⑤**应急设备和消防设施**。在距装卸鹤管10m以外的装卸管道上，必须设置事故情况下便于操作的紧急切断阀。消防给水系统、灭火器、灭火毯、防火砂等消防设施和器材要按规定设置，并保证齐全、完整、有效、好用。

表4-1　鹤管与相邻生产设施之间的防火间距　（m）

生产设施	装卸油泵房	生产厂房及密闭工艺设备		
		液化石油气	甲、乙类	丙类
甲、乙类油品装卸鹤管	8	25	15	10

注：本表引用《消防安全技术实务》表4-2-4。

（2）装卸作业的防火措施要求如下：①**一般要求**。装卸人员要穿戴防静电服装、鞋子，上岗作业前要用手触摸人体静电消除装置，关闭通信设备。装卸车辆进入装卸区行车速度不得超过5km/h。车辆对位后要熄火，装卸过程中要保持车辆的门窗紧闭。油品装卸的计量要精确。油品装车时流量不得小于$30m^3/h$，以免大吨位油罐车装车时间太长。但装卸车流速应不大于4.5m/s。②**付油**操作。付油员付油前要检查相关设备和线路，确认油品规格，检查无误后启动装油系统。付油过程中，司乘人员要监视罐口，防止意外冒油。当装车棚、栈桥内设有固定气体灭火系统时，付油员要做好随时启动灭火设施的准备。付油完毕后断开接地线，待油罐车静置3～5min后，才能启动车辆缓慢驶离。③**卸油**操作。卸油人员进入岗位后要检查油罐车的安全设施是否齐全有效，作业现场要准备至少一只4kg干粉灭火器、泡沫灭火器和一块灭火毯。油罐车熄火并静置不少于3min后，卸油人员连好静电接地，按工艺流程连接卸油管，确认无误后，油罐车驾驶员缓慢开启卸油阀，开启速度控制在4r/min以下。卸油过程中，卸油人员和油罐车驾驶员不得远离现场。易燃油品极易挥发，严禁采用明沟（槽）卸车系统卸车。雷雨天不得进行卸油作业。

五、码头装卸防火设计要求及措施【S4020305】

水上运输包括**远洋运输**、**沿海运输**和**内河运输**。同其他运输方式相比，油品的水路运输具有运载量大、能耗少、成本低等特点。

（1）装卸码头的防火设计要求主要有以下几点：①**总平面布置**。油品码头宜布置在港口的**边缘**区域。内河港口的油品码头宜布置在港口的下游，当岸线布置确有困难时，可布置在港口上游。海港或河港中位于锚地上游的装卸甲、乙类油品泊位与锚地的距离不应小于1000m，装卸丙类油品泊位与锚地的距离不应小于150m，河港中位于锚地下游的油品泊位与锚地的间距不应小于150m。甲、乙类油品码头前沿线与陆上储油罐的防火间距不应小于50m，装卸甲、乙类油品的泊位与明火或散发火花地点的防火间距不应小于40m，陆上与装卸作业无关的其他设施与油品码头的间距不应小于40m。油品泊位的码头结构应采用不燃烧材料，油品码头上应设置必要的人行通道和检修通道，并应采用不燃或难燃性的材料。②**装卸工艺系统设计**。当油船需在泊位上排压舱水时，应设置**压舱水接收设施**，码头区域内管道系统的火灾危险性类别应与装卸的油品相同。码头装船系统与装船泵房之间应有可靠的通信联络或设置启停联锁装置。甲、乙类油品以及介质设计输送温度在其闪点以下10℃范围外的丙类油品，不得采用从顶部向油舱口灌装工艺，采用软管时应伸入舱底。采用金属软管装卸时，应采取措施避免和防止软管与码头面之间的摩擦碰撞，避免产生火花。输送原油或成品油宜采用**钢质管道**。管道设计流速应符合原油或成品油在正常作业状态时，管道设计流速不应大于4.5m/s，液化石油气液态安全流速不应大于3.0m/s的规定。

（2）装卸作业防火措施。装卸作业应做到防泄漏、防爆、防雷及防静电。操作人员进入库区应穿防静电工作服，杜绝携带任何火种进入库区。①**装卸作业前**，应先接好地线后再接输油管，静电接地要可靠，电缆规格要符合要求。机炉舱风头应背向油舱，停止通烟管和锅炉管吹灰。要关闭油舱甲板的水密门、窗，关闭相关电气开关，严防油气进入机炉舱和生活区。②**装卸油品时**，应在船的周围设置围油栏，以防溢出油向周围扩散。作业中，禁止使用非防爆的手电筒等能产生火花或火星的设备。③**装卸完毕后**，应先拆输油管后拆地线，并清除软管、输油臂内的残油，关闭各油舱口和输油管线阀门，擦净现场油污。

六、输送设施防火【S4020306】

输送操作所输送物料可能为块状、粉状、液体或气体等形态，物料本身的理化性质各异，温度、压力、流量不同，采用的输送方式和机械不同，其存在的危险性有很大差异。

（1）**液体运输**。液体运输是**最常见**的输送方式，一般通过**泵体**和**管线**进行输送。一般溶液可选用任何类型的泵输送，悬浮液可选用隔膜式往复泵或离心泵输送。当输送可燃液体时，应限制流速并设置良好接地，或采取加缓冲器、增湿、加抗静电剂等措施，防止静电产生危险。在输送有爆炸性或燃烧性物料时，要采用氮气、二氧化碳等惰性气体代替空气，以防燃烧和爆炸发生。选用蒸汽往复泵输送易燃液体可以避免产生火花，安全性较好。只有对闪点高及沸点在130℃以上的可燃液体才用**空气压送**。在化工生产中，用压缩空气为动力输送酸碱等有腐蚀性液体的设备要符合压力容器的相关设计要求，满足足够的强度，输送此类流体的设备还应耐腐蚀或经防腐处理。甲、乙类火灾危险性的泵房，应安装自动报警系统。在泵房的阀组场所，应有能将可燃液体经水封引入集液井的设施，集液井应加盖，并有用泵抽除的设施。泵房还应采取防雷措施。

（2）**固体运输**。除人工搬运外，固体块状和粉状物料的输送一般多采用**带式输送机、**

螺旋输送器、**刮板输送机**、**气流输送**等多种机械输送方式，还可以采用**电动葫芦**、**气动葫芦**、**电梯**等**间断式**机械输送方式。输送机械的传动和转动部位，要保持正常润滑，防止摩擦过热。对于电气设备及其线路注意保护，防止绝缘损坏发生漏电及短路事故。粉料输送管道材料应选择导电性材料并可靠接地，如果采用绝缘材料管道，则管外应采取接地措施。对于输送可燃粉料，以及输送过程中能产生可燃粉尘的情况，输送速度应不超过该物料允许的流速，风速、输送量不要急剧改变，以防产生静电发生危险。为了避免管道发生堵塞，管道输送的速度、直径、连接应设计合理。

(3) **气体运输**。气体输送通常采用**通风机**、**鼓风机**、**压缩机**和**真空泵**等设备为气体提供能量，以达到压缩输送气体的目的。输送可燃气体的管道应经常保持正压状态，并根据实际需要安装止回阀、水封和阻火器等安全装置。压缩机吸入口应保持余压，如进气口压力偏低，压缩机应减少吸入量或紧急停车，以免造成负压吸入空气，进而引起爆炸。在操作中，应保持进气压力在允许范围内，谨防出现真空状态。当压缩机意外发生抽负现象，形成爆炸混合物时，应从入口阀注入惰性气体置换出空气，防止爆炸事故发生。

第三章 地 铁 防 火

第一节 地铁火灾危险性及其特点

一、地铁的火灾危险性【S4030101】

地铁的**火灾危险性**包括：①空间小、人员密度和流量大。②用电设施、设备繁多。③动态火灾隐患多。

二、地铁的火灾特点【S4030102】

地铁的**火灾特点**：①火情探测和扑救困难。②氧含量急剧下降。③产生有毒烟气、排烟排热效果差。④人员疏散困难。

第二节 地铁建筑防火设计要求

一、地铁建筑防火【S4030201】

（1）**耐火等级**主要有以下几点要求：①地下的车站、区间、变电站等主体工程及出入口通道、风道的耐火等级应为**一级**。②地面出入口、风亭等附属建筑，地面车站、高架车站及高架区间的建、构筑物，耐火等级**不得低于二级**。③控制中心建筑耐火等级应为**一级**。④基地内建筑的耐火等级应根据其使用功能确定。

（2）**防火分区**要求如下：①**地下车站站台和站厅公共区**应划为一个防火分区，设备与管理用房区每个防火分区的最大允许使用面积不应大于1500m^2。②**地下换乘车站当共用**一个站厅时，站厅公共区面积不应大于5000m^2。③**地上的车站站厅公共区采用机械排烟**时，防火分区的最大允许建筑面积不应大于5000m^2，其他部位每个防火分区的最大允许建筑面积不应大于2500m^2。

（3）**防火分隔措施**主要有：①两个防火分区之间应采用耐火极限不低于3.00h的防火墙和甲级防火门分隔。当防火墙设有观察窗时，应采用甲级防火窗；防火分区的楼板应采用耐火极限不低于1.50h的楼板。②重要设备用房应以耐火极限不低于2.00h的隔墙和耐火极限不低于1.50h的楼板与其他部位隔开。③防火卷帘与建筑物之间的缝隙，以及管道、电缆、风管等穿过防火墙、楼板及防火分隔物时，应采用防火封堵材料将空隙填塞密实。

（4）**装修材料**要求：①地下车站公共区和设备与管理用房的顶棚、墙面、地面装修材料及垃圾箱，应采用A级不燃材料。②地上车站公共区的墙面、顶面的装修材料及垃圾箱，应采用A级不燃材料，地面应采用不低于B1级难燃材料。③地上、地下车站公共区的广告灯箱、导向标志、休息椅、电话亭、售检票机等固定服务设施的材料，应采用不低于B1级难燃材料。④装修材料不得采用石棉、玻璃纤维、塑料类等制品。

（5）**防烟分区**要求如下：①地下车站的公共区，以及设备与管理用房，应划分防烟分区，且防烟分区不得跨越防火分区。②站厅与站台的公共区每个防烟分区的建筑面积不宜超过2000m²，设备与管理用房每个防烟分区的建筑面积不宜超过750m²。③防烟分区可采取挡烟垂壁等措施。挡烟垂壁等设施的下垂高度不应小于500mm。

二、地铁安全疏散【S4030202】

（1）**一般规定**。车站站台公共区的**楼梯、自动扶梯、出入口通道**，应满足当发生火灾时，在6min内将远期或客流控制期超高峰小时，一列进站列车所载乘客及站台上的候车人员全部撤离站台到达安全区的要求。

（2）**安全出口**相关规定如下：①**车站每个站厅公共区安全出口的数量**应经计算确定，且应设置不少于两个直通地面的安全出口。②**地下单层侧式站台车站**，每侧站台安全出口数量应经计算确定，且不应少于两个直通地面的安全出口。③**地下车站的设备与管理用房区域**安全出口的数量不应少于两个，其中有人值守的防火分区应有1个安全出口直通地面。④安全出口应分散设置，当同方向设置时，两个安全出口通道口部之间的净距不应小于10m。⑤竖井、爬楼、电梯、消防专用通道，以及设在两侧式站台之间的过轨地道、地下换乘车站的换乘通道不应作为安全出口。

（3）**疏散宽度和距离**要求如下：①当设备与管理用房区的房间**单面布置**时，疏散通道宽度不得小于1.2m，**双面布置**时不得小于1.5m。②设备与管理用房**直接通向疏散走道的疏散门**至安全出口的距离，当房间疏散门位于两个安全出口之间时，疏散门与最近安全出口的距离不应大于40m。当房间位于袋形走道两侧或尽端时，其疏散门与最近安全出口的距离不应大于22m。③**地下出入口通道**的长度不宜超过100m，超过时应采取满足人员消防疏散要求的措施。

（4）下列**位置**应设置应急疏散照明和疏散指示标志：①车站站厅、站台、自动扶梯、自动人行道及楼梯。②车站附属用房内走道等疏散通道。③区间隧道。④车辆基地内的单体建筑及控制中心大楼的疏散楼梯间、疏散通道、消防电梯间（含前室）。

（5）疏散指示标志的**设置**应符合下列要求：①疏散通道拐弯处、交叉口及沿通道长向设置间距不应大于10m，距地面应小于1m。②疏散门、安全出口处应设置灯光疏散指示标志，且宜设置在**门洞正上方**。③车站公共区的站台、站厅乘客疏散路线和疏散通道等人员密集部位的**地面上**，以及疏散楼梯台阶**侧立面**，应设蓄光疏散指示标志，且应保持视觉连续。

三、地铁消防设施【S4030203】

（1）灭火设施主要分为消火栓给水系统和自动喷水灭火系统。

1）**消火栓给水系统**要求如下：①设置部位。地下车站及其相连的地下区间、长度大于20m的出入口通道、长度大于500m的独立地下区间应设室内消火栓给水系统。②设置标准。地下车站和地下区间的室内消火栓给水系统应设计为**环状**管网，地下区间上下行线应各设置1根消防给水管，在地下车站端部和车站环状管网应相接。地面和高架车站室内放置的消火栓应超过10个，且当室外消防用水量大于15L/s时，应设计为环状管网。室内消火栓环状管网应有两根进水管与城市自来水环状管网或消防水泵连接。地下车站（含换乘车站）消火栓给水系统用水量应为20L/s，地下车站入口通道、折返线及地下区间隧道的消火栓给水系统用水量应为10L/s。

2）**地下车站设置的商铺**总面积超过500m^{2}时应设**自动喷水灭火系统**。

（2）**防排烟设施**设置场所及设置标准要求如下：

1）设置场所要求：①地下车站及区间隧道内必须设置防烟、排烟和事故通风系统。②地下车站的站厅和站台、连续长度大于300m的区间隧道和全封闭车道、防烟楼梯间和前室应设置机械防排烟设施。③同一个防火分区内的地下车站设备与管理用房的总面积超过200m^2，或面积超过50m^{2}且经常有人停留的单个房间、最远点到车站公共区的直线距离超过20m的内走道、连续长度大于60m的地下通道和出入口通道应设置机械排烟设施。

2）设置标准如下：①连续长度大于60m，但不大于300m的区间隧道和全封闭车道宜采用自然排烟，当无条件采用自然排烟时，应设置机械排烟设施。②地面和高架车站应采用自然排烟，当确有困难时，应设置机械排烟设施。③当防烟、排烟和事故通风系统与正常通风空调系统合用时，通风空调系统应采取防火措施，且应符合防排烟系统的要求，并具备事故**工况下的快速转换功能**。

（3）**火灾自动报警系统**设置场所及设置标准要求如下：①设置场所要求如下：车站、区间隧道、区间变电所及系统设备用房、主变电所、集中冷站、控制中心、车辆基地应设置火灾自动报警系统；地下车站的站厅层公共区、站台层公共区、换乘公共区、各种设备机房、库房、值班室、办公室、走廊、配电室、电缆隧道或夹层，以及长度超过60m的出入口通道，应设置火灾探测器。②设置标准：**地下车站、区间隧道和控制中心**，按火灾报警一级保护对象设计；**设有集中空调系统或每层封闭的建筑面积**超过2000m^2，但面积不超过3000m^{2}的地面车站、高架车站，保护等级应为二级，面积超过3000m^{2}的保护等级应为一级。

（4）**消防通信系统**设置场所及设置标准要求如下：①设置场所。车站车控室（兼消防控制室）、控制中心大楼消防值班室、车辆段（停车场）信号楼控制室（兼消防控制室）应设消防专用电话总机，宜选择共电式电话总机或对讲通信电话设备。②设置标准。在车站、控制中心大楼、车辆段（停车场）的消防泵房、气体灭火钢瓶间及环控电控室、通信设备室、信号设备室、开关柜室、整流变压器室、公网引入室、屏蔽门设备室等所有气体灭火保护的设备用房，建议设置固定消防专用电话分机。在手动火灾报警按钮、消火栓按钮等处设置电话塞孔。电话塞孔可分区域采用共线方式接入消防专用电话总机。

（5）**消防配电**要求如下：①负荷分级和供电要求。消防用电设备应按一级负荷供电，采用双电源双回路，并在**最末一级配电箱**处设置自动切换装置。②电缆（电线）选择及敷设方式。消防用电设备的配电线路应满足在外部火势作用下，保持线路完整性、维持通电的要求，根据地铁发生火灾的危险性、疏散和扑救难度，其电线电缆的选择和敷设方式应满足下述要求：电线电缆选用时，应按使用场所和敷设条件选择阻燃级别，但同一建筑物内选用的阻燃和阻燃耐火电线电缆，其阻燃级别宜相同；由变配电所（或总配电室）引至消防设备的电源主干线应采用无卤、低烟、阻燃耐火电缆或矿物绝缘电缆，但在**地下车站**

宜采用矿物绝缘电缆；电缆穿管**暗敷时可采用耐火电缆**；**明敷或沿支架、桥架敷设时采用无卤、低烟、阻燃耐火铜芯电缆**，矿物绝缘电缆采用支架或沿墙明敷。

第三节 地铁火灾工况运作模式

地铁火灾工况运作模式【S4030201】

(1) **站台层公共区**火灾工况运作模式。当站台层公共区发生火灾时，乘客通过**楼梯**和**自动扶梯**（此时自动扶梯为停止或上行）向站厅层公共区疏散，经出入口至地面。此工况人员疏散及防排烟的运作模式为：①开启站台层排烟机。应尽可能开启所有站台层排烟机，从站台排烟，形成站台层负压。并开启站厅层送风机送风，使梯口形成 1.5m/s 的向下气流，使站台层烟气不至蔓延至站厅。②位于站厅的自动检票机门处于敞开状态，同时打开位于非付费区和付费区之间所有栅栏门，使乘客无阻挡通过出入口，疏散到地面。③确认本站火灾后，应通过显示或声信或人员管理等措施阻挡地面出入口处乘客不再进入车站。④确认本站火灾后，控制中心调度应使其他列车不再进入本站或快速通过不停站。

(2) **车轨区**火灾工况运作模式。当车站车轨区发生火灾时，火灾列车往往滞留在车站内。此工况人员疏散及防排烟的运作模式为：①当站台层设有屏蔽门时，停车侧应自动打开（如有故障，可开启应急门）。②启动车站站台层相关排烟系统，尽所能排除烟气。③对于典型的地下车站，一般设有大型事故风机，车轨区上部设有排风管，应启动相关风机，尽所能排除该车轨区烟气，形成车轨区负压，并开启站厅层送风机补风。④乘客从列车下到站台层后经楼梯和自动扶梯到站厅，再经过检票机口和栅栏门等通道，从出入口到达地面。⑤确认本站火灾后，应阻挡地面出入口处乘客不再进入本站。⑥确认本站火灾后，控制中心调度应使其他列车不再进入本站或快速通过不停站。

(3) **站厅层公共区**火灾工况运作模式。当站厅公共区发生火灾时，乘客由站厅通过**出入口**疏散至地面。此工况人员疏散及防排烟的运作模式为：①站厅排烟，形成站厅公共区负压，新风由出入口和站台自然补入。②火灾确实后，应阻挡地面乘客不再进入本车站内。③应调度列车尽快把滞留在站台上的乘客带走。

(4) **设备管理区**火灾工况运作模式。车站设备管理区是**单独防火分区**，不涉及乘客疏散区域。根据使用功能划分为**气体保护的电气设备用房**和**一般用房**。此工况人员疏散及防排烟的运作模式为：①配置气体保护的电气用房，灭火时，该区域通风系统关闭，灭火完毕，开启通风系统通风换气。②非气体保护房间，根据相关规范，当达一定规模时，火灾时需排烟，并补充50%的新风。③位于设备管理防火分区内的人员疏散，可通过设备管理区直通地面的消防专用通道疏散至地面，或疏散至相邻车站公共区。

(5) **区间隧道**火灾工况模式（正常载客运行区间）。列车在区间内运行时，一旦列车着火，只要不完全丧失动力，应尽量使列车开行到前方车站，则发生火灾时的疏散路径和防排烟运作模式全同车站车轨区火灾工况运作模式进行。下面是考虑到火灾列车滞留在区间内的事故工况。对于空间有限的地下区间，只能采用纵向通风的防排烟模式来保证疏散路径处于新风区。当列车**火灾部位**不同时，其各部位的工况运作模式也有所不同。

1) **列车头节**火灾。此工况人员疏散及防排烟的运作模式为：①当火灾位于列车头节时，为保证大多数乘客的安全，列车尾节端门打开（自动落下梯），乘客鱼贯而入到达轨道面层，向列车尾端侧车站疏散。②此时，列车尾端侧车站送风，列车头端侧车站排风，形成区间介于2～11m/s的气流量，即通风方向与疏散方向始终相逆。③设有纵向应急通道的区间，此时应打开列车侧门，使乘客通过端门疏散的同时，也利用应急平台进行疏散，方向也向列车尾端侧车站疏散。④应充分利用位于疏散区间段内上、下行区间的联络通道，从火灾区间进入非火灾区间疏散，此时，非火灾区间内应停止列车运行，方能作为疏散通道使用。

2）**列车尾节**火灾。此工况与列车头节火灾工况相同，疏散与防排烟运作模式与上述反向运作。

3）**列车中部**火灾。当列车中部节火灾时，一般为了避免更多的乘客受烟气影响，火灾通风气流与行车方向一致，疏散路径、通风模式与列车头节火灾模式一样。由于列车中部着火，为了提高列车头、尾节列车上乘客的生还机会，充分利用纵向应急通道更显重要。

4）其他。当列车火灾部位**不明确**时，通风气流方向宜与列车行驶方向一致，即同列车头节火灾运作模式。由于**区间长短、断面积、列车阻塞比**等不同，需要开启的风机量和规模视工程而异。对于**单洞双线区间**，一旦列车发生火灾，对开列车绝对禁止进入火灾区间。对于**长区间**隧道，当设有中间风井时，在中间风井内应设至地面的疏散梯。

（6）**辅助线段区间**火灾工况模式。辅助线段区间（停车线、折返线、渡线、出入线），列车运行载客通行的辅助线段火灾运作模式同地下区间。一般停车场或车辆设施与综合基地位于地面，由正线至停车场或车辆设施与综合基地的出入线发生火灾时，应尽快将烟气排至地面，此时通风方向由地下至地面。

第四章　城市交通隧道防火

隧道定义与分类【S4040001】

1970 年，国际经济合作与发展组织将隧道定义为：以某种用途、在地下用任何方法按照规定形状和尺寸修筑的断面面积大于 $2m^2$ 的洞室。按照**用途**，隧道主要分为**交通隧道、水工隧道、矿山隧道、市政隧道、人防隧道**和**军事隧道**等。交通隧道是与人类社会生活、生产活动关系最为密切的一类隧道，按照其**使用功能**分为**公路隧道、铁路隧道、城市地下铁路隧道、航运隧道**和**人行隧道**等。

第一节　隧 道 分 类

隧道分类标准及依据说明【S4040101】

隧道的分类标准主要依据**隧道建设规模、用途和施工方法、横断面形式以及交通模式**等，见《消防安全技术实务》表 4-4-1 和表 4-4-2。

（1）按建设规模分类。依据隧道的建设规模大小是区分隧道类型的主要分类方法，以所建**隧道长度**和**断面面积**两项指标来衡量。

（2）按施工方法分类主要有四类：①**盾构法**。该方法以建造**圆形隧道**为主。②**沉管法**。**矩形隧道**一般采用此法建造。③**钻爆法**。该法是目前修建**山岭隧道**的最通行的方法。④**明挖法**。**连拱形隧道**和**矩形隧道**可采用此法建造。

（3）按交通模式分类主要有三类：①单孔对向交通。这种交通模式的安全隐患较多，一般多为**交通流量小**的隧道。②双孔、多孔内各自均为同向交通，双孔间多设有横向连接通道。③多孔中有一孔或数孔可按交通需求改变交通运行方向，以适应潮流式交通需求。

第二节　隧道的火灾危险性及其特点

一、隧道火灾致灾因素及火灾危险性【S4040201】

火灾致灾因素主要有以下三种：一是由于**车辆自身故障**导致在行进过程中起火自燃或发生车祸引起火灾；二是由于运输易燃易爆危险品的车辆**物料泄漏**遇明火导致发生爆炸或燃烧；三是由于隧道内**电气设备**或**电气线路**发生故障引发火灾。隧道火灾危险性有：①人员伤亡众多。②经济损失巨大。③次生灾害危害严重。

二、隧道火灾特点【S4040202】

隧道火灾特点如下：①**火灾多样性**；②**起火点的移动性**；③**燃烧形式多样性**；④**火灾蔓延跳跃性**；⑤**火灾烟气流动性**；⑥**安全疏散局限性**；⑦**灭火救援艰难性**。

第三节 隧道建筑防火设计要求

一、隧道建筑结构耐火【S4040301】

①**构件燃烧性能要求**。为了减少隧道内固定火灾荷载，隧道衬砌、附属构筑物、疏散通道的建筑材料及其内装修材料，除施工缝嵌封材料外均应采用不燃烧材料。通风系统的风管及其保温材料应采用不燃烧材料，柔性接头可采用难燃烧材料。隧道内的灯具、紧急电话箱（亭）应采用不燃烧材料制作的防火桥架。隧道内的电缆等应采用阻燃电缆或矿物绝缘电缆，其桥架应采用不燃烧材料制作的防火桥架。②**结构耐火极限要求**。用于安全疏散、紧急避难和灭火救援的平行导洞、横向联络道、竖（斜）井、专用疏散避难通道、独立避难间等，其承重结构耐火极限不应低于隧道主体结构耐火极限的要求。隧道内附属构筑物（如风机房、变压器洞室、水泵房、柴油发动机房等）应采用耐火极限不低于 2.00h 的防火隔墙和耐火极限不低于 1.50h 的楼板、顶板乙级防火门与隧道分开。③**结构防火隔热措施**。隧道结构防火隔热措施包括**喷涂防火涂料或防火材料**、**在衬砲中添加聚丙烯纤维或安装防火板**等。隧道主体结构和附属构筑物等设计，要充分考虑隧道结构防火性能要求，采用相应的衬砌结构形式。当其结构不能满足规定的耐火极限要求时，应采取防火措施以达到耐火极限要求。

二、隧道防火分隔【S4040302】

隧道为**狭长建筑**，其防火分区按照**功能分区**划分。隧道内地下设备用房的每个防火分区的最大允许面积不应大于1500m^2，防火分区间应采用防火墙或耐火极限不低于 3.00h 的耐火构件，将隧道附属构筑物（用房），与隧道分隔开，形成相互独立的防火分区。①**防火分隔构件**。隧道内的水平防火分区应采用**防火墙**进行分隔，用于人员安全疏散的附属构筑物与隧道连通处宜设置前室或过渡通道，其开口部位应采用**甲级平开防火门**；用于车辆疏散的辅助通道、横向联络道与隧道连接处应采用耐火极限不低于 3.00h 的**防火卷帘**进行分隔。②**管沟分隔**。隧道内的通风、排烟、电缆、排水等管道、管沟等需要采取防火分隔措施进行分隔。当通风、排烟管道穿越防火分区时，应在防火构件的两侧设置**防火阀和排烟防火阀**。隧道行车道旁的电缆沟，其侧沿应采用不渗透液体的结构，电缆沟顶部应高于路面，且不应小于200mm。当电缆沟跨越防火分区时，应在穿越处采用耐火极限不低于 1.00h 的不燃烧材料进行防火封堵。③**附属构筑物（用房）防火分隔**。附属构筑物（用房）应靠近隧道出入口或疏散通道、疏散联络道等设置。构筑物（用房）之间应采用耐火极限不低于2.00h 建筑构件分隔，其隔墙上应设置能**自行关闭的甲级防火门**。构筑物（用房）应设置相应的火灾报警和灭火设施。有人员职守的房间必须设置通风和防排烟系统。为隧道供电的柴油发电机房，除满足上述要求外，还应设置储油间，其总储量不应超

过 $1m^3$，储油间应采用防火墙和能自行关闭的甲级防火门与发电机房和其他部位分隔开，储油间的电气设施必须采用相应的防爆型电器。

三、隧道的安全疏散设施【S4040303】

（1）安全出口和疏散通道分类及要求如下：

1）**安全出口**。隧道内地下设备用房的每个防火分区安全出口数量不应少于两个，与车道或其他防火分区相通的出口可作为**第二安全出口**，但必须至少设置 1 个直通室外的安全出口；建筑面积不大于 $500m^2$ 且无人值守的设备用房可设置 1 个直通室外的安全出口。

2）**安全通道**。安全通道根据隧道形式的不同，可分为四类：一是利用**横洞**作为疏散联络道，两座隧道互为安全疏散通道；二是利用**平行导坑**作为疏散通道；三是利用**竖井、斜井**等设置人员疏散通道；四是利用**多种辅助坑道组合**设置人员疏散通道。①**矩形双孔（或多孔）加管廊**的隧道。在两孔车道之间的中间管廊内设置安全通道，并沿纵向每隔 80～125m 向安全通道内开设一对安全门。安全通道两端应与隧道洞口或通向地面的疏散楼梯相连，发生火灾时，人员从一孔隧道进入安全门，穿越安全通道至另一孔隧道。②**圆形隧道**。在圆形隧道的两孔隧道之间设置连接通道，并在通道的两端设置防火门。当一条隧道发生火灾时，人员可通过横通道疏散至另一条隧道进行疏散。连接通道的间距一般宜为 400～800m，当设有其他相应的安全疏散措施时，间距可适当放大。圆形隧道的安全通道常设置在车道板下，通过安全口和爬梯、滑梯进出。人员可从安全口经安全通道进行长距离疏散。在设有安全通道的情况下，其安全口的设置间距一般可取 80～125m。

（2）**疏散楼梯**。双层隧道上下层车道之间在有条件的情况下，可以设置疏散楼梯，发生火灾时通过疏散楼梯至另一层隧道，间距一般取 100m 左右。

（3）**避难室**。为减少因救援人员不能及时到位地区的人员伤亡，长大隧道需设置避难室。避难室与隧道车道形成独立的防火分区，并通过设置气闸等措施，阻止火灾及烟雾进人。避难室大小和间距根据交通流量和疏散人员数量确定。

四、隧道的消防设施配置【S4040304】

隧道的消防设施主要有**消火栓系统、自动喷水灭火系统、火灾自动报警系统、防排烟系统、通信系统、灭火器**等。

（1）灭火设施。隧道级别越高，配置的灭火设施越齐全。常用灭火设施布置如下：①**消火栓系统**。**除四类隧道和行人或通行非机动车辆的三类隧道外**，隧道内应设置消防给水系统，且宜**独立**设置。隧道内的消火栓用水量不应小于 20L/s，隧道外的消火栓用水量不应小于 30L/s。对于长度小于 1000m 的三类隧道，隧道内外的消火栓用水量可分别为 10L/s 和 20L/s。消火栓给水管网应布置成环状；严寒地区隧道外的消火栓及给水管道应采取防冻措施。如有危险品运输车辆通行的隧道，宜设置泡沫消火栓系统。隧道内消火栓的间距不应大于 50m。②**自动喷水灭火系统**。对于**危险级别较高**的隧道，为保护隧道的主体结构，有些还采用自动喷水灭火系统，其类型一般为水喷雾灭火系统或泡沫水喷雾联用灭火系统。水雾喷头宜采用**侧式**安装的隧道专用远近射程水雾喷头。③**灭火器**。隧道内**灭火器设置按中危险级考虑**。隧道内应设置 ABC 类灭火器，设置点间距不应大于 100m。运行机动车的一、二类隧道和运行机动车并设置 3 条及以上车道的三类隧道，在隧道两侧均应设置灭火器，每个设置点不应少于4具；其他隧道，可在隧道一侧设置，每个设置点不应少于2具。

（2）报警设施。除隧道内需设置火灾报警设施外，其配套设备用房，如变压器室、配电室、机房等也应配有警铃、手报、广播、探测器等相应的报警和警报设施。

1）警报设施的一般规定。隧道入口外100～150m处，应设置**警报信号装置**。通行机动车辆的一、二类隧道应设置火灾自动报警系统，无人值守的变压器室、高低压配电室、照明配电室、弱电机房等主要设备用房，宜设置早期火灾探测报警系统。其他用房内可采用智能烟感探测器对火灾进行检测和报警。当隧道封闭段长度超过1000m时，宜设置消防控制室。

2）系统设置要求如下：①火灾报警控制器数量的设置。当隧道长度L小于1500m时，可设置一台火灾报警控制器；长度L大于等于1500m的隧道，可设置**一台主火灾报警控制器和多台分火灾报警控制器**，其间宜采用光纤通信连接。②火灾探测器的选择和设置。国内交通隧道中主要采用**双波长火灾探测器**和**光纤分布式温度监测**（差温）系统，一般不大于45m范围内设一个双波长火灾探测器，安装在隧道的侧壁或顶部；光纤分布式温度监测（差温）系统以长线形（二车道）和环形（三车道）方式在探测区域从头至尾敷设，安装在隧道的顶部。车行隧道内一般每隔50m设置手动报警按钮。

（3）防排烟系统。隧道工程的防排烟范围包括行车道、专用疏散通道及设备管理用房等。采用的排烟模式通常可分为**纵向**、**横向（半横向）**及**重点**模式，以及由**基本模式派生的各种组合模式**。

1）防排烟系统的一般规定。通行机动车的一、二、三类隧道应设置防排烟设施。当隧道长度短、交通量低时，火灾发生概率较低，人员疏散比较容易，可以采用洞口自然排烟方式。长度较长、交通量较大的隧道应设置机械排烟系统。

2）排烟模式。排烟模式应根据隧道种类、火灾疏散方式，并结合隧道正常工况的通风模式确定将烟气控制在最小范围之内，以保证乘客疏散路径满足逃生环境要求，并为消防灭火创造条件：长度大于3000m的隧道，宜采用**纵向分段排烟方式**或**重点排烟方式**；长度不大于3000m的单洞单向交通隧道，宜采用**纵向排烟方式**；单洞双向交通隧道，宜采用**重点排烟方式**。

①纵向排烟。可通过悬挂在隧道内的射流风机或其他射流装置、风井送风设施等及其组合方式实现。该排烟方式较适用于**单向行驶、交通量不高的隧道**。纵向通风排烟时，气流方向与车行方向一致。以火源点为分界，火源点下游为烟区，上游为清洁区，司乘人员向气流上游疏散。由于高温烟气沿坡度向上扩散速度很快，因此当坡道上发生火灾、采用纵向通风控制烟流、通风气流逆坡向时，必须使纵向气流的流速高于临界风速。

②横向（半横向）排烟。排烟和平时隧道通风系统兼用，横向方式通常设置风道均匀排风、均匀补风，半横向方式通常设置风道均匀排风、集中补风或不补风。火灾情况下，利用排风风道均匀排烟。横向（半横向）排烟方式适用于**单管双向交通或交通量大、阻塞发生率较高的单向交通隧道**。

③重点排烟。该方式在隧道纵向设置专用排烟风道，并设置一定数量的排烟口。发生火灾时，火源附近的排烟口开启，将烟气快速有效地排出隧道。重点排烟适用于**双向交通的隧道或交通量较大、阻塞发生率较高的隧道**。排烟口的大小和间距对烟气的控制有较明

显的影响。

（4）通信系统。通信系统主要包括：①**消防专用电话系统**。防灾控制室应与消防部门设置直线电话。隧道内应设置**消防紧急电话**，一般每 100m 宜设置一台。②**广播系统**。火灾事故广播无需单独设置，可**与隧道运营广播系统合用**。火灾事故广播具有优先权。③**电视监视系统**。在防灾控制室内设置独立的火灾监视器，监视隧道内的灾情，其他电视监视设备与运营监视等共用。④**消防无线通信系统**。应将城市地面消防无线通信电波延伸至隧道内，当发生灾害时可通过无线通信系统进行指挥、协调。系统方案应根据当地消防无线通信系统的制式、频点进行设置。

（5）消防供电具体规定如下：①一般规定。**一、二类隧道**等消防用电按**一级负荷**要求供电；**三类隧道**的消防用电应按**二级负荷**要求供电。高速公路隧道应设置不间断照明供电系统。应急照明应采用**双电源双回路**供电方式，并保证照明中断时间不超过 0.3s。②疏散照明和指示标志。隧道两侧、人行横通道和人行疏散通道上应设置疏散照明和疏散指示标志，其设置高度不宜大于 1.5m。一、二类隧道内疏散照明和疏散指示标志的连续供电时间不应小于 1.5h，其他隧道不应小于 1.0h。③电缆选择和线路敷设。**公路**隧道应采用**阻燃耐火型**电缆；**城市**隧道应采用**无卤低烟阻燃耐火型**电缆；**长、大隧道应急照明主干线**宜采用**矿物绝缘**电缆。**穿管明敷**时应采用**阻燃耐火型**电线，并在钢管外面刷防火涂料或采用其他防火措施。**穿管暗敷**时应采用**阻燃耐火型**电线，并敷设在非燃烧结构内，其保护层厚度不小于 30mm。

第五章　加油加气站防火

第一节　加油加气站的分类分级

一、加油加气站的分类【S4050101】

汽车加油加气站按其提供燃料的不同可以划分为**汽车加油站、汽车加气站、汽车加油加气合建站**。

二、加油加气站的等级【S4050102】

汽车加油加气站根据其储油罐、储气罐的**容积**划分为不同的等级。

(1) 汽车加油站的等级分类。汽车加油站按站中汽油、柴油储存罐的容积规模划分为三个等级。加油站的等级划分如下：**一级**加油站：总容积大于 150m^3，不大于 210m^3；单罐容积不大于 50m^3。**二级**加油站：总容积大于 90m^3，不大于 150m^3；单罐容积不大于 50m^3。**三级**加油站：总容积不大于 90m^3；汽油罐单罐容积不大于 30m^3，柴油罐单罐容积不大于 50m^3。

(2) **LPG 加气站**的等级分类。LPG 加气站按储气罐的容积规模划分为**三个等级**。LPG 加气站的等级划分见表《消防安全技术实务》表 4-5-2。

(3) **CNG 加气站**。压缩天然气加气站储气设施的总容积应根据设计加气汽车数量，每辆汽车的加气时间，母站服务的子站的个数、规模和服务半径等因素综合确定。在城市建成区内，CNG 加气母站储气设施的总容积不应超过 120m^3；CNG 常规加气站储气设施的总容积不应超过 30m^3；CNG 加气子站设置有固定储气设施时，停放的车载储气瓶组拖车不应多于 1 辆，站内固定储气设施采用储气井时，其总容积不应超过 18m^3。若 CNG 加气子站内无固定储气设施，站内可停放不超过两辆车载储气瓶组拖车。CNG 常规加气站可采用 LNG 储罐作补充气源，LNG 储罐容积、CNG 储气设施的总容积和加气站的等级划分应符合《消防安全技术实务》表 4-5-3。

(4) **LNG 加气站、L-CNG 加气站、LNG 和 L-CNG 加气合建站**的等级划分见《消防安全技术实务》表 4-5-3。

(5) **LNG 加气站与 CNG 常规加气站或 CNG 加气子站的合建站**的等级划分见《消防安全技术实务》表 4-5-4。

(6) **加油和 LPG 加气合建站**的等级分类。加油和 LPG 加气合建站按汽油、柴油储存罐和 LPG 储气罐的容积划分为三个等级。加油和 LPG 加气合建站的等级划分见《消防安全技术实务》表 4-5-5。

(7) **加油和 CNG 加气合建站**的等级分类。加油和 CNG 加气合建站按汽油、柴油储存罐和 CNG 储气设施的总容积划分为三个等级。加油和 CNG 加气合建站的等级划分见《消防安全技术实务》表4-5-6。

(8) **加油与LNG加气、L-CNG加气、LNG/L-CNG加气以及加油与LNG加气和CNG加气合建站**的等级划分。加油与LNG加气、L-CNG加气、LNG/L-CNG加气以及加油与LNG加气和CNG加气合建站按汽油柴油储存罐和LNG储罐、CNG储气设施的容积划分为三个等级，具体划分见《消防安全技术实务》表4-5-7。

(9) **CNG车载储气瓶组拖车**。作为站内储气设施使用的CNG车载储气瓶组拖车，其单车储气瓶组的总容积不应大于24m³。

第二节　加油加气站的火灾危险性及其特点

一、加油站的火灾危险性【S4050201】

加油站火灾事故，按其发生的原因不同可分为**作业事故**和**非作业事故**两大类。

(1) 作业事故。作业事故主要发生在**卸油**、**量油**、**加油**和**清罐**环节，这四个环节都使油品暴露在空气中。如果在作业中违反操作程序，使油品或油品蒸气在空气中与火源接触，就会导致爆炸燃烧事故的发生。①卸油时发生火灾。加油站火灾事故的60%~70%发生在**卸油**作业中。常见事故如下：**油罐满溢**、**油品滴漏**、**静电起火**、**卸油中遇明火**。②量油时发生火灾。油罐车送油到站后未待静电消除就开盖量油，将引起静电起火。③加油时发生火灾。目前，国内大部分加油站未采用密封加油技术，加油时，大量油蒸气外泄，或因操作不当而使油品外溢，都可能在加油口附近形成一个爆炸危险区域。④清罐时发生火灾。在加油站油罐清洗作业时，油罐内的油蒸气和沉淀物无法彻底清除，残余油蒸气遇到静电、摩擦和电火花等都可能导致火灾。

(2) 非作业事故。加油站非作业事故可分为**与油品相关的火灾**和**非油品火灾**。

1) 与油品相关的火灾主要有：①**油蒸气沉淀**；②**油罐、管道渗漏**；③**雷击**。

2) **非油品火灾**主要有：①电气火灾。电气老化、绝缘破损、线路短路、私拉乱接电线、超负荷用电、过载、接线不规范、发热、电器使用管理不当等原因引起火灾。②明火管理不当，生产、生活用火失控，引燃站房。③站外火灾蔓延殃及站内。

二、加气站的火灾危险性【S4050202】

加气站的火灾危险性有：①**泄漏引发事故**。②**高压运行危险性大**。压缩天然气加气站技术要求储气设施的工作压力为25MPa，加气机额定工作压力为20MPa，压缩天然气钢瓶的运行压力为16~20MPa，是目前国内可燃气体的最高压力储存容器。液化石油气储罐的设计压力不应小于1.77MPa，阀门及附件系统的设计压力不应小于2.5MPa。③**天然气质量差带来危险**。④**存在多种引火源**。⑤**作业事故带来危险**。

第三节　加油加气站的防火设计要求

一、加油加气站站址选择及防火间距【S4050301】

加油加气站的站址选择，应符合城乡规划、环境保护和防火安全的要求，并应选在交通便利的地方。在**城市建成区**不宜建一级加油站、一级加气站、一级加油加气合建站、CNG 加气母站。在**城市中心区**不宜建一级加油站、一级加气站、一级加油加气合建站、CNG 加气母站。城市建成区内的加油加气站，宜靠近城市道路，但不宜选在城市干道的交叉路口附近。加油加气站与站外建构筑物常见的防火间距，见《消防安全技术实务》表 4-5-8 和表 4-5-9。

二、加油加气站平面布局要求【S4050302】

（1）车辆入口和出口应**分开设置**。

（2）站区内停车位和道路应符合下列规定：①站内车道或停车位宽度应按车辆类型确定。CNG 加气母站内单车道或单车停车位宽度，不应小于 4.5m，双车道或双车停车位宽度不应小于 9m；其他类型加油加气站的车道或停车位，单车道或单车停车位宽度不应小于 4m，双车道或双车停车位宽度不应小于 6m。②站内的道路转弯半径应按行驶车型确定，且不宜小于 9m。③站内停车位应为平坡，道路坡度不应大于 8%，且宜坡向站外。④加油加气作业区内的停车位和道路路面不应采用沥青路面。

（3）在**加油加气合建站**内，宜将柴油罐布置在 LPG 储罐或 CNG 储气瓶（组）、LNG 储罐与汽油罐之间。

（4）**加油加气作业区**内，不得有“明火地点”或“散发火花地点”。

（5）柴油尾气处理液加注设施的布置，应符合下列规定：①不符合防爆要求的设备，应布置在爆炸危险区域之外，且与爆炸危险区域边界线的距离不应小于 3m。②符合防爆要求的设备，在进行平面布置时可按加油机对待。

（6）电动汽车充电设施应布置在**辅助服务区**内。

（7）加油加气站的变配电间或室外变压器应布置在爆炸危险区域之外，且与爆炸危险区域边界线的距离不应小于 3m。变配电间的起算点应为门窗等洞口。

（8）站房可布置在**加油加气作业区**内。

（9）加油加气站内设置的经营性餐饮、汽车服务等非站房所属建筑物或设施，不应布置在加油加气作业区内。经营性餐饮、汽车服务等设施内设置明火设备时，则应视为“明火地点”或“散发火花地点”。其中，对加油站内设置的燃煤设备不得按设置有油气回收系统折减距离。

（10）加油加气站内的爆炸危险区域，不应超出站区围墙和可用地界线。

（11）加油加气站的工艺设备**与站外建（构）筑物之间**，宜设置高度不低于 2.2m 的不燃烧体实体围墙。当加油加气站的工艺设备与站外建（构）筑物之间的距离大于《消防安全技术实务》表 4-5-8 和表 4-5-9 中防火间距的 1.5 倍，且大于 25m 时，可设置非实体围墙。面向车辆入口和出口道路的一侧可设非实体围墙或不设围墙。

（12）加油加气站内设施之间的防火距离，不应小于《消防安全技术实务》表 4-5-10-1 和表 4-5-10-2 中的规定。

（13）加油加气作业区与辅助服务区之间应有界线标识。

三、加油加气站建筑防火通用要求【S4050303】

通用要求如下：①加油加气站内的站房及其他附属建筑物的**耐火等级**不应低于二

级。当罩棚顶棚的承重构件为钢结构时，其耐火极限可为0.25h，罩棚顶棚其他部分应采用不燃烧体建造。②**加气站、加油加气合建站内建筑物的门、窗**应向外开。有爆炸危险的建筑物，应采取泄压措施。加油加气站内，爆炸危险区域内的房间的地坪应采用不发火花地面并采取通风措施。③**加油加气站站房**可由办公室、值班室、营业室、控制室、变配电间、卫生间和便利店等组成，站房内可设非明火餐厨设备。站房可与设置在辅助服务区内的餐厅、汽车服务、锅炉房、厨房、员工宿舍等合建，但站房与上述设施之间，应设置无门窗洞口且耐火极限不低于3.00h的实体墙。液化石油气加气站内不应种植树木和易造成可燃气体积聚的其他植物。④**加油岛、加气岛及汽车加油、加气场地**宜设罩棚，罩棚应采用非燃烧材料制作，其有效高度不应小于4.5m。罩棚边缘与加油机或加气机的平面距离不宜小于2m。⑤锅炉宜选用额定供热量不大于140kW的小型锅炉。当采用燃煤锅炉时，宜选用具有除尘功能的自然通风型锅炉。锅炉烟囱出口应高出屋顶2m及以上，且应采取防止火星外逸的有效措施。当采用燃气热水器采暖时，热水器应设有排烟系统和熄火保护等安全装置。⑥站内地面雨水可散流排出站外。当雨水有明沟排到站外时，在排出围墙之前，应设置水封装置。清洗油罐的污水应集中收集处理，不应直接进入排水管道。液化石油气罐的排污（排水）应采用活动式回收桶集中收集处理，严禁直接接入排水管道。⑦加油加气站的电力线路宜采用**电缆并直埋敷设**。电缆穿越行车道部分，应穿钢管保护。当采用电缆沟敷设电缆时，加油加气作业区内的电缆沟内必须充砂填实。电缆不得与油品、液化石油气和天然气管道、热力管道敷设在同一沟内。⑧钢制油罐、液化石油气储罐、液化天然气储罐和压缩天然气储气瓶组必须进行**防雷接地**，接地点不应少于两处。当加油加气站的站房和罩棚需要防直击雷时，应采用避雷带（网）保护。地上或管沟敷设的油品、液化石油气和天然气管道的始、末端和分支处应设防静电和防感应雷的联合接地装置。加油加气站的汽油罐车、液化石油气罐车和液化天然气罐车卸车场地，应设罐车卸车或卸气时用的防静电接地装置，并应设置能检测跨接线及监视接地状态的静电接地仪。

四、汽车加油站的建筑防火要求【S4050304】

建筑防火要求如下：①除撬装式加油装置所配置的防火防爆油罐外，加油站的汽油罐和柴油罐应埋地设置，严禁设在**室内或地下室内**。②**汽车加油站的储油罐**，应采用卧式油罐，油罐应采用钢制人孔盖，人孔应设操作井。设在行车道下面的人孔井应采用加油站车行道下专用的密闭井盖和井座。③**汽油罐与柴油罐的通气管**应分开设置，通气管管口高出地面不应小于4m，沿建（构）筑物的墙（柱）向上敷设的通气管，其管口应高出建筑物的顶面1.5m以上。通气管管口应设阻火器，当加油站设油气回收系统时，汽油罐的通气管管口除应装设阻火器外，还应装设呼吸阀。④加油机不得设在室内，位于加油岛端部的加油机附近应设**防撞柱（栏）**，其高度不应小于0.5m。⑤油罐车卸油必须采用**密闭**方式。加油站内的工艺管道除必须露出地面的以外，均应埋地敷设。当采用管沟敷设时，管沟必须用中性沙子或细土填满、填实。工艺管道不应穿过或跨越站房等与其无直接关系的建（构）筑物，与管沟、电缆沟和排水沟交叉时，应采取相应的防护措施。⑥撬装式加油装置可用于政府有关部门许可的企业自用、临时或特定场所。

五、液化石油气加气站的建筑防火要求【S4050305】

液化石油气加气站的建筑防火要求如下：①液化石油气罐严禁设在**室内或地下室内**。在加油加气合建站和城市建成区内的加气站，液化石油气罐应埋地设置，且不宜布置在车行道下。当液化石油气加气站采用地下储罐池时，罐池底和侧壁应采取防渗漏措施。地上储罐的支座应采用钢筋混凝土支座，其耐火极限不应低于5.00h。加气机不得设在室内。②液化石油气储罐的**进液管、液相回流管和气相回流管上应设止回阀**。出液管和卸车用的气相平衡管上宜设过流阀。止回阀和过流阀宜设在储罐内。储罐必须设置全启封闭式弹簧安全阀。安全阀与储罐之间的管道上应装设切断阀。地上储罐放散管管口应高出储罐操作平台2m及以上，且应高出地面5m及以上。地下储罐的放散管管口应高出地面2.5m及以上。放散管管口应设有防雨罩。在储罐外的排污管上应设两道切断阀，阀间宜设排污箱。③液化石油气储罐必须设置就地指示的**液位计、压力表和温度计以及液位上、下限报警装置**，储罐宜设置液位**上限限位控制和压力上限报警装置**。④液化石油气压缩机进口管道应设**过滤器**。出口管道应设**止回阀**和**安全阀**。进口管道和储罐的气相之间应设旁通阀。连接槽车的液相管道和气相管道上应设拉断阀。加气机的液相管道上宜设事故切断阀或过流阀。事故切断阀、过流阀及加气机附近应设防撞柱（栏）。⑤加气站和加油加气合建站应设置**紧急切断系统**。液化石油气罐的出液管道和连接槽车的液相管道上应设紧急切断阀。紧急切断阀宜为气动阀。紧急切断系统至少应能在距卸车点5m以内、在控制室或值班室内和在加气机附近工作人员容易接近的位置启动。

六、压缩天然气加气站的建筑防火要求【S4050306】

①压缩天然气加气站的储气瓶（储气井）间宜采用**开敞式或半开敞式**钢筋混凝土结构或钢结构。屋面应采用非燃烧轻质材料制作。压缩天然气加气站的压缩机房宜采用单层开敞式或半开敞式建筑，净高不宜低于4m；屋面应为不燃烧材料的轻型结构。②压缩机出口与第一个截断阀之间应设安全阀，压缩机进、出口应设高、低压报警和高压越限停机装置。压缩机组的冷却系统应设温度报警及停车装置。压缩机组的润滑油系统应设低压报警及停机装置。压缩机的卸载排气不得对外放散。压缩机排出的冷凝液应集中处理。③加气站内压缩天然气的储气设施宜选用**储气瓶或储气井**。储气瓶组或储气井与站内汽车通道相邻一侧，应设安全防撞栏或采取其他防撞措施。④加气机不得设在室内。加气机的进气管道上宜设置**防撞事故自动切断阀**。加气机的加气软管上应设拉断阀。加气机附近应设防撞柱（栏）。⑤天然气进站管道上应设**紧急截断阀**。手动紧急截断阀的位置应便于发生事故时能及时切断气源。储气瓶组（储气井）进气总管上应设安全阀及紧急放散管、压力表及超压报警器。每个储气瓶（井）出口应设截止阀。储气瓶组（储气井）与加气枪之间应设储气瓶组（储气井）截断阀、主截断阀、紧急截断阀和加气截断阀。⑥加气站内的天然气管道和储气瓶组应设置**泄压保护装置**，泄压保护装置应采取防塞和防冻措施。不同压力级别系统的放散管宜分别设置。放散管管口应高出设备平台2m及以上，且应高出所在地面5m及以上。

七、LNG和L-CNG加气站的建筑防火要求【S4050307】

（1）**在城市中心区内**，各类LNG加气站应采用埋地LNG储罐、地下LNG储罐或半地下 LNG 储罐。

(2) **非 LNG 撬装设备**的地上 LNG 储罐等设备的设置，应符合下列规定：①LNG 储罐之间的净距不应小于相邻较大罐的直径的1/2，且不应小于2m。②LNG 储罐组四周应设**防护堤**，堤内的有效容量不应小于其中 1 个最大 LNG 储罐的容量。防护堤内地面应至少低于周边地面 0.1m，防护堤顶面应至少高于堤内地面 0.8m，且应至少高出堤外地面 0.4m。防护堤内堤脚线至 LNG 储罐的外壁净距不应小于 2m。防护堤应采用不燃烧实体材料建造，应能承受所容纳液体的静压及温度变化的影响，且不应渗漏。防护堤的雨水排放口应有封堵措施。③防护堤内不应设置其他可燃液体储罐、CNG 储气瓶（组）或储气井。非明火汽化器和 LNG 泵可设置在防护堤内。

(3) **箱式 LNG 撬装设备**应符合下列规定：①LNG 撬装设备的主箱体内侧应设**拦蓄池**，拦蓄池的有效容量不应小于 LNG 储罐的容量，且拦蓄池侧板的高度不应小于 1.2m，LNG 储罐外壁至拦蓄池侧板的净距不应小于 0.3m。②拦蓄池的底板和侧板应采用耐低温不锈钢材料，并应保证拦蓄池有足够的强度和刚度。③LNG 撬装设备主箱体应包覆撬体上的设备。主箱体侧板高出拦蓄池侧板以上的部位和箱顶应设置百叶窗，百叶窗应能有效防止雨水淋入箱体内部。④LNG 撬装设备的主箱体应采取通风措施，并符合有关规范的规定。箱体材料应为金属材料，不得采用可燃材料。

(4) 地下或半地下 LNG 储罐宜采用**卧式储罐**，并应安装在罐池中。罐池应为不燃烧实体防护结构，能承受所容纳液体的静压及温度变化的影响，且不应渗漏。储罐的外壁到罐池内壁的距离不应小于 1m，同池内储罐的间距不应小于 1.5m。罐池深度大于或等于 2m 时，池壁顶高出罐池外地面不应小于 1m，当池壁顶高出罐池外地面 1.5m 及以上时，池壁可设置用不燃烧材料制作的实体门。半地下 LNG 储罐的池壁顶应至少高出罐顶 0.2m。储罐应采取抗浮措施。储罐基础的耐火极限不应低于 3.00h。

(5) **加气机**不得设置在室内。加气机附近应设置防撞(柱)栏,其高度不应小于 0.5m。

(6) 当 LNG 管道需要采用封闭管沟敷设时，管沟应采用中性沙子填实。

八、消防设施-灭火器材配置【S4050308】

加油加气站工艺设备应配置灭火器材，并应符合下列规定：①**每两台加气机**应配置不少于两具 4kg 手提式干粉灭火器，加气机不足两台应按两台配置。②**每两台加油机**应配置不少于两具 4kg 手提式干粉灭火器，或 1 具 4kg 手提式干粉灭火器和 1 具 6L 泡沫灭火器。加油机不足两台应按两台配置。③**地上 LPG 储罐、地上 LNG 储罐、地下和半地下 LNG 储罐、CNG 储气设施**，应配置两台不小于 35kg 推车式干粉灭火器。当两种介质储罐之间的距离超过 15m 时，应分别配置。④**地下储罐**应配置 1 台不小于 35kg 推车式干粉灭火器。当两种介质储罐之间的距离超过 15m 时，应分别配置。⑤**LPG 泵和 LNG 泵、压缩机操作间（棚）**，应按建筑面积每 $50m^2$ 配置不少于两具 4kg 手提式干粉灭火器。⑥**一、二级加油站**应配置灭火毯 5 块、沙子 $2m^3$；三级加油站应配置灭火毯不少于 2 块、沙子 $2m^3$。加油加气合建站应按同级别的加油站配置灭火毯和砂子。

九、消防给水设施【S4050309】

(1) **液化石油气加气站、加油和液化石油气加气合建站**应设消防给水系统。

（2）液化石油气加气站、加油和液化石油气加气合建站消防给水系统的设计应符合下列要求。①消防给水宜利用**城市或企业已建的消防给水系统**，当已有给水系统不能满足消防给水的要求时，应自建消防给水系统。②消防给水管道可与站内的生产、生活给水管道合并设置，但应保证消防用水量的要求。消防水量应按固定式冷却水量和移动水量之和计算。③液化石油气加气站采用**地上储罐**的，消火栓消防用水量不应小于 20L/s，连续给水时间不应小于 3h；采用**埋地储罐**的，一级站消火栓消防用水量不应小于 15L/s，二、三级站消火栓消防用水量不应小于 10L/s，连续给水时间不应小于 lh。④总容积超过 $50m^3$ 的地上储罐应设置固定式消防冷却水系统，其冷却水供给强度不应小于 0. 15L/(m^2·s)，着火罐的供水范围应按其全部表面积计算，距着火罐直径与长度之和 0. 75 倍范围内的相邻储罐的供水范围，可按相邻储罐表面积的一半计算。⑤液化石油气加气站、加油和液化石油气加气合建站利用城市消防给水管道时，室外消火栓与液化石油气储罐的距离宜为 30～50m。三级站的液化石油气罐距市政消火栓不大于 80m，且市政消火栓给水压力大于 0. 2MPa 时，可不设室外消火栓。⑥消防水泵宜设两台。当设两台消防水泵时，可不设备用泵。当计算消防用水量超过 35L/s 时，消防水泵应设双动力源。⑦固定式消防喷淋冷却水的喷头出口处给水压力不应小于 0. 2MPa。移动式消防水枪出口处给水压力不应小于 0. 2MPa，并应采用多功能水枪。

（3）设置有地上 LNG 储罐的一、二级 LNG 加气站和地上 LNG 储罐总容积大于 $60m^3$ 的合建站应设消防给水系统。一级站消火栓消防用水量不小于 20L/s，二级站不小于 15L/s，连续给水时间为 2h。

（4）符合下列条件之一的，**可不设消防给水系统**。①加油站、CNG 加气站、三级 LNG 加气站和采用埋地、地下和半地下 LNG 储罐的各级 LNG 加气站及合建站。②合建站中地上 LNG 储罐总容积不大于 $60m^3$。③LNG 加气站位于市政消火栓保护半径 150m 以内，且能满足一级站供水量不小于 20L/s 或二级站供水量不小于 15L/s。④LNG 储罐之间的净距不小于 4m，且在 LNG 储罐之间设置耐火极限不低于 3. 00h 的钢筋混凝土防火隔墙。防火隔墙顶部高于 LNG 储罐顶部，长度至两侧防护堤，厚度不小于 200mm。⑤LNG 加气站位于城市建成区以外，且为严重缺水地区；LNG 储罐、放散管、储气瓶（组）、卸车点与站外建（构）筑物的安全距不小于现行国家标准《汽车加油加气站设计与施工规范（2014 年版）》（GB 50156—2012）所规定安全距离的 2 倍；LNG 储罐之间的净距不小于 4m 灭火器的配置数量在现行国家标准《汽车加油加气站设计与施工规范（2014 年版）》（GB 50156—2012）规定的基础上增加 1 倍。

十、火灾报警系统【S4050310】

加气站、加油加气合建站应设置**可燃气体检测报警系统**。加气站、加油加气合建站内设置有 LPG 设备、LNG 设备的场所和设置有 CNG 设备（包括罐、瓶、泵、压缩机等）的房间内、罩棚下，应设置**可燃气体检测器**。可燃气体检测器一级报警设定值应小于或等于可燃气体爆炸下限的 25%。LPG 储罐和 LNG 储罐应设置液位上限、下限报警装置和压力上限报警装置。报警控制器宜集中设置在控制室或值班室内。报警系统应配有**不间断电源**。可燃气体检测器和报警器的选用和安装，应符合现行国家标准《石油化工可燃气体和有毒气体检测报警设计规范》（GB 50493—2009）的有关规定。LNG 泵应设**超温、超压自**

动停泵保护装置。

十一、供配电要求【S4050311】

供配电要求如下：①加油加气站的供电负荷等级可为三级，信息系统应设不间断供电电源。②加油站、LPG 加气站、加油和 LPG 加气合建站的供电电源，宜采用电压为 380/220V 的外接电源；CNG 加气站、LNG 加气站、L-CNG 加气站、加油和 CNG（或 LNG、L-CNG）加气合建站的供电电源，宜采用电压为 6/10kV 的外接电源。加油加气站的供电系统应设独立的计量装置。③加油站、加气站及加油加气合建站的消防泵房、罩棚、营业室、LPG 泵房、压缩机间等处，均应设事故照明。④当引用外电源有困难时，加油加气站可设置小型内燃发电机组。内燃机的排烟管口应安装阻火器。排烟管口至各爆炸危险区域边界的水平距离应符合下列规定：排烟口高出地面 4.5m 以下时，不应小于 5m；排烟口高出地面 4.5m 及以上时，不应小于 3m。⑤加油加气站的电力线路宜采用电缆并直埋敷设。电缆穿越行车道部分应穿钢管保护。⑥当采用电缆沟敷设电缆时，加油加气作业区内的电缆沟内必须充砂填实。电缆不得与油品、LPG、LNG 和 CNG 管道以及热力管道敷设在同一沟内。⑦加油加气站内爆炸危险区域以外的照明灯具可选用非防爆型。罩棚下处于非爆炸危险区域的灯具，应选用防护等级不低于 IP44 级的照明灯具。

十二、防雷、防静电【S4050312】

（1）钢制油罐、LPG 储罐、LNG 储罐和 CNG 储气瓶组必须进行防雷接地，接地点不应少于两处。CNG 加气母站和 CNG 加气子站的车载 CNG 储气瓶组拖车停放场地，应设两处临时用固定防雷接地装置。

（2）加油加气站的电气接地应符合下列规定。①防雷接地、防静电接地、电气设备的工作接地、保护接地及信息系统的接地等，宜共用接地装置，其接地电阻应按其中要求最小的接地电阻值确定。②当各自单独设置接地装置时，油罐、LPG 储罐、LNG 储罐和 CNG 储气瓶组的防雷接地装置的接地电阻、配线电缆金属外皮两端和保护钢管两端的接地装置的接地电阻，不应大于 10Ω，电气系统的工作和保护接地电阻不应大于 4Ω，地上油品、LPG、CNG 和 LNG 管道始、末端和分支处的接地装置的接地电阻，不应大于 30Ω。

（3）当 LPG 储罐的阴极防腐符合下列规定时，可不另设防雷和防静电接地装置。①LPG储罐采用牺牲阳极法进行阴极防腐时，牺牲阳极的接地电阻不应大于 10Ω，阳极与储罐的铜芯连线横截面不应小于 $16mm^2$。②LPG 储罐采用强制电流法进行阴极防腐时，接地电极应采用锌棒或镁锌复合棒，其接地电阻不应大于 10Ω，接地电极与储罐的铜芯连线横截面不应小于 $16mm^2$。

（4）埋地钢制油罐、埋地 LPG 储罐和埋地 LNG 储罐，以及非金属油罐顶部的金属部件和罐内的各金属部件，应与非埋地部分的工艺金属管道相互做电气连接并接地。

（5）加油加气站内油气放散管在接入全站共用接地装置后，可不单独做防雷接地。

（6）当加油加气站内的站房和罩棚等建筑物需要防直击雷时，应采用避雷带（网）保护。当罩棚采用金属屋面时，宜采用屋面作为接闪器，但应符合下列规定：①板间的连接应是持久的电气贯通，可采用铜锌合金焊、熔焊、卷边压接、缝接、螺钉或螺栓连接。

②金属下面不应有易燃物品，热镀锌钢板的厚度不应小于0.5mm，铝板的厚度不应小于0.65mm，锌板的厚度不应小于0.7mm。③金属板应无绝缘被覆层（薄的油漆保护层、1mm厚沥青层或0.5mm厚聚氯乙烯层均不属于被覆层）。

（7）加油加气站的信息系统应采用铠装电缆或导线穿钢管配线。配线电缆金属外皮两端、保护钢管两端均应接地。

（8）加油加气站信息系统的配电线路首、末端与电子器件连接时，应装设与电子器件耐压水平相适应的过电压（电涌）保护器。

（9）380/220V供配电系统宜采用TN-S系统，当外供电源为380V时，可采用TN-C-S系统。供电系统的电缆金属外皮或电缆金属保护管两端均应接地，在供配电系统的电源端应安装与设备耐压水平相适应的过电压（电涌）保护器。

（10）地上或管沟敷设的油品管道、LPG管道、LNG管道和CNG管道，应设防静电和防感应雷的共用接地装置，其接地电阻不应大于30Ω。

（11）加油加气站的汽油罐车、LPG罐车和LNG罐车卸车场地，应设卸车或卸气时用的防静电接地装置，并应设置能检测跨接线及监视接地装置状态的静电接地仪。

（12）在爆炸危险区域内工艺管道上的法兰、胶管两端等连接处，应用金属线跨接。当法兰的连接螺栓不少于5根时，在非腐蚀环境下可不跨接。

（13）油罐车卸油用的卸油软管、油气回收软管与两端快速接头，应保证可靠的电气连接。

（14）采用导静电的热塑性塑料管道时，导电内衬应接地；采用不导静电的热塑性塑料管道时，不埋地部分的热熔连接件应保证长期可靠地接地，也可采用专用的密封帽将连接管件的电熔插孔密封，管道或接头的其他导电部件也应接地。

（15）油品罐车、LPG罐车、LNG罐车卸车场地内用于防静电跨接的固定接地装置，不应设置在爆炸危险1区。

（16）防静电接地装置的接地电阻不应大于100Ω。

第六章　发电厂与变电站防火

第一节　发电厂分类

发电厂分类【S4060101】

现在的发电厂按照**发电途径**的不同可分为多种类型，主要有：①**火力发电厂**。火力发电的发电机组有两种主要形式：**汽轮发电机组、燃气轮机发电机组**。②**水力发电厂**。水电厂按**电厂结构及水能开发方式**分类有引水式、堤坝式、混合式水电厂；按**电厂厂房布置位置**分类有坝后式、坝内式水电厂；按**主机布置方式**分类有地面式、地下式水电站；按**电厂性能及水流调节程度**分类有径流式、水库式水电厂。其中，水库式水电厂按**水库调节性能**又可分为日调节式、年调节式、多年调节式水电厂三类。③**核能发电厂**。根据核反应堆的类型，核电站可分为**压水堆式、沸水堆式、气冷堆式、重水堆式、快中子增殖堆式**等。④**风力发电厂**。除以上常见的四类发电厂外，其他的还有地热发电厂、潮汐发电厂、太阳能发电厂等。目前，我国的发电厂主要是燃煤机组火力发电厂，占总装机容量的80%以上，其次是水电、核电，约占15%左右，其余5%是风能、太阳能和生物质能（即燃烧秸秆）发电。

第二节　火力发电厂的火灾危险性

火力发电厂的火灾危险性【S4060201】

火力发电厂的火灾危险性主要有以下几个方面：**煤的自燃、锅炉爆燃、油料泄漏、氢气泄漏、液氧泄漏、电气设备与线缆起火**。

第三节　火力发电厂的防火设计要求

火力发电厂的防火设计要求【S4060301】

火力发电厂防火设计的主要内容包括**总平面、建筑耐火构造、安全疏散、建筑内部装修、采暖、通风、空气调节系统、防排烟系统、火灾探测报警系统、灭火系统、消防供电系统、消防应急照明系统设计**等方面。

（1）总平面防火设计要求。总平面设计的关键在于**合理划定重点防火区域**。**主厂房**是火力发电厂生产的核心，围绕主厂房应划分为一个重点防火区域；**室外配电装置区**内多为带油电气设备，其安全运行是火力发电厂及电网安全运行的重要保证，应划分为一个重点防火区域；**点火油罐**一般储存可燃油品，火灾概率较大，为一个重点防火区域；按生产过程中的火灾危险性划分，**乙炔站、制氢站**为甲类，**制氧站**为乙类，各为一个重点防火区域；**储煤场**常有自燃现象，尤其是褐煤，自燃现象较严重，为一个重点防火区域；**消防水泵房**是全厂的消防中枢，为一个重点防火区域；**火力发电厂的材料库及棚库**是储存物品的场所，同生产车间有所区别，为一个重点防火区域。

(2) 耐火构造设计要求。火力发电厂主厂房（包括汽轮发电机房、除氧间、煤仓间和锅炉房），其生产过程中的火灾危险性为丁级，要求厂房的建筑构件的耐火等级为二级。建筑构件允许采用难燃烧材料（难燃烧体），但耐火极限不应低于0.75h。管道井、电缆井、排气道、垃圾道等竖向管井必须独立建造，其井壁应为耐火极限不低于1.00h的不燃烧体。根据防火分区划分合理设置防火墙，在防火墙上不应设门、窗、洞口；如必须开设，则应设耐火极限不低于1.50h的防火门窗。

(3) 安全疏散设计要求。主厂房按汽机房与除氧间、锅炉房与煤仓间、集中控制楼三个车间划分。为保证人员的安全疏散，每个车间应有不少于两个安全出口；在某些情况下，特别是地下室可能有一定困难，两个出口可有一个通至相邻车间。主厂房集中控制室是火力发电厂生产运行管理指挥中心，人员比较集中，为保证人员安全疏散，应有两个安全出口（当建筑面积小于$60m^2$时可设1个）。集中控制楼至少应设置1个通至各层的封闭楼梯间。主厂房的运煤胶带层较长，一般在固定端和扩建端都有楼梯，中间楼梯往往不易通至胶带层，因此要求有通至锅炉房或除氧间、汽机房屋面的出口，以保证人员能安全疏散，配电装置室内最远点到疏散出口的直线距离不应大于15m。卸煤装置和翻车机室地下室火灾危险性属丙类，为安全起见，要求两个安全出口通至地面。运煤系统中，地下构筑物有一端与地道相通，为保证人员安全疏散，要求在尽端设一通至地面的安全出口。

(4) 建筑内部装修防火设计要求。各类控制室、电子计算机室、通信室的墙面、顶棚装修使用A级材料，地面及其他装修使用B1级材料。其他建筑物，有安全疏散功能的楼梯间等的墙面和顶棚的装修材料采用A级，地面采用B1级材料。在火力发电厂运煤系统中，除尘系统的风道与部件以及室内采暖系统的管道、管件及保温材料应采用A级材料；空气调节系统的风道及其附件应采用A级材料，保温材料应采用A级材料或B1级材料。

(5) 采暖、通风、空气调节系统防火设计要求。火力发电厂应根据采暖、通风、空气调节设备各自性能和适用范围合理地选择产品类型，并分别说明其火灾危险性及其防火要求。蓄电池室、供氢站、供（卸）油泵房、油处理室、汽车库及运煤（煤粉）系统建（构）筑物严禁采用明火取暖。氢冷发电机的排气必须接至室外；配电装置室、油断路器室应设置事故排风机；变压器室通风系统应与其他通风系统分开，变压器室之间的通风系统不应合并；蓄电池室送风设备和排风设备不应布置在同一风机室内；空气调节系统的送回风管道，在穿越重要房间或火灾危险性大的房间时应设置防火阀；蓄电池室、油系统、联氨间、制氢间以及氢冷式发电机组汽机房的电气设施均应采用防爆型。

(6) 防排烟系统防火设计要求。火力发电厂在进行平面设计时需合理划分防火、防烟分区，并根据建筑的规模和使用功能等因素，合理采用防排烟方式，合理选用防排烟风机（用于排烟的风机主要有离心风机和轴流风机两种，必要时选用耐高温的专用轴流风机）。计算机室、控制室、电子设备间应设排烟设施。机械排烟系统的排烟量可按房间换气次数每小时不小于6次计算。防排烟设备的电气控制，应包括对排烟口、送（排）风机和活动式挡烟垂壁等的控制，同时对与防排烟有关的防火门和防火阀等联动设备进行控制。

（7）火灾自动报警系统设计要求。消防控制室应与单元控制室或主控制室合并设置。根据火力发电厂的特点，一般机组容量为200MW及以上发电厂的火灾报警区域的设置：每台机组为一个火灾报警区域；网络控制楼、微波楼和通信楼为一个火灾报警区域；运煤系统为一个火灾报警区域，且火灾探测器及相关连接件应为防水型；点火油罐区为一个火灾报警区域，且火灾探测器及相关连接件应为防爆型。消防报警的音响应有别于所在处的其他音响，当火灾确认后，应能够将生产广播切换到火灾应急广播。

（8）灭火系统设计要求。目前，对于机组容量为300MW及以上的燃煤电厂，其火灾危险性较大的重点部位和设施以及对发电至关重要的场所，通常采用的灭火系统形式如下：①自动喷水与水喷雾灭火系统。适用于汽轮机油箱、电液装置（抗燃油除外）、氢密封油装置汽机运转层下及中间层油管道、给水泵油箱（抗燃油除外）、汽机储油箱（主厂房内）、锅炉本体燃烧器、磨煤机润滑油箱、回转式空气预热器（本体内消防，由其制造厂提供）、电缆夹层、主变压器、启动/备用变压器、高压厂用变压器、封闭式运煤栈桥或运煤隧道（燃用褐煤或易自燃高挥发分煤种）、煤仓间带式输送机层、柴油发电机室及油箱。当运煤系统建筑物设有闭式自动喷水灭火系统时，宜采用**快速响应喷头**。当在寒冷地区设置室外变压器水喷雾灭火系统和油罐固定冷却水系统时，应设置**管路放空设施**。②气体灭火系统。集中控制楼内的单元控制室、电子设备间、电气继电器室、DCS工程师站房或计算机房、原煤仓、煤粉仓（无烟煤除外）（惰化），宜采用组合分配气体灭火系统，灭火剂宜设100%备用。③泡沫灭火系统。点火油罐区宜采用低倍数或中倍数泡沫灭火系统，其中，单罐容量大于200m^3的油罐应采用固定式泡沫灭火系统，单罐容量小于200m^3的油罐可采用移动式泡沫灭火系统。

（9）消防供电系统设计要求。消防自动报警系统内有计算机，对供电质量要求较高，中央消防控制盘和火灾自动报警设备一般都布置在单元控制室内，可与热工控制装置联合供电。自动灭火系统、与消防有关的电动阀门及交流控制负荷，当单台发电机容量为200MW及以上时应按保安负荷供电；当单机容量为200MW以下时应按Ⅰ类负荷供电。消防水泵是全厂消防水系统的核心，其动力必须得到保证，单机容量为25MW以上的火力发电厂应按Ⅰ类负荷供电，单机容量为25MW及以下的火力发电厂应按Ⅱ类负荷供电。当上级电源某段母线发生故障时，为保证消防用电设备仍能保持一路电源供电；当消防用电设备采用双电源或双回路供电时，它应在最末一级配电箱处切换。消防用电设备配线是在火灾发生期间使用的，设计与敷设必须安全可靠，宜采用耐火配线或耐热配线。当采用双电源或双回路供电有困难时，应采用柴油发电机作为备用电源。

（10）消防应急照明系统设计要求。人员疏散的应急照明，在主要通道地面上的最低照度值，不应低于1.0lx。单机容量为200MW及以上的发电厂，由于有交流事故保安电源，因此发生交流厂用电停电事故时，除有蓄电池组对照明负荷供电外，还有条件利用交流事故保安电源供电。为了尽量减少事故照明回路对直流系统的影响，保证大机组控制、保护、自动装置等回路能安全可靠地运行，对200MW及以上机组的应急照明，根据生产场所的重要性和供电的经济合理性，采用不同的供电方式。单元控制室、网络控制室及柴油发电机房，应采用蓄电池直流系统供电；主厂房出入口、通道、楼梯间及远离主厂房的重要工作场所，宜采用自带电源的应急灯；其他场所应按保安负荷供电设置应急照明。单机容量为200MW以下燃煤电厂的应急照明，应采用蓄电池直流系统供电。

第四节 变电站的火灾危险性

变电站的火灾危险性【S4060401】

变电站主要分为**升压变电站、主网变电站、二次变电站**和**配电站**。在电力系统中，变电站是输电和配电的集结点，它的特殊作用和要求使其拥有变压器、开关、电缆、电容器等电气设施，这些设施在运行中不仅火灾危险性较大，而且一旦发生火灾，造成的损失大，对供电保障的影响也很大。①**电力变压器**火灾。运行中的变压器发生火灾爆炸的主要原因有以下几个方面：一是绝缘损坏；二是导线接触不良；三是负载短路；四是接触不良；五是雷击产生过电压。②**油断路器**火灾。油断路器的爆炸燃烧原因有以下几个方面：一是油面过低；二是油箱内的油面过高；三是油的绝缘强度劣化，杂质或水分过多；四是操作机构调整不当；五是遮断容量小；六是其他原因。③**电缆**火灾。变电站电缆发生火灾的原因主要来自两个方面，一是电缆本身故障引起着火；二是外界因素引发电缆火灾事故。④**其他原因**引发火灾。变电站除上述电气设备与电缆易发生火灾外，电动机、电焊氧焊机、蓄电池、电容器、主控制室及二次回路、电流互感器、电压互感器等在使用中也可能引发火灾事故。

第五节 变电站的防火设计要求

变电站的防火设计要求【S4060501】

(1) 建筑防火设计要求如下：①设置**带油电气设备**的建（构）筑物与贴邻或靠近该建（构）筑物的其他建（构）筑物之间应设置防火墙，控制室室内装修应采用不燃材料。②**地下变电站**每个防火分区的建筑面积不应大于1000m^2。设置自动灭火系统的防火分区，其防火分区面积可增大1.0倍；当**局部设置**自动灭火系统时，增加面积可按该局部面积的1.0倍计算。③当变电站内建筑的火灾危险性为丙类且建筑的占地面积超过3000m^2时，变电站内的消防车道宜布置成环形；当为**尽端式车道**时，应设回车场地或回车道。

(2) 电气设备与电缆敷设防火设计要求如下：①总油量超过100kg的**室内油浸变压器**，应设置单独的变压器室。②35kV及以下**室内配电装置**当未采用金属封闭开关设备时，其油断路器，油浸电流互感器和电压互感器，应设置在两侧有不燃烧实体墙的间隔内；35kV以上室内配电装置应安装在有不燃烧实体墙的间隔内，不燃烧实体墙的高度不应低于配电装置中带油设备的高度。③室内单台总油量为100kg以上的电气设备，应设置**贮油或挡油设施**。挡油设施的容积宜按油量的20%设计，并应设置将事故油排至安全处的设施；当不能满足上述要求时，应设置能容纳全部油量的贮油设施。室外单台油量为1000kg以上的电气设备，应设置贮油或挡油设施。挡油设施的容积宜按油量的

20%设计，并应设置将事故油排至安全处的设施；当不能满足上述要求且变压器未设置水喷雾灭火系统时，应设置能容纳全部油量的贮油设施。地下变电站的变压器应设置能贮存最大一台变压器油量的事故贮油池。当设置有油水分离措施的总事故贮油池时，其容量宜按最大一个油箱容量的60%确定。贮油或挡油设施应大于变压器外廓每边各1m。贮油设施内应铺设卵石层，其厚度不应小于250mm，卵石直径宜为50~80mm。④电缆从室外进入室内的入口处、电缆竖井的出入口处、电缆接头处、主控制室与电缆夹层之间以及长度超过100m的电缆沟或电缆隧道，均应采取防止电缆火灾蔓延的阻燃或分隔措施。⑤220kV及以上变电站，当电力电缆与控制电缆或通信电缆敷设在同一电缆沟或电缆隧道内时，宜采用**防火槽盒或防火隔板**进行分隔。地下变电站电缆夹层宜采用C类或C类以上的阻燃电缆。

（3）安全疏散设计要求如下：①**变压器室、电容器室、蓄电池室、电缆夹层、配电装置室**的门应向疏散方向开启；当门外为公共走道或其他房间时，该门应采用甲级防火门。②建筑面积超过250m^{2}的**主控通信室、配电装置室、电容器室、电缆夹层**，其疏散出口不宜少于两个，楼层的第二个出口可设在固定楼梯的室外平台处。当配电装置室的长度超过60m时，应增设一个中间疏散出口。③**地下变电站**安全出口数量不应少于两个。地下室与地上层不应共用楼梯间，当必须共用楼梯间时，应在地上首层采用耐火极限不低于2h的不燃烧体隔墙和乙级防火门，将地下或半地下部分与地上部分的连通部分完全隔开，且应有明显标志。地下变电站楼梯间应设乙级防火门，并向疏散方向开启。

（4）消防给水及消防设施设计要求主要分为以下三个方面：1）**消防给水系统**。变电站的规划和设计，应同时设计消防给水系统；变电站同一时间内的火灾次数应按一次确定。当室内消防用水总量大于10L/s时，地下变电站外应设置水泵接合器及室外消火栓。水泵接合器和室外消火栓应有永久性的明显标志。变电站消防给水量应按火灾时一次最大室内和室外消防用水量之和计算。设有消防给水的地下变电站，必须设置消防排水设施。变电站户外配电装置区域（采用水喷雾的主变压器除外）可不设消火栓。2）**灭火系统**。单台容量为125MW及以上的主变压器应设置水喷雾灭火系统、合成型泡沫喷雾系统或其他固定式灭火装置。其他带油电气设备，宜采用干粉灭火器。地下变电站的油浸变压器，宜采用固定式灭火系统。3）**火灾自动报警系统**。变电站中的以下场所和设备应采用火灾自动报警系统：①主控通信室、配电装置室、可燃介质电容器室、继电器室。②地下变电站、无人值班的变电站，其主控通信室、配电装置室、可燃介质电容器室、继电器室应设置火灾自动报警系统，无人值班变电站应将火警信号上传至上级有关单位。③采用固定灭火系统的油浸变压器。④地下变电站的油浸变压器。⑤220kV及以上变电站的电缆夹层及电缆竖井。⑥地下变电站、户内无人值班的变电站的电缆夹层及电缆竖井。

（5）采暖、通风和空气调节系统防火设计要求。地下变电站采暖、通风和空气调节设计应符合下列规定：①所有采暖区域严禁采用明火取暖。②电气配电装置室应设置机械排烟装置。③当火灾发生时，送、排风系统和空调系统应能自动停止运行。当采用气体灭火系统时，穿过防护区的通风或空调风道上的防火阀应能**立即自动关闭**。

（6）消防供电设计要求。变电站的消防供电设计应符合下列规定：①消防水泵、电动阀门、火灾探测报警与灭火系统、火灾应急照明应按**Ⅱ类负荷供电**。②当消防用电设备采用双电源或双回路供电时，应在**最末一级配电箱处**自动切换。③应急照明可采用**蓄电池**作为备用电源，其连续供电时间不应少于 20min。④消防用电设备应采用单独的供电回路，当发生火灾切断生产、生活用电时，仍应保证消防用电，其配电设备应设置明显标志。⑤消防用电设备的配电线路应满足发生火灾时连续供电的需要。

（7）消防应急照明设计要求。变电站火灾应急照明和疏散标志应符合下列规定：①**户内变电站和户外变电站**的主控通信室、配电装置室、消防水泵房和建筑疏散通道应设置应急照明。②**地下变电站**的主控通信室、配电装置室、变压器室、继电器室、消防水泵房、建筑疏散通道和楼梯间应设置应急照明。③地下变电站的疏散通道和安全出口应设置发光疏散指示标志。④人员疏散时使用的应急照明的照度不应低于 0.5lx，继续工作应急照明不应低于正常照明照度值的 10%。⑤应急照明灯宜设置在墙面或顶棚上。

第七章　飞机库防火

第一节　飞机库的分类

飞机库的分类【S4070101】

飞机库可按飞机停放和维修区的**防火分区建筑面积、功能用途**和**维修工艺条件**进行分类。

（1）按防火分区建筑面积分类。飞机库的分类是按飞机停放和维修区每个防火分区建筑面积的大小进行区别对待的原则制定的。①飞机停放和维修区内一个防火分区的建筑面积为 5001～50000m^2 的飞机库为Ⅰ类飞机库。②飞机停放和维修区内一个防火分区的建筑面积大于3001m^2 小于5000m^2 的飞机库为Ⅱ类飞机库。该类型飞机库仅能停放和维修 1～2 架中型飞机。③飞机停放和维修区内一个防火分区的建筑面积等于或小于 3000m^2 的飞机库为Ⅲ类飞机库。该类型只能停放和维修小型飞机。

（2）按功能用途分类。飞机库按功能用途分类可分为**停机库**和**维修库**。

（3）按维修工艺条件分类。飞机库按维修工艺条件可分为**喷漆机库**和**非喷漆机库**。

第二节　飞机库的火灾危险性

飞机库的火灾危险性【S4070201】

飞机库的火灾危险性主要表现在以下几个方面：①**燃油流散遇火源**引发火灾。②**清洗飞机座舱**引发火灾。③**电气系统**引发火灾。④**静电**引发火灾。⑤**人为过失**引发火灾。

第三节　飞机库的防火设计要求

一、总平面布局和平面布局的设计要求【S4070301】

（1）一般规定主要有以下几点：①**危险品库房、装有油浸电力变压器的变电所**不应设置在飞机库内或与飞机库贴邻建造。②**飞机停放和维修区**与其贴邻建筑的生产辅助用房之间的防火分隔措施，应根据生产辅助用房的使用性质和火灾危险性确定：与办公楼、飞机部件喷漆间、飞机座椅维修间、航材库、配电室和动力站等生产辅助用房应隔开，防火墙上的门应采用甲级防火门或耐火极限不低于 3. 00h 的防火卷帘；与单层维修工作间、办公室、资料室和库房等应采用耐火极限不低于 2. 00h 的隔墙隔开，隔墙上的门应采用乙级防火门窗或耐火极限不低于 2.00h 的防火卷帘。③**飞机库内**不宜设置办公室、资料室、休息室等用房，需设置少量这些用房时，宜靠外墙设置，并应有直通安全出口或疏散走道的措施，办公室、资料室、休息室等用房与飞机停放和维修区之间应采用耐火极限不低于 2.00h 的不燃烧体隔墙和 1.50h 的顶板隔开，隔墙上的门窗应为甲级防火门窗。④**甲、乙、丙类火灾危险性的使用场所和库房**不得设在飞机库地下或半地下室内。甲、乙、丙类物品暂存间不应设置在飞机库内，当设置在贴邻飞机库的生产辅助用房区内时，应靠外墙设置并应设置直接通向室外的安全出口，与其他部位之间必须用防火隔墙和耐火极限不低于 1.50h 的不燃烧体楼板隔开。甲、乙类物品暂存量应按不超过一昼夜的生产用量设计，并应采取防止可燃液体流淌扩散的措施。

（2）**防火间距**。一般情况下，两座相邻飞机库之间的防火间距不应小于 13.0m，但当两座飞机库其相邻的较高一面的外墙为防火墙时，其防火间距不限；当两座飞机库其相邻的较低一面外墙为防火墙，且较低一座飞机库屋面结构的耐火极限不低于 1.00h 时，其防火间距不应小于 7.5m。飞机库与其他建筑物之间的防火间距不应小于《消防安全技术实务》表 4-7-1 的规定。

（3）**消防车道**。飞机库周围应设环形消防车道，Ⅲ类飞机库可沿飞机库的两个长边设置消防车道。当设置尽头式消防车道时，应设置回车场。消防车道的净宽度不应小于 6.0m，消防车道边线距飞机库外墙不宜小于 5.0m，消防车道上空 4.5m 以下范围内不应有障碍物。

飞机库的长边长度大于 220.0m 时，应设置进出飞机停放和维修区的消防车出入口，消防车出入飞机库的门净宽不应小于车宽加 1.0m，门净高度不应小于车高加 0.5m，且门的净宽度和净高度均不应小于 4.5m。供消防车取水的**天然水源地或消防水池处**，应设置消防车道和回车场。

二、防火分区和耐火等级【S4070302】

（1）**防火分区**。各类飞机库内飞机停放和维修区的防火分区允许最大建筑面积应符合《消防安全技术实务》表 4-7-2 规定。飞机库内的防火分区之间应采用防火墙分隔，确有困难的局部开口可采用耐火极限不低于 3.00h 的防火卷帘。防火墙上的门应采用在火灾时能自行关闭的甲级防火门，门或卷帘应与其两侧的火灾探测系统联锁关闭，并应同时具有手动和机械操作的功能。

（2）**耐火等级**。飞机库的耐火等级分为一、二两级。Ⅰ类飞机库的耐火等级应为一级，Ⅱ、Ⅲ类飞机库的耐火等级不应低于二级，飞机库地下室的耐火等级应为一级。飞机库建筑构件的燃烧性能均应为不燃烧体，其耐火极限不应低于《消防安全技术实务》表 4-7-3规定。

三、建筑构造要求【S4070303】

飞机库的**防火墙**应设置在基础上或相同耐火极限的承重构件上。输送可燃气体和甲、乙、丙类液体的管道严禁穿过防火墙。其他管道不宜穿过防火墙，当确需穿过时，应采用防火封堵材料将空隙填塞密实。飞机库的**外围结构**、**内部隔墙**和**屋面保温隔热层**均应采用不燃烧材料。飞机库大门及采光材料应采用不燃烧或难燃烧材料。飞机停放和维修区的工

作间壁、**工作台**和**物品柜**等均应采用不燃烧材料制作。飞机停放和维修区的地面应采用不燃烧体材料。飞机库地面下的沟、坑均应采用不渗透液体的不燃烧材料建造。

四、安全疏散要求【S4070304】

飞机停放和维修区的每个防火分区至少应有两个直通室外的安全出口，其最远工作地点到安全出口的距离不应大于75.0m。当飞机库大门上设有供人员疏散用的小门时，小门的最小净宽不应小于0.9m。飞机停放和维修区内的地下通行地沟应设有不少于两个通向室外的安全出口。在**防火分隔墙上设置的防火卷帘门**应设逃生门，当同时用于人员通行时，应设疏散用的平开防火门。当飞机库内供疏散用的门和供消防车辆进出的门为自控启闭时，均应有可靠的手动开启装置，飞机库大门应设置使用拖车、卷扬机等辅助动力设备开启的装置。**飞机停放和维修区的疏散通道和疏散方向**应在地面上设置永久性标线，并应标明疏散通道的宽度和通向安全出口的疏散方向，在安全出口处应设置明显指示标志。

五、电气设计要求【S4070305】

Ⅰ、Ⅱ类飞机库的消防电源负荷等级应为一级，**Ⅲ类飞机库**消防电源等级应为二级。飞机库防火设计中电气设计应符合以下要求：①当飞机库**设有变电所**时，消防用电的正常电源宜单独引自变电所；当飞机库远离变电所或难以设置单独的电源线路时，应接自飞机库低压电源总开关的电源侧。消防用电设备的两回电源线路应分开敷设。②当电线、电缆成束**集中敷设**时，应采用阻燃型铜芯电线、电缆。③飞机停放和维修区内电源插座距地面安装高度应大于1.0m。④飞机停放和维修区内疏散用应急照明的地面照度不应低于1.0lx。当应急照明采用蓄电池作电源时，其连续供电时间不应少于30min。

六、消防给水的配置【S4070306】

（1）**消防给水和排水**。飞机库的消防水源及消防供水系统要满足火灾延续时间内所有泡沫灭火系统、自动喷水灭火系统和室内外消火栓同时供水的要求。消防给水系统必须采取可靠措施，防止泡沫液回流污染公共水源和消防水池。在飞机停放和维修区内应设排水系统。排水系统宜采用大口径地漏、排水沟等，地漏、排水沟的设置应采用防止外泄燃油流淌扩散的措施。排水系统采用地下管道时，进水口的连接管处应设水封。排水管宜采用不燃材料。

（2）**消防泵和消防泵房**。飞机库消防水泵应采用**自灌式引水方式**，泵体最高处宜设自动排气阀。消防水泵的吸水口处宜设置过滤网，并应采取防止吸入空气的措施，水泵吸水管上应设置明杆式闸阀；消防泵出水管上的阀门应为明杆式闸阀或带启闭指示标志的蝶阀；消防水泵及泡沫液泵的出水管上应安装流量计及压力表装置。泡沫炮及泡沫-水雨淋系统等功率较大的消防泵宜由**内燃机直接驱动**，当消防泵功率较小时，宜由电动机驱动。消防泵房宜采用**自带油箱的内燃机**，其燃油料储备量不宜小于内燃机4h的用量，并不大于8h的用量。当内燃机采用集中的油箱（罐）供油时，应设置储油间。消防泵房可设置自动喷水灭火系统或其他灭火设施。

七、灭火设施的配置【S4070307】

飞机库主要依靠**内部灭火设备**进行灭火。

（1）灭火设备的选择如下：①Ⅰ类飞机库飞机停放和维修区内灭火系统的设置有以下两种：设置**泡沫-水雨淋系统**。将飞机停放和维修区内的灭火系统分成若干个分区，每个分区设置一个由雨淋阀组控制的灭火系统，通过火灾自动报警系统控制雨淋阀动作，使安装在屋面板下的开式喷头喷出泡沫灭火。在飞机库屋架内设**闭式自动喷水灭火系统**用于灭火、降温以保护屋架，飞机库内较低位置设置的远程消防泡沫炮等低倍数泡沫自动灭火系统和泡沫枪用于扑灭飞机库地面油火。当飞机库飞机停放和维修区屋顶金属承重构件采取外包防火隔热板或喷涂防火隔热涂料等措施进行防火保护时可不设屋架内自动喷水灭火系统。②Ⅱ类飞机库飞机停放和维修区内的灭火系统的设置有两种：设置**远控消防泡沫炮灭火系统**或**其他低倍数泡沫自动灭火系统、泡沫枪**；设置**高倍数泡沫灭火系统和泡沫枪**。③Ⅲ类飞机库飞机停放和维修区内设置**泡沫枪**为主要灭火设施。应注意在Ⅲ类飞机库内不应从事输油、焊接、切割和喷漆等作业，否则，宜按Ⅱ类飞机库选择灭火系统。Ⅲ类飞机库内如停放和维修特殊用途和价值昂贵的飞机，也可按Ⅱ类飞机库选用灭火系统。

（2）灭火设备的设置要求如下：①**泡沫-水雨淋系统**。在飞机停放和维修区内的泡沫-水雨淋系统应**分区设置**，一个分区的最大保护地面面积不应大于1400m^2，每个分区应由一套**雨淋阀组控制**。泡沫-水雨淋系统宜采用带溅水盘的开式喷头或吸气式泡沫喷头。设置在靠近屋面处，每只喷头的保护面积不应大于12.1m^2，喷头的间距不应大于3.7m。喷头距墙及机库大门内侧不应大于1.8m。泡沫-水雨淋系统的泡沫混合液的设计供给强度要求：当采用氟蛋白泡沫液和吸气式泡沫喷头时，不应小于8.0L/(min·m^2)；当采用水成膜泡沫液和开式喷头时，不应小于6.5L/(min·m^2)；经水力计算后的任意四个喷头的实际保护面积内的平均供给强度不应小于设计供给强度。泡沫-水雨淋系统的连续供水时间不应小于45min。不设翼下泡沫灭火系统时，连续供水时间不应小于60min。泡沫液的连续供给时间不应小于10min。②**翼下泡沫灭火系统**。其作用是对飞机机翼和机身下部喷洒泡沫，弥补泡沫-水雨淋系统被大面积机翼遮挡的不足，控制和扑灭飞机初起火灾和地面燃油流散火；当飞机在停放和维修时发生燃油泄漏，可及时用泡沫覆盖，防止起火。翼下泡沫灭火系统宜采用**低位消防泡沫炮**、**地面弹射泡沫喷头**或**其他类型的泡沫释放装置**。低位消防泡沫炮应具有自动或远控功能，并应具有手动及机械应急操作功能。系统的泡沫混合液的设计供给强度：当采用氟蛋白泡沫液时，不应小于6.5L/(min·m^2)；当采用水成膜泡沫液时，不应小于4.1L/(min·m^2)；泡沫混合液的连续供给时间不应小于10min，连续供水时间不应小于45min。③**远控消防泡沫炮灭火系统**。远控消防泡沫炮灭火系统应具有自动和远控功能，并应具有手动及机械应急操作功能。泡沫混合液的**最小供给速率**：Ⅰ类飞机库应为泡沫混合液的设计强度乘以5000m^2；Ⅱ类飞机库应为泡沫混合液的设计强度乘以2800m^2。泡沫液的连续供给时间不应小于10min，连续供水时间：Ⅰ类飞机库不应小于45min、Ⅱ类飞机库不应小于20min。**泡沫炮的固定位置**应保证两股泡沫射流到达被保护的飞机停放和维修区的**任何部位**。泡沫炮可设置在高位也可设置在低位，一般是高低位配合使用。④**泡沫枪**。飞机库泡沫枪的布置应满足飞机停放和维修区内任一点发生火灾时应能同时得到两支泡沫枪保护，泡沫液连续供给时间不应小于20min。泡沫枪宜采用室内消火栓接口，公称直径应为65mm，消防水带的长度不宜小于40m。⑤**高倍数泡沫灭火系统**。高倍数泡沫灭火系统的设置要求：泡沫的最小供给速率应为泡沫增高速率乘以**最大一个防火分区的全部地面面积**，泡沫增高速率应大于0.9m/min；泡沫液和水的连续供给时间应大于15min；高倍数泡沫发生器的数量和设置地点应满足均匀覆盖飞机停放和维修区地面的要求。移动式高倍数泡沫灭火系统的设置要求：泡沫的最小供给速率应为泡沫增高速率乘以最大一架飞机的机翼面积，泡沫增高速率应大于0.9m/min；泡沫液和水的连续供给时间应大于12min；为每架飞机设置的移动式泡沫发生器不应少于2台。**移动式泡沫发生器**适用于**初期火灾**，用于扑灭地面流散火或覆盖泄漏的燃油。⑥**自动喷水灭火系统**。飞机库大厅自动喷水灭火系统宜采用**湿式或预作用灭火系统**，主要用于屋架内灭火、降温以保护屋架。飞机库飞机停放和维修区设置的自动喷水灭火系统，其设计喷水强度不应小于7.0L/(min·m^2)，Ⅰ类飞机库作用面积不应小于1400m^2，Ⅱ类飞机库作用面积不应小于480m^2，一个报警阀控制的面积不应超过5000m^2。自动喷水灭火系统的喷头宜采用快速响应喷头，公称动作温度宜采用79℃，周围环境温度较高区域宜采用93℃。Ⅲ类飞机库也可采用标准喷头，喷头公称动作温度宜为162~190℃。自动喷水灭火系统的连续供水时间不应小于45min。

八、火灾自动报警系统的配置【S4070308】

（1）火灾自动报警系统设置要求。在飞机停放和维修区内设置火灾自动报警系统应符合以下要求：①屋顶承重构件区宜选用感温探测器。屋顶承重构件区设感温探测器的目的主要是保护钢屋架。鉴于**飞机维修库**内空间高大，宜采用**缆式感温探测器**以便于安装、修护。②在**地上空间**宜选用**火焰探测器**和**感烟探测器**。火焰探测器可采用红外-紫外复合式、多频段式火焰探测器或双波段图像式火焰探测器以减少误报。在建筑高度大于20.0m的飞机库，可采用吸气式感烟探测器。③在**地面以下**的地下室和地面以下的通风地沟内有可燃气体聚集的空间、燃气进气间和燃气管道阀门附近应选用**可燃气体探测器**。

（2）灭火设备的控制。飞机库灭火设备的控制功能应符合以下要求：①泡沫-水雨淋系统、翼下泡沫灭火系统、远控消防泡沫炮灭火系统和高倍数泡沫灭火系统宜由2个**独立且不同**类型的火灾信号组合控制启动，并应具有手动功能。②泡沫-水雨淋系统启动时，应能**同时联动开启**相关的翼下泡沫灭火系统。③泡沫枪、移动式高倍数泡沫发生器和消火栓附近应设置**手动启动消防泵的按钮**，并应将反馈信号引至消防控制室。④在Ⅰ、Ⅱ类飞机库的飞机停放和维修区内，应设置手动启动泡沫灭火装置，并应将反馈信号引至消防控制室。

第八章 汽车库、修车库防火

第一节 汽车库、修车库的分类

一、汽车库的分类【S4080101】

（1）按照**停车数量**和**总建筑面积**分类。根据停车（车位）数量和总面积将汽车库分为：①**Ⅰ类汽车库**：停车数量大于300辆或总建筑面积大于$10000m^2$的汽车库为Ⅰ类汽车库。②**Ⅱ类汽车库**：停车数量大于150辆且小于等于300辆或总建筑面积大于$5000m^2$且小于等于$10000m^2$的汽车库为Ⅱ类汽车库。③**Ⅲ类汽车库**：停车数量大于50辆且小于等于150辆或总建筑面积大于$2000m^2$且小于等于$5000m^2$的汽车库为Ⅲ类汽车库。④**Ⅳ类汽车库**：停车数量小于等于50辆或总建筑面积小于等于$2000m^2$的汽车库为Ⅳ类汽车库。

（2）按照**建筑高度**分类。汽车库按照建筑高度一般可划分为：地下汽车库、半地下汽车库、单层汽车库、多层汽车库、高层汽车库。高层汽车库的定义包括两个类型：一种是汽车库自身高度已超过24m的；另一种是汽车库自身高度虽未到24m，但与高层工业或民用建筑在地面以上**组合建造**的。

（3）按照停车方式的**机械化程度**分类。按照停车方式的机械化程度可分为：机械式立体汽车库、复式汽车库、普通车道式汽车库。**机械式立体汽车库**类似高架仓库，根据机械设备运转方式又可分为：垂直循环式（汽车上、下移动）、电梯提升式（汽车上、下、左、右移动）、高架仓储式（汽车上、下、左、右、前、后移动）等。

（4）按照**汽车坡道**。按照汽车坡道可分为楼层式汽车库、斜楼板式汽车库、错层式汽车库、交错式汽车库、采用垂直升降机作为汽车疏散的汽车库。

（5）按照**组合形式**。按照组合形式可分为独立式汽车库、组合式汽车库。

（6）按照**围封形式**。按照围封形式可分为敞开式汽车库、封闭式汽车库。

二、修车库的分类【S4080102】

（1）根据**修车库车位数**和**总建筑面积**可分为四类：①**Ⅰ类修车库**：修车库车位数大于15辆或总建筑面积大于$3000m^2$的修车库为Ⅰ类修车库。②**Ⅱ类修车库**：修车库车位数大于5辆且小于等于15辆或总建筑面积大于$1000m^2$且小于等于$3000m^2$的修车库为Ⅱ类修车库。③**Ⅲ类修车库**：修车库车位数大于2辆且小于等于5辆或总建筑面积大于$500m^2$且小于等于$1000m^2$的修车库为Ⅲ类修车库。④**Ⅳ类修车库**：修车库车位数小于等于2辆或总建筑面积小于等于$500m^2$的修车库为Ⅳ类修车库。

（2）根据**修理汽车车型**分类。根据修理汽车车型不同可将修车库分为小型汽车修车库、大中型汽车修车库及综合修车库。其中，综合修车库功能最为复杂，存在更多的火灾隐患。

(3) 根据**修理汽车性质**。根据修理汽车的性质不同可将修车库分为**普通修车库**和**专业**修车库。

(4) 根据**修车库位置**。据修车库的位置不同可将其分为附建于**其他建筑首层**的修车库、**独立**修车库、附建于公共停车场（库）的**辅助修车库**。

第二节 汽车库、修车库的火灾危险性

汽车库、修车库的火灾危险性【S4080201】

汽车库、修车库内主要可燃物是**停放的汽车**，其火灾危险性包括：①起火快，燃烧猛。②火灾类型多，难以扑救。③通风排烟难。④灭火救援困难。⑤火灾影响范围大。

第三节 汽车库、修车库的防火设计要求

一、汽车库、修车库总平面布局要求【S4080301】

(1) **一般规定**。汽车库、修车库在总平面布局上应符合以下要求：①汽车库、修车库、停车场不应布置在**易燃、可燃液体或可燃气体的生产装置区和储存区内**。汽车库不应与甲、乙类厂房、仓库贴邻或组合建造。②**Ⅰ类修车库**应**单独建造**；**Ⅱ、Ⅲ、Ⅳ类修车库**可设置在**一、二级耐火等级建筑的首层或与其贴邻**，但不得与甲、乙类厂房、仓库，明火作业的车间，托儿所、幼儿园、中小学校的教学楼，老年人建筑，病房楼及人员密集场所组合建造或贴邻。③**地下、半地下汽车库**内不应设置修理车位，喷漆间，充电间，乙炔间和甲、乙类物品库房。汽车库和修车库内不应设置汽油罐、加油机、液化石油气或液化天然气储罐、加气机。④燃油或燃气锅炉、油浸变压器、充有可燃油的高压电容器和多油开关等，不应设置在汽车库、修车库内。⑤**甲、乙类物品运输车**的汽车库、修车库应为单层建筑，且应独立建造。当停车数量不大于3辆时，可与一、二级耐火等级的Ⅳ类汽车库贴邻，但应采用防火墙隔开。

(2) **防火间距**。汽车库、修车库之间及汽车库、修车库与除甲类物品仓库外的其他建筑物的防火间距，应符合《消防安全技术实务》表4-8-1的规定。**高层汽车库与其他建筑物，汽车库、修车库与高层建筑**的防火间距应按《消防安全技术实务》表4-8-1的规定值增加3m。汽车库、修车库与甲类厂房的防火间距应按以上规定值增加2m。甲、乙类物品运输车的汽车库、修车库与民用建筑的防火间距不应小于25m，与重要公共建筑的防火间距不应小于50m。甲类物品运输车的汽车库、修车库与明火或散发火花地点的防火间距不应小于30m。

二、防火分隔的要求【S4080302】

(1) **防火分区**的要求。汽车库应设防火墙、甲级防火门、防火卷帘等划分防火分区。每个防火分区的最大允许建筑面积应符合表4-2的规定。

表4-2 汽车库防火分区最大允许建筑面积 (m^2)

耐火等级	单层汽车库	多层汽车库、半地下汽车库	地下汽车库、高层汽车库
一、二级	3000	2500	2000
三级	1000	不允许	不允许

注：本表引用《消防安全技术实务》表4-8-2。

敞开式、错层式、斜楼板式汽车库的上下连通层面积应叠加计算，每个防火分区的最大允许建筑面积不应大于以上规定的2.0倍；室内有车道且有人员停留的机械式汽车库，其防火分区最大允许建筑面积应按以上规定减少35%。汽车库内设有自动灭火系统，其每个防火分区的最大允许建筑面积不应大于以上规定的2.0倍。①**机械式汽车库**要求。室内无车道且无人员停留的机械式汽车库，当停车数量超过100辆时，应采用无门、窗、洞口的防火墙分隔为多个停车数量不大于100辆的区域，但当采用防火隔墙和耐火极限不低于1.00h的不燃性楼板分隔成多个停车单元，且停车单元内的停车数量不大于3辆时，应分隔为停车数量不大于300辆的区域。②**甲、乙类物品运输车**的汽车库、修车库要求。甲、乙类物品运输车的汽车库、修车库，每个防火分区的最大允许建筑面积不应大于500m^2。③**修车库**要求。修车库每个防火分区的最大允许建筑面积不应大于2000m^2，当修车部位与相邻使用有机溶剂的清洗和喷漆工段采用防火墙分隔时，每个防火分区的最大允许建筑面积不应大于4000m^2。

（2）其他防火分隔要求如下：①为汽车库、修车库服务的以下附属建筑，可**与汽车库、修车库贴邻**，但应采用防火墙隔开，并应设置直通室外的安全出口：储存量不大于1.0t的甲类物品库房；总安装容量不大于5.0m^3/h的乙炔发生器间和储存量不超过5个标准钢瓶的乙炔气瓶库；1个车位的非封闭喷漆间或不大于2个车位的封闭喷漆间；建筑面积不大于200m^2的充电间和其他甲类物品生产场所。②汽车库、修车库**与其他建筑合建**时，当贴邻建造时应采用防火墙隔开；设在建筑物内的汽车库（包括屋顶停车场）、修车库与其他部分，应采用防火墙和耐火极限不低于2.00h的不燃性楼板分隔；汽车库、修车库的外墙门、洞口的上方，应设置耐火极限不低于1.00h、宽度不小于1.0m的不燃性防火挑檐；汽车库、修车库的外墙上、下窗之间墙的高度，不应小于1.2m或设置耐火极限不低于1.00h、宽度不小于1.0m的不燃性防火挑檐。③**汽车库内设置修理车位**时，停车部位与修车部位之间应采用防火墙和耐火极限不低于2.00h的不燃性楼板分隔。修车库内使用有机溶剂清洗和喷漆的工段，且超过3个车位时，均应采用防火隔墙等分隔措施。④**附设在汽车库、修车库内**的消防控制室，自动灭火系统的设备室，消防水泵房和排烟、通风空气调节机房等，应采用防火隔墙和耐火极限不低于1.50h的不燃性楼板相互隔开或与相邻部位分隔。⑤**除敞开式汽车库、斜楼板式汽车库外**，其他汽车库内的汽车坡道两侧应采用防火墙与停车区隔开，坡道的出入口应采用水幕、防火卷帘或甲级防火门等与停车区隔开；但当汽车库和汽车坡道上均设置自动灭火系统时，坡道的出入口可不设置水幕、防火卷帘或甲级防火门。

三、安全疏散的要求【S4080303】

汽车库、修车库的人员安全出口和汽车疏散出口应**分开设置**。设在工业与民用建筑内的汽车库，其车辆疏散出口应与其他部分的人员安全出口分开设置。

（1）**人员安全出口**。除室内无车道且无人员停留的机械式汽车库外，汽车库、修车库内每个防火分区的人员安全出口不应少于2个，Ⅳ类汽车库和Ⅲ、Ⅳ类的修车库可设置1个。室内无车道且无人员停留的机械式汽车库可不设置人员安全出口，但应按有关规定设置供灭火救援用的楼梯间，且设汽车库检修通道，其净宽不应小于0.9m。

1）**疏散楼梯**。汽车库、修车库内的人员疏散主要**依靠楼梯进行**。因此要求室内的楼梯必须安全可靠。①建筑高度大于32m的高层汽车库、室内地面与室外出入口地坪的高差大于10m的地下汽车库，应采用防烟楼梯间；其他车库应采用封闭楼梯间；楼梯间和前室的门应采用乙级防火门，并应向疏散方向开启；疏散楼梯的宽度不应小于1.1m。②**室内无车道且无人员停留**的机械式汽车库，每个停车区域当停车数量大于100辆时，应至少设置1个楼梯间；楼梯间与停车区域之间应采用防火隔墙进行分隔，楼梯间的门应采用乙级防火门；楼梯的净宽不应小于0.9m。③**与住宅地下室相连通**的地下、半地下汽车库，人员疏散可借用住宅部分的疏散楼梯；当不能直接进入住宅部分的疏散楼梯间时，应在地下、半地下汽车库与住宅部分的疏散楼梯之间设置连通走道，汽车库开向该走道的门均应采用甲级防火门。

2）**疏散距离**。汽车库室内任一点至最近人员安全出口的疏散距离不应大于45m，当设置自动灭火系统时，其距离不应大于60m，对于单层或设置在建筑首层的汽车库，室内任一点至室外出口的距离不应大于60m。

（2）**汽车疏散出口**。汽车库、修车库的汽车疏散出口总数不应少于两个，且应**分散布置**。以下汽车库、修车库的汽车疏散出口可设置1个：①Ⅳ类汽车库。②设置双车道汽车疏散出口的Ⅲ类地上汽车库。③设置双车道汽车疏散出口、停车数量小于或等于100辆且建筑面积小于4000m^2的地下或半地下汽车库。④Ⅱ、Ⅲ、Ⅳ类修车库。

Ⅰ、Ⅱ类地上汽车库和停车数量大于100辆的地下汽车库，当采用**错层**或**斜楼板式**且车道、坡道为双车道时，其首层或地下一层至室外的汽车疏散出口不应少于两个，汽车库内其他楼层的汽车疏散坡道可设置1个。Ⅳ类汽车库设置汽车坡道有困难时，可采用汽车专用升降机作汽车疏散出口，升降机的数量不应少于2台，停车数少于25辆时，可设置1台。汽车疏散坡道的净宽度，单车道不应小于3.0m，双车道不应小于5.5m。

四、消防设施的设置要求【S4080304】

（1）消防给水。汽车库、修车库应设置消防给水系统，耐火等级为一、二级的Ⅳ类修车库和耐火等级为一、二级且停放车辆不大于5辆的汽车库可不设消防给水系统。消防给水可由**市政给水管道**、**消防水池**或**天然水源**供给。利用天然水源时，应设有可靠的取水设施和通向天然水源的道路，并应在枯水期最低水位时，确保消防用水量。当室外消防给水采用高压或临时高压给水系统时，车库的消防给水管道的压力应保证在消防用水量达到最大时，最不利点水枪充实水柱不应小于10m；当室外消防给水采用低压给水系统时，管道内的压力应保证灭火时最不利点消火栓的水压不小于0.1MPa（从室外地面算起）。

（2）室内外消火栓具体要求如下：①**室外消火栓系统**。汽车库、修车库应设室外消火栓给水系统，其室外消防用水量应按消防用水量最大的一座计算Ⅰ、Ⅱ类汽车库、修车库的室外消防用水量，不应小于20L/s；Ⅲ类汽车库、修车库的室外消防用水量不应小于15L/s；Ⅳ类汽车库、修车库的室外消防用水量不应小于10L/s。②**室内消火栓系统**的设置范围及设置要求：汽车库、修车库应设室内消火栓给水系统。Ⅰ、Ⅱ、Ⅲ类汽车库及Ⅰ、Ⅱ类修车库的用水量不应小于10L/s，系统管道内的压力应保证相邻两个消火栓的水枪充实水柱同时到达室内任何部位；Ⅳ类汽车库及Ⅲ、Ⅳ类修车库的用水量不应小于5L/s，系统管道内的压力应保证一个消火栓的水枪充实水柱到达**室内任何部位**。车库室内消火栓水枪的充实水柱不应小于10m，同层相邻室内消火栓的间距不应大于50m，高层汽车库和地下汽车库室内消火栓的间距不应大于30m。室内消火栓应设置在明显易于取用的地方，以便于用户和消防队及时找到和使用。室内无车道且无人员停留的机械式汽车库楼梯间及停车区的检修通道上应设置室内消火栓。

（3）固定灭火系统分类及设置要求具体内容如下：①自动喷水灭火系统设置范围及要求：**除敞开式汽车库外**，Ⅰ、Ⅱ、Ⅲ类地上汽车库，停车数大于10辆的地下、半地下汽车库，机械式汽车库，采用汽车专用升降机作汽车疏散出口的汽车库，Ⅰ类修车库均要设置自动喷水灭火系统。环境温度低于4℃时间较短的非严寒或非寒冷地区，可采用湿式自动喷水灭火系统，但应采取防冻措施。设置在汽车库、修车库内的自动喷水灭火系统，喷头应设置在汽车库停车位的**上方或侧上方**。对于机械式汽车库，应按停车的载车板分层布置，且应在喷头的上方设置集热板；错层式、斜楼板式汽车库的车道、坡道**上方**均应设置喷头。室内无车道且无人员停留的机械式汽车库应选用**快速响应喷头**。②其他固定灭火系统。泡沫-水雨淋系统对于扑救汽车库火灾具有比自动喷水灭火系统更好的效果，对于Ⅰ类地下、半地下汽车库、Ⅰ类修车库、停车数大于100辆的室内无车道且无人员停留的机械式汽车库等一旦发生火灾扑救难度大的场所，宜采用泡沫-水雨淋系统，以提高灭火效力。**地下、半地下汽车库**可采用**高倍数**泡沫灭火系统。停车数量不大于50辆的室内无车道且无人员停留的**机械式汽车库**，可采用**二氧化碳**等气体灭火系统。

（4）火灾自动报警系统设置范围。除敞开式汽车库外，Ⅰ类汽车库、修车库，Ⅱ类地下、半地下汽车库、修车库，Ⅱ类高层汽车库、修车库，机械式汽车库，以及采用汽车专用升降机作汽车疏散出口的汽车库应设置火灾自动报警系统。

（5）防排烟设置范围及设置要求如下：除敞开式汽车库、建筑面积小于1000m^2的地下一层汽车库和修车库外，汽车库、修车库应设置排烟系统。设置要求主要有四条：①汽车库、修车库应划分**防烟分区**，防烟分区的建筑面积不宜大于2000m^2，且防烟分区不应跨越防火分区。防烟分区可采用**挡烟垂壁、隔墙或从顶棚下凸出不小于0.5m的梁**划分。②排烟系统可采用自然排烟方式或机械排烟方式。当采用**自然排烟方式**时，可采用**手动排烟窗、自动排烟窗、孔洞**等作为自然排烟口，自然排烟口应设置在外墙上方或屋顶上，并应设置方便开启的装置；房间外墙上的排烟口（窗）宜沿外墙周长方向均匀分布，排烟口（窗）的下沿不应低于室内净高的1/2，并应沿气流方向开启，总面积不应小于室内地面面积的2%。室内无车道且无人员停留的机械式汽车库排烟口设置在运输车辆的通道顶部。③机械排烟系统可与**人防、卫生等排气、通风系统合用**。排烟风机可采用离心风机或排烟轴流风机，并应保证280℃时能连续工作30min。汽车库内无直接通向室外的汽车疏散出口的防火分区，当设置机械排烟系统时，应同时设置补风系统，且补风量不宜小于排烟量的50%。④设置通风系统的汽车库，其通风系统宜独立设置；喷漆间、电瓶间均应设置独立的排气系统。

（6）疏散指示标志和应急照明设置范围和设置具体要求如下：①设置范围。除停车数量不大于50辆的汽车库，以及室内无车道且无人员停留的机械式汽车库外，汽车库内应设置消防应急照明和疏散指示标志。②设置要求。消防应急照明灯宜设置在墙面或顶棚上，其地面最低水平照度不应低于1.0lx。安全出口标志宜设置在疏散出口的顶部；疏散指示标志宜设置在疏散通道及其转角处，且距地面高度1m以下的墙面上。通道上的指示标志，其间距不宜大于20m。用于疏散走道上的消防应急照明和疏散指示标志，可采用蓄电池作备用电源，但其连续供电时间不应小于30min。

（7）灭火器的配置。**除机械式汽车库外**，汽车库、修车库均应配置灭火器。

第九章　洁净厂房防火

第一节　洁净厂房的分类

洁净厂房的分类【S4090101】

按洁净室的**气流流型**划分可分为：①**单向**流洁净室。单向流洁净室可分为**垂直**单向流洁净室和**水平**单向流洁净室。②**非单向**流洁净室（乱流洁净室）。③**混合流**（局部单向流）洁净室。

按洁净室的**使用性质**划分为：①工业洁净室。②生物洁净室。③生物安全实验室。

第二节　洁净厂房的火灾危险性

洁净厂房的火灾危险性【S4090201】

由于洁净厂房内生产工艺对厂房的**密闭性能**有着特殊要求，洁净厂房主要存在以下几点火灾危险性：①火灾危险源多，火灾发生概率高。②洁净区域大，防火分隔困难。③室内迂回曲折，人员疏散困难。④建筑结构密闭，排烟扑救困难。⑤火灾蔓延迅速，早期发现困难。⑥生产工艺特殊，次生灾害控制困难。

第三节　洁净厂房的防火设计要求

一、火灾危险性分类【S4090301】

洁净厂房内，当同一座厂房或厂房的任一防火分区内有不同火灾危险性生产时，该厂房或防火分区内的生产火灾危险性分类应按**火灾危险性较大的部分**确定。举例如下：①**甲类**：微型轴承装配的精研间、装配前的检查间；精密陀螺仪装配的清洗间；磁带涂布烘干工段；化工厂的丁酮、丙酮、环乙酮等易燃熔剂的物理提纯工作间、光致抗蚀剂的配制工作间；集成电路工厂使用闪点小于28℃的易燃液体的化学清洗间、外延间；常压化学气相沉种间和化学试剂贮存间。②**乙类**：胶片厂的洗印车间。③**丙类**：计算机房记录数据的磁盘贮存间；显像管厂装配工段烧枪间；磁带装配工段；集成电路工厂的氧化、扩散间和光刻间。④**丁类**：液晶显示器件工作的溅射间、彩膜检验间；光纤预制棒的MCVD、OVD沉淀间，火抛光、芯棒烧缩及拉伸间、拉纤间；彩色荧光粉厂的蓝粉、绿粉、红粉制造间。（MCVD即改良的化学气相沉积，OVD即外部气相沉积）。⑤**戊类**：半导体器件、集成电路工厂的切片间、磨片间、抛光间；光纤、光缆工厂的光纤筛选、校验区。

二、建筑材料及其燃烧性能【S4090302】

洁净厂房的**耐火等级**不应低于二级。①洁净室的**顶棚和壁板**（包括夹芯材料）应为不燃烧体，且不得采用有机复合材料。顶棚的耐火极限不应低于0.4h，疏散走道顶棚的耐火极限不应低于1.0h。②在一个防火区内的**综合性厂房**，其洁净生产与一般生产区域之间应设置非燃烧体隔墙封闭到顶。隔墙及其相应顶板的耐火极限不应低于1h，隔墙上的门窗耐火极限不应小于0.6h。穿过隔墙或顶板的管线周围空隙应采用非燃烧材料紧密填塞。③**技术竖井井壁**应为非燃烧体，其耐火极限不应低于1h。井壁上检查门的耐火极限不应低于0.6h；竖井内在各层或间隔一层楼板处，应采用相当于楼板耐火极限的非燃烧体作水平防火分隔；穿过水平防火分隔的管线周围空隙，应采用非燃烧材料紧密填塞。④洁净厂房装修材料的**烟密度等级**不应大于50。

三、防火分区和分隔【S4090303】

（1）一般要求。甲、乙类生产的洁净厂房，宜采用**单层厂房**。其防火墙间最大允许占地面积，单层厂房应为3000m^2，多层厂房应为2000m^2。

（2）其他要求主要有：①防火分区之间应采用**防火墙分隔**。单层厂房（甲、乙类除外）如建筑面积超过上述规定，设置防火墙有困难时，可用**防火卷帘并加喷淋保护**进行分隔。②丙、丁、戊类生产厂房当喷淋保护等级以严重危险级设置时，其防火分区可扩大一倍。③丁、戊生产厂房安装**自动灭火系统**时，防火分区面积不限，如局部安装自动灭火系统时，增加面积可按该局部面积的一倍计算。④洁净厂房的**技术夹层与其直接服务的生产区域**视为同一防火分区。大型集成电子厂房的回风夹层可计入洁净厂房的防火分区面积。带有剧毒、有害菌体、病毒、放射性物料，以及其他不能使用水作为灭火剂灭火的工位区域应设置防火分隔单元。⑤在一个防火分区内，其洁净生产与非洁净生产区域之间应设置**非燃烧体隔墙**完整分隔。隔墙应为耐火极限不低于1h的不燃烧材料。当隔墙上设置观察窗时，窗的耐火极限不应低于0.9h。穿过隔墙或楼板的管线周围空隙应采用非燃烧材料紧密填塞。

四、安全疏散设施【S4090304】

洁净厂房的特点是生产人员岗位固定，熟悉工作场所，熟悉疏散路线，有利于人员的安全疏散。洁净厂房设计时应注意合理组织疏散路线、合理设置安全出口，使平面复杂的洁净厂房满足安全疏散要求。

（1）安全出口。为保证安全疏散的可靠性，洁净厂房**每一生产层、每一防火分区或每一洁净区**的安全出口的数量，均不应少于两个。安全出口应**分散均匀布置**，从生产地点至安全出口不用经过曲折的人员净化路线。洁净厂房符合下列要求时，可设置一个安全出口：①**甲、乙类生产厂房**每层的生产洁净区厂房，总建筑面积不超过100m^2，且同一时间内的生产人员总数不超过5人。②**丙类生产**每层的建筑面积不超过250m^2，且同一时间内生产人数不超过20人。③**丁、戊类生产厂房**，每层的建筑面积不超过400m^2，且同一时间内生产人数不超过30人。洁净区与非洁净区和洁净区与室外相通的安全疏散门应向疏散方向开启，并应加闭门器。安全疏散门不得采用吊门、转门、侧拉门、卷帘门以及电控自动门。

（2）疏散距离。耐火等级为一、二级的洁净厂房内任一点到最近安全出口的距离应符合《消防安全技术实务》表 4-9-2 的要求。

（3）疏散楼梯。洁净厂房各疏散楼梯均**应出屋面**，楼梯间的首层应设置直接对外的出口。当疏散楼梯在首层无法设置直接对外的出口时，应设置直通室外的安全通道（房间开向安全通道的门应为乙级防火门），安全通道内应设置**正压送风设施**。

（4）疏散通道。疏散通道的设置是保证洁净厂房安全疏散的重要措施。在医药工业制剂厂房中，疏散走道的确定应尽量结合工艺要求，将工艺中**已采取防火分隔措施的主通道**作为安全疏散通道。建筑平面设计时应合理构筑人员安全疏散体系，洁净区外部通道尽可能环通，达到多向疏散的目的，尽可能**避免袋形走道**，同时也有利于消防扑救。

（5）专用消防口。专用消防口是消防人员为灭火而进人建筑物的专用入口，平时封闭，火灾时由消防人员从室外打开。洁净厂房与洁净区同层外墙应设可供消防人员通往厂房洁净区的门窗，其洞口间距大于 80m 时，在该段外墙的适当部位应设置专用消防口。专用消防口的宽度应不小于 750mm，高度不应小于 1800mm，并应有明显标志。楼层专用消防口应设置阳台，并从二层开始向上层架设钢梯。洁净厂房外墙上的吊门、电控自动门以及装有栅栏的窗，均不应作为火灾发生时提供消防人员进入厂房的入口。

五、消防设施配置【S4090305】

（1）**消防给水和室内消火栓**。洁净厂房必须设置消防给水设施，消防给水设施设置应根据生产的火灾危险性、建筑场耐火等级以及建筑物的体积等因素确定。洁净厂房室内消火栓的设置还应符合下列规定：①洁净室（区）的生产层及上下技术夹层（不通行的技术夹层除外），应设置室内消火栓。②室内消火栓的用水量不应小于 10L/s，同时使用水枪数不应少于 2 支，水枪充实水柱不应小于 10m，每只水枪的出水量不应小于 5L/s。

（2）自动灭火设备主要分以下两类：①**自动喷水灭火系统**。设置在洁净室或洁净区的自动喷水灭火系统，宜采用**预作用**自动喷水灭火系统，其喷水强度一般不宜小于 8.0L/(min·m^2)，作用面积不宜小于 160m^2。②**其他灭火设施**。洁净厂房内设有贵重设备、仪器的房间设置固定灭火设施时，除设置水灭火系统之外，目前较为广泛使用的还有**二氧化碳、IG541、三氟甲烷**和**七氟丙烷**等洁净气体灭火系统。在洁净厂房存放贵重设备和仪器、物料的洁净室设置气体灭火系统时，不应采用会导致人员窒息和对保护对象产生二次损害的灭火剂，应进行方案比较，选择最合适的系统设计。

（3）**火灾自动报警系统**。洁净厂房应设置火灾自动报警系统及消防联动控制，洁净厂房的生产层、技术夹层、机房、站房等均应设置火灾报警探测器，生产区及走廊应设置**手动火灾报警按钮**。易燃、易爆气体、液体的贮存和使用场所及入口室或分配室应设**可燃气体探测器**。有毒气体、液体的贮存和使用场所应设气体探测器。报警信号应联动启动或手动启动相应的事故排风机，并将报警信号送至消防控制室，消防控制室不应设在洁净区内。火灾自动报警系统的设计在满足现行规范要求的同时，还应根据洁净厂房的特殊要求合理选择，充分优化。

（4）防排烟具体设施配置如下：①防烟设施。鉴于洁净厂房建筑结构封闭的特点，设置有效的防烟设施有利于保证火灾时人员的疏散。当疏散楼梯间布置在**建筑的外墙侧**，可以采用可开启外窗进行自然排烟。当疏散楼梯布置在建筑内部或楼梯间有洁净要求不具备自然排烟条件时，应设置机械加压送风系统。洁净避难区设置的机械加压送风系统一般利用新风空调机组进行加压，火灾时，维持避难区正压，正压值相对于相邻区域为25～30Pa。②排烟系统。丙类厂房中建筑面积大于300m^2且经常有人停留或可燃物较多的地上洁净室和建筑面积大于200m^2或一个房间建筑面积大于50m^2，且经常有人停留或可燃物较多的地下洁净室应设排烟设施。洁净厂房中的**疏散走道应设置机械防排烟设施**。目前洁净室设计的排烟形式主要有**上排烟**模式、**上排烟和下排烟相结合**模式、利用回风通道设置排烟风机进行排烟形式、排烟风机兼作火灾时排烟形式。洁净厂房每个防烟分区的**排烟支管**上均应设置**排烟防火阀**，排烟口采用常开型风口。排烟风机入口处设置280℃关闭的排烟防火阀，并与排烟风机联锁。为维持洁净室内部空气压力，服务于净化区域内的排烟系统管路上应采用低泄漏的排烟阀和排烟防火阀。排烟口宜采用低泄漏常闭型板式排烟口，在排烟风机入口处采用低泄漏常闭型排烟防火阀并能接受消防中心的信号自动开启阀体。洁净室机械防排烟系统宜与通风、净化空调系统合用，但必须采取可靠的防火安全措施。

（5）灭火器配置。灭火器的配置，其关键在于正确选择和使用灭火剂。灭火剂选择时，应考虑配置场所的火灾类型，灭火剂的灭火能力，对保护对象的污损程度，使用的环境温度以及灭火剂之间、灭火剂与可燃物的相容性。二氧化碳灭火剂灭火后不留痕迹，不污损、腐蚀保护物品，在洁净室内得到普遍使用。

（6）疏散标志和应急照明。洁净厂房内应设置供人员疏散用的应急照明。在安全出口、疏散口和疏散通道转角处应按现行国家标准设置疏散标志，**在专用消防扑救口处应设置红色应急照明灯**。

六、气体管道的安全措施【S4090306】

各种**气瓶库**应集中设置在洁净厂房外。当日用气量不超过1瓶时，气瓶可设置在洁净室内，但必须采取不积尘和易于清洁的措施。

（1）**可燃气体报警装置**和**事故排风装置**的设置。下列部位应设可燃气体报警装置和事故排风装置，报警装置应与相应的事故排风机联锁：①生产类别为甲类的气体、液体入口室或分配室。②管廊，上、下技术夹层或技术夹道内有可燃气体管道的易积聚处。③洁净室内使用可燃气体处。

（2）管道安全技术措施主要分为**可燃气管道**措施和**氧气管道**措施，具体如下：①可燃气体管道应设下列安全技术措施：接至用气设备的支管宜设置阻火器；引至室外的放散管应设阻火器并设防雷保护设施；应设导除静电的接地设施。②氧气管道应设下列安全技术措施：管道及其阀门、附件应经严格脱脂处理；应设导除静电的接地设施。

第十章　信息机房防火

第一节　信息机房分类

信息机房分类【S4100101】

根据机房的**使用性质、管理要求及重要数据丢失或网络中断在经济或社会上造成的损失或影响程度**，可将电子信息机房分为 A、B、C 三级。电子信息系统运行中断将造成**重大的经济损失及公共场所秩序严重混乱**的机房为 A 级。例如，国家气象台，国家级信息中心、计算中心，重要的军事指挥部门，大中城市的机场、广播电台、电视台、应急指挥中心、银行总行等的电子信息系统机房和重要的控制室。电子信息系统中断将造成**较大的经济损失或公共场所秩序混乱**的机房为 B 级。例如，科研院所，高等院校，三级医院，大中城市的气象台、信息中心、疾病预防和控制中心、电力调度中心、交通指挥调度中心，国际会议中心、省部级以上政府办公楼等的电子信息系统机房和重要的控制室。**其余类型**的机房为 C 级。

第二节　信息机房的火灾特点

信息机房的火灾特点【S4100201】

信息机房的火灾特点有：①**散热困难**，火灾烟量大。②**用电量大**，电气火灾多。③**无人值守**，遇警处置慢。④**环境特殊**，扑救难度大。⑤**设备精密**，火灾损失大。

第三节　信息机房的防火设计要求

一、信息机房的选址【S4100301】

信息机房与其他性质的用房设置在同一幢建筑内时，宜设在**多层或高层建筑内的第二、三层**，并应尽量避免与商场、宾馆、餐饮娱乐等影响机房安全的场所设在同一幢建筑物内。数据中心内放置计算机的机房不宜超过五层。

二、建筑防火构造及分隔【S4100302】

(1) 信息机房的**耐火等级**不应低于二级。当 A 级或 B 级信息机房位于其他建筑物内时，在主机房与其他部位之间应设置耐火极限不低于 2h 的隔墙，隔墙上的门应采用**甲级**

防火门。

（2）**附设在其他建筑内的 A、B 级信息机房**应避免设置在建筑物地下室，以及用水设备的下层或隔壁，不应布置在燃油、燃气锅炉房，油浸电力变压器室，充有可燃油的高压电容器和多油开关室等易燃、易爆房间的上下层或贴邻。

（3）**各级机房主体结构**应具有耐久、抗震、防火、防止不均匀沉陷等性能，变形缝和伸缩缝不应穿过主机房，机房围护结构的构造应满足保温、隔热、防火等要求。

（4）管线敷设主机房中各类管线宜**暗敷**，当管线需穿楼层时，宜设计技术竖井，并采取相应的防火分隔、封堵措施。

（5）**主机房、基本工作间及辅助房间与其他建筑物合建**时，**应单独设置防火分区**。主机房、终端室，网络设备室与磁介质、纸介质的存放间，备件库等仓储用房，以及维修室、电源室、蓄电池室、发电机室、空调系统用房、灭火钢瓶间等设备房间之间应进行防火分隔，并独立设置防火分区。

（6）电子计算机产生的**记录**应当按其重要性和补充难度的不同加以保护，信息储存设备要安装在单独的房间，室内应配有金属柜或其他采用非燃材料制成的、能防火的资料架和资料柜用于存放记录介质。如果有备份记录，备份记录应当放置在具有同样防火要求的另一间房间。

（7）面积大于 $100m^2$ 的**主机房**，安全出口不应少于两个，并宜设于机房的两端；面积不大于 $100m^2$ 的主机房可设置一个安全出口，并可通过其他相邻房间的门进行疏散，门应向疏散方向开启，且应自动关闭，并应保证在任何情况下均能从机房内开启。走廊、楼梯间应畅通，并有明显的疏散指示标志计算机房建筑的入口至主机房应设通道，通道净宽不应小于 1.5m。

（8）在**主机房出入口处或值班室**，应设置应急电话和应急断电装置。机房应设置应急照明和安全出口指示灯。

三、信息机房室内装修要求【S4100303】

计算机房的**室内装修（包括吊顶、装修墙裙等）**材料均应采用**不燃或难燃**材料，应能防潮、吸声、不起尘、抗静电等，机房及媒体存放间的防火墙或隔板应从建筑物的楼、地板起直至梁板底部，将其完全封闭。机房内**活动地板**应采用导电性能好，具有足够的机械强度，具有耐腐蚀、耐潮湿和防火等特点的**抗静电铝合金活动地板**。规模大的电子计算中心宜采用**分区空调方式**，避免风管穿过楼层和水平隔墙太多，防止火势蔓延扩大。空调系统的送、回风总管，在穿过主机房和其他重要机房或火灾危险性大的房间的隔墙、楼板以及垂直风管与每层水平风管交接处的水平支管上均应设置防火阀。空调系统的风管及其保温、消声材料（包括胶粘剂）应采用不燃材料。机房内要事先开设电缆沟，做到**分层敷设电源电缆、信号线和接地线**。电缆、电线沟要采取防潮湿和防鼠咬的措施。在机房吊顶和活动地板内敷设的电线，宜采用穿金属管布线或阻燃电缆。新建机房如采用**下送风方式**，机房活动地板距地面净高不小于 400mm。

四、静电防护及接地【S4100304】

（1）**静电防护**。主机房和辅助区的地板或地面应有静电泄放措施和接地构造，防静电地板、地面的表面电阻或体积电阻值应为 $2.5\times10^4\sim1.0\times10^9\Omega$，且应具有防火、环保、耐污耐磨性能。主机房和辅助区不使用防静电活动地板的房间，可铺设防静电地面，其静电耗能应长期稳定，且不应起尘。信息机房内所有设备的金属外壳、各类金属管道、金属线槽、建筑物金属结构等必须进行等电位联结并接地。**导静电地面、活动地板、工作台面和座椅垫套**必须进行静电接地。静电接地可以经限流电阻及自己的连接线与接地装置相连，限流电阻的阻值宜为 1Ω。计算机系统的接地应采用**单点接地**，并宜采取**等电位措施**。当多个计算机系统共用一组接地装置时，宜将各电子计算机系统分别采用接地线与接地体连接。

（2）**接地**。**保护性接地**和**功能性接地**宜共用一组接地装置，其接地电阻应按其中的最小值确定。主机房内的导体必须与大地做可靠的连接，不得有对地绝缘的孤立导体。具体接地电阻取值如下：①交流工作接地：接地电阻小于 4Ω。②安全保护接地：接地电阻小于 4Ω。③直流工作接地：接地电阻小于 1Ω。④防雷接地：接地电阻小于 10Ω。⑤综合接地系统：接地电阻小于 1Ω。⑥接地体引出线横截面积应不小于 $16mm^2$。⑦不间断电源（UPS）输出零地电压应小于 1V。⑧机房活动地板下须设置静电泄漏洞。⑨机房活动地板须选用静电地板，且与静电泄漏网可靠连接。

五、消防设施分类及规定【S4100305】

（1）灭火系统的具体规定如下：

1）**一般规定**。①**A 级**信息机房的主机房应设置**洁净气体灭火系统**。②B 级信息机房的主机房，以及 A 级和 B 级机房中的变配电、不间断电源系统和电池室，宜设置洁净气体灭火系统，也可设置高压细水雾灭火系统。③**C 级**信息机房及其他区域，可设置**高压细水雾灭火系统或自动喷水灭火系统**。自动喷水灭火系统宜采用**预作用**系统。凡设置固定灭火系统及火灾探测器的计算机房，其吊顶的上、下及活动地板下，均应设置探测器和喷嘴。

2）**室内消火栓系统**。当机房进深大于 25m 时，应在机房两侧设置公共走道，并在走道上设置室内消火栓系统。

3）**气体灭火系统**。卡片穿孔室、纸带穿孔室、已记录的磁介质库和已记录的纸介质库、高低压配电室、变压器室、变频机室、稳压稳频室、发电机房等**不能用水扑救的房间**，应设置除二氧化碳以外的气体灭火系统。当单个防护区面积小于 $800m^2$、体积小于 $3600m^3$ 时，可考虑采用气体灭火系统。对面积大于 $800m^2$、体积大于 $3600m^3$ 的机房设置气体灭火系统时应注意以下几点：①泄压措施。②同步性、均衡性的技术措施。③防止意外的措施。控制系统应具有**三路供电**，即消防电源主、备用供电和蓄电池供电。当消防水源被切断时，控制系统蓄电池可保证供电 24h。为防止人为造成误喷的情况，在电气式手拉开关上设**防护罩**。

4）**其他灭火系统**。**信息机房主机房及基本工作间内**宜使用对设备无损坏且环保、安全无毒性的 IG541 灭火系统或细水雾灭火系统。当防护区面积、体积大于上述标准或防护区个数大于 8 个时，为了经济实用，可采用细水雾系统或其他新型、环保的哈龙替代技术。

（2）**火灾自动报警系统**。A 级计算机房及面积大于 $140m^2$ 的信息机房的火灾自动报警系统应按一级保护对象的要求进行设置，面积小于 $140m^2$ 的 B 级计算机房的火灾自动报警系统应按二级保护对象的要求进行设置。火灾探测报警装置可根据信息机房的**重要程度**和**火灾特点**进行选择，具体如下：①**传统的火灾探测器**。在大型数据中心、主机房、基本工作间及其他A级计算机房不宜设置此类火灾探测器。面积小于140m^2的计算机房及数据中心、计算中心内的第一、二、三类辅助用房可设置普通的感烟探测器。②**空气采样烟雾报警器**。对大型数据中心、计算中心及A级计算机房而言，为及时发现险情并控制火灾及减少损失，可采取空气采样烟雾报警器及传统的火灾报警系统相组合的方式。在主机房及基本工作间内设置空气采样烟雾报警器时，宜采用**"空气处理单元"及箱柜取样**的模式。③**分布式感温光缆**。信息机房内电气设备多，电气线路及计算机房信号线较多，为确保用电安全及数据传送安全，迅速而准确地探测出被保护区内发生火灾的部位，建议在综合布线区、电缆井道、桥架处设置分布式感温光缆温度探测报警系统。④**火灾报警系统设置、联动中的特殊要求**。当机房内采用由火灾自动报警系统启动的自动灭火系统时，其火灾探测器宜在**感温、感烟**和**感光**等不同类型的探测器中**选用两种**，采用立体安装，共同监控各个不同的空间。当采用**空气采样烟雾报警器及传统火灾报警系统**组合方式时，其中主机房及基本工作间应将空气采样等早期报警系统信号作为第一预警信号。

第十一章　古建筑防火

第一节　我国古建筑分类

我国古建筑分类【S4110101】

（1）**按用途分类**：①民居建筑。②宫殿建筑。③礼制性建筑。④宗教建筑。⑤陵墓建筑。⑥城防建筑。⑦古典园林。⑧桥梁建筑。

（2）**按结构形式分类**：①抬梁式。②穿斗式。③干阑式。

第二节　古建筑的火灾危险性

古建筑的火灾危险性【S4110201】

古建筑的火灾危险性有：①**耐火等级低**，火灾荷载大。②**组群布局**，火势蔓延迅速。③**形体高大**，有效控制火势难。④**远离城镇**，灭火救援困难。⑤**用火用电多**，管理难度大。

第三节　古建筑防火安全措施

古建筑防火安全措施【S4110301】

（1）**做好消防专项规划，改善消防安全环境**。①建立多种形式的消防站。②配备实用有效的消防器材。③因地制宜地设置消防供水设施。④科学合理地进行消防安全布局。

（2）**改善耐火性能，提高耐火等级**。①阻燃处理。②替换可燃构件。

（3）**开辟防火隔离带，打通消防通道**。建在森林、郊野的古建筑周围应开辟宽度30～50m的**防火隔离带**，并在秋冬季节清除30m范围内的杂草、干枯树枝等可燃物。规模较大的古建筑，确实无法开辟防火间距的，应在不破坏原有格局的基础上，设置**防火墙、水幕**等防火分隔设施。

（4）**拆除违章搭建房屋，消除火灾隐患**。

（5）**安装防雷设施**。

（6）**配置消防设施**。①消火栓系统。国家级文物保护单位的重点砖木、木结构的建筑物室外消火栓设计流量，按**三级耐火等级民用建筑物**消火栓设计流量确定。②自动灭火系统。**重要的砖木结构和木结构**的古建筑内，宜设置湿式自动喷水灭火系统；**寒冷地区需防**

冻或需防误喷的古建筑宜采用预作用自动喷水灭火系统；**缺水地区和珍宝库、藏经楼等重要场所**宜采用水喷雾灭火系统及细水雾、超细水雾灭火系统；**对性质重要、不宜用水扑救**的古建筑，如收藏珍贵文物的古建筑，可结合实际情况设置固定、半固定干粉、气体灭火系统或悬挂式自动干粉灭火装置、二氧化碳自动灭火装置、七氟丙烷自动灭火装置。③火灾自动报警系统。国家级文物保护单位的重点砖木或木结构的古建筑的非消防用电负荷宜设置**电气火灾监控系统**。古建筑内大殿可以选用红外线光束感烟探测器、缆式线型定温探测器及火焰探测器；佛像体上和壁挂、经书、文物较密集的部位可采用缆式线型定温探测器；对于人员住房、库房等其他建筑，可采用感烟探测器和火焰探测器的组合；收藏陈列珍贵文物的古建筑，宜选择吸气式早期火灾探测器或线型光纤感温探测器。火焰图像探测器宜与图像监控系统相结合。④设置消防安全标志。⑤配置灭火器。

（7）**严格控制火源和各种易燃易爆物品的管理**。引发古建筑火灾的火源有**生活用火**、**施工维修用火**、**宗教活动用火**、**电气火花**等。①禁止在古建筑保护范围内堆存柴草、木料等易燃、可燃物品。②严禁将煤气、液化石油气等引入古建筑内。③禁止在古建筑的主要殿屋设置生产、生活用火。在厢房、走廊、庭院等处需设置生活用火时，必须有防火安全措施。④古建筑内**严禁使用卤钨灯等高温照明灯具和电炉等电加热器具**，不准使用荧光灯和大于60W 的白炽灯。如确需安装照明灯具和电气设备，应严格执行有关电气安装使用的技术规范和规程。灯饰材料的燃烧性能不应低于 B1 级，且不得靠近可燃物。⑤古建筑内的电气线路一律采用**铜芯绝缘导线**，并采用阻燃聚氯乙烯穿管保护或穿金属管敷设，不得直接敷设在梁、柱、枋等可燃构件上。严禁乱拉乱接电线。配线方式应以一座殿堂为一个单独的分支回路，控制开关、熔断器均应安装在专用的配电箱内，配电箱设在室外，严禁使用铜丝、铁丝、铝丝等代替熔丝。⑥古建筑内燃灯、点烛、烧香、焚纸等宗教活动用火，应在室外固定位置，并由专人负责看管。神佛像前的长明灯应设固定的灯座，灯座应为不燃材料。蜡烛应有固定的烛台，以防倾倒，发生意外。香炉应用不燃材料制作。放置香、烛、灯的木制供桌上，应铺盖金属薄板或涂防火材料。

第十二章 人民防空工程防火

第一节 人民防空工程分类

人民防空工程分类【S4120101】

（1）**按构筑形式分类：坑道工程；地道工程；人民防空地下室；单建掘开式工程。**

（2）**按使用功能分类：指挥工程；医疗救护工程；防空专业队工程；人员掩蔽工程：**按等级分为一等人员掩蔽所和二等人员掩蔽所；**配套工程：**主要包括区域电站、区域供水站、人防物资库、食品站、生产车间、人防汽车库、人防交通干（支）道、警报站以及核生化监测中心等工程。

第二节 火灾危险性及特点

火灾危险性及特点【S4120201】

人防工程火灾危险性呈现出以下特点：①**火场温度高**，有毒气体多。②**内部格局复杂**，疏散难度大。③**储存物品多**，火灾荷载大。④**内部纵深大**，灭火战斗困难。

第三节 人民防空工程的建筑防火设计要求

一、总平面布局和平面布局【S4120301】

人防工程内**不得使用和储存**液化石油气、相对密度（与空气密度比值）大于或等于0.75的可燃气体和闪点小于60℃的液体燃料。人防工程内**不得设置**油浸电力变压器和其他油浸电气设备。人防工程内**不应设置**哺乳室、托儿所、幼儿园、游乐厅等儿童活动场所和残障人士活动场所。医院病房以及歌舞厅、卡拉OK厅（含具有卡拉OK功能的餐厅）、夜总会、录像厅、放映厅、桑拿浴室（除洗浴部分外）、游艺厅（含电子游艺厅）、网吧等歌舞娱乐放映游艺场所（以下简称歌舞娱乐放映游艺场所），不应设置在人防工程内地下二层及以下层；当设置在地下一层时，室内地面与室外出入口地坪高差不应大于10m。人防工程内地下商店**不应经营和储存**火灾危险性为甲、乙类储存物品属性的商品；**营业厅**不应设置在地下三层及三层以下；当地下商店总建筑面积大于20000m^2时，应采用防火墙进行分隔，且防火墙上不得开设门、窗、洞口，相邻区域确需局部连通时，应采取可靠的防火分隔措施。

二、防火分区的划分和建筑面积【S4120302】

（1）**防火分区的划分**。人防工程内采用**防火墙**划分防火分区，当采用防火墙确有困难时，可采用**防火卷帘等防火分隔设施**分隔。防火分区应在各安全出口处的防火门范围内划分；与柴油发电机房或锅炉房配套的水泵间、风机房、储油间等，应与柴油发电机房或锅炉房一起划分为一个防火分区；防火分区的划分宜与防护单元相结合。人防工程内设置有旅店、病房、员工宿舍时，**不得设置**在地下二层及以下层，并应划分为独立的防火分区，其疏散楼梯**不得与其他防火分区的疏散楼梯共用**。

（2）**防火分区建筑面积**。一般来说，人防工程每个防火分区的**允许最大建筑面积**，除另有规定者外，不应大于500m²。**当设置有自动灭火系统时**，允许最大建筑面积可增加1倍；局部设置时，增加的面积可按该局部面积的1倍计算。水泵房、污水泵房、水池、厕所、盥洗间等无可燃物的房间，其面积可不计入防火分区的面积之内。

1）**丙、丁、戊类物品库房防火分区建筑面积**。人防工程内丙、丁、戊类物品库房的防火分区允许最大建筑面积应符合《消防安全技术实务》表4-12-1的规定。当设置有火灾自动报警系统和自动灭火系统时，允许最大建筑面积可增加1倍；局部设置时，增加的面积可按该局部面积的1倍计算。

2）**人防工程内商业营业厅、展览厅、电影院和礼堂的观众厅、溜冰馆、游泳馆、射击馆、保龄球馆等防火分区建筑面积**如下：①**设置有火灾自动报警系统和自动灭火系统的商业营业厅、展览厅**等，当采用A级装修材料装修时，防火分区允许最大建筑面积不应大于2000m²。②**电影院、礼堂的观众厅**，其防火分区允许最大建筑面积不应大于1000m²。当设置有火灾自动报警系统和自动灭火系统时，其允许最大建筑面积也不得增加。③**溜冰馆的冰场、游泳馆的游泳池、射击馆的靶道区、保龄球馆的球道区**等，其面积可不计入溜冰馆、游泳馆、射击馆、保龄球馆的防火分区面积内。溜冰馆的冰场、游泳馆的游泳池、射击馆的靶道区等，其装修材料应采用A级。

三、其他防火分隔要求【S4120303】

其他防火分隔要求如下：①消防控制室、消防水泵房、排烟机房、灭火剂储瓶室、变配电室、通信机房、通风和空调机房、可燃物存放量平均值超过30kg/m² 火灾荷载密度的房间等，应采用耐火极限不低于2h的隔墙和1.5h的楼板与其他场所隔开，墙上如设门应设置常闭的甲级防火门。②**柴油发电机房的储油间**，墙上应设置常闭的甲级防火门，并应设置高150mm的**不燃烧、不渗漏**的门槛，地面不得设置地漏。③**同一防火分区内厨房、食品加工等用火用电用气场所**，墙上应设置**不低于乙级**的防火门，人员频繁出入的防火门应设置火灾时能自动关闭的**常开式**防火门。④**歌舞娱乐放映游艺场所**，一个厅、室的建筑面积不应大于200m²，且应采用耐火极限不低于2h的隔墙和1.5h的楼板与其他场所隔开，隔墙上如设门应设置不低于乙级的防火门。⑤**电影院、礼堂**的观众厅与舞台之间的墙耐火极限不应低于2.5h，电影院放映室（卷片室）应采用耐火极限不低于1h的隔墙与其他部位隔开，观察窗和放映孔应设置**阻火闸门**。⑥人防工程中允许使用的可燃气体和丙类液体管道，除可穿过柴油发电机房、燃油锅炉房的储油间与机房间的防火墙外，严禁穿过防火分区之间的防火墙；当其他管道需要穿过防火墙时，应采用防火封堵材料将管道周围的空隙紧密填塞。

四、防火门和防火卷帘的概念【S4120304】

（1）**防火门**。人防工程位于防火分区分隔处**安全出口的门应为甲级防火门**，当使用功能上确实需要采用防火卷帘分隔时，应在其旁设置与相邻防火分区的疏散走道相通的甲级防火门。人员频繁出入的防火门，应采用能在火灾时自动关闭的**常开式**防火门；平时需要控制人员随意出入的防火门，应设置火灾时不需使用钥匙等任何工具即能从内部易于打开的常闭防火门，并应在明显位置设置标识和使用提示；其他部位的防火门，宜选用常闭的防火门；防护门、防护密闭门、密闭门代替甲级防火门时，其耐火性能应符合甲级防火门的要求且不得用于平战结合公共场所的安全出口处。

（2）**防火卷帘**。人防工程中使用防火墙划分防火分区有困难时，可采用防火卷帘分隔。当防火分隔部位的宽度不大于30m时，防火卷帘的宽度不应大于10m；当防火分隔部位的宽度大于30m时，防火卷帘的宽度不应大于防火分隔部位宽度的1/3，且不应大于20m。防火卷帘的耐火极限不应低于3h。当防火卷帘的耐火极限符合现行国家标准《门和卷帘的耐火试验方法》(GB 7633—2008）有关背火面温升的判定条件时，可不设置自动喷水灭火系统保护；当防火卷帘的耐火极限符合现行国家标准《门和卷帘的耐火试验方法》(GB 7633—2008）有关背火面辐射热的判定条件时，应设置自动喷水灭火系统保护。自动喷水灭火系统的设计应符合现行国家标准《自动喷水灭火系统设计规范（2005年版）》(GB 50084—2001）的有关规定，但其火灾延续时间不应小于3h。防火卷帘应具有防烟性能，与楼板、梁和墙、柱之间的空隙应采用防火封堵材料封堵。在火灾时能自动降落的防火卷帘，应具有信号反馈的功能。

五、安全出口形式【S4120305】

（1）**疏散楼梯间**。设有下列公共活动场所的人防工程，当底层室内地面与室外出入口地坪高差大于10m时，应设置**防烟楼梯间**；当地下为两层，且地下第二层的室内地面与室外出入口地坪高差不大于10m时，应设置**封闭楼梯间**：①电影院、礼堂。②建筑面积大于500m^2的医院、旅馆。③建筑面积大于1000m^2的商场、餐厅、展览厅、公共娱乐场所、健身体育场所等。

（2）**避难走道**。避难走道是走道两侧为**实体防火墙**，并设置有效防烟等设施，仅用于人员安全通行至室外的走道。当人防工程设置直通室外的安全出口的数量和位置受条件限制时，可设置避难走道。防烟楼梯间是竖向布置的，而避难走道是水平布置的，人员疏散进入避难走道就可视为进入安全区域。

人防工程中的避难走道的设置要求如下：①避难走道直通地面的出口不应少于两个，并应设置在不同方向；当避难走道只与一个防火分区相通时，其直通地面的出口可设置一个，但该防火分区至少应有一个不通向该避难走道的安全出口。②通向避难走道的各防火分区人数不等时，避难走道的净宽不应小于容纳人数最多的一个防火分区通向避难走道的各安全出口最小净宽之和。③避难走道的装修材料燃烧性能等级应为A级。④防火分区至避难走道入口处应设置前室，前室面积不应小于6m^2，前室的门应为甲级防火门。⑤避难走道应设置消火栓，火灾应急照明、应急广播和消防专线电话。

六、安全出口设置要求【S4120306】

人防工程每个防火分区的**安全出口数量**不应少于两个。人防工程有两个或两个以上防火分区相邻，可将相邻防火分区之间防火墙上设置的防火门作为安全出口。防火分区安全出口应符合下列规定：①防火分区建筑面积大于 1000m² 的**商业营业厅、展览厅**等场所，设置通向室外、直通室外的疏散楼梯间或避难走道的安全出口个数不得少于两个。②防火分区建筑面积不大于 1000m² 的商业营业厅、展览厅等场所，设置通向室外、直通室外的疏散楼梯间或避难走道的安全出口个数不得少于一个。③在一个防火分区内，设置通向室外、直通室外的疏散楼梯间或避难走道的安全出口宽度之和，不宜小于规范规定的安全出口总宽度的 70%。

建筑面积不大于 500m² 且室内地面与室外出入口地坪高差不大于 10m，容纳人数不大于 30 人的防火分区，当设置仅用于**采光或进风用的竖井**，且竖井内有金属梯直通地面，防火分区通向竖井处设置有不低于乙级的常闭防火门时，可只设置一个通向室外、直通室外的疏散楼梯间或避难走道的安全出口；也可设置一个与相邻防火分区相通的防火门。建筑面积不大于 200m² 且经常停留人数不超过 3 人的防火分区，可只设置一个通向相邻防火分区的防火门。房间建筑面积不大于 50m² 且经常停留人数不超过 15 人时，可设置一个疏散出口。

七、安全疏散距离【S4120307】

安全疏散距离根据**允许疏散时间和人员疏散速度**确定。①房间内最远点至该房间门的距离不应大于 15m。②房间门至最近安全出口的最大距离：医院应为 24m，旅馆应为 30m，其他工程应为 40m。位于袋形走道两侧或尽端的房间，其最大距离应为上述相应距离的一半。③**观众厅、展览厅、多功能厅、餐厅、营业厅和阅览室**等，室内任意一点到最近安全出口的直线距离不宜大于 30m；当该防火分区**设置有自动喷水灭火系统**时，疏散距离可增加 25%。

八、人防工程疏散宽度【S4120308】

人防工程每个防火分区安全出口的总宽度，应按该**防火分区设计容纳总人数乘以疏散宽度指标**计算确定。人防工程安全出口、疏散楼梯和疏散走道的最小净宽应符合《消防安全技术实务》表 4-12-2 的规定。

九、下沉式广场的安全疏散【S4120309】

不同防火分区**通向下沉式广场安全出口最近边缘之间的水平距离**不应小于 13m，广场内疏散区域的净面积不应小于 169m²。下沉式广场应设置不少于一个直通地坪的疏散楼梯，疏散楼梯的总宽度不应小于相邻最大防火分区通向下沉式广场计算疏散总宽度（疏散楼梯总宽度可包括疏散楼梯宽度和 90% 的自动扶梯宽度）。当下沉式广场确需设置**防风雨棚**时，棚不得封闭，四周敞开的面积应大于下沉式广场投影面积的 25%，经计算大于 40m² 时，可取 40m²；敞开的高度不得小于 1m；当敞开部分采用防风雨百叶时，百叶的有效通风排烟面积可按百叶洞口面积的 60% 计算。

十、人防工程灭火设备【S4120310】

（1）**消防给水**。人防工程消防用水可由市政给水管网、水源井、消防水池或天然水源供给。

（2）**室外消火栓**。当人防工程内消防用水总量大于 10L/s 时，应设置室外消火栓。室外消火栓应设置在人防工程出入口附近，且距出入口的距离不宜小于 5m，并不宜大于 40m，而且应有明显的标志。

（3）**室内消火栓系统**。以下人防工程和部位应设置室内消火栓系统：①建筑面积大于 $300m^2$ 的人防工程。②电影院、礼堂、消防电梯间前室和避难走道。

（4）**自动喷水灭火系统**。以下人防工程和部位应设置自动喷水灭火系统：①除丁、戊类物品库房和自行车库外，建筑面积大于 $500m^2$ 的丙类库房和其他建筑面积大于 $1000m^2$ 的人防工程。②大于 800 个座位的电影院和礼堂的观众厅，且吊顶下表面至观众席室内地面高度不大于 8m 时；舞台使用面积大于 $200m^2$ 时，观众厅与舞台之间的台口宜设置防火幕或水幕分隔。③歌舞娱乐放映游艺场所。④建筑面积大于 $500m^2$ 的地下商店和展览厅。⑤燃油或燃气锅炉房和装机总容量大于 300kW 的柴油发电机房。

人防工程中建筑面积大于 $100m^2$ 且小于或等于 $500m^2$ 的地下商店和展览厅，建筑面积大于 $100m^2$ 且小于或等于 $1000m^2$ 的影剧院、礼堂、健身体育场所、旅馆、医院等，建筑面积大于 $100m^2$ 且小于或等于 $500m^2$ 的丙类库房，宜设置自动喷水灭火系统，当有困难时，也可设置局部应用系统。

（5）**其他灭火设施**。人防工程中图书、资料、档案等特藏库房，重要通信机房和电子计算机机房，变配电室和其他特殊**重要的设备房间**应设置气体灭火系统或细水雾灭火系统。

（6）**灭火器**。人防工程应配置灭火器。

十一、火灾自动报警系统【S4120311】

人防工程中建筑面积大于 $500m^2$ 的地下商店、展览厅和健身体育场所，建筑面积大于 $1000m^2$ 的丙、丁类生产车间和丙、丁类物品库房，重要的通信机房和电子计算机机房，柴油发电机房和变配电室，重要的实验室和图书、资料、档案库房，歌舞娱乐放映游艺场所等，应设置火灾自动报警系统。

十二、消防疏散照明和消防备用照明【S4120312】

消防疏散照明和消防备用照明在**工作电源断电后，应能自动投合备用电源**。消防疏散照明和消防备用照明可用蓄电池作备用电源，其连续供电时间不应少于 30min。

（1）**消防疏散照明**。人防工程的疏散走道、楼梯间、防烟前室、公共活动场所等部位的墙面上部或顶棚下应设置消防疏散照明灯，其地面的最低照度不应低于 5lx。在人防工程有侧墙的疏散走道及其拐角处和交叉口处的**墙面上**、无侧墙的疏散走道的**上方**、疏散出入口和安全出口的**上部**应设置消防疏散标志灯。歌舞娱乐放映游艺场所、总建筑面积大于 $500m^2$ 的商业营业厅等公众活动场所的**疏散走道的地面上**，应设置能保持视觉连续发光的疏散指示标志，并设置灯光型疏散指示标志。当地面照度较大时可设置蓄光型疏散指示标志。沿地面设置的灯光型疏散指示标志的间距不宜大于3m，蓄光型疏散指示标志的间距不宜大于2m。

（2）**消防备用照明**。人防工程避难走道、消防控制室、消防水泵房、柴油发电机室、配电室、通风空调室、排烟机房、电话总机房以及**发生火灾时仍需坚持工作的其他房间**应设置消防备用照明。建筑面积大于5000m^2的人防工程，其消防备用照明照度值宜保持正常照明的照度值；建筑面积不大于5000m^2的人防工程，其消防备用照明的照度值不宜低于正常照明照度值的50%。

十三、人防工程防排烟设置要求【S4120313】

（1）**防烟**。人防工程的防烟楼梯间及其前室或合用前室、避难走道的前室应设置**机械加压送风防烟设施**。**丙、丁、戊类物品库房**宜采用**密闭防烟措施**。

（2）**排烟**。总建筑面积大于200m^2的人防工程，建筑面积大于50m^2且经常有人停留或可燃物较多的房间，丙、丁类生产车间，长度大于20m的疏散走道，歌舞娱乐放映游艺场所，中庭等应设置机械排烟设施。

1）**排烟口**。人防工程每个防烟分区内必须设置排烟口，排烟口应设置在**顶棚或墙面的上部**。单独设置的排烟口，平时应处于关闭状态，其控制方式可采用**自动或手动**开启方式，手动开启装置的位置应便于操作。排风口和排烟口合并设置时，应在排风口或排风口所在支管设置自动阀门，该阀门必须具有防火功能，并应与火灾自动报警系统联动。火灾时，着火防烟分区内的阀门应处于开启状态，其他防烟分区内的阀门应全部关闭。排烟口的风速不宜大于10m/s。**设置自然排烟设施的场所**，自然排烟口底部距室内地面不应小于2m，并应常开或发生火灾时能自动开启，中庭的自然排烟口净面积不应小于中庭地面面积的5%；其他场所的自然排烟口净面积不应小于该防烟分区面积的2%。

2）**排烟风机**。排烟风机可采用**普通离心式风机**或**排烟轴流风机**，排烟风机可单独设置或与排风机合并设置。排烟风机的安装位置，宜处于**排烟区的同层或上层**。排烟风机应与排烟口联动，当任何一个排烟口、排烟阀开启或排风口转为排烟口时，系统应转为排烟工作状态，排烟风机应自动转换为排烟工况；当烟气温度大于280℃时，排烟风机应随设置于风机入口处防火阀的关闭而自动关闭。

第五篇

消防安全评估考点总结

第一章　概　　述

第一节　风险管理

一、风险的概念【S5010101】

风险是指**不确定性对目标**的影响。对风险管理中的安全而言，风险是对伤害的一种综合衡量，包括伤害的**发生概率**和伤害的**严重程度**。伤害是指对物质或环境的破坏，或对人体健康的损害，对财产造成的损失。风险具有**客观性**、**普遍性**、**损害性**、**突发性**等特征。

二、风险管理的概念【S5010102】

风险管理是**指导**和**控制**某一组织与风险相关问题的协调活动。风险管理通过分析不确定性及其对目标的影响，采取相应的措施，为组织的运行和决策及有效应对各类突发事件提供支持。

三、风险管理原则【S5010103】

为有效管理风险，组织在实施风险管理时，可遵循下列**原则**：①控制损失、创造价值。②融入组织管理过程。③支持决策过程。④应用系统的、结构化的方法。⑤以有效的信息为基础。⑥环境依赖。⑦广泛参与、充分沟通。⑧持续改进。

四、风险管理过程【S5010104】

风险管理过程是组织管理的有机组成部分，嵌入在组织文化和实践当中，贯穿于组织的经营过程。风险管理过程包括**明确环境信息**、**风险评估**、**风险应对**、**监督**和**检查**。其中，风险评估包括**风险识别**、**风险分析**和**风险评价**。沟通和记录应贯穿于风险管理全过程。

①**风险评估**。风险评估包括风险识别、风险分析和风险评价三个步骤。②**风险应对**。

风险应对是选择并执行一种或多种改变风险的措施，包括改变风险事件发生的可能性或后果的措施。风险应对决策应当考虑各种环境信息，包括内部和外部利益相关者的风险承受度，以及法律、法规和其他方面的要求等。③**监督和检查**。组织应当明确界定监督和检查的责任。监督和检查活动包括常规检查、监控已知的风险、定期或不定期检查。定期或不定期检查都应被列入风险应对计划。④**沟通和记录**。组织在决策过程中应当与利益相关者进行**充分沟通**，识别并记录利益相关者的**风险偏好**。

在风险管理过程中，**记录是实施和改进整个风险管理过程的基础**。**建立记录时**应当考虑以下方面：出于管理的目的而重复使用信息的需要；进一步分析风险和调整风险应对措施的需要；风险管理活动的可追溯要求；沟通的需要；法律、法规和操作上对记录的需要；组织本身持续学习的需要；建立和维护记录所需的成本和工作量；获取信息的方法、读取信息的难易程度和储存媒介；记录保留期限；信息的敏感性。

第二节 火灾风险评估

一、火灾风险评估的相关概念【S5010201】

①**火灾风险评估**：对目标对象可能面临的火灾危险、被保护对象的脆弱性、控制风险措施的有效性、风险后果的严重程度以及上述各因素综合作用下的消防安全性能进行评估的过程。②**可接受风险**：在当前技术、经济和社会发展条件下，组织或公众所能接受的风险水平。③**消防安全**：发生火灾时，可将对人身安全、财产和环境等可能产生的损害控制在可接受风险以下的状态。④**火灾危险**：引发潜在火灾的可能性，针对的是作为客体的火灾危险源引发火灾的状况。⑤**火灾隐患**：由违反消防法律法规的行为引起，可能导致火灾发生，或发生火灾后会造成人员伤亡、财产损失、环境损害或社会影响的不安全因素。⑥**火灾风险**：对潜在火灾的发生概率及火灾事件所产生后果的综合度量。常可用“火灾风险 = 概率 X 后果”表达。其中“X”为数学算子，不同的方法中“X”的表达会所不同。⑦**火灾危险源**：可能引起目标遭受火灾影响的所有来源。⑧**火灾风险源**：能够对目标发生火灾的概率及其后果产生影响的所有来源。⑨**火灾危险性**：物质发生火灾的可能性及火灾在不受外力影响下所产生后果的严重程度，强调的是物质固有的物理属性。

二、火灾风险评估的分类【S5010202】

（1）根据**建筑所处的不同状态**，火灾风险评估可以分为：①**预先评估**。它是在**建设工程的开发、设计阶段**所进行的风险评估，用于指导建设工程的开发和设计。②**现状评估**。它是在建筑（区域）建设工程已经**竣工，即将投入运行前或已经投入运行时所处的阶段**进行的风险评估，用于了解建筑（区域）的现实风险，以采取降低风险的措施。由于是在建筑（区域）的运行阶段，对建筑（区域）的风险已有一定了解，因而与预先评估相比，现状评估更接近于现实情况。当前的火灾风险评估大多数属于现状评估。

（2）按**指标处理方式**分类。根据建筑（区域）风险评估指标的处理方式，风险评估可以分为：①**定性评估**。它是依靠人的观察分析能力，借助**经验和判断能力**进行的评估。

在风险评估过程中，无需将不确定性指标转化为确定的数值进行度量，只需进行定性比较。常用的定性评估方法有安全检查表。②**半定量评估**。它是在**风险量化**的基础上进行的评估。在评估过程中，需要通过数学方法，将不确定的定性指标转化为量化的数值。由于其评估指标可进行一定程度的量化，因而能够比较准确地描述建筑（区域）的风险。③**定量评估**。它是在评估过程中所涉及的**参数均已经通过实验、测试、统计**等各种方法实现了完全量化的评估，且其量化数值可被业界公认。其评估指标可完全量化，因而评估结果更为精确。

三、火灾风险评估的作用【S5010203】

火灾风险评估的作用：①**社会化消防工作的基础**。消防工作遵循“预防为主、防消结合”的工作方针，按照“政府统一领导、部门依法监管、单位全面负责、公民积极参与”的工作原则进行。②**公共消防设施建设的基础**。为科学、合理规划城市公共消防设施，满足城市应对火灾扑救和抢险救援的需要，将包括消防站、消防水源、消防装备、消防通信在内的公共消防设施建设纳入城市总体规划，有必要可开展区域火灾风险评估工作。③**重大活动消防安全工作的基础**。大型文化体育活动具有人员密集、时间短暂、用电量大等特点；重要的政治和社会活动具有安全要求高、火灾防控难度大等特点。为有效做好上述活动的消防安全工作，在举办这些活动前，就活动场所以及主办单位及其组织过程与管理开展火灾风险评估，能够及时发现活动的组织方案、应急措施、责任制落实、消防设施配置、火灾扑救准备、消防救援等存在的薄弱环节，针对性地进行完善。④**确定火灾保险费率的基础**。人们对安全的认识不断深化，对安全的需求也将不断提高，可预期在不久的将来，火灾风险评估将会在我国消防工作中发挥越来越大的作用。

四、火灾风险评估的基本流程【S5010204】

①**前期准备**。明确火灾风险评估的范围，收集所需的各种资料，重点收集与实际运行状况有关的各种资料与数据。评估机构依据经营单位提供的资料，按照确定的范围进行火灾风险评估。所需主要资料从以下方面收集：评估对象的功能；可燃物；周边环境情况；消防设计图样；消防设备相关资料；火灾应急救援预案；消防安全规章制度；相关的电气检测和消防设施与器材检测报告。②**火灾危险源的识别**。③**定性、定量评估**。根据评估对象的特点，确定消防评估的模式及采用的评估方法。在系统生命周期内的运行阶段，应尽可能采用定量的安全评估方法，或定性与定量相结合的综合性评估模式进行分析和评估。④**消防安全管理水平评估**。消防安全管理水平的评估主要包含以下三个方面：消防管理制度评估；火灾应急救援预案评估；消防演练计划评估。⑤**确定对策、措施及建议**。根据火灾风险评估结果，提出相应的对策、措施及建议，并按照火灾风险程度的高低进行解决方案的排序，列出存在的消防隐患及整改紧迫程度，针对消防隐患提出改进措施及改善火灾风险状态水平的建议。⑥**确定评估结论**。根据评估结果，明确指出生产经营单位当前的火灾风险状态水平，提出火灾风险可接受程度的意见。⑦**编制火灾风险评估报告**。

第二章 火灾风险识别

第一节 火灾风险评估概念辨析

一、火灾隐患与火灾风险【S5020101】

火灾隐患又可以分为**一般火灾隐患和重大火灾隐患**。根据定义，火灾隐患首先是一种违反法律法规的行为；其次，定义中对发生火灾的可能性及火灾发生导致的后果进行了度量。重大火灾隐患是指违反消防法律法规，可能导致火灾发生或火灾危害增大，并由此可能造成特大火灾事故后果和严重社会影响的各类潜在不安全因素。开展火灾风险评估，首先就是要进行火灾隐患排查，但是火灾隐患排查不完全等同于火灾风险评估。一般情况下，**凡是存在火灾隐患的地方，就一定会有火灾风险；但是有火灾风险的地方，不一定有火灾隐患**。

二、火灾危险源与火灾风险源【S5020102】

早期的关于安全方面的著作将影响系统安全的因素统称为危险源，分为第一类危险源和第二类危险源。按照两类危险源理论，依据危险源在事故发生、发展过程中的作用，危险源可分为以下两类：**第一类危险源**是指**产生能量的能量源或拥有能量的载体**。它的存在是事故发生的前提。由于第一类危险源在事故时释放的能量是导致人员伤害或财物损坏的能量主体，所以它决定了事故后果的严重程度。**第二类危险源**是指**导致约束、限制能量屏蔽措施失效或破坏的各种不安全因素**。它是第一类危险源导致事故的必要条件。如果没有第二类危险源破坏第一类危险源的控制，也就不会发生能量或危险物质的意外释放。所以，第二类危险源出现的难易程度决定了事故发生的可能性大小。

根据上述危险源分类，火灾中的第一类危险源包括**可燃物、火灾烟气及燃烧产生的有毒、有害气体成分**；第二类危险源是人们为了防止火灾发生、减小火灾损失所采取的**消防措施中的隐患**。按照上述表述，火灾自动报警、自动灭火系统、应急广播及疏散系统等消防措施属于第二类危险源。因此，对火灾危险源进行界定，将其含义限定为引起火灾的一些因素，同时引入火灾风险源的概念，则更容易理解。应该说，关于危险源和风险源的概念，来自两个不同的方向。危险源首先来自理论上的定义，而风险源则来自实践的需要，采用由实践向理论的提升，将会有更大的适用性。火灾危险源与火灾风险源的关系如图 5-1 所示。

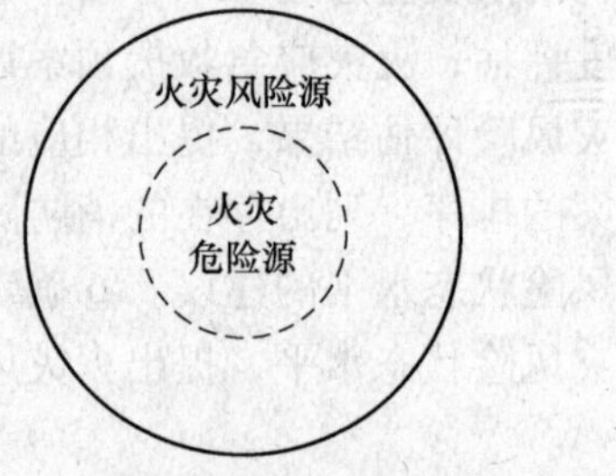

图 5-1 火灾危险源与火灾风险关系

三、火灾危险、火灾危险性与火灾风险的概念【S5020103】

危险表达的是某事物对人们构成的不良影响或后果等，强调的是**客体，是客观存在的随机现象**；风险表达的则是人们采取了某种行动后可能面临的有害后果，强调的是**主体，是人们将遭受的危害或需要承担的责任**；而危险性不仅是指火灾事件发生的**可能性**，而且也包括**火灾危险的程度及造成危害的后果**。进一步研究认为：火灾危险性不仅是指火灾事件发生的可能性，而且也包括火灾危险的程度及造成危害的后果，强调的是客体（火灾事件本身），是客观存在的随机现象；火灾风险是对火灾引起人的生命、健康、财产和环境遭受潜在危害后果的认识，**火灾风险的大小通常用火灾发生的概率乘以火灾后果的期望值**来衡量，它表达的是人们采取了某种行动后可能面临的危害后果，强调的是主体（火灾的危害对象），隐含人们将遭受的危害或需要承担的责任。

为了对火灾危险、火灾危险性和火灾风险这三个相似概念进行界定，此处将火灾危险、火灾危险性和火灾风险分为三个层次。**火灾危险作为第一个层次**，是火灾风险的基本来源。**火灾危险性作为第二个层次**，对应的是着火后会有多大的规模。在《建筑设计防火规范》(GB 50016—2014）中有很多地方提及火灾危险性，主要是从物质的闪点、爆炸极限以及其他发生氧化燃烧或爆炸的条件进行分类，重点是针对物质的物理属性。**火灾风险作为第三个层次**，阐明的是物质着火的概率以及火灾发生后的预期损失情况。采用这三个层次的界定，一般情况下可以解释火灾危险源评估、火灾危险性评估和火灾风险评估之间的区别。

第二节 火灾风险来源

本节相关考点已在本书第一篇第二章中总结归纳。

第三节 火灾风险源分析

一、火灾危险源【S5020301】

（1）**客观因素**有电气引起火灾、易燃易爆物品引起火灾、气象因素引起火灾。

1）**电气引起火灾**：①接头接触不良导致电阻增大，发热起火。②可燃油浸变压器油温过高导致起火。③高压开关的油断路器中，由于油量过高或过低引起爆炸起火。④熔断器熔体熔断时产生电火花，引燃周围可燃物。⑤用电加热装置时，不慎放入高温易爆物品导致爆炸起火。⑥机械撞击损坏线路，导致漏电起火。⑦设备过载导致线路温度升高，在线路散热条件不好时，经过长时间的过热，导致电缆起火或引燃周围可燃物。⑧照明灯具的内部漏电或发热引起燃烧，或引燃周围可燃物。

2）**易燃易爆物品引起火灾**。

3）**气象因素引起火灾**。火灾的起数与气象条件密切相关，影响火灾的气象因素主要有大风、降水、高温以及雷电。

（2）**人为因素**。①**用火不慎**引起火灾。②**不安全吸烟**引起火灾。③**人为纵火**。

二、人员状况【S5020302】

对风险评估结果影响最大的因素之一，就是建筑物或活动场地人员的安全疏散。评估建筑物或活动场地内的人员能否安全疏散，除了上述消防设施，还需要考虑建筑物或活动场地内人员自身的一些特点对安全疏散的影响，主要有：①**人员荷载**。疏散设计是建立在正确的人员荷载统计的基础之上的。不同区域的**人员密度指标**不仅与国家、地区、地段以及空间场所的类型和使用因素有关，而且还受其平面布置、空间布局、使用面积和内部物体配置等因素的制约。一般情况下，建筑物内的人员数量越多，造成拥堵的可能性越高。②**人员素质**。人员素质包括人的心理承受能力、应急反应能力和遵守纪律能力。在特定的建筑火灾场景下，因人的心理承受能力、应急反应能力和遵守纪律能力不同，即使在相同的设计安全范围内，疏散相同人员所需的时间也会存在较大差异。③**人员熟知度**。对于不同的建筑物而言，其使用人群通常是不同的。**固定人员**对建筑物内的结构布局、出口数量及位置、疏散通道和疏散楼梯位置等都非常熟悉，在紧急情况下能够第一时间找到正确的疏散逃生通道，及时疏散到安全区域。**流动人员**对建筑物的消防疏散设施不了解甚至非常不熟悉，在紧急情况下就容易出现慌乱，难以正确地找到疏散通道，从而不能及时、有效地疏散到安全区域。④**人员体质**。由于不同人群的身体状况不同，其行动能力也存在显著差异。同时对于不同的建筑物，人员的比例会有所不同。

三、消防力量【S5020303】

消防力量主要有：①**消防站**。消防站是一座城市、一个地区、一个乡村开展灭火行动的基础设施，也是抵御火灾的根本所在。距离消防站越近，消防安全保障水平越高，面临的火灾风险越低。②**消防队员**。消防员数量的多少直接反映出发生突发火灾事故时的**处置能力**。③**消防装备**。消防装备包括**消防车辆**、**灭火救援装备**和**防护装备**。消防车辆是消防员灭火救援的根本。灭火救援器材是消防员的武器。④**到场时间**。通常情况下，从消防队接警出动至到达火灾现场，总会需要一段时间，这段时间称为到场时间。消防队的到场时间长短，将影响到**消防队首次灭火时燃烧所处的阶段**。通常情况下，消防队的到场时间主要取决于**出警距离**、**道路交通状况**。⑤**预案完善**。**预案制定**，**预案演练**。预案演练是提升消防队战斗力的一个必不可少的环节。在完成应急预案之后，还需要进行定期演练，以检验和完善指挥流程的科学性和实用性，加深官兵对角色和职能的理解，提高实战操作的成效以及查找其中的不足，并在此基础上加以修订完善。⑥**后勤保障**。心理保障、食宿保障、医疗保障。

第三章 火灾风险评估方法概述

第一节 安全检查表法

一、安全检查表的基本概念【S5030101】

系统地对一个生产系统或设备进行科学的分析，从中找出各种不安全因素，确定检查项目，预先以表格的形式拟定好用于查明其安全状况的“**问题清单**”，作为实施时的蓝本，这样的表格就称为安全检查表。

二、安全检查表的编制依据【S5030102】

安全检查表的编制依据包含以下几个方面：①**国家和行业的安全规章制度、规程、规范和规定等**。②**在结合本单位的经验及具体情况的基础上，进行系统安全分析的科学结论（确定的危险部位及防范措施）**。③**国内外、本企业事故案例**。

三、安全检查表的编制方法【S5030103】

①**经验法**。找熟悉被检查对象的人员和具有实践经验的人员，以“三结合”（工人、工程技术人员和管理人员相结合）的方式组成一个小组，依据人、物、环境的具体情况，根据以往积累的实践经验以及有关统计数据，按照规程、规章制度等文件的要求，编制安全检查表。②**系统安全分析法**。通过事故树进行定性分析，求出事故树的最小割集，按最小割集中基本事件的多少，找出系统中的薄弱环节，以这些薄弱环节作为安全检查的重点对象，编制成安全检查表。还可以通过对事故树的结构重要度分析、概率重要度分析和临界重要度分析，分别按事故树中基本事件的结构重要度系数、概率重要度系数和临界重要度系数的大小，编制安全检查表。

四、安全检查表的编制与实施【S5030104】

安全检查表的编制与实施步骤如下：①**确定系统**。确定系统是指确定所要检查的对象。检查的对象可大可小，可以是某一工序、某个工作地点、某一具体设备等。②**找出危险点**。这一部分是制作安全检查表的关键，因为安全检查表内的项目、内容都要针对危险因素而提出的，所以找出系统的危险点至关重要。在找危险点时，可采用系统安全分析法、经验法等方法分析寻找。③**确定项目与内容，编制成表**。根据找出的危险点，对照有关制度、标准法规、安全要求等分类确定项目，并写出其内容，按安全检查表的格式制成表格形式。④**检查应用**。⑤**整改**。⑥**反馈**。

五、安全检查表的优点及使用注意事项【S5030105】

（1）**安全检查表的优点**：①具有全面性与系统性。②有明确的检查目标。③简单易懂、容易掌握、易进行群体管理。④有利明确责任，避免在发生事故时的责任纠缠不清。⑤有利于安全教育。⑥可以事先编制，集思广益。⑦可以随科学发展和标准规范的变化不断完善。

（2）**使用安全检查表时的注意事项**：①应用安全检查表实施检查时，应落实安全检查人员。企业厂级日常安全检查可由安技部门现场人员和安全监督巡检人员会同有关部门联合进行；车间的安全检查可由车间主任或指定车间安全员检查。岗位安全一般指定专人进行，检查后应签字并提出处理意见备查。②为保证检查的定期实施，应将安全检查表列入相关安全检查管理制度中，或制定安全检查表的实施办法。③应用安全检查表检查，必须注意信息的反馈及整改。对查出的问题，凡是检查者当时能督促整改和解决的，应立即解决；当时不能整改和解决的，应进行反馈登记、汇总分析，由有关部门列入计划安排解决。④应用安全检查表检查，必须按编制的内容逐项、逐内容、逐点检查，有问必答、有点必检，并按规定的符号填写清楚，为系统分析及安全评价提供准确可靠的依据。

第二节 预先危险性分析法

一、预先危险性分析法的基本概念【S5030201】

火灾风险预先危险性分析也称**初始风险分析**，是安全评估的一种方法。它是在评估对象运营之前，特别是在**设计的开始阶段**，对系统存在火灾风险类别、出现条件后果等进行概略分析，尽可能评价潜在的火灾危险性。

二、分析步骤和分级【S5030202】

①**调查、了解和收集**过去的经验和相似区域火灾事故发生情况。②**辨识、确定危险源，并分类制成表格**。危险源的确定可通过经验判断、技术判断和实况调查或安全检查表等方法进行。③研究危险源转化为火灾事故的**触发条件**。④**进行危险分级**。危险等级可分为以下四个级别：**Ⅰ级**：安全的（可忽视的）。不会造成人员伤亡和财产损失以及环境危害、社会影响等。**Ⅱ级**：临界的。可能降低整体安全等级，但不会造成人员伤亡，能通过采取有效消防措施消除和控制火灾危险的发生。**Ⅲ级**：危险的。在现有消防装备条件下，很容易造成人员伤亡和财产损失以及环境危害、社会影响等。**Ⅳ级**：破坏性的（灾难性的）。会造成严重的人员伤亡和财产损失以及环境危害、社会影响等。

三、辨识危险性【S5030203】

①**直接火灾**。当可燃物质和氧气共存时，遇到火源就有可能发生火灾称为直接火灾。应该注意某些物质发生直接火灾的可能性。②**间接火灾**。间接火灾是指受到外力破坏引起本身发生火灾的情况，如设备或其他容器遭受外来事故的波及、易燃物质外泄、遇引火源

发生事故。③**自动反应**。有些化学物质本身带有含氧分子团，不需外部供氧就能发生氧化反应。④**人的因素**。一些人由于生理和心理状态造成误操作而发生火灾事故。

四、预先危险性分析格式【S5030204】

预先危险性分析结果可列为一种表格。《消防安全技术实务》表5-3-5是预先危险性分析的**一般表格形式**。火灾风险定性评估的最终结果以风险等级表征。火灾风险等级确定主要是针对那些易发生火灾的关键部位，确定减少和消除发生的可能性以及火灾发生后的损失。《消防安全技术实务》表5-3-6和表5-3-7分别给出**结果和概率的定性分析**，由此可以得到定性风险矩阵模型，见《消防安全技术实务》表5-3-8。

五、危险性控制【S5030205】

危险性控制措施如下：①**限制能量**；②**防止能量散逸**；③**减低损害和程度的措施**；④**防止人为失误**。

第三节　事件树分析法

一、事件树分析法的基本概念【S5030301】

事件树分析法是一种**时序逻辑**的事故分析方法。它以一个初始事件为起点，按照事故的发展顺序，分成阶段，一步一步地进行分析，遵循每一事件可能的后续事件只能取**完全对立的两种状态**（如成功或失败、正常或故障、安全或危险等）之一的原则，逐步向结果方向发展，直到达到系统故障或事故为止。所分析的情况用树枝状图形表示，故称事件树。通过事件树，既可以定性地了解整个事件的动态变化过程，又可以定量计算出各阶段的概率，最终了解事故发展过程中各种状态的发生概率。

二、事件树分析法的作用【S5030302】

①可以事前预测事故及不安全因素，估计事故的可能后果，寻求最经济的预防手段和方法。②事后用事件树分析事故原因，十分方便明确。③事件树的分析资料既可作为直观的安全教育资料，也有助于推测类似事故的预防对策。④当积累了大量事故资料时，可采用计算机模拟，使事件树对事故的预测更为有效。⑤在安全管理上用事件树对重大问题进行决策，具有其他方法所不具备的优势。

三、事件树的编制程序【S5030303】

（1）**确定初始事件**。初始事件是事故在未发生时，其发展过程中的**危害事件或危险事件**。可以用两种方法确定初始事件：①根据系统设计、系统危险性评价、系统运行经验或事故经验等确定。②根据系统重大故障或事故树分析，从其中间事件或初始事件中选择。

（2）**判定安全功能**。系统中包含许多安全功能，在初始事件发生时，可消除或减轻其影响，以维持系统安全运行。

（3）**绘制事件树**。从初始事件开始，按事件发展过程**自左向右**绘制事件树，用树枝代表事件发展途径。首先考察初始事件一旦发生时最先起作用的安全功能，把可以发挥功能的状态画在上面的分枝，不能发挥功能的状态画在下面的分枝，然后依次考察各种安全功能的两种可能状态，把发挥功能的状态（又称成功状态）画在上面的分枝，把不能发挥功能的状态（又称失败状态）画在下面的分枝，直至到达系统故障或事故为止。

（4）**简化事件树**。在绘制事件树的过程中，可能会遇到一些与初始事件或与事故无关的安全功能，或者其功能关系相互矛盾、不协调的情况，需用工程知识和系统设计的知识予以辨别，然后将其从树枝中去掉，即构成简化的事件树。

在绘制事件树时，要在每个树枝上写出**事件状态**，树枝横线上面写明事件过程内容特征，横线下面注明成功或失败的状况说明。

四、事件树的定性分析【S5030304】

事件树的定性分析在**绘制事件树的过程中**就已进行了，绘制事件树必须根据事件的客观条件和事件的特征，做出符合科学性的逻辑推理，用与事件有关的技术知识确认事件的可能状态。

画好事件树之后的工作，就是找出发生事故的途径和类型以及制定预防事故的对策。①**找出事故联锁**。事件树的各分枝代表初始事件一旦发生，其**可能的发展途径**。其中，最终导致事故的途径即为事故联锁。一般地，导致系统事故的途径有很多，即有许多事故联锁。事故联锁中包含的初始事件和安全功能故障的后续事件之间具有"逻辑与"的关系。事故联锁越多，系统越危险；事故联锁中事件树越少，系统越危险。②**找出预防事故的途径**。事件树中最终达到安全的途径指导人们如何采取措施预防事故。在达到安全的途径中，**发挥安全功能的事件构成事件树的成功联锁**。如果能保证这些安全功能发挥作用，则可以防止事故。一般地，事件树中包含的成功联锁可能有多个，即可以通过若干途径来防止事故发生。成功联锁越多，系统越安全；成功联锁中事件树越少，系统越安全。

五、事件树的定量分析【S5030305】

事件树的定量分析是指根据每一事件的发生概率，计算各种途径的事故发生概率，比较各个途径的概率大小，做出事故发生可能性序列，确定最易发生事故的途径。这里各事件之间**相互统计独立**。①**各发展途径的概率**。各发展途径的概率等于自初始事件开始的各事件发生概率的**乘积**。②**事故发生概率**。在事件树的定量分析中，事故发生概率等于导致事故的各发展途径的概率和。定量分析要以事件概率数据作为计算的依据，而事件过程的状态又是多种多样的，一般会因为缺少概率数据而不能实现定量分析。③**事故预防**。从事件树上可以看出，最后的事故是一系列危害和危险的发展结果，如果中断这种发展过程，就可以避免事故发生。因此，在事故发展过程中的各阶段，应采取各种可能措施，控制事件的可能性状态，降低危害状态的出现概率，增加安全状态的出现概率，把事件发展过程引向安全的发展途径。

采取在事件不同发展阶段阻截事件向危险状态转化的措施，最好在事件发展前期过程实现，从而能产生阻截多种事故发生的效果。

第四节　事故树分析法

一、事故树分析法的基本概念【S5030401】

事故树分析法是一种**演绎推理法**。事故树分析法是具体运用**运筹学原理**，对事故原因和结果进行逻辑分析的方法。事故树分析法**先从事故开始，逐层次向下演绎**，将全部出现的事件用逻辑关系连成整体，对能导致事故的各种因素及相互关系做出全面、系统、简明和形象的描述。

二、事故树的符号及其意义【S5030402】

事故树采用的符号包括事件符号、逻辑门符号和转移符号三大类。

（1）**事件及事件符号**。在事故树分析中，各种**非正常状态或不正常情况**皆称为事故事件，各种完好状态或正常情况皆称为成功事件，两者均简称为事件。事故树中的每一个节点都表示一个事件。①结果事件。用矩形符号表示。②底事件。底事件位于事故树的底部，用圆形符号表示。③特殊事件。用菱形符号表示。

（2）**逻辑门及其符号**。逻辑门是连接各事件并表示其逻辑关系的符号。①与门。与门可以连接数个输入事件 $E1$，$E2$，…，En 和一个输出事件 E，表示仅当所有输入事件都发生时，输出事件 E 才发生的逻辑关系。②或门。或门可以连接数个输入事件 $E1$，$E2$，…，En 和一个输出事件 E，表示至少有一个输入事件发生时，输出事件 E 就发生。③非门。非门表示输出事件是输入事件的对立事件。

（3）**转移符号**。当事故树规模很大或整个事故树中多处包含有相同的部分树图时，为了简化整个树图，便可用转出和转入符号，以标出向何处转出和从何处转入。①转出符号。它表示向其他部分转出，△内记入向何处转出的标记。②转入符号。它表示从其他部分转入，△内记入从何处转入的标记。

三、事故树的定性分析【S5030403】

（1）割集和最小割集。事故树顶事件发生与否是由构成事故树的各种基本事件的状态决定的。在事故树中，引起顶事件发生的基本事件的集合称为割集，也称截集或截止集。一个事故树中的割集一般不止一个，在这些割集中，凡不包含其他割集的，称为**最小割集**。求最小割集的常用方法有**布尔代数法**、**行列法**、**矩阵法**等。如下以布尔代数法为例，说明求最小割集的过程。任何一个事故树都可以用布尔函数来描述。化简布尔函数，其最简析取标准式中的每个最小项所属变元构成的集合，便是最小割集。若最简析取标准式中含有几个最小项，则该事故树就有几个最小割集。根据布尔代数的性质，可把任何布尔函数化为析取和合取两种标准形式。

析取标准形式为

$$f = A_1 + A_2 + \cdots + A_n = \sum_{i=1}^{n} A_i$$

合取标准形式为

$$f = B_1 \times B_2 \times \cdots \times B_n = \prod_{i=1}^{n} B_i$$

可以证明，A_i 和 B_i 分别是事故树的割集和径集。如果定义析取标准式的布尔项之和 A_i 中的各项之间不存在包含关系，即其中任意一项基本事件的布尔积不被其他基本事件的布尔积所包含，则该析取标准式为最简析取标准式，那么 A_i 为结构函数的最小割集。同理，可以直接利用最简合取标准式求取事故树的最小径集。

用布尔代数法计算最小割集，通常分三个步骤进行：**第一，建立事故树的布尔函数；第二，将布尔函数化为析取标准式；第三，化析取标准式为最简析取标准式。**

化简最普通的方法是，当求出割集后，对所有割集逐个进行比较，使之满足最简析取标准式的条件。但当割集的个数及割集中的基本事件个数较多时，这种方法不但费时而且效率低，所以常用素数法或分离重复事件法进行化简。

1）**素数法**。素数法将每一个割集中的基本事件用一个素数表示，该割集用所属基本事件对应的素数的乘积表示。则一个事故树若有 N 个割集，就对应有 N 个数。把这 N 个数按数值从小到大排列，按以下顺序求最小割集：①素数表示的割集是最小割集，与该素数成倍的数所表示的割集不是最小割集。②在 N 个割集中去掉上面确定的最小割集和非最小割集后，再找素数乘积的最小数。该数表示的割集为最小割集，与该最小数成倍的数所表示的割集不是最小割集。③重复上述步骤，直至在 N 个割集中找到 N_1（$N_1 \neq 0$，$N_1 \leqslant N$）个最小割集和 N_2（$0 \leqslant N_2 \leqslant N - N_1$，）个非最小割集，且 $N_1 + N_2 = N$ 为止。

2）**分离重复事件法**。分离重复事件法的基本依据是：若某一事故树中无重复的基本事件，则求出的割集为最小割集；若事故树中有重复的基本事件，则不含重复基本事件的割集就是最小割集，仅对含有重复基本事件的割集化简即可。这里用 N 表示事故树的全部割集，N_1 表示含有重复基本事件的割集，N_2 表示不含重复基本事件的割集，N' 表示全部最小割集。其步骤为：①求出 N，若事故树没有重复的基本事件，则 $N' = N$。②检查全部割集，将 N 分成，N_1 和 N_2 两组。③化简含有重复基本事件的割集 N_1 为最小割集 N'_1。④$N' = N'_1 \cup N_2$。

最小割集在事故树分析中起着非常重要的作用，有以下三个方面：①表示系统的危险性。②表示顶事件发生的原因组合。③为降低系统的危险性，提出控制方向和预防措施。

（2）**径集与最小径集**。在事故树中，当所有基本事件都不发生时，顶事件肯定不会发生。顶事件不发生常常并不要求所有基本事件都不发生，而只要某些基本事件不发生，顶事件就不会发生。这些不发生的基本事件的集合称为**径集，也称通集或路集**。在同一事故树中，不包含其他径集的径集称为**最小径集**。如果从径集中去掉任意一个基本事件后就不再是径集，那么这样的径集就是最小径集。最小径集是保证**顶事件不发生**的充分必要条件。

求最小径集一般采用**对偶树法**。根据对偶原理，成功树顶事件的发生，就是其对偶树（事故树）顶事件的不发生。因此，求事故树最小径集的方法是，首先将事故树变换成其对偶的成功树，然后求出成功树的最小割集，即为所求事故树的最小径集。将事故树变为成功树的方法是将原事故树中的**逻辑或门改成逻辑与门，将逻辑与门改成逻辑或门，并将全部事件变成事件补的形式**，这样便可得到与原事故树对偶的成功树。

最小径集在事故树分析中的作用与最小割集同样重要，主要表现在以下两个方面：①表示系统的安全性。②选取确保系统安全的最佳方案。

第五节　其他火灾风险评估方法

本节讲述的其他火灾风险评估方法参照《消防安全技术实务》了解即可。

第四章 建筑性能化防火设计评估

第一节 概 述

一、性能化防火设计概念【S5040101】

所谓**性能化防火设计**，是指根据工程使用功能和消防安全要求，运用消防安全工程学原理，采用先进适用的计算分析工具和方法，通过对建筑环境中设定火灾场景的火灾风险量化和分析进而对建设工程消防设计、方案进行综合分析评估，判断建筑抵御火灾的性能指标是否满足预设的消防安全目标，从而优化消防设计方案的工作方法。

二、性能化防火设计与传统的防火规范做法对比【S5040102】

传统防火规范的技术要求建立在**部分火灾案例的经验**和**火灾模拟实验**等研究基础之上。

传统的规范对设计过程的各个方面做了具体规定，但难以定量确定设计方案所能达到的安全水平。传统规范具有以下三个特点：①没有细化的设计目标。②所使用的方法是确定的。③不需要再对设计的结果进行评估确认。

传统的防火设计规范存在着一些不足之处：①传统规范无法给出一个统一、清晰的整体安全度水准。②传统防火规范是对以前经验及科研技术的总结，难以跟上新技术、新工艺和新材料的发展。③传统规范限制了设计人员主观创造力的发展。④传统规范无法充分体现人的因素对整体安全度的影响。

与传统的防火设计规范相对比，性能化的防火设计规范具有以下特点：①加速技术革新。②提高设计的经济性。③加强设计人员的责任感。

目前使用的性能化方法还存在以下一些技术问题：①性能评判标准尚未得到一致认可。②设计火灾的选择过程存在不确定性。③对火灾中人员的行为假设的成分过多。④预测性火灾模型中存在未得到很好证明或者没有被广泛理解的局限性。⑤火灾模型的结果是点值，没有将不确定性因素考虑进去。⑥设计过程常常要求工程师在超出他们专业之外的领域工作。

需要注意的是，传统的防火设计规范与性能化的防火设计规范**并不是对立的关系**，建筑设计既可以按照性能化防火规范与传统的防火设计规范一起使用，也可以独立按照消防安全工程的性能化判据与要求进行。建筑物的消防设计必须依据国家现行的防火规范及相关的工程建设规范进行。只有现行规范中未明确规定、按照现行规范施行有困难或虽有明确规定但执行该规定确有困难的问题，才采用性能化防火设计方法。即使如此，所设计的建筑物的消防安全性能也不应低于现行规范规定的安全水平。

三、性能化防火设计核心内容【S5040103】

（1）**整体评估**。建筑物的性能化防火设计是通过采用至少与现行国家标准的规定等效的方法来实现建筑物的消防安全目标，以解决现行标准与实际需求不相适应的问题或某些不完善的规定所带来的问题。消防安全评估既是为了验证其设计方法及其结果是否与现行规范的规定等效，或者是否能达到与该建筑相适应的消防安全水平，也是为了便于进一步修改和完善现有设计方案。因此，**任何一项性能化防火设计均必须在设计后进行相应的消防安全性能评估**。此外，消防安全评估还可以单独对既有建筑或新建筑设计中采用的新材料等的消防安全性能进行评估，以确定其是否需要改造以及如何改造。

建筑物的性能化防火设计应包括**防火设计**、**消防安全性能评估**和**方案改进与完善**，设计与消防安全性能评估是一个相互有机结合的整体。但建筑物的消防安全性能技术评估也可以由第三方中介技术组织独立进行，在验证其等效性时，不得从其他国家的规范中断章取义引用条文，而应以我国国家标准的规定为基础进行等效性验证。

（2）**专业人员**。从业人员不仅应该熟悉消防技术法规，能够根据设计对象的功能与用途、高度和内部建筑特征确定其消防设计目标以及相关的定量性能标准，而且能比较准确地确定和描述设计火灾场景和设定火灾，采用合适的方法（如选择或建立建筑物内火灾蔓延和烟气运动等的物理模型和数学模型等）。

（3）**程序控制**。建筑物性能化设计一般在设计方案或扩初设计阶段进行，由设计师、业主、消防工程咨询专家等共同参与实施。建筑物性能化防火设计的一般程序如下：①确定建筑物的使用功能、建筑设计的适用标准。②检查为实现建筑师的设计思想与业主的要求，哪些工程无法按现行标准中的规定要求实施，从而确定需要采用性能化设计方法进行设计的问题。③进行性能化试设计和评估验证。④修改完善设计并进一步评估验证确定设计是否满足所确定的消防安全目标。⑤提交审查与批准。

四、性能化防火设计主要内容【S5040104】

（1）**确定设计火灾场景与设定火灾**。火灾场景通常要定义火灾发生、增长、完全发展和衰减等阶段，以及影响火灾发展过程的各种系统和环境条件。

火灾场景的特征必须包括对火灾引燃、增长和熄灭的描述，同时伴随烟和火蔓延的可能途径以及任何灭火设施的作用。此外，还要考虑每一个火灾场景的可能后果。描述火灾增长的模型目前主要有火灾模型的**温度描述**（时间温度曲线）和火灾模型的**热释放速率描述**两类。时间温度曲线主要用于计算构件温度；热释放速率模型主要用于计算烟气温度、构件温度和运用区域模型进行火灾模拟等。在运用火灾模拟模型进行性能化防火设计与评估时，主要依据火灾的热释放速率模型。火灾的热释放速率曲线能否代表火灾的真实情况，直接影响性能化防火设计与评估的可靠性及其应用。

热释放速率曲线可直接通过火灾试验获得。当无法找到待设计的可燃组件的试验数据时，可以采用类似的火灾试验数据替代。在一定种类可燃物分布和相应的通风条件下，火灾发展的最大热释放速率主要受最大的火源面积控制。点火初期火源的面积对火灾的增长将产生较大影响，可以将点火初期的火源面积理解为点火源的能量。

可燃物的火焰蔓延速度是指可燃物点火后沿水平和空间方向的蔓延速度，由于可燃物在空间上的蔓延速度对火灾蔓延的影响十分复杂，目前多采用**水平方向**的蔓延速度描述火灾发展的面积。

（2）**不同类型建筑的火灾荷载密度确定**。火灾荷载密度是可以较准确地衡量建筑物室内**所容纳可燃物数量**的一个参数，是研究火灾全面发展阶段性状的基本要素。在建筑物发生火灾时，火灾荷载密度直接决定着火灾持续时间的长短和室内温度的变化情况。建筑物内的可燃物可分为**固定**可燃物和**容载**可燃物两类。固定可燃物的数量可通过建筑物的设计图样准确地求得。容载可燃物数量很难准确计算，一般需调查统计确定。

（3）**烟气运动的分析方法**。在一定的建筑空间和火灾规模条件下，烟气的生成量主要取决于**羽流的质量流量**，它是进行火灾模拟、火灾及烟气发展评价和防排烟设计的基础。由于火灾烟气的复杂性，目前的羽流计算多采用基于实际火灾试验的**半经验公式**，比较著名的有 Zukoski 模型、Thomas-Hinkley 模型、MC Caffrey 模型等。

Zukoski（1）、Zukoski（2）和 NFPA 模型适用于**小面积火源条件下**的羽流质量流量计算，Thomas-Hinkley 模型适用于**大面积火源条件下**的羽流质量流量计算，McCaffrey 模型既适用于小面积火源，也适用于大面积火源条件下的羽流质量流量计算。另外，各国还在积极开发新的烟气运动分析模型，如场模型、场-区-网模型等。

（4）**人员安全疏散分析**。在该部分的设计与评估中，重点是解决**疏散安全的评估（验证）方法**，根据模型的假设条件、不同建筑内人员在火灾中的行为与心理特征，较准确地考虑相关不确定性所带来的影响。

（5）**主动消防设施的对火反应特性分析**。不同的灭火剂、灭火系统和喷洒强度等可对可燃物的燃烧状态产生不同的影响。可燃物在采取灭火措施后的燃烧状态是评价灭火系统灭火有效性的依据。

（6）**火灾危害和火灾风险的分析与评估**。火灾风险与评估的**主要目标**是准确辨识系统中存在的火灾危险因素，对这些因素的影响程度做出恰当的评价，并在此基础上对火灾的发生和发展过程及其危害做出预测，制订控制与处理事故的措施和方案。火灾风险评估的**判定标准**是社会或者决策者的价值表述，它可以是一个极限值、极限值范围或者一个数值分布。每个风险评估对象都有不同的风险评估判定标准。风险评估判定标准的确定与风险承担者的可接受风险程度有关。因此，在确定火灾风险评估判定标准之前，应知晓对风险承担者可接受的损害和伤亡。风险评估一般应确定火灾危害并对火灾危害的概率和危害后果进行量化，确定危害控制方案，进而量化火灾风险和选择合适的保护措施。

（7）**性能化设计与评估中所用方法的有效性分析**。

五、性能化防火设计问题【S5040105】

①研究各类**常见公共建筑内的人员荷载和人在火灾中的行为特征与心理**，研究人员的疏散过程。②研究**灭火系统对火灾蔓延、烟气运动的影响**，建立定量分析灭火系统对火反应模型。③研究结构耐火性能化设计的方法。④培训专业技术人员，规范性能化防火设计与评估人员的资质和职业道德。

第二节 火灾场景设计

一、火灾场景【S5040201】

火灾场景是对一次火灾**整个发展过程的定性描述**，该描述确定了反映该次火灾特征并区别于其他可能火灾的关键事件。火灾场景通常要定义火灾发生、增长、完全发展和衰退阶段以及影响火灾发展过程的各种消防措施和环境条件。

通过仔细选择对火灾场景设计**影响较大**的因素，然后运用适当的计算技术，可以较方便地得到等效安全解决方案。火灾场景的确定应根据**最不利的原则**确定，选择火灾风险较大的火灾场景作为设定火灾场景。火灾风险较大的火灾场景应包括发生概率高，但火灾危害不一定最大，或者火灾危害大，但发生概率低的火灾场景。火灾场景必须能描述火灾引燃、增长和受控火灾的特征以及烟气和火势蔓延的可能途径、设置在建筑室内外的所有灭火设施的作用、每一个火灾场景的可能后果。在设计火灾场景时，应确定设定火源在建筑物内的位置及着火房间的空间几何特征。如有必要，还应指定房间内火源的位置。

确定可能火灾场景可采用下述方法：故障类型和影响分析、故障分析、如果-怎么办分析、相关统计数据、工程核查表、危害指数、危害和操作性研究、初步危害分析、故障树分析、事件树分析、原因后果分析和可靠性分析等。

二、设定火灾【S5040202】

设定火灾是对一个**设定火灾场景假定火灾特征的定量描述**。典型的情况就是对重要的火灾参数随时间的变化进行描述，如热释放速率和毒性组分的生成量。同时描述其他重要的模型输入数据，如火灾荷载密度。

在**设定火灾**时，一般不考虑火灾的引燃阶段、衰退阶段，而主要考虑火灾的**增长阶段及全面发展阶段**。但在评价**火灾探测系统**时，不应忽略火灾的**阴燃阶段**；在评价**建筑构件的耐火性能**时，不应忽略火灾的**衰退阶段**。

在设定火灾时，可采取用**热释放速率描述**的火灾模型和用**温度描述**的火灾模型。在计算烟气温度、浓度、烟气毒性、能见度等火灾环境参数时，宜选用采用热释放速率描述的火灾模型；在进行构件耐火分析时，宜选用采用温度描述的火灾模型。

在设定火灾时，需要分析和确定建筑物的基本情况，包括：建筑物内的可燃物、建筑结构、平面布置、建筑物的自救能力与外部救援力量等。

在进行**建筑物内可燃物的分析**时，应着重分析以下因素：①潜在的引火源。②可燃物的种类及其燃烧性能。③可燃物的分布情况。④可燃物的火灾荷载密度。

在分析**建筑的结构和平面布置**时，应着重分析以下因素：①起火房间的外形尺寸和内部空间情况。②起火房间的通风口形状及分布、开启状态。③房间与相邻房间、相邻楼层及疏散通道的相互关系。④房间的围护结构构件和材料的燃烧性能、力学性能、隔热性能、毒性性能及发烟性能。

在分析和确定**建筑物的自救能力与外部救援力量**时，应分析以下因素：①建筑物的消防供水情况和建筑物室内外的消火栓灭火系统。②建筑内部的自动喷水灭火系统和其他自动灭火系统（包括各种气体灭火系统、干粉灭火系统等）的类型与设置场所。③火灾报警系统的类型与设置场所。④消防队的技术装备、到达火场的时间和灭火控火能力。⑤烟气控制系统的设置情况。

在确定**火灾发展模型**时，应至少分析下列因素：①初始可燃物对相邻可燃物的引燃特征值和蔓延过程。②多个可燃物同时燃烧时热释放速率的叠加关系。③火灾的发展时间和火灾达到轰燃所需时间。④灭火系统和消防队对火灾发展的控制能力。⑤通风情况对火灾发展的影响。⑥烟气控制系统对火灾发展蔓延的影响。⑦火灾发展对建筑构件的热作用。

对于建筑物内的**初期火灾增长**，可根据建筑物内的空间特征和可燃物特性采用下述方法之一确定：①试验火灾模型。②t^2火灾模型。③MRFC 火灾模型。④按叠加原理确定火灾增长的模型。

对于火灾从轰燃到最高热释放速率之间的增长阶段，可以假设当轰燃发生时，火灾的热释放速率同时增长到最大值，此时房间内可燃物的燃烧方式多为通风控制燃烧，热释放速率将保持最大值不变。

火灾的**最大热释放速率可根据火灾发展模型结合灭火系统的灭火效果**来计算确定。灭火系统的灭火效果可以参考以下三种情况：①在灭火系统的作用下，火灾最终熄灭。②火灾被控制到恒稳状态。在灭火系统的作用下，热释放速率的不再增长，而是以一个恒定热释放速率燃烧。③火灾未受限制。这代表了灭火系统失效的情况。

灭火系统的**有效控火时间**可按下述方式考虑：①对于自动喷水灭火系统，可采用顶棚射流的方法确定喷头的动作时间，再在考虑一定安全系数后确定该系统的有效作用时间。②对于智能控制水炮和自动定位灭火系统，系统的有效作用时间可按火灾探测时间、水系统定位和动作时间之和乘以一定安全系数计算。③对于消防队控火，可计算从火灾发生到消防队有效控制火势的时间，一般按 15min 计算。

三、火灾增长分析【S5040203】

（1）**描述可燃物燃烧性能的主要参数**：①可燃物的点火性能，通常用单位面积可燃物在一定功率热辐射作用下的点火时间（s）表示。②可燃物的热值（kJ/kg）。③单位面积上的质量损失速率（$kg/(m^2 \cdot s)$）。④单位面积上的热释放速率（$kJ/(m^2 \cdot s)$）。⑤毒性气体的生成率（kg/kg）。⑥烟气的遮光性，一般采用减光系数（m^{-1}）表示。

（2）**可燃物的状况及火灾荷载密度**。可燃物的状况主要考虑可燃物的形状、分布、堆积密度、高度、含水率、可燃烧的类型或燃烧性能等。建筑物内的火灾荷载密度用**室内单位地板面积的燃烧热值**表示。一个空间内的火灾荷载密度也可以参考同类型建筑内火灾荷载密度的统计数据来确定。在进行此类统计时，应该至少对**五个典型建筑取样**。

在一定种类可燃物分布和相应的通风条件下，火灾发展的最大热释放速率主要受**最大的火源面积控制**。此外，用参数计算的方法确定火灾热释放速率随时间的变化，也需要最大火源面积这一参数。火灾发展的面积（A_f）可采用可燃物水平方向的火焰蔓延速度表示。

着火房间内烟气层的**中性面位置**，随热烟气温度和开口位置而变化。在中性面上方，着火房间内部的气体压力大于相邻房间或外部的气体压力；在中性面下方，着火房间内部的气体压力小于相邻房间或外部的气体压力。通风口的形状、大小和分布影响着火房间内的燃烧类型、气体流动状态和火灾烟气及热的排放。

四、热释放速率【S5040204】

(1) **实际火灾试验**。试验结果表明，在一个大约和 ISO9705 房间大小相当的房间内燃烧带坐垫的椅子，当考虑从 100 ~ 1000kW 范围的火灾时，要比在敞开式大空间内的燃烧速率增加 20%。

(2) **类似试验**。如果**缺少分析对象的可燃组件**的试验数据，可以采用具有类似的燃料类型、燃料布置及引燃场景的火灾试验数据。试验条件与实际要考虑的情况越接近越好。

(3) **稳态火灾**。在稳态火灾的整个发展过程中，火源的热释放速率始终**保持一个定值**。火灾发展过程中的**充分发展阶段**可以近似看成是稳态火灾。某些时候，为了简化计算，一般保守地设定火灾为稳态火灾，尤其是在进行排烟系统的计算时，这种方法可以为防排烟系统的设计提供相对保守的结果。稳态火灾的热释放速率应该对应预期火灾增长的**最大规模**，因此稳态火灾的热释放速率也可以用在自动喷水灭火系统的第一个洒水喷头启动时的火灾规模来判断。

(4) **t^2模型**。t^2模型描述火灾过程中火源热释放速率随时间的变化关系。根据火灾发展系数，火灾发展阶段可分为极快、快速、中速和慢速四种类型，《消防安全技术实务》表 5-4-1 给出了火灾发展系数与美国消防协会标准中示例材料的对应关系。

(5) **MRFC 模型**。MRFC 模型是火灾与烟气在建筑物内蔓延的**多室区域**模拟软件。该软件中运用可燃物火焰蔓延速度及其燃烧特性参数计算热释放速率。

(6) **热释放速率曲线叠加模型**。当房间内某可燃物着火后，会因火源和热烟气层的热辐射作用，而在一定时间内引燃其周围可燃物，使热释放速率增长。此时的热释放速率应为原着火可燃物的热释放速率和被引燃可燃物热释放速率的叠加。

第三节 烟气流动与控制

一、烟囱效应【S5040301】

当外界温度较高时，在建筑物中的竖井内存在向下的空气流动，这也是烟囱效应，可称之为**逆向烟囱效应**。

此处的中性面是指**内外静压相等**的建筑横截面，高于中性面为正，低于中性面为负。图 5-2 给出了烟囱效应所产生的竖井内外压差沿竖井高度的分布，其中正压差表示竖井的气压高于外界气压，负压差则相反。

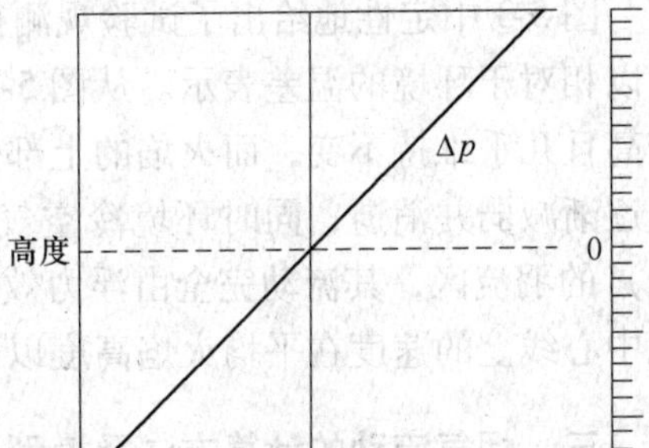

图 5-2 烟囱效应所产生的竖井内外压差示意图

如果火灾发生在**中性面以下区域**，则烟气会与建筑内部空气一道窜入竖井并迅速上升，由于烟气温度较高，其浮力大大强化了上升流动，一旦超过中性面，烟气将窜出竖井进入楼道。若相对于这一过程，楼层间的烟气蔓延可以忽略，则除起火楼层外，在中性面以下的所有楼层中相对无烟，直到着火区的发烟量超过烟囱效应流动所能排放的烟量。

如果火灾发生在**中性面以上**的楼层，则烟气将由建筑内的空气气流携带从建筑外表的开口流出。若楼层之间的烟气蔓延可以忽略，则除着火楼层以外的其他楼层均保持相对无烟，直到火区的烟生成量超过烟囱效应流动所能排放的烟量。若楼层之间的烟气蔓延非常严重，则烟气会从着火楼层向上蔓延。逆向烟囱效应对冷却后的烟气蔓延的影响与正向烟囱效应相反，但在烟气未完全冷却时其浮力还很大，导致在理想烟囱效应的条件下烟气仍向上运动。

二、火羽流的形成【S5040302】

在火灾中，**火源上方的火焰及燃烧生成的烟气**通常称为火羽流。实际上，所有的火灾都要经历这样一个重要的初始阶段，即在火焰上方由浮力驱动的热气流持续地上升进入新鲜空气占据的环境空间，这一阶段从着火（包括连续的阴燃），然后经历明火燃烧过程，直至轰燃前结束。图 5-3 给出了包括中心线上温度和流速分布在内的火羽流示意图，可燃挥发成分与环境空气混合形成扩散火焰，平均火焰高度为 L，火焰两边向上伸展的虚线表示羽流边界，即由燃烧产物和卷吸空气构成的整个浮力羽流的边界。图 5-3b 所示为理想化的轴对称火羽流模型，z_0 表示虚点火源高度。

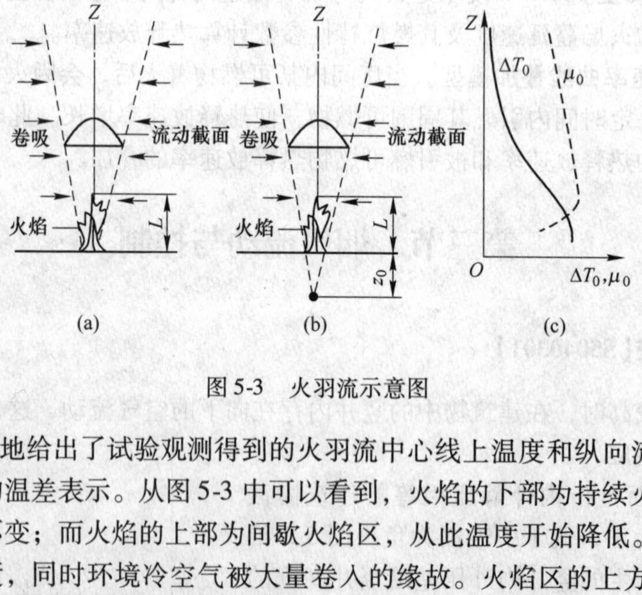

图 5-3 火羽流示意图

图 5-3 中定性地给出了试验观测得到的火羽流中心线上温度和纵向流速分布，其中温度以相对于环境的温差表示。从图 5-3 中可以看到，火焰的下部为持续火焰区，因而温度较高且几乎维持不变；而火焰的上部为间歇火焰区，从此温度开始降低。这是由于燃烧反应逐渐减弱并消逝，同时环境冷空气被大量卷入的缘故。火焰区的上方为燃烧产物（烟气）的羽流区，其流动完全由浮力效应控制，一般称其为浮力羽流，或称烟气羽流。火羽流中心线上的速度在平均火焰高度以下逐渐趋于最大值，然后随高度的增加而下降。

三、烟气流动的计算方法及模型选用原则【S5040303】

（1）**概述**。建筑火灾的计算机模型有**随机性模型**和**确定性模型**两类。随机性模型把火灾的发展看成一系列连续的事件或状态，由一个事件转变到另一个事件。而由一种状态转变到另一种状态有一定的概率，在分析有关的试验数据和火灾事故数据的基础上，通过这种事件概率的分析计算，可以得到出现某种结果状态的概率分布，建立概率与时间的函数关系。而确定性模型是以物理和化学定律（如质量守恒定律、动量守恒定律和能量守恒定律等基本物理定律）为基础，用相互关联的数学公式来表示建筑物的火灾发展过程。如果给定有关空间的几何尺寸、物性参数、相应的边界条件和初始条件，利用这种模型就可以得到相当准确的计算结果。

（2）**经验模型**。经验模型则是指以**试验测定的数据和经验为基础**，通过将试验研究的一些经验性模型或是将一些经过简化处理的半经验模型加上重要的热物性数据编制成的数学模型。现有的经验模型通常**局限于描述火源空间的一些特征物理参数**，如烟气温度、浓度、热流密度等随时间的变化，因此经常被称为"局部模型"。

（3）**区域模型**。把所研究的受限空间**划分为不同的区域**，并假设每个区域内的状态参数是均匀一致的，而质量、能量的交换只发生在区域与区域之间、区域与边界之间以及它们与火源之间。从这一思想出发，根据质量、能量守恒原理可以推导出一组常微分方程；而区域、边界及火源之间的质量、能量交换则是通过方程中所出现的各源项体现出来的。

（4）**场模型**。火灾的场模拟研究利用计算机求解火灾过程中各参数（如速度、温度、组分浓度等）的空间分布及其随时间的变化，是一种**物理模拟**。场是**多种状态参数（如速度、温度与组分浓度）的空间分布**，是通过计算这些状态参数的空间分布随着时间的变化来描述火灾发展过程的数学方程集合。场模拟可以得到比较详细的物理量的时空分布，能精细地体现火灾现象。场模型由于引入的简化条件少，因而是目前为止可获取更高精确度的受限空间火灾数学模型。由于场模型是通过**把一个房间划分为几千甚至上万个控制体**，计算得出室内各局部空间的有关参数的变化，计算时通常所使用的场模拟方法有有限差分法、有限元法、边界元法等，导致这种模型的计算量很大。

（5）**场区混合模型**。对于**复杂多室建筑**的火灾过程进行计算机模拟，通常是采用区域模拟的方法。基于试验研究的结果和计算机客观条件等限制，采用场模拟的方法来研究着火房间或强流动区域，对其他非着火和非强流动区间则采用区域模拟的方法。这种混合模拟方法，兼顾场模拟和区域模拟两者的优点，并能更为准确地反映火灾过程的特征，这种方法简称为场区模拟方法。

第四节　人员疏散分析

一、影响人员安全疏散的因素【S5040401】

（1）**人员内在影响因素**主要有以下四方面：①人员**心理**因素。心理变化因素一方面能够激发人的避险本能，另一方面也会导致人员理性判断能力降低、情绪失控。②人员**生理**因素。人员生理因素包括人员自身的身体条件影响因素。不同的身体条件会显著影响人员的运动机能。此外，紧急情况下环境条件的变化也会对人员生理因素造成影响。③人员**现场状态**因素。人员在现场状态因素包括清醒状态、睡眠状态、人员对周围环境的熟悉程度等。④人员**社会关系**因素。即使是在紧急情况下，人们的社会关系因素仍然会对疏散产生一定影响。

（2）**外在环境影响因素**。外在环境影响因素主要是指建筑物的空间几何形状、建筑功能布局以及建筑内具备的防火条件等因素。

(3) **环境变化影响因素**。火灾时现场环境条件势必要发生变化，从而对人员疏散造成影响。

(4) **救援和应急组织影响因素**。

二、人员安全疏散的目的及性能判定标准【S5040402】

(1) **人员安全疏散分析的目的**。人员安全疏散分析的目的是通过计算可用疏散时间（t_{ASET}）和必需疏散时间（t_{RSET}），从而判定人员在建筑物内的疏散过程是否安全，如图5-4所示。

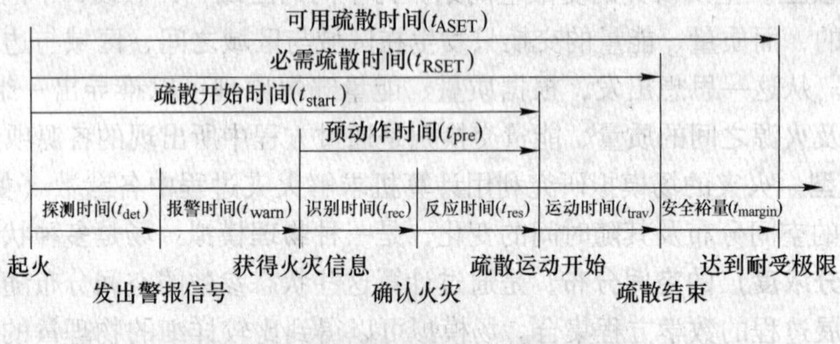

图5-4 必需疏散时间与可用疏散时间

(2) **人员安全疏散分析的性能判定标准**。人员安全疏散分析的性能判定标准为：可用疏散时间（t_{ASET}）必须大于必需疏散时间（t_{RSET}）。

计算t_{ASET}时，应重点考虑火灾时建筑物内影响人员安全疏散的烟气层高度、热辐射、对流热、烟气毒性和能见度。这些参数可以通过对建筑内特定的火灾场景进行火灾与烟气流动的模拟得到。

在计算t_{RSET}时，可按以下三种情况考虑：①如果能够将火灾和烟气控制在着火房间内，则可只计算着火房间内人员的t_{RSET}。②如果火灾及其产生的烟气只在着火楼层蔓延，则可只计算着火楼层内人员的t_{RSET}。③如果火灾及其产生的烟气可能在垂直方向蔓延至其他楼层（例如，建筑内存在连通上下层的中庭），则需计算整个建筑内人员的t_{RSET}。当建筑存在坍塌的危险时，也需要计算整个建筑内人员的t_{RSET}。

三、人员疏散时间【S5040403】

探测时间t_{det}、报警时间t_{warn}、预动作时间t_{pre}三者的和称为疏散开始时间t_{start}。预动作时间t_{pre}与运动时间t_{trav}的和称为疏散时间t_{exac}。

四、火灾探测报警时间【S5040404】

对于**安装了点式火灾探测报警装置以及安装了闭式自动喷水灭火系统的场所**，火灾探测报警时间应根据建筑内所采用的火灾探测与报警装置的类型及其布置、火灾的发展速度及其规模、着火空间的高度等条件，考虑设计火灾场景下火灾探测报警装置或自动喷水装置对火灾烟气的反应时间。对于**日常有人停留的房间并且人员处于清醒状态**，它可预测特定火灾场景内感温元件的动作时间。可以采用特定经验公式算法预测人员发觉火灾征兆的时间。

五、疏散预动作时间【S5040405】

疏散预动作时间包括**识别时间**和**反应时间**。受到建筑类型、功能与用途、使用人员的性质及建筑火灾报警广播和物业管理系统等各种内在及外在因素的影响，**疏散预动作时间的长短具有很大的不确定性**。《消防安全技术实务》表5-4-3给出了各种不同类型的人员和报警系统的典型疏散预动作时间。在应用《消防安全技术实务》表5-4-3时，还要考虑火灾场景的影响，建议将表5-4-3中的**识别时间**根据人员所处位置的火灾条件做如下调整：①**人员处于较小着火房间/区域**。人员可以清楚地发现烟气及火焰或感受到灼热，这种情况下可采用《消防安全技术实务》表5-4-3中给出的与W1报警系统相关的识别时间，即使安装了W2或W3报警系统。②**人员处于较大着火房间/区域**。人员在一定距离外也可发现烟气及火焰时，如果没有安装W1报警系统，则采用《消防安全技术实务》表5-4-3中给出的与W2报警系统相关的识别时间，即使安装了W3报警系统。③**识别报警与向出口疏散之间没有延迟**。例如办公室，则可以假设《消防安全技术实务》表5-4-3给出的识别时间为0。④**某些场所的识别时间很难确定**。可对上述可能时间段进行估计，如可以根据日常的观测记录提供某些文件证明所需要的时间。

在**反应时间**阶段，人们会停止日常活动开始处理火灾。在反应时间内会采取的行动有：①确定火源、火警的实际情况或火警与其他警报的重要性。②停止机器或生产过程，保护重要文件或贵重物品等。③寻找和召集儿童及其他家庭成员。④灭火。⑤决定合适的出口路径。⑥警告其他人员。⑦其他疏散行为。

六、疏散运动时间【S5040406】

人员疏散运动时间是指**建筑内的人员从疏散行动开始至疏散结束所需要的时间**，包含行走时间和通过时间。

（1）**行走时间**。行走时间是指行走到疏散线路上安全出口的时间。行走时间与人的行走速度以及到达出口的距离有关。行走速度与行走时间和人员密度有关，当人员密度较大时会出现拥挤，导致行走速度下降；当人员密度较低且人员行走不受阻时则代表最短的行走时间。

（2）**通过时间**。通过时间是指人流通过出口或通道的时间。通过时间由出口的通行人数和出口的通行能力决定，出口的通行能力则与出口有效宽度和出口流量有关。当计算建筑内某区域的疏散行动时间时，需要考虑行走时间 t_w 和通过时间 t_p 之间的关系。①当 $t_w < t_p$ 时，说明人员行走到达出口时，人员并没有全部通过出口，因此人员将会在出口处出现滞留现象，此时该区域内疏散行动时间由通过时间 t_p 决定。②当 $t_w > t_p$ 时，说明区域内人员在到达出口时，其他人员已经通过了出口，因而不必再在出口处排队等候，因此疏散行动时间由最远点的人员行走时间 t_w 决定。

人员疏散行动时间的计算可按照数学模拟计算进行。数学模拟计算方法主要有水力疏散计算模型和人员行为疏散计算模型两种方法。①**水力疏散计算模型**。水力疏散计算模型将人在疏散通道内的走动模拟为水在管道内的流动状态，将人群的疏散作为一种整体运动，完全忽略人的个体特性。②**人员行为疏散计算模型**。人员行为疏散计算模型应综合考虑人与人、人与建筑物以及人与环境之间的相互作用，并能够从一定程度上反映火灾时人员疏散运动规律和个体特性对人员疏散的影响。

七、疏散分析参数【S5040407】

（1）**人员数量的确定**。在确定起火建筑内需要疏散的人数时，通常根据建筑的使用功能首先确定人员密度（人/m^2），其次确定该人员密度下的空间使用面积，由**人员密度与使用面积的乘积得到需要计算的人员数目**。①**人员密度**。在计算疏散时间时，人员密度可采用单位面积上分布的人员数目表示（人/m^2），也可采用其倒数表示（m^2/人），或采用单位面积地板上人员的水平投影面积所占百分比表示。②**计算面积**。人数的确定是通过各使用功能区的人员密度与计算面积的乘积得到的，因此，计算面积的确定是除人员密度之外计算疏散人数的另一个重要参数。③**人流量法**。在一些公共使用场所，人员流动较快，停留时间较短，其人数的确定可以采用人流量法。即设定人员在某个区域的平均停留时间，并根据该区域人员流量情况按人员数量 = 每小时人数 × 停留时间来计算。

（2）**人员的行走速度**影响因素如下：①**人员自身条件的影响**。对于某些特殊人群，其行走速度可能会慢很多。如果某建筑中火灾烟气的刺激性较大，或建筑物内缺乏足够的应急照明，人的行走速度也会受到较大影响。②**建筑情况的影响**。不同的建筑中由于功能、构造、布置不同，对人员行走速度的影响不同。③**人员密度的影响**。人员在自由行走时受到自身条件及建筑情况等因素的影响而速度各有差异，当为疏散人群时，其行走速度将受到人员密度的影响。人员的行走速度将在很大程度上取决于人员密度。通常情况下，人员的疏散速度随人员密度的增加而减小，人流密度越大，人与人之间的距离越小，人员移动越缓慢；反之密度越小，人员移动越快。

（3）**出口处人流的比流量**。比流量是指**建筑物出口在单位时间内通过单位宽度的人流数量**（人/（m·s））。比流量反映了单位宽度的通行能力。根据对多种建筑的观测结果，比流量在水平出口、通道处和在楼梯处不同，而不同的人员密度也将影响比流量。随着人员密度的增大，单位时间内通过单位宽度疏散走道的人员数目也增大，当人员密度增大到一定程度，疏散走道内的人员由于过分拥挤，限制了人员行走速度，从而导致比流量的减少。

（4）**通道的有效宽度**。大量的火灾演练试验表明人群的流动依赖于通道的**有效宽度**，而不是通道实际宽度，也就是说在人群和侧墙之间存在一个“边界层”。对于一条通道来说，每侧的边界层大约是 0.15m，如果墙壁表面是粗糙的，那么这个距离可能会再大一些。而如果在通道的侧面有数排座位，例如在剧院或体育馆，这个边界层是可以忽略的。在工程计算中应从**实际通道宽度中减去边界层的厚度**，得到有效宽度。

疏散走道或出口的净宽度应按下列要求计算：①对于走廊或过道，为从一侧墙到另一侧墙之间的距离。②对于楼梯间，为踏步两扶手间的宽度。③对于门扇，为门在其开启状态时的实际通道宽度。④对于布置固定座位的通道，为沿走道布置的座位之间的距离或两排座位中间最狭窄处之间的距离。

八、人员疏散分析模型分析【S5040408】

人员安全疏散模型的研究和分析主要包含两个方面：**一是人员疏散模型结构的研究；**

二是火灾中的人员行为及其量化研究。人员疏散模型可以有多种分类方法，其中**基于疏散模型对建筑空间的表示方法**，可以把模型分为离散化模型和连续性模型两类。

（1）**离散化模型**。离散化模型把需要进行疏散计算的建筑平面空间**离散为许多相邻的小区域**，并把疏散过程中的时间离散化以适应空间离散化。离散化模型又可以细分为粗网格模型和精细网格模型。①粗网格模型。在粗网格模型中（如 E89、E），按照实际建筑的划分来确定其几何形状。因此，每个网格节点都可以表示一个房间或走廊，但与实际大小无关。②精细网格模型。在精细网格模型中（如 EXO、SS、S、V），整个建筑区域的平面通常是用覆盖大量棋盘状的网格或网点来表示的。用这种方法可以准确地表示封闭空间的几何形状及内部障碍物的位置，并在疏散的任意时刻都能将每个人置于准确的位置。

（2）**连续性模型**。连续性模型又称为社会力模型，它是基于多粒子自驱动系统的框架，使用经典牛顿力学原理模拟步行者恐慌时的拥挤状态的动力学模型。社会力模型可以在一定程度上模拟人员的个体行为特征。

九、人员疏散安全性评估【S5040409】

人员疏散的安全评估中，关于建筑内的消防安全性能判定的主要原则是：在建筑某火灾危险区域内发生火灾时，如人的可用疏散时间（t_{ASET}）足以超过必需疏散时间（t_{RSET}），即 $t_{ASET} > t_{RSET}$，则建筑疏散设计方案可行；否则需对该设计方案进行调整，直至其满足人员安全疏散的要求。对于评估后需要改进、提高疏散安全性的场所，可以通过以下几方面来解决：①增加疏散出口的数量，缩短独立疏散出口间距离；增加疏散出口及疏散通道的宽度，提高疏散通道通行能力。②改善区域烟气控制措施，如提高排烟量、改变排烟方式、改进防烟分区设置等。③改善火灾探测、报警系统设计，改善应急通知和广播系统设计，提高早期报警速度，改善火灾警报通知效果。④完善疏散指示系统设计，包括出口标志、导流标志以及加强应急照明，提高疏散通道使用效率。

第五节　建筑结构耐火性能分析

一、影响建筑结构耐火性能的因素【S5040501】

（1）**结构类型**主要分类如下：①**钢结构**。钢结构具有施工机械化程度高、抗震性能好等优点，但钢结构的最大缺点是耐火性能较差，需要采取涂覆钢结构防火涂料等防火措施才能耐受一定规模的火灾。②**钢筋混凝土结构**。钢筋混凝土结构是在混凝土中配置钢筋形成的结构，混凝土主要承受压力，钢筋主要承受拉力，二者共同承担荷载。③**钢-混凝土组合结构**又分为型钢混凝土结构和钢管混凝土结构。适合大跨、重载结构，型钢混凝土结构的耐火性能较好。钢管混凝土结构是由钢和混凝土两种材料组成的，一般情况下，钢管混凝土结构中的钢管需要进行防火保护。

（2）**荷载比**。荷载比为**结构所承担的荷载与其极限荷载**的比值。火灾下，结构承受的荷载总体不变，而随温度升高，材料强度降低，构件的承载能力降低。当构件的荷载达到极限荷载，构件就达到了火灾下的承载能力以及耐火极限状态，开始倒塌破坏，这时的耐火时间为耐火极限。荷载比越大，构件的耐火极限越小，荷载比是影响结构及构件耐火性能的主要因素之一。

(3) **火灾规模**。火灾规模包括**火灾温度**和**火灾持续时间**。火灾高温是构件升温的源泉，它通过对流和辐射两种传热方式将热量从建筑内的空气向构件传递。作为构件升温的驱动者，火灾规模对构件温度场有明显的影响。当火灾高温持续时间较长时，构件的升温也较高。

(4) **结构及构件温度场**。温度越高，材料性能劣化越严重，结构及构件的温度场是影响其耐火性能的主要因素之一。材料的热工性能直接影响构件的升温快慢，从而决定了火灾下结构及构件的温度场分布。

二、结构耐火性能分析的目的及判定标准【S5040502】

结构耐火性能分析的目的就是验算结构和构件的耐火性能**是否满足现行规范要求**。结构的耐火性能分析一般有两种方法：第一种方法是验算结构和构件的耐火极限是否满足规范的要求；第二种方法是验算在规范规定的耐火极限时的火灾温度场作用下，结构和构件的承载能力是否大于荷载效应组合。这两种方法是等效的。

(1) **耐火极限要求**。构件的耐火极限要求应符合《建筑设计防火规范》(GB 50016—2014) 及其他相关国家标准规定。

(2) **构件抗火极限状态设计要求**。火灾发生的概率很小，是一种偶然荷载工况。因此，火灾下结构的验算标准可放宽。火灾下只进行整体结构或构件的承载能力极限状态的验算，不需要正常使用极限状态的验算。构件的承载能力极限状态包括以下几种情况：①轴心受力构件截面屈服。②受弯构件产生足够的塑性铰而成为可变机构。③构件整体丧失稳定。④构件达到不适于继续承载的变形。对于一般的建筑结构，可只验算构件的承载能力，对于重要的建筑结构，还要进行整体结构的承载能力验算。

三、计算分析模型【S5040503】

抗火验算时建筑结构耐火性能计算（一般也可称为抗火验算）一般有三种方法：第一种方法是采取**整体结构**的计算模型；第二种方法是采取**子结构**的计算模型；第三种方法是采取**单一构件**计算模型。对于高度大于 100m 的**高层建筑结构**宜采用整体计算模型进行结构的抗火计算，单层和多层建筑结构可只进行构件的抗火验算。在实际建筑结构中，构件总是和其他构件相互作用的，独立构件是不存在的。因此，研究构件的耐火性能还需要考虑**构件的边界条件**。

四、建筑结构耐火性能分析的内容和步骤【S5040504】

(1) **结构温度场分析**。确定建筑火灾温度场需要火灾模型，可采用 **ISO834 标准升温曲线**作为一般建筑室内火灾的火灾模型。由于建筑室内可燃物数量和分布、建筑空间大小及通风形式等因素对建筑火灾有较大影响，为了更加准确地确定火灾温度场，也可采用火灾模拟软件对建筑火灾进行数值模拟。进行构件温度场分布的分析时，涉及的材料热工性能有三项，即**热导率**、**质量热容**和**密度**，其他的参数可以由这三项推导出。

(2) **结构构件抗火极限状态设计要求**。基于承载能力极限状态的要求，钢构件抗火设计应满足下列要求之一：①在规定的结构耐火极限时间内，结构或构件的承载力 R_d 不应小于各种作用所产生的组合效应 S_m。②在各种荷载效应组合下，结构或构件的耐火时间 t_d不应小于规定的结构或构件的耐火极限 t_m。③结构或构件的临界温度 T_d不应低于在耐火极限时间内结构或构件的最高温度 T_m。对钢结构来说，上述三条标准是等效的。由于钢构件温度分布较为均匀，因此，钢结构构件验算时采用上述第③条的最高温度标准，混凝土构件可采用前面两条标准。

（3）**结构构件抗火验算步骤**。采用**承载力法进行单层和多高层建筑钢结构各构件抗火验算**时，其验算步骤如下：①设定防火保护层厚度。②计算构件在要求的耐火极限下的内部温度。③计算结构构件在外荷载作用下的内力。④进行荷载效应组合。⑤根据构件和受载的类型，进行构件抗火承载力极限状态验算。⑥当设定的防火保护层厚度不合适时（过小或过大），可调整防火保护层厚度，重复上述步骤①~⑤。

采用**承载力法进行单层和多高层混凝土结构各构件抗火验算**时，其验算步骤如下：①计算构件在要求的耐火极限下的内部温度。②计算结构构件在外荷载作用下的内力。③进行荷载效应组合。④根据构件和受载的类型，进行构件抗火承载力极限状态验算。⑤当设定的截面大小及保护层厚度不合适（过小或过大）时，可调整截面大小及保护层厚度，重复上述步骤①~④。

（4）**整体结构抗火验算**原理及具体步骤如下：

1）**整体结构抗火极限状态**。整体结构的承载能力极限状态如下：①结构产生足够的塑性铰形成可变机构。②结构整体丧失稳定。对于一般的建筑结构，可只验算构件的承载能力，对于重要的建筑结构，还要进行整体结构的承载能力验算。

2）**整体结构抗火验算原理**。基于防火设计性能化的要求，对于一些复杂且重要性高的建筑结构，需要考虑高温下材料本构关系的变化、结构的内力重分布、整体结构的倒塌破坏过程，这就需要对火灾下建筑结构的行为进行准确确定。对火灾下建筑结构的内力重分布、结构极限状态及耐火极限的确定，需要采用基于性能的结构耐火性能计算方法。整体结构耐火性能计算方法需要采用**非线性有限元方法**完成。

整体结构耐火性能计算的一般步骤如下：①确定材料热工性能及高温下材料的本构关系和热膨胀系数。②确定火灾升温曲线及火灾场景。③建立建筑结构传热分析和结构分析有限元模型。④进行结构传热分析。⑤将按照火灾极限状态的组合荷载施加到结构分析有限元模型，进行结构力学性能非线性分析。⑥确定建筑结构整体的火灾安全性。⑦按照上节要求进行构件的验算。

3）钢结构及钢筋混凝土结构整体结构抗火验算的具体步骤。对**单层和多高层建筑钢结构整体抗火验算**时，其验算步骤如下：①设定结构所有构件一定的防火保护层厚度。②确定一定的火灾场景。③进行火灾温度场分析及结构构件内部温度分析。④荷载作用下，分析结构整体和构件是否满足结构耐火极限状态的要求。⑤当设定的结构防火保护层厚度不合适（过小或过大）时，调整防火保护层厚度，重复上述步骤①~④。

对单层和多高层钢筋混凝土结构整体抗火验算时，可采用如下步骤：①确定一定的火灾场景。②进行火灾温度场分析及结构构件内部温度分析。③荷载作用下，分析结构整体和构件是否满足结构耐火极限状态的要求。④当整体结构和构件承载力不满足要求时，调整截面大小及其配筋，重复上述步骤①~③。

第六篇

2015 年一级注册消防工程师试题与详解

《消防安全技术实务》试题

一、单选题（共 80 题，每题的备选项中，只有 1 个最符合题意）。

1. 用着火四面体来表示燃烧发生和发展的必要条件时，“四面体”是指可燃物、氧化剂、引火源和（　）。

A. 氧化反应　　B. 热分解反应　　C. 链传递　　D. 链式反应自由基

2. 某金属配件加工厂的滤芯抛光车间厂房内设有一地沟。对该厂房采取的下列防爆措施中，不符合要求的是（　）。

A. 用盖板将车间内的地沟严密封闭　　B. 采用不发火花的地面

C. 设置除尘设施　　D. 采用粗糙的防滑地面

3. 下列建筑电气防爆基本措施中，错误的是（　）。

A. 选用与爆炸危险区域的分区和范围相适应的防爆电气设备

B. 在同时存在爆炸性气体和粉尘的区域，按照爆炸性气体的防爆要求选用电气设备

C. 设置防爆型剩余电流式电气火灾监控报警系统和紧急断电装置

D. 将在正常运行时会产生火花、电弧的电气设备和线路布置在爆炸危险性小或没有爆炸危险性的环境内

4. 某面粉加工厂的面粉碾磨车间为 3 层钢筋混凝土结构建筑，建筑高度为 25m，建筑面积共 3600m^2。根据生产的火灾危险性分类标准，该面粉碾磨车间的火灾危险性类别应确定为（　）。

A. 甲类　　B. 乙类　　C. 丙类　　D. 丁类

5. 某仓库包括百货、陶瓷器具、玻璃制品、塑料玩具、自行车。该仓库的火灾危险性类别应确定为（　）。

A. 甲类　　B. 乙类　　C. 丙类　　D. 丁类

6. 某棉纺织厂的纺织联合厂房，在回风机的前端设置滤尘器对空气进行净化处理。如需将过滤后的空气循环使用，应使空气中的含尘浓度低于其爆炸下限的（　）。

A. 15%　　B. 25%　　C. 50%　　D. 100%

7. 地下汽车库配置灭火器时，计算单元的最小需配灭火级别计算应比地上汽车库增加（　）。

A. 10% B. 20% C. 30% D. 25%

8. 对建筑划分防烟分区时，下列构件和设备中，不应用做防烟分区分隔构件和设施的是（ ）。

A. 特级防火卷帘 B. 防火水幕 C. 防火隔墙

D. 高度不小于 50cm 的建筑结构梁

9. 根据《火灾自动报警系统设计规规范》（GB 50116—2013）的规定，消防控制室内的设置面盘至墙的距离不应小于（ ）m。

A. 1.5 B. 3 C. 2 D. 2.5

10. 下列关于自然排烟的说法，错误的是（ ）。

A. 建筑面积为 800m² 的地下车库可采用自然排烟方式

B. 采用自然排烟的场所可不划分防烟分区

C. 防烟楼梯间及其前室不应采用自然排烟方式

D. 建筑高度小于 50m 的公共建筑，宜优先考虑采用自然排烟方式

11. 某 5 层数据计算机房，层高 5m，每层有 1200m² 的大空间计算机用房，设置 IG541 组合分配气体灭火系统保护。该建筑的气体灭火系统防护区最少应划分为（ ）个。

A. 5 B. 6 C. 8 D. 10

12. 某厂为满足生产要求，拟建设一个总储量为 1500m³ 的液化石油气储罐区。该厂所在地区的全年最小频率风向为东北风。在其他条件均满足规范要求的情况下，该储罐区宜布置在厂区的（ ）。

A. 东北侧 B. 西北侧 C. 西南侧 D. 东南侧

13. 某修车库设有 7 个修车位。根据《汽车库、修车库、停车场设计防火规范》（GB 50067），该修车库的防火分类应为（ ）类。

A. Ⅰ B. Ⅱ C. Ⅲ D. Ⅳ

14. 某场所配置的灭火器型号为“MF/ABC10”。下列对该灭火器类型、规格的说明中，正确的是（ ）。

A. 该灭火器是 10kg 手提式（磷酸铵盐）干粉灭火器

B. 该灭火器是 10kg 推车式（磷酸铵盐）干粉灭火器

C. 该灭火器是 10L 手提式（碳酸氢钠）干粉灭火器

D. 该灭火器是 10L 手提式（磷酸铵盐）干粉灭火器

15. 某建筑采用防火墙划分防火分区，下列防火墙的设置中，错误的是（ ）。

A. 输送柴油（闪点高于 60℃）的管道穿过该防火墙，穿墙管道四周缝隙采用防火堵料严密封堵

B. 防火墙直接采用加气混凝土砌块砌筑，耐火极限为 4.00h

C. 防火墙直接设置在耐火极限为 3.00h 的框架梁上

D. 防火墙上设置敞开的甲级防火门，火灾时能够自行关闭

16. 某商业建筑，东西长为 100m，南北宽为 60m，建筑高度 26m，室外消火栓设计流量为 40L/s，南侧布置消防扑救面。沿该建筑南侧消防扑救面设置的室外消火栓数量，不宜少于（ ）个。

A. 1 B. 3 C. 4 D. 2

17. 下列关于高层建筑中设置机械加压送风系统的说法，错误的是（ ）。
A. 地下室的楼梯间和地上部分的防烟楼梯间均需设置机械加压送风系统时，机械加压送风系统宜分别独立设置
B. 建筑高度大于 50m 的公共建筑，其防烟楼梯间、消防电梯前室应设置机械加压送风系统
C. 建筑高度大于 50m 的住宅建筑，其防烟楼梯间、消防电梯前室应设置机械加压送风系统
D. 建筑高度大于 50m 的工业建筑，其防烟楼梯间、消防电梯前室应设置机械加压送风系统
18. 下列建筑或楼层中，可以开办幼儿园的是（ ）。
A. 租用消防验收合格后未经改造的设有一个疏散楼梯的 6 层单元式住宅的第三层
B. 租用消防验收合格、能提供一个独立使用的封闭楼梯间的高层办公楼裙房的第四层
C. 租用消防验收合格、建筑面积为 500m^2，有 2 个防烟楼梯间的单独建造的半地下室
D. 建筑面积为 600m^2，安全疏散和消防设置满足要求的单层砖木结构的房屋
19. 根据《火灾自动报警系统设计规范》(GB 50116—2013）的规定，区域报警系统应由火灾探测器、手动火灾报警按钮、火灾报警控制器和（ ）等组成。
A. 消防应急广播 B. 消防专用电话 C. 气体灭火控制器 D. 火灾声光警报器
20. 某房产开发商拟在石油化工厂附近开发建设一个居住区，石油化工厂设有总容积为 10000m^3 的液化石油气储罐区，根据《石油化工企业设计防火规范》(GB 50160—2008）的规定，该新建居住区与石油化工厂液化石油气储罐区的防火间距不应小于（ ）m^3。
A. 50 B. 100 C. 200 D. 150
21. 某白酒灌装车间设置推车式灭火器，应优先选择的是（ ）。
A. 抗溶性泡沫灭火器 B. 清水灭火器 C. 水雾灭火器 D. 碳酸氢钠干粉灭火器
22. 某 16 层民用建筑，一至三层为商场，每层建筑面积为 3000m^3；四至十六层为单元式住宅，每层建筑面积为 1200m^3；建筑首层室内地坪标高为 ±0. 000m，室外地坪高为 -0. 300m，商场平层面面层标高为 14. 6m，住宅平屋面面层标高为 49. 7m，女儿墙顶部标高为 50. 9m，根据《建筑设计防火规范》(GB 50016—2014）规定的建筑分类，该建筑的类别应确定为（ ）。
A. 二类高层公共建筑 B. 一类高层公共建筑
C. 一类高层住宅建筑 D. 二类高层住宅建筑
23. 某通信机房设置七氟丙烷预制灭火系统，该系统应有（ ）种启动方式。
A. 1 B. 2 C. 3 D. 4
24. 对建筑进行性能化防火设计时，火灾数值模拟软件 FDS 采用的火灾模型是（ ）。
A. 场模型 B. 局部模型 C. 区域模型 D. 混合模型
25. 某建筑高度 98. 9m 的大楼，使用功能为办公、宾馆、商业和娱乐。一至四层的裙房设有营业厅和办公室；地下一层夜总会疏散走道两侧和尽端设有 5 个卡拉 OK 小包间；营业厅的 2 个疏散门需要通过疏散走道至疏散楼梯间，该建筑按照规范要求设置消防设施。下列建筑内疏散走道的设计中，错误的是（ ）。

A. 办公区域疏散走道两侧的隔墙采用加气混凝土砌块砌筑，耐火极限为1.50h

B. 宾馆区域疏散走道采用轻钢龙骨纸面石膏板吊顶，耐火极限为0.30h

C. 夜总会疏散走道尽端房间房门至最近的安全出口的疏散走道长度为15m

D. 裙房内营业厅的疏散门至最近的安全出口的疏散走道长度为15m

26. 新建一个内浮顶原油储罐，容量为6000m³，采用中倍数泡沫灭火系统时，宜选用（ ）泡沫灭火系统。

A. 固定　　B. 移动　　C. 半固定　　D. 半移动

27. 油品装卸码头设置的装卸甲、乙类油品的泊位，与明火或散发火花地点的防火间距不应小于（ ）m。

A. 30　　B. 40　　C. 50　　D. 100

28. 新建一座地下汽车库，建筑面积为15000m²，停车300辆，汽车车库按规定设立了消防设施。该汽车库室内任一点至最近人员安全出口的疏散距离不应大于（ ）m。

A. 45　　B. 50　　C. 60　　D. 80

29. 泡沫灭火系统按系统结构可分为固定泡沫灭火系统、半固定泡沫灭火系统、移动泡沫灭火系统、移动泡沫灭火系统。半固定灭火系统是指（ ）。

A. 采用泡沫枪、固定泡沫设置和固定消防水泵供应泡沫混合液的灭火系统

B. 泡沫产生器和部分连接管道固定，采用泡沫消防车或机动消防泵，用水带供应泡沫混合液的灭火系统

C. 泡沫产生器与部分连接管道连接，固定消防水泵供应泡沫混合液的灭火系统

D. 采用泡沫枪，泡沫液由消防车供应，水由固定消防水泵供应的灭火系统

30. 某3层商业建筑，采用湿式自动喷水灭火系统保护，共设计有2800个喷头保护吊顶下方空间。该建筑自动喷水灭火系统报警阀组的设置数量不应少于（ ）个。

A. 2　　B. 3　　C. 4　　D. 5

31. 某集成电路工厂新建一个化学清洗间，建筑面积为100m²，设置一个安全出口，清洗作业使用火灾危险性为甲类的易燃液体，该清洗间同一时间内清洗操作人员应该不超过（ ）人。

A. 10　　B. 5　　C. 15　　D. 20

32. 在某商业建筑内的疏散走道上设置的防火卷帘，其联动控制程序应是（ ）。

A. 专门用于联动防火卷帘的感烟火灾探测器动作后，防火卷帘下降到距楼板面1.8m处；专门用于联动防火卷帘的感温火灾探测器动作后，防火卷帘下降到楼板面

B. 专门用于联动防火卷帘的感温火灾探测器动作后，防火卷帘下降到距楼板面1.8m处；专门用于联动防火卷帘的感烟火灾探测器动作后，防火卷帘下降到楼板面

C. 专门用于联动防火卷帘的感烟火灾探测器动作后，防火卷帘下降到距楼板面1.5m处；专门用于联动防火卷帘的感温火灾探测器动作后，防火卷帘下降到楼板面

D. 专门用于联动防火卷帘的感温火灾探测器动作后，防火卷帘下降到距楼板面1.5m处；专门用于联动防火卷帘的感烟火灾探测器动作后，防火卷帘下降到楼板面

33. 水喷雾灭火系统的水雾喷头使水从连续的水流状态分解转变成不连续的细小水雾滴喷射出来，因此它具有较高的电绝缘性能和良好的灭火性能。下列不属于水喷雾灭火机理的是（ ）。

A. 冷却　　B. 隔离　　C. 窒息　　D. 乳化

34. 某通信楼，设置 IG541 管网灭火系统，该系统的机械应急操作装置设在（　）。

A. 防护区内　　B. 消防控制室内

C. 贮瓶间内或防护区外便于操作的地方　　D. 防护区泄压口处

35. 设置湿式自动喷水灭火系统的房间，起火时喷头动作喷水，水流指示器动作并报警，报警阀动作，延迟器充水，启泵装置动作报警并直接启动消防水泵，该系统应选择的启泵装置是（　）。

A. 压力开关　　B. 电接点压力表　　C. 流量开关　　D. 水位仪

36. 某建筑高度应为 38m 且设有消防电梯的 5 层针织品生产厂房，耐火等级为一级，每层建筑面积为 5000m^2。消防电梯与疏散楼梯间合用前室。下列做法错误的是（　）。

A. 设置 2 台消防电梯　　B. 前室的使用面积为 12m^2

C. 消防电梯兼做员工用电梯　　D. 在前室入口处设置耐火极限为 3.00h 的防火卷帘

37. 某城市新建一条地铁路线，其中有多个多线换乘车站。根据《地铁设计规范》(GB 50157—2013) 的规定，地下换乘车站共用一个公共站厅时，站厅公共区的面积不应大于（　）m^2。

A. 2000　　B. 5000　　C. 3000　　D. 4000

38. 下列建筑中，室内采用临时高压消防给水系统时，必须设置高位消防水箱的建筑是（　）。

A. 建筑面积为 5000m^2 的单层丙类厂房　　B. 建筑面积为 40000m^2 的 4 层丁类厂房

C. 建筑面积为 5000m^2 的 2 层办公楼　　D. 建筑面积为 30000m^2 的 3 层商业中心

39. 根据《火灾自动报警系统设计规》(GB 50116—2013) 的规定，火灾自动报警系统的形式可分为区域报警系统、集中报警系统和（　）。

A. 消防联动报警系统　　B. 火灾探测报警系统

C. 控制中心报警系统　　D. 集中区域报警系统

40. 在标准耐火试验条件下，对一墙体进行耐火极限试验，试验记录显示，该墙体在受火作用至 0.50h 时粉刷层开始脱落，受火作用至 1.00h 时被火面的温度超过规定值，受火作用至 1.20h 时出现了穿透裂缝，受火作用至 1.50h 时墙体开始垮塌。该墙体的耐火极限是（　）h。

A. 1.0　　B. 0.5　　C. 1.2　　D. 1.5

41. 基于细水雾灭火系统的灭火机理，下列场所中，细水雾灭火系统不适用于扑救的是（　）。

A. 电缆夹层　　B. 柴油发电机　　C. 锅炉房　　D. 电石仓库

42. 某加油站设置了 1 个容积为 30m^3 的 93 号汽油罐，1 个容积为 30m^3 的 95 号汽油罐。1 个容积为 20m^3 的 97 号汽油罐，1 个容积为 50m^3 的柴油罐。按照《汽油加油加气站设计与施工规范》(GB 50156—2012)(2014 年版) 的规定，该加油站的等级应是（　）。

A. 一级　　B. 三级　　C. 四级　　D. 二级

43. 下列关于干粉灭火系统组成及其设置要求的说法中，正确的是（　）。

A. 储存装置的驱动气体应采用压缩空气

B. 储存装置可设在耐火等级为三级的房间内

C. 干粉储存容器设计压力可取1.6MPa或2.5MPa压力级

D. 驱动压力应大于储存容器的最高工作压力

44. 某商业建筑，地上4层、地下2层，耐火等级为一级，建筑高度为20.6m地上各层为百货、小商品和餐饮，地下一层为超市，地下二层为汽车库。地下一层设计疏散人数为1500人，地上一层至三层每层设计疏散人数为2000人，四层设计疏散人数为1800人。地上一至三层疏散楼梯的最小总净宽度应是（ ）m。

A. 13　B. 15　C. 20　D. 18

45. 某高层办公楼的柴油发电机房设置了水喷雾灭火系统，该系统水雾喷头的灭火工作压力不应小于（ ）MPa。

A. 0.05　B. 0.10　C. 0.20　D. 0.35

46. 某一类高层办公楼的自备柴油发电机房，设置电动启动雨淋阀组的水喷雾灭火系统保护。当系统的火灾探测装置动作后，打开雨淋报警阀组，压力开关动作，联锁启动消防水泵，水喷雾喷头喷水灭火。该装置采用的火灾探测装置应是（ ）。

A. 气动传动管探测装置　B. 液动传动管探测装置

C. 感烟感温火灾探测装置　D. 闭式喷头驱动传动管探测装置

47. 下列场所中，消防用电应按一级负荷供电的是（ ）。

A. 座位数超过3000个的体育馆　B. 建筑高度为40m的丙类仓库

C. 建筑高度为30m的乙类生产厂房　D. 建筑高度为55m的住宅建筑

48. 某二级耐火等级的单层家具生产厂房，屋顶承重构件为钢结构，当采用防火涂料对该屋顶承重构件进行防火保护时，其耐火极限不应小于（ ）h。

A. 0.50　B. 1.00　C. 1.50　D. 2.00

49. 燃煤发电厂的碎煤机房设置照明灯具时，应选择（ ）灯具。

A. 外壳保护型　B. 隔爆型　C. 增安型　D. 充砂型

50. 根据《人民防空工程设计防火规范》(GB 50098—2009）的规定，人防工程设置有火灾自动报警系统和自动灭火系统，人防工程中电影院的观众厅一个防火分区最大建筑面积为（ ）m^2。

A. 500　B. 1000　C. 1500　D. 2000

51. 某建筑采用临时高压消防给水系统，经计算消防水泵设计扬程为0.90MPa。选择消防水泵时，消防水泵零流量时的压力应在（ ）MPa之间。

A. 0.9～1.08　B. 1.26～1.35　C. 1.26～1.44　D. 1.08～1.26

52. 自动喷水灭火系统设置场所的危险等级应根据建筑规模、高度以及火灾危险性、火灾荷载和保护对象的特点等确定。下列建筑中，自动喷水灭火系统设置场所的火灾危害等级为中危险级Ⅰ级的是（ ）。

A. 建筑高度为50m的办公楼　B. 建筑高度为23m的四星级旅馆

C. 2000个座位剧场的舞台　D. 总建筑面积5600m^2的商场

53. 某地区有一条城市交通隧道，长度1500m，按照防火规范要求，隧道内设置了各种消防设施，下列关于隧道设置机械排烟系统的说法中，正确的是（ ）。

A. 采用纵向排烟方式时，排烟风速纵向气流的速度不应小于2m/s

B. 排烟风机应能在280℃下连续正常运行不小于2.00h

C. 排烟管道的耐火极限不应低于2.00h

D. 机械排烟系统与隧道的通风系统应共用

54. 在火焰中被燃烧，一定时间内仍能正常运行的电缆是（ ）。

A. 一般阻燃电缆　B. 低烟无卤阻燃电缆　C. 无卤阻燃电缆　D. 耐火电缆

55. 在环境温度低于4℃的地区，建设一座地下车库，采用干式自动喷水灭火系统保护，系统的设计参数按照火灾危险等级的中危险Ⅱ级判断，其作用面积不应小于（ ）m^2。

A. 160　B. 208　C. 192　D. 260

56. 感烟灭火探测器是响应悬浮在空气中的燃烧和/或热解产生的固体或液体微粒的探测器，可分为离子感烟、红外光束感烟、吸气型和（ ）等探测器。

A. 火焰探测　B. 光电感烟　C. 光纤感烟　D. 缆式线型探测

57. 某商业综合体建筑，其办公区、酒店区、商业区分别设置消防控制室，并将办公区的消防控制室作为主消防控制室，其他两个作为分消防控制室。下列关于各分消防控制室内的消防设备之间的关系的说法，正确的是（ ）。

A. 不可以相互传输、显示状态信息，不应互相控制

B. 不可以相互传输、显示状态信息，但应互相控制

C. 可以相互传输、显示状态信息，也应互相控制

D. 可以相互传输、显示状态信息，但不应互相控制

58. 某工厂有一座建筑高度为21m的丙类生产厂房，耐火等级为二级。现要在旁边新建一座建筑耐火等级为二级，建筑高度为15m，屋顶耐火极限不低于1.00h且屋面无天窗的丁类生产厂房。如该丁类生产厂房与丙类厂房相邻一侧的外墙采用无任何开口的防火墙，则两座厂房之间的防火间距不应小于（ ）m。

A. 10　B. 3.5　C. 4　D. 6

59. 某储罐区有4个固定顶轻柴油储罐，单罐容积为2000m^3，设置了低倍数泡沫灭火系统，该泡沫灭火系统的设计保护面积应按（ ）确定。

A. 储罐罐壁与泡沫堰板间的环形面积　B. 储罐表面积

C. 储罐横截面面积　D. 防火堤内的地面面积

60. 某高度为120m的高层办公楼，其消防应急照明备用电源的连续供电时间不应低于（ ）min。

A. 90　B. 20　C. 30　D. 60

61. 某高层办公楼，建筑高度为32m，内走廊为“一”字形，设置两座防烟楼梯间，其前室入口的中心线间距为15m，走廊两端的袋形走道长度为3m，走廊两侧房间进深均为6m。该办公楼每层设置的室内消火栓竖管数量不应少于（ ）。

A. 1　B. 2　C. 3　D. 4

62. 某单位的汽车喷漆车间采用二氧化碳灭火系统保护。下列关于二氧化碳灭火系统灭火机里的说法中，正确的是（ ）。

A. 窒息和隔离　B. 窒息和吸热冷却　C. 窒息和乳化　D. 窒息和化学抑制

63. 某新建的汽车加油、加气合建站，设置消防设施时，下列说法中，错误的是（ ）。

A. 在LNG储存和加气站应设置可燃气体检测报警系统

B. 设置2台消防水泵时，可不设备用消防水泵

C. 在加油站的罩棚下应设置事故照明

D. 可燃气体检测器的一级报警值应设定为天然气爆炸下限的30%

64. 某座3100个座位的大剧院，地下车库采用预作用自动喷水灭火系统，演员化妆间等采用湿式自动喷水灭火系统，舞台葡萄架下采用雨淋系统，舞台口采用防护冷却水幕系统。该建筑的自动喷水灭火系统应选用（ ）种报警阀组。

A. 1　　B. 2　　C. 3　　D. 4

65. 某可燃物堆场，室外消火栓的设计流量为55L/s，室外消火栓选用DN150，其出流量为15L/s。根据室外消火栓设计流量，该堆场的室外消火栓数量不应少于（ ）个。

A. 6　　B. 4　　C. 5　　D. 3

66. 某单层工业厂房，建筑面积10000m^2，室内最大净高为80m，屋面坡度为2%，未设置吊顶。该建筑按中危险级Ⅱ级设置自动喷水灭火系统，应选择（ ）。

A. 直立型　　B. 隐蔽型　　C. 吊顶型　　D. 边墙型

67. 某民政部门建设了2座供老年人居住和活动的建筑，建筑高度均为12m，建筑内部设置了自动喷水灭火系统和火灾自动报警系统。在进行内部装修时，建筑内疏散走道的顶棚装饰材料的燃烧性能等级为（ ）。

A. B1级　　B. B2级　　C. A级　　D. B3级

68. 某建筑高度为50m的宾馆，采用一路市政电源供电，采用发电设备作为备用电源，建筑内部的排烟风机采用主备电源自动切换装置。下列关于主备电源自动切换装置的设置中，不合理的是（ ）。

A. 自动切换装置设置在变电站内

B. 自动切换装置设置在排烟风机房的风机控制配电箱内

C. 主备电源自动切换时间为20s

D. 主备电源自动切换时间为25s

69. 对于可能散发可燃气体密度小于空气密度的场所，可燃气体探测器应设置在被保护空间的（ ）。

A. 下部　　B. 中间部位　　C. 中间部位或下部　　D. 顶部

70. 某座10层建筑，建筑高度为36m，1~5层为住宅，6~10层为办公用房。住宅部分与办公部分之间应采用耐火极限不低于（ ）h的不燃性楼板和无任何开口的防火墙完全分隔。

A. 1.00　　B. 2.00　　C. 1.50　　D. 2.50

71. 某多功能建筑，建筑高度54.8m，2座楼梯同分别位于“一”字形走廊的尽端，楼梯间形式和疏散宽度符合相关规范规定。地下一层建筑面积为2600m^2，用途为餐厅、设备房；地上共14层，建筑面积24000m^2，用途为歌舞娱乐、宾馆、办公。该建筑按照规范要求设置建筑消防设施。下列关于该建筑房间疏散门的设置中，错误的是（ ）。

A. 九至十四层每层的会议室相邻两个疏散门最近边缘之间的水平距离不小于6m

B. 位于地下一层的一个建筑面积为50m^2、使用人数为10人的小餐厅，设置1个向内开启的疏散门

C. 位于三层的一个建筑面积为80m^2、使用人数为50人的会议室，设置2个向内开启

的疏散门

D. 位于一层的一个建筑面积为 $60m^2$、使用人数为 16 人的录像厅，设置 1 个向外开启的疏散门

72. 某乙类可燃液体储罐设置固定液上喷射低倍数泡沫灭火器系统，当采用环泵式泡沫比例混合器时，泡沫液的投加点应在（ ）。

A. 消防水泵的出水管上 B. 消防给水管道临近储罐上
C. 消防水泵的吸水管上 D. 在消防水泵房外的给水管道上

73. 水喷雾灭火系统的基本设计参数根据其防护目的和保护对象确定。水喷雾灭火系统用于液化石油气罐瓶间防护冷却目的时，系统的响应时间不应大于（ ）s。

A. 45 B. 120 C. 60 D. 300

74. 某设置有中央空调送风系统的建筑，其火灾自动报警系统中的点型火灾探测器至空调送风口和多孔送风顶棚孔口边缘的水平距离，分别不应小于（ ）m。

A. 1.2，1.0 B. 2.0，1.0 C. 1.0，1.5 D. 1.5，0.5

75. 用于保护 1kV 及以下的配电线路的电气火灾监控系统，其测温式电气火灾监控探测器的布置方式应采用（ ）

A. 非接触式 B. 独立式 C. 接触式 D. 脱开式

76. 下列场所中，应在疏散走道和主要疏散路径的地面上增设能保持视觉连续的疏散指示标志的是（ ）。

A. 总建筑面积为 $6000m^2$ 的展览厅 B. 座位数为 1200 个的剧场
C. 总建筑面积为 $500m^2$ 的电子游艺厅 D. 总建筑面积为 $500m^2$ 的地下超市

77. 建筑高度超过 100m 的公共建筑应设置避难层。下列关于避难层设置的说法中，错误的是（ ）。

A. 第一个避难层的楼地面至灭火救援场地地面的高度不应大于 60m
B. 封闭的避难层应设置独立的机械防烟系统
C. 通向避难层的疏散楼梯应使人员需经过避难层方能上下
D. 避难层可兼做设备层

78. 某多层民用建筑的第二层为舞厅，建筑面积 $1000m^2$。该场所设有室内消火栓系统、自动喷水灭火系统、火灾自动报警系统及防排烟系统，并按严重危险等级配置灭火器。若在该层设置 3 个灭火器设置点，每处设置干粉灭火器 2 具，则每具灭火器的灭火级别应为（ ）。

A. 2A B. 21B C. 3A D. 55B

79. 某高层办公建筑在进行内部装修时，采用壁柜将办公室分隔成多个区域，根据《建筑内部装修设计防火规范》(GB 50222—95）的规定和使用部位及功能，该壁柜可划分为（ ）。

A. 固定家具 B. 墙面装修材料 C. 隔断装修材料 D. 其他装修材料

80. 进行火灾风险识别中，需判定火灾危险源。下列火灾危险源因素中，属于人为因素的是（ ）。

A. 人员应急反应能力 B. 吸烟起火
C. 消防安全责任 D. 可燃油浸变压器油温过高导致起火

二、多选题（共20题，每题2分，每题的备选项中，有2个或2个以上符合题意，至少有1个错项。错选，本题不得分；少选，所选的每个选项得0.5分）。

81. 下列灭火剂中，在灭火过程中含有窒息灭火机理的有（ ）。

A. 二氧化碳 B. 泡沫 C. 直流水 D. 水喷雾 E. 氮气

82. 某地下车库，设置的自动喷水灭火系统采用直立型喷头。下列关于喷头溅水盘与车库顶板的垂直距离的说法，符合规范规定的有（ ）。

A. 喷头无障碍物遮挡时，不应小于25mm，不应大于150mm

B. 喷头有障碍物遮挡时，不应大于850mm

C. 喷头无障碍物遮挡时，不应小于75mm，不应大于150mm

D. 喷头有障碍物遮挡时，不应大于650mm

E. 喷头有障碍物遮挡时，不应大于550mm

83. 某建筑高度为23m的5层商业建筑，长度100m，宽度50m，每层建筑面积5000m^2，设置有自动喷水灭火系统、火灾自动报警系统和防排烟系统等消防设施。下列关于机械排烟系统应满足要求的说法中，正确的有（ ）。

A. 与垂直管道连接的每层水平支管上应设置280℃防火阀

B. 排烟风机配电线路的末端自动切换应设置在楼层配电间内

C. 采用的排烟风机应能在280℃时连续工作30min

D. 火灾时应有火灾自动报警系统联动开启排烟口

E. 排烟口应设置现场手动开启装置

84. 某地上18层、地下3层的建筑，每层建筑面积为1500m^2，首层为大堂，二层至五层为商店，地上六层及以上各层为办公区，地下一层层高4.5m，设置设备用房和夜总会。下列关于该夜总会的消防设计中，正确的有（ ）。

A. 豪华包间的建筑面积为200m^2，设2个疏散门

B. 建筑面积为60m^{2}的房间设置1个疏散门

C. 夜总会所在空间划分3个防烟分区，设置一套机械排烟风机

D. 每个房间采用耐火极限1.00h的防火隔墙与其他房间分隔

E. 夜总会所在空间采用耐火极限为2.00h的防火墙与设备区分隔

85. 某单位经规划部门许可在一江边新建一座油品装卸码头，委托设计单位进行工程设计。下列关于油品装卸码头防火设计要求的说法中，正确的是（ ）

A. 油品码头宜布置在港口的边缘区域

B. 装卸甲、乙类油品的泊位与明火或散发火花地点的防火间距不应小于40m

C. 甲、乙类油品码头前沿线与陆上储油罐的防火间距不应小于20m

D. 油品泊位的码头结构应采用不燃烧材料

E. 油品码头上应设置人行道和检修道

86. 某单层洁净厂房设有中央空调系统，用防火墙划分为两个防火分区，有一条输送带贯通两个防火分区，在输送带穿过防火墙的洞口设有专用防火闸门，厂房内设置IG541组合分配灭火系统保护。下列关于该气体灭火系统启动联动控制的说法中，正确的有

（ ）。

A. 应联动关闭输送带穿过防火墙处的专用防火闸门
B. 应联动关闭中央空调系统
C. 应由一个火灾探测器动作启动系统
D. 应联动打开气体灭火系统的选择阀
E. 应联动打开空调系统穿越防火墙处的防火阀

87. 某化工企业拟采用安全检查表法对甲醇合成车间进行火灾风险评估。编制安全检查表的主要步骤应包括（ ）。

A. 确定检查对象　B. 找出危险点　C. 预案演练
D. 确定检查内容　E. 编制检查表

88. 某建造在山坡上的办公楼，建筑高度为48m，长度和宽度分别为108m 和32m，地下设置了2层汽车库，建筑的背面和两侧无法设置消防车道，下列该办公楼消防车登高操作场地的设计，符合规范要求的有（ ）。

A. 消防车登高操作场地靠建筑正面一侧的边缘与建筑外墙的距离为5～7m
B. 消防车登高操作场地宽度为12m
C. 消防车登高操作场地的坡度为1%
D. 消防车登高操作场地设置在建筑的正面，因受大门雨篷的影响，在大门前不能连续布置
E. 消防车登高操作场地位于可承受重型消防车压力的地下室上部

89. 生产厂房在划分防火分区时，确定防火分区建筑面积的主要因素有（ ）。

A. 生产的火灾危险性类别　B. 厂房内火灾自动报警系统设置情况
C. 厂房的层数和建筑高度　D. 厂房的耐火等级
E. 特殊生产工艺需要和灭火技术措施

90. 为预防古建筑发生火灾，必须加强对古建筑的消防安全管理。下列关于古建筑消防安全管理的措施中，正确的有（ ）。

A. 禁止使用大于40W 的白炽灯
B. 禁止在古建筑保护范围内堆存和使用易燃易爆物品
C. 严禁在古建筑内私接乱拉电气线路
D. 禁止在古建筑的主要殿屋内进行炊煮
E. 不应在古建筑内烧香

91. 某寒冷地区环境温度低于4℃，有一个地上3层、建筑面积40000m^2 的汽车库，未设置采暖设施。该汽车库设置自动喷水灭火系统时，可采用（ ）等系统。

A. 干式　B. 预作用　C. 自动喷水—泡沫联用
D. 湿式　E. 雨淋

92. 新建一座大型的商业建筑，地下一层为汽车库，可停放300辆汽车，下列设施和房间中，不应设置在该地下汽车库内的有（ ）。

A. 汽油罐　B. 加油机　C. 修理车位
D. 丙类库房　E. 充电间

93. 某办公建筑设有火灾自动报警系统、自动喷水灭火系统和防排烟系统。建筑内下列消

防系统中，启动联动控制不应受消防联动控制器处于自动或手动状态影响的有（ ）。

A. 预作用式自动喷水灭火系统　B. 湿式自动喷水灭火系统
C. 干式自动喷水灭火系统　D. 湿式室内消火栓系统
E. 防排烟系统

94. 某建筑高度为 23.8m 的 4 层商业建筑，对其进行室内消火栓的配置和设计中，正确的有（ ）。

A. 选用 DN65 的室内消火栓　B. 消火栓栓口动压大于 0.5MPa
C. 消火栓栓口动压不小于 0.25MPa　D. 配置直径 65mm、长 30m 的消防水带
E. 水枪充实水柱不小于 10m

95. 下列无敞开式外廊的建筑中，可设置封闭楼梯间的有（ ）。

A. 4 层且建筑高度为 21m 的医院门诊楼
B. 3 层且建筑高度为 12m、每层建筑面积为 $500m^2$ 的小型商店
C. 3 层且建筑高度为 19.8m 的纺织厂房
D. 6 层且建筑高度为 21.6m 的办公楼
E. 宾馆建筑下部设置的 3 层地下设备房和汽车库

96. 某 8 层住宅建筑，层高 3.0m，首层地面标高 ±0.000m，室外地坪标高 -0.600m，平屋面面层标高 24.200m。对该住宅外墙进行保温设计，选用的保温材料和方式中，符合规范的有（ ）。

A. 除楼梯间外，内保温材料采用燃烧性能为 B1 级的聚氨酯泡沫板
B. 外保温体系与基层墙体无空腔，保温材料采用矿棉板
C. 除楼梯间外，内保温材料采用燃烧性能为 B2 级的聚苯乙烯泡沫板
D. 外保温体系与基层墙体无空腔，保温材料采用燃烧性能为 B1 级的聚氨酯泡沫板
E. 外保温体系与基层墙体无空腔，保温材料采用燃烧性能为 B2 级的聚苯乙烯泡沫板

97. 对建筑进行性能化防火设计评估中，在计算人员安全疏散时间时，应确定人员密度、疏散宽度、行走速度等相关参数。行走速度的确定需要考虑影响行走速度的因素。影响行走速度的因素主要有（ ）。

A. 灭火器配置　B. 人员自身条件　C. 报警时间
D. 建筑情况　E. 人员密度

98. 下列城市汽车加油加气站中，应设消防给水系统的有（ ）。

A. 一级加油站　B. 压缩天然气储罐埋地设置的加气站
C. 二级液化石油气加气站　D. 加油和液化石油气加气合建站
E. 压缩天然气储罐埋地设置的加油加气合建站

99. 新建一座大型城市商业综合体，根据有关规定，需要在该综合体设置人民防空工程。下列关于该人防工程中避难走道的做法中，正确的有（ ）。

A. 设置 2 个直通地面的出口
B. 防火分区至避难走道入口处设置面积为 $6m^2$ 的前室
C. 设置室内消火栓
D. 设置火灾应急照明和应急广播
E. 采用燃烧性能等级为 B1 级的装修材料进行装修

100. 某食用油加工厂，拟新建一单层大豆油浸出车间厂房，其耐火等级为一级，车间需要设置与生产配套的浸出溶剂中间仓库、分控制室、办公室和专用10kV变电所。对该厂房进行总平面布局和平面布置时，正确的措施有（ ）。

A. 车间专用10kV变电所贴邻厂房建造，并用无门、窗、洞口的防火墙与厂房分隔

B. 中间仓库在厂房内靠外墙布置，并用防火墙与其他部位分隔

C. 分控制室贴邻厂房外墙设置，并采用耐火极限4.00h的防火墙与厂房分隔

D. 厂房平面采用矩形布置

E. 办公室设置在厂房内，并与其他区域之间设耐火极限2.00h的隔墙分隔

《消防安全技术实务》参考答案与解析

一、单选题（共 80 题，每题的备选项中，只有 1 个最符合题意）。

1. 答案：D 【解析】大部分燃烧发生和发展需要 4 个必要条件，即可燃物、助燃物（氧化剂）、引火源（温度）和链式反应自由基。

解析来源：【S1010101】燃烧条件

2. 答案：D 【解析】散发较空气重的可燃气体、可燃蒸气的甲类厂房以及有粉尘、纤维爆炸危险的乙类厂房，应采用不发火花的地面。采用绝缘材料作整体面层时，应采取防静电措施。散发可燃粉尘、纤维的厂房内表面应平整、光滑，并易于清扫。

解析来源：【S2080401】电气防爆原理与措施

3. 答案：B 【解析】防爆电气设备选用原则：

①电气设备的防爆型式应与爆炸危险区域相适应。②电气设备的防爆性能应与爆炸危险环境物质的危险性相适应；当区域存在两种以上爆炸危险物质时，电气设备的防爆性能应满足危险程度较高的物质要求。爆炸性气体环境内，防爆电气设备的类别和温度组别，应与爆炸性气体的分类、分级和分组相对应；可燃性粉尘环境内，防爆电气设备的最高表面温度应符合规范规定。③应与环境条件相适应。电气设备的选择应符合周围环境内化学的、机械的、热、霉菌以及风沙等不同环境条件对电气设备的要求，电气设备结构应满足电气设备在规定的运行条件下不降低防爆性能的要求。④应符合整体防爆的原则，安全可靠、经济合理、使用维修方便。

解析来源：【S2080409】防爆电气设备选用原则

4. 答案：B 【解析】乙类火灾危险性类别包括：①闪点≥28℃至＜60℃的液体；②爆炸下限≥10%的气体；③不属于甲类的氧化剂；④不属于甲类的易燃固体；⑤助燃气体；⑥能与空气形成爆炸性混合物的浮游状态的粉尘、纤维、闪点≥60℃的液体雾滴。

解析来源：【S2020102】生产火灾危险性分类及方法

5. 答案：C 【解析】同一座仓库或仓库的任一防火分区内储存不同火灾危险性物品时，仓库或防火分区的火灾危险性应按火灾危险性最大的物品确定。其中塑料玩具的火灾危险性类别是丙类，而其余是戊类，所以该仓库的火灾危险性类别是丙类。

解析来源：【S2020201】储存物品的分类及火灾危险性特征

6. 答案：B 【解析】甲、乙类生产厂房中排出的空气不应循环使用，以防止排出的含有可燃物质的空气重新进入厂房，增加火灾危险性。丙类生产厂房中排出的空气，如含有燃烧或爆炸危险的粉尘、纤维（如棉、毛、麻等），易造成火灾的迅速蔓延，应在通风机前设滤尘器对空气进行净化处理，并应使空气中的含尘浓度低于其爆炸下限的 25% 之后，再循环使用。

解析来源：【S2090201】通风、空调系统的防火防爆原则

7. 答案：C 【解析】歌舞娱乐放映游艺场所、网吧、商场、寺庙以及地下场所等的计算单元的最小需配灭火级别应在公式计算结果的基础上增加 30%。

解析来源：【S3130405】计算单元的最小需配灭火级别

8. 答案：B 【解析】划分防烟分区的构件主要有挡烟垂壁、隔墙、防火卷帘、建筑横梁等。

解析来源：【S2050403】防烟分区分隔的主要构件

9. 答案：B 【解析】消防控制室内设备的布置应符合下列规定：①设备面盘前的操作距离，单列布置时不应小于1.5m，双列布置时不应小于2m。②值班人员经常工作的一面，设备面盘至墙的距离不应小于3m。③设备面盘后的维修距离不宜小于1m。④设备面盘的排列长度大于4m时，其两端应设置宽度不小于1m的通道。⑤与建筑其他弱电系统合用的消防控制室内，消防设备应集中设置，并应与其他设备间有明显间隔。

解析来源：【S3090601】消防控制室的建筑防火设计

10. 答案：C 【解析】对于建筑高度小于等于50m的公共建筑、工业建筑和建筑高度小于等于100m的住宅建筑，由于这些建筑受风压作用影响较小，利用建筑本身的采光通风，因此，采用自然通风方式的防烟系统，简便易行。D项正确。除敞开式汽车库、建筑面积小于1000m² 的地下一层汽车库和修车库外，汽车库、修车库应设置机械排烟系统。A项正确。当采用凹廊、阳台作为防烟楼梯间的前室或合用前室，或者防烟楼梯间前室或合用前室具有两个不同朝向的可开启外窗且可开启窗面积符合《建筑防排烟系统技术规范》规定时，可以认为前室或合用前室自然通风性能优良，能及时排出因前室的防火门开启时，从建筑内漏入前室或合用前室的烟气并可阻止烟气进入防烟楼梯间。C项错误。不设排烟设施的部位（包括地下室）可不划分防烟分区。B项正确。采用自然排烟的场所应根据具体情况划分防烟分区。

解析来源：【S3100101】自然通风方式、【S3100102】自然排烟方式的选择

11. 答案：D 【解析】组合分配气体灭火系统属于管网系统。采用管网灭火系统时，一个防护区的面积不宜大于800m²，且容积不宜大于3600m³。所以一层1200m² 需要划分成2个防护区，5层则是10个。

解析来源：【S3060501】防护区的设置要求

12. 答案：A 【解析】液化石油气储罐区宜布置在本单位或本地区全年最小频率风向的上风侧，并选择通风良好的地点独立设置。因该厂所在地区的全年最小频率风向为东北风，所以该储罐区宜布置在厂区的东北侧。

解析来源：【S2040101】建筑选址及总平面布局

13. 答案：B 【解析】根据修车库车位数和总建筑面积可分为四类：①Ⅰ类修车库。修车库车位数大于15辆或总建筑面积大于3000m² 的修车库为Ⅰ类修车库。②Ⅱ类修车库。修车库车位数大于5辆且小于等于15辆或总建筑面积大于1000m² 且小于等于3000m² 的修车库为Ⅱ类修车库。③Ⅲ类修车库。修车库车位数大于2辆且小于等于5辆或总建筑面积大于500m² 且小于等于1000m² 的修车库为Ⅲ类修车库。④Ⅳ类修车库。修车库车位数小于等于2辆或总建筑面积小于等于500m² 的修车库为Ⅳ类修车库。所以题中7个修车位的修车库属于Ⅱ类修车库。

解析来源：【S4080102】修车库的分类

14. 答案：A 【解析】M—灭火器；F—干粉灭火剂；MF—手提式干粉灭火器；ABC—磷酸铵盐，BC—碳酸氢铵；阿拉伯数字—充装干粉质量（kg）有1、2、3、4、5、

6、8、10kg 八种规格，S 代表手提式，T 代表推车式，比如 MFT50 则表示 50kg 推车式干粉灭火器，而手提式作为日常经常使用的，型号上可不写 S。

解析来源：【S3130101】灭火器的分类

15. 答案：A 【解析】闪点高于 60℃的柴油的火灾危险属于丙类，而可燃气体和甲、乙、丙类液体的管道严禁穿过防火墙。可知 A 项错误。

解析来源：【S2050302】防火墙的设置条件

16. 答案：B 【解析】由于每个室外消火栓的用水量应按 10～15L/s 计算，而本题中的设计流量为 40L/s，所以至少应设置 3 个。

解析来源：【S3020204】室外消火栓的设置要求

17. 答案：C 【解析】建筑高度大于 50m 的公共建筑、工业建筑和建筑高度大于 100m 的住宅建筑，其防烟楼梯间、消防电梯前室应采用机械加压送风方式的防烟系统。

解析来源：【S3100202】机械加压送风系统的选择

18. 答案：D 【解析】老年人建筑及托儿所、幼儿园的儿童用房和儿童游乐厅等儿童活动场所宜设置在独立的建筑内。当设置在一、二级耐火等级的多层和高层建筑内时，应设置在建筑物的首层或二、三层；当设置在三级耐火等级的建筑内时，应设置在首层及二层；当设置在四级耐火等级的建筑内时，应设置在首层，并均宜设置独立的出口。木结构古建筑耐火等级为三、四级，应设置在首层。

解析来源：【S2040304】特殊场所布置

19. 答案：D 【解析】区域报警系统由火灾探测器、手动火灾报警按钮、火灾声光警报器及火灾报警控制器等组成，系统中可包括消防控制室图形显示装置和指示楼层的区域显示器。

解析来源：【S3090103】火灾自动报警系统分类及适用范围

20. 答案：D 【解析】根据《石油化工企业设计防火规范》(GB 50160—2008) 表 4.1.9 可知，该防火间距为 150m。

解析来源：《石油化工企业设计防火规范》(GB 50160—2008)

21. 答案：D 【解析】白酒属于 B 类火灾，宜使用干粉灭火器。

解析来源：【S1020101】火灾的分类、【S3080102】干粉灭火剂的类型

22. 答案：B 【解析】根据教材表 2-3-1 可知，该建筑为一类高层公共建筑。

解析来源：【S2030101】建筑分类

23. 答案：B 【解析】管网灭火系统应设自动控制、手动控制和机械应急操作三种启动方式。预制灭火系统应设自动控制和手动控制两种启动方式。

解析来源：【S3060602】其他气体灭火系统组件及设置要求

24. 答案：A 【解析】用于火灾数值模拟的专用软件有瑞典 Lund 大学的 SOFIE、美国 NIST 开发的 FDS 和英国的 JASMINE 等，它们的特点是针对性较强。场模拟可以得到比较详细的物理量的时空分布，能精细地体现火灾现象。

解析来源：【S5040303】烟气流动的计算方法及模型选用原则

25. 答案：C 【解析】根据教材表 2-6-10，由于是疏散走道尽端的房间房门，所以其至最近的安全出口的疏散走道的长度为 9m。

解析来源：【S2060103】疏散距离指标

26. 答案：A 【解析】甲、乙、丙类液体储罐区固定式、半固定式或移动式泡沫灭火系统的选择应符合下列规定：低倍数泡沫灭火系统，应符合相关现行国家标准的规定；油罐中倍数泡沫灭火系统宜为固定式。

解析来源：【S3070301】泡沫系统选择基本要求

27. 答案：B 【解析】甲、乙类油品码头前沿线与陆上储油罐的防火间距不应小于50m，装卸甲、乙类油品的泊位与明火或散发火花地点的防火间距不应小于40m。

解析来源：【S4020305】码头装卸防火设计要求及措施

28. 答案：C 【解析】汽车库室内任一点至最近人员安全出口的疏散距离不应大于45m，当设置自动灭火系统时，其距离不应大于60m，对于单层或设置在建筑首层的汽车库，室内任一点至室外出口的距离不应大于60m。题中说按规定设置了消防设施，则包括自动灭火系统，所以选C。

解析来源：【S4080303】安全疏散的要求

29. 答案：B 【解析】半固定式系统是指由固定的泡沫产（发）生装置及部分连接管道，泡沫消防车或机动泵，用水带连接组成的灭火系统。

解析来源：【S3070201】泡沫系统的分类

30. 答案：C 【解析】一个报警阀组控制的喷头数，对于湿式系统、预作用系统不宜超过800只，对于干式系统不宜超过500只。由于是湿式报警系统，且共有2800个喷头，则2800/800＝3.5，取值为4。

解析来源：【S3030407】预作用报警装置组成及工作原理

31. 答案：B 【解析】厂房、仓库的安全出口应分散布置。每个防火分区、1个防火分区的每个楼层，相邻2个安全出口最近边缘之间的水平距离不应小于5m。厂房、仓库符合下列条件时，可设置1个安全出口。

（1）甲类厂房，每层建筑面积不超过100m^2，且同一时间的生产人数不超过5人。

（2）乙类厂房，每层建筑面积不超过150m^2，且同一时间的生产人数不超过10人。

（3）丙类厂房，每层建筑面积不超过250m^2，且同一时间的生产人数不超过20人。

（4）丁、戊类厂房，每层建筑面积不超过400m^2，且同一时间内的生产人数不超过30人。

（5）地下、半地下厂房或厂房的地下室、半地下室，其建筑面积不大于50m^2且经常停留人数不超过15人。

（6）一座仓库的占地面积不大于300m^2或防火分区的建筑面积不大于100m^2。

（7）地下、半地下仓库或仓库的地下室、半地下室，建筑面积不大于100m^2。

需要特别提出的是，地下、半地下建筑每个防火分区的安全出口数目不应少于2个。但由于地下建筑设置较多的地上出口有困难，因此当有2个或2个以上防火分区相邻布置时，每个防火分区可利用防火墙上一个通向相邻分区的甲级防火门作为第二安全出口，但每个防火分区必须有1个直通室外的安全出口。

解析来源：【S2060206】厂房、仓库安全出口的设置要求

32. 答案：A 【解析】①防火分区内任两只独立的感烟火灾探测器或任一只专门用于联动防火卷帘的感烟火灾探测器的报警信号作为防火卷帘下降的首个联动触发信号，防火卷帘控制器在接收到满足逻辑关系的联动触发信号后，联动控制防火卷帘下降至距楼板面

1. 8m 处。②任一只专门用于联动防火卷帘的感温火灾探测器的报警信号作为防火卷帘下降的后续联动触发信号，防火卷帘控制器在接收到满足逻辑关系的联动触发信号后，联动控制防火卷帘下降到楼板面。

解析来源:【S3090313】防火门及防火卷帘系统的联动控制设计

33. 答案: B【解析】水喷雾系统通过改变水的物理状态，利用水雾喷头使水从连续的洒水状态转变成不连续的细小水雾滴喷射出来，它具有较高的电绝缘性能和良好的灭火性能。水喷雾的灭火机理主要是表面冷却、窒息、乳化和稀释作用，这四种作用在水雾滴喷射到燃烧物质表面时通常是以几种作用同时发生并实现灭火的。

解析来源:【S3040101】水喷雾系统灭火机理

34. 答案: C【解析】机械应急操作装置应设在储瓶间内或防护区疏散出口门外便于操作的地方。

解析来源:【S3060602】其他气体灭火系统组件及设置要求

35. 答案: A【解析】湿式系统在准工作状态时，由消防水箱或稳压泵、气压给水设备等稳压设施维持管道内充水的压力。发生火灾时，在火灾温度的作用下，闭式喷头的热敏感元件动作，喷头开启并开始喷水。此时，管网中的水由静止变为流动，水流指示器动作送出电信号，在报警控制器上显示某一区域喷水的信息。由于持续喷水泄压造成湿式报警阀的上部水压低于下部水压，在压力差的作用下，原来处于关闭状态的湿式报警阀将自动开启。此时，压力水通过湿式报警阀流向管网，同时打开通向水力警铃的通道，延迟器充满水后，水力警铃发出声响警报，压力开关动作并输出启动供水泵的信号。

解析来源:【S3030201】湿式系统的工作原理及适用范围

36. 答案: D【解析】消防电梯应设置前室或与防烟楼梯间合用的前室。设置在仓库连廊、冷库穿堂或谷物筒仓工作塔内的消防电梯，可不设置前室。消防电梯前室应符合以下要求。

①前室宜靠外墙设置，并应在首层直通室外或经过长度不大于 30m 的通道通向室外。②前室的使用面积公共建筑不应小于 $6m^2$，住宅建筑不应小于 $4.5m^2$；与防烟楼梯间合用的前室，公共建筑不应小于 $10m^2$，住宅建筑不应小于 $6m^2$。③前室或合用前室的门应采用乙级防火门，不应设置卷帘。

解析来源:【S2110302】消防电梯的设置要求

37. 答案: B【解析】车站站台和站厅乘客疏散区划为一个防火分区。当地下多线换乘车站共用一个站厅公共区时，站厅公共区的建筑面积不应超过 $5000m^2$。

解析来源:【S4030201】地铁建筑防火

38. 答案: D【解析】当室内采用临时高压消防给水系统时，应设置高位消防水箱，并应符合下列规定：①高层民用建筑、总建筑面积大于 $10000m^2$ 且层数超过 2 层的公共建筑和其他重要建筑，必须设置高位消防水箱。②其他建筑应设置高位消防水箱，但当工业建筑设置高位消防水箱确有困难，且采用安全可靠的消防给水时，可采用稳压泵稳压。

解析来源:【S3020120】消防水箱的设置要求

39. 答案: C【解析】火灾自动报警系统可分为区域报警系统、集中报警系统以及控制中心报警系统。

解析来源:【S3090103】火灾自动报警系统分类及适用范围

40. 答案：A 【解析】耐火极限是指建筑构件按时间—温度标准曲线进行耐火试验，从受到火的作用时起，到失去承载能力或完整性或失去隔火作用时止的这段时间。耐火隔热性是指在标准耐火试验条件下，当建筑分隔构件某一面受火时，能在一定时间内其背火面温度不超过规定值的能力。

解析来源：【S2030303】建筑构件的耐火极限的概念及影响要素

41. 答案：D 【解析】细水雾灭火系统不能直接用于能与水发生剧烈反应或产生大量有害物质的活泼金属及其化合物火灾，电石遇水会发生剧烈反应。

解析来源：【S3050401】细水雾系统特性及适用范围

42. 答案：D 【解析】根据加油站的等级划分，由于总容积为 130m^3，所以为二级。

解析来源：【S4050102】加油加气站的等级

43. 答案：C 【解析】A 项驱动气体应选用惰性气体，宜选用氮气；B 项房间的耐火等级不应低于二级；D 项驱动压力不应大于干粉储存容器的最高工作压力。因而本题选 C。

解析来源：【S3080501】干粉系统组件

44. 答案：B 【解析】除剧场、电影院、礼堂、体育馆外的其他公共建筑的房间疏散门，安全出口、疏散走道和疏散楼梯各自总宽度，应按教材表 2-6-8 的要求计算确定。当疏散人数不等时，疏散宽度应按本层及以上各楼层人数最多的一层人数计算，地下建筑中上层楼梯的总宽度应按其下层人数最多一层的人数计算。由于是一层到三层，每层人流量设计为 2000 人，而且此建筑物耐火等级为一级，根据表格，可知每百人净宽度为 0.75，所以最小总净宽度 $=2000\times0.75\div100=15$m。

解析来源：【S2060102】疏散宽度指标

45. 答案：D 【解析】用于灭火目的时，水雾喷头的工作压力不应小于 0.35MPa；用于防护冷却目的时，水雾喷头的工作压力不应小于 0.2MPa。但对于甲、乙、丙类液体储罐不应小于 0.15MPa。

解析来源：【S3040401】水喷雾系统设计参数

46. 答案：C 【解析】电动启动水喷雾灭火系统是以普通的火灾报警系统为火灾探测系统，通过传统的点式感温、感烟探头或缆式火灾探测器探测火灾。当有火情发生时，探测器将火警信号传到火灾报警控制器上，火灾报警控制器打开雨淋阀，同时启动水泵，喷水灭火。为了减少系统的响应时间，雨淋阀前的管道上应是充满水的状态。

解析来源：【S3040201】水喷雾系统分类

47. 答案：D 【解析】下列场所的消防用电应按一级负荷供电：建筑高度大于 50m 的乙、丙类生产厂房和丙类物品库房、一类高层民用建筑、一级大型石油化工厂、大型钢铁联合企业、大型物资仓库等。D 项属于一类高层民用建筑。

解析来源：【S3140101】消防用电的负荷等级分类及要求

48. 答案：B 【解析】根据教材表 2-3-7 可知，二级厂房的屋顶承重构件的燃烧性能为不燃性，A 级，耐火极限为 1.00h。而防火涂料的耐火极限不应小于其保护材料的耐火极限，所以该屋顶承重构件涂防火涂料后的耐火极限不应小于 1.00h。

解析来源：【S2030402】厂房和仓库的耐火等级、【S2100104】常用装修材料等级规定

49. 答案：B 【解析】隔爆型。把设备可能点燃爆炸性气体混合物的部件全部封闭在一个外壳内，其外壳能够承受通过外壳任何接合面或结构间隙渗透到外壳内部的可燃性混合物在内部爆炸而不损坏，并且不会引起外部由一种、多种气体或蒸气形成的爆炸性环境的点燃。该类型设备适用于1区、2区危险环境。由于碎煤机房有爆炸的危险，因此应该选用隔爆型或防爆型灯具。

解析来源：【S2080405】电气设备的基本防爆类别

50. 答案：B 【解析】人防工程内商业营业厅、展览厅、电影院和礼堂的观众厅、溜冰馆、游泳馆、射击馆、保龄球馆等防火分区建筑面积：①设置有火灾自动报警系统和自动灭火系统的商业营业厅、展览厅等，当采用A级装修材料装修时，防火分区允许最大建筑面积不应大于2000m^2。②电影院、礼堂的观众厅，防火分区允许最大建筑面积不应大于1000m^2。当设置有火灾自动报警系统和自动灭火系统时，其允许最大建筑面积也不得增加。③溜冰馆的冰场、游泳馆的游泳池、射击馆的靶道区、保龄球馆的球道区等，其面积可不计入溜冰馆、游泳馆、射击馆、保龄球馆的防火分区面积内。溜冰馆的冰场、游泳馆的游泳池、射击馆的靶道区等，其装修材料应采用A级。

解析来源：【S4120302】防火分区的划分和建筑面积

51. 答案：D 【解析】流量扬程性能曲线应无驼峰、无拐点的光滑曲线，零流量时的压力不应超过设计压力的140%，且不宜小于设计额定压力的120%。

解析来源：【S3020103】消防泵的选用要求及规定

52. 答案：A 【解析】中危险级Ⅰ级的设置场所如下：①高层民用建筑：旅馆、办公楼、综合楼、邮政楼、金融电信楼、指挥调度楼、广播电视楼（塔）等。②公共建筑（含单多高层）：医院、疗养院；图书馆（书库除外）、档案馆、展览馆（厅）；影剧院、音乐厅和礼堂（舞台除外）及其他娱乐场所；火车站和飞机场及码头的建筑；总建筑面积小于5000m^2 的商场、总建筑面积小于1000m^2 的地下商场等。③文化遗产建筑：木结构古建筑、国家文物保护单位等。④工业建筑：食品、家用电器、玻璃制品等工厂的备料与生产车间等；冷藏库、钢屋架等建筑构件。

解析来源：【S3030301】火灾危险等级

53. 答案：A 【解析】由于是1500m，所以选择纵向排烟方式。根据《建筑设计防火规范》(GB 50016—2014)：

12.3.3 机械排烟系统与隧道的通风系统宜分开设置。D项错误。

12.3.4 隧道内设置的机械排烟系统应符合下列规定：

1）采用全横向和半横向通风方式时，可通过排风管道排烟。

2）采用纵向排烟方式时，应能迅速组织气流、有效排烟，其排烟风速应根据隧道内的最不利火灾规模确定，且纵向气流的速度不应小于2m/s，并应大于临界风速。A正确。

3）排烟风机和烟气流经的风阀、消声器、软接等辅助设备，应能承受设计的隧道火灾烟气排放温度，并应能在250℃下连续正常运行不小于1.0h。排烟管道的耐火极限不应低于1.00h。B、C项错误。

解析来源：《建筑设计防火规范》(GB 50016—2014)

54. 答案：D 【解析】耐火电线电缆是指规定试验条件下，在火焰中被燃烧一定时间内能保持正常运行特性的电缆。

解析来源：【S2070102】电线电缆分类及适用场所

55. 答案：A 【解析】根据教材表3-3-2可知，中危险级Ⅱ级的作用面积为160m²。

解析来源：【S3030302】自动喷水系统设计基本参数

56. 答案：B 【解析】感烟火灾探测器：响应悬浮在大气中的燃烧和/或热解产生的固体或液体微粒的探测器，进一步可分为离子感烟、光电感烟、红外光束、吸气型等。

解析来源：【S3090101】火灾探测器分类

57. 答案：D 【解析】主消防控制室应能显示所有火灾报警信号和联动控制状态信号，并应能控制重要的消防设备；各分消防控制室内的消防设备之间可以互相传输并显示状态信息，但不应互相控制。

解析来源：【S3090602】消防控制室的功能要求

58. 答案：C 【解析】两座一、二级耐火等级的厂房，当相邻较低一面外墙为防火墙且较低一座厂房的屋顶无天窗，屋顶的耐火极限不低于1.00h，或相邻较高一面的外墙的门、窗等开口部位设置甲级防火门、窗或防火分隔水幕或按《建筑设计防火规范》(GB 50016—2014）第6.5.3条的规定设置防火卷帘时，甲、乙类厂房之间的防火间距不应小于6m；丙、丁、戊类厂房之间的防火间距不应小于4m。

解析来源：【S2040202】厂房的防火间距

59. 答案：C 【解析】系统扑救一次火灾的泡沫混合液设计用量，应按罐内用量、该罐辅助泡沫枪用量、管道剩余量三者之和最大的储罐确定。固定顶与内浮顶油罐的保护面积应为油罐的横截面面积。

解析来源：【S3070401】低倍数泡沫灭火系统设计要求

60. 答案：A 【解析】消防备用电源应满足火灾时消防设备持续运行时间的要求：用于商业楼、展览楼、综合楼、一类建筑的财贸金融楼、图书馆、书库、重要的档案楼、科研楼和旅馆的消防水泵火灾时，持续运行时间为3h，其他高层建筑为2h；用于防火卷帘的水幕泵火灾时，持续运行时间为3h；用于消防电梯火灾时，持续运行时间应大于消防水泵、水幕泵火灾时持续运行时间；建筑高度大于100m的民用建筑，加压风机、防排烟机火灾时持续运行时间要大于90min；医疗建筑、老年人建筑、总建筑面积大于100000m²的公共建筑，火灾时持续运行时间要大于60min；其他建筑要大于30min。

解析来源：【S3140202】消防备用电源的设计

61. 答案：B 【解析】据《消防给水及消火栓系统技术规范》(GB 50974—2014）表3.5.2可知，此高层办公楼是二类公共建筑，所以消火栓的设计流量为20L/s，每根竖管最小流量为10L/s，所以不应少于2根。

解析来源：《消防给水及消火栓系统技术规范》(GB 50974—2014)

62. 答案：B 【解析】二氧化碳灭火作用主要在于窒息，其次是冷却。

解析来源：【S3060101】气体系统灭火机理

63. 答案：D 【解析】D项中可燃气体检测器的一级报警设定值应小于或等于可燃气体爆炸下限的25%。

解析来源：【S4050310】火灾报警系统

64. 答案：C 【解析】自动喷水灭火系统的报警阀组分为湿式报警阀组、干式报警阀组、雨淋报警阀组和预作用报警阀组，此题中牵涉到了预作用、湿式以及雨淋三种报警阀组。

解析来源：【S3030402】湿式报警阀组组成及工作原理、【S3030405】干式报警阀组组成及工作原理、【S3030406】雨淋报警阀组组成及工作原理、【S3030407】预作用报警装置组成及工作原理

65. 答案：B 【解析】建筑室外消火栓的数量应根据室外消火栓设计流量和保护半径经计算确定，保护半径不应大于150.0m，每个室外消火栓的出流量宜按10~15L/s计算，室外消火栓宜沿建筑周围均匀布置，且不宜集中布置在建筑一侧；建筑消防扑救面一侧的室外消火栓数量不宜少于2个。由于55÷15>3，所以室外消火栓数量不应少于4个。

解析来源：【S3020204】室外消火栓的设置要求

66. 答案：A 【解析】此题是单层工业厂房，自动喷水灭火系统可选湿式、干式或预作用。

（1）对于湿式自动喷水灭火系统，在吊顶下布置喷头时，应采用下垂型或吊顶型喷头；顶板为水平面的轻危险级、中危险级Ⅰ级居室和办公室，可采用边墙型喷头；易受碰撞的部位，应采用带保护罩的喷头或吊顶型喷头；在不设吊顶的场所内设置喷头，当配水支管布置在梁下时，应采用直立型喷头。

（2）对于干式系统和预作用系统，应采用直立型喷头或干式下垂型喷头。

解析来源：【S3030401】洒水喷头分类及设置要求

67. 答案：C 【解析】疏散走道和安全出口门厅的顶棚应采用A级装修材料，其他装修应采用不低于B1级的装修材料。

解析来源：【S2100201】装修防火的通用要求

68. 答案：A 【解析】消防控制室、消防水泵、消防电梯、防烟排烟风机等的供电，要在最末一级配电箱处设置自动切换装置。切换部位是指各自的最末一级配电箱，如消防水泵应在消防水泵房的配电箱处切换；消防电梯应在电梯机房配电箱处切换；当消防电源由自备应急发电机组提供备用电源时，消防用电负荷为一级或二级的要设置自动和手动启动装置，并在30s内供电；当采用中压柴油发电机组时，火灾确认后要在60s内供电。

解析来源：【S3140203】配电设计要求

69. 答案：D 【解析】探测气体密度小于空气密度的可燃气体探测器应设置在被保护空间的顶部，探测气体密度大于空气密度的可燃气体探测器应设置在被保护空间的下部，探测气体密度与空气密度相当时，可燃气体探测器可设置在被保护空间的中间部位或顶部。

解析来源：【S3090402】可燃气体探测报警系统设计

70. 答案：B 【解析】住宅部分与非住宅部分之间，应采用耐火极限不低于2.00h且无门、窗、洞口的防火隔墙和1.50h的不燃性楼板完全分隔；当为高层建筑时，应采用无门、窗、洞口的防火墙和耐火极限不低于2.00h的不燃性楼板完全分隔。此建筑为高层建筑，所以答案为B。

解析来源：【S2050202】功能区域分隔

71. 答案：D 【解析】①建筑内的安全出口和疏散门应分散布置，且建筑内每个防火分区或一个防火分区的每个楼层、每个住宅单元每层相邻两个安全出口以及每个房间相邻两个疏散门最近边缘之间的水平距离不应小于5m。A项正确。②疏散门应向疏散方向开

启，但人数不超过60人的房间且每樘门的平均疏散人数不超过30人时，其门的开启方向不限（除甲、乙类生产车间外）。B、C正确。③除歌舞娱乐放映游艺场所外，防火分区建筑面积不大于200m² 的地下或半地下设备间、防火分区建筑面积不大于50m² 且经常停留人数不超过15人的其他地下或半地下建筑（室），可设置1个安全出口或1部疏散楼梯。D项错误。

解析来源：【S2060202】疏散门布置要求、【S4120306】安全出口设置要求

72. 答案：A 【解析】根据图示，泡沫液的投加点也就是泡沫比例混合器的位置，在水泵出水管的支管上，也是消防水泵的出水管，所以泡沫液的投加点在消防水泵的出水管上。

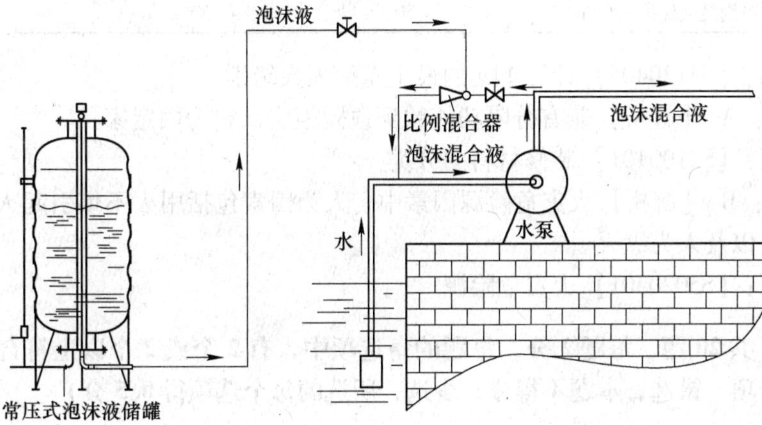

73. 答案：C 【解析】用于灭火目的时，系统的响应时间不应大于45s；用于液化气生产、储存装置或装卸设施的防护冷却目的时，系统的响应时间不应大于60s；用于其他设施的防护冷却目的时，系统的响应时间不应大于300s。

解析来源：【S3040401】水喷雾系统设计参数

74. 答案：D 【解析】点型探测器至空调送风口边的水平距离不应小于1.5m，并宜接近回风口安装。探测器至多孔送风顶棚孔口的水平距离不应小于0.5m。

解析来源：【S3090306】系统设备的设计及设置

75. 答案：C 【解析】测温式电气火灾监控探测器应设置在电缆接头、端子、重点发热部件等部位。保护对象为1000V及以下的配电线路测温式电气火灾监控探测器应采用接触式设置。保护对象为1000V以上的供电线路，测温式电气火灾监控探测器宜选择光栅光纤测温式或红外测温式电气火灾监控探测器，光栅光纤测温式电气火灾监控探测器应直接设置在保护对象的表面。

解析来源：【S3090502】电气火灾监控系统设计

76. 答案：C 【解析】下列建筑或场所应在疏散走道和主要疏散路径的地面上增设能保持视觉连续的灯光疏散指示标志或蓄光疏散指示标志：①总建筑面积大于8000m² 的展览建筑。②总建筑面积大于5000m² 的地上商店。③总建筑面积大于500m² 的地下或半地下商店。④歌舞娱乐放映游艺场所。⑤座位数超过1500个的电影院、剧场，座位数超过3000个的体育馆、会堂或礼堂。⑥车站、码头建筑和民用机场航站楼中建筑面积大于3000m² 的候车、候船厅和航站楼的公共区。

解析来源:【S2060602】疏散指示标志设置场所与要求

77. 答案:A 【解析】第一个避难层（间）的楼地面至灭火救援场地地面的高度不应大于50m，两个避难层（间）之间的高度不宜大于50m。所以A项错误。

解析来源:【S2060501】避难层的概念及相关要求

78. 答案:C 【解析】该场所为舞厅，火灾类型为A类火灾，又由于是按照严重危险级配置灭火器，根据教材表3-13-5可知，每具灭火器的灭火级别为3A。

表3-13-5 A类火灾场所灭火器的最低配置基准

危险等级	严重危险级	中危险级	轻危险级
单具灭火器最小配置灭火级别	3A	2A	1A
单位灭火A级别最大保护面积/m^2	50	75	100

解析来源:【S3130405】计算单元的最小需配灭火级别

79. 答案:A 【解析】兼有分隔功能的到顶橱柜应认定为固定家具。

解析来源:【S2100101】装修材料的分类

80. 答案:B 【解析】火灾危险源因素中，人为因素包括用火不慎引起火灾、不安全吸烟引起火灾以及人为纵火。

解析来源:【S5020301】火灾危险源

二、多选题（共20题，每题2分，每题的备选项中，有2个或2个以上符合题意，至少有1个错项。错选，本题不得分；少选，所选的每个选项得0.5分）

81. 答案:ABD 【解析】A项有窒息、冷却作用；B项有隔氧窒息、辐射热阻隔和吸热冷却作用；D项有表面冷却、窒息、乳化和稀释作用。

解析来源:【S3040101】水喷雾系统灭火机理、【S3070101】泡沫系统的灭火机理、【S3060101】气体系统灭火机理

82. 答案:CE 【解析】直立型、下垂型标准喷头溅水盘与顶板的距离不应小于75mm，且不大于150mm。在梁间布置的喷头，在符合喷头与梁等障碍物之间距离规定的前提下，喷头溅水盘与顶板的距离不应大于550mm，以避免喷水遭受阻挡。

解析来源:【S3030401】洒水喷头分类及设置要求

83. 答案:CDE 【解析】排烟系统竖向穿越防火分区时垂直风管应设置在管井内，且与垂直风管连接的水平风管应设置280℃排烟防火阀，所以A项错误；由于消防控制室、消防水泵、消防电梯、防烟排烟风机等的供电，要在最末一级配电箱处设置自动切换装置。切换部位是指各自的最末一级配电箱，如消防水泵应在消防水泵房的配电箱处切换；消防电梯应在电梯机房配电箱处切换，所以B项错误。

解析来源:【S3100307】机械排烟系统中排烟管道的设置要求、【S3100306】机械排烟系统中排烟阀（口）的设置要求、【S3100304】机械排烟系统中排烟风机的设置要求

84. 答案:ACE 【解析】歌舞娱乐放映游艺场所内建筑面积不大于50m^2且经常停留人数不超过15人的厅、室或房间，可设置1个疏散门；建筑面积不大于200m^2的地下或半地下设备间、建筑面积不大于50m^2且经常停留人数不超过15人的其他地下或半地下房间，可设置1个疏散门。所以B项错误；厅、室之间及与建筑的其他部位之间，应采用耐

火极限不低于2.00h的防火隔墙和1.00h的不燃性楼板分隔，设置在厅、室墙上的门和该场所与建筑内其他部位相通的门均应采用乙级防火门。所以D项错误。

解析来源：【S2060207】疏散出口的概念及设置要求、【S2050202】功能区域分隔

85. 答案：ABDE 【解析】C项中，甲、乙类油品码头前沿线与陆上储油罐的防火间距不应小于50m。

解析来源：【S4020305】码头装卸防火设计要求及措施

86. 答案：ABD 【解析】C项，自动控制装置应在接到两个独立的火灾信号后才能启动；D项，选择阀可采用电动、气动或机械操作方式；E项，防火阀日常是敞开状态，无需联动打开。

解析来源：【S3060601】二氧化碳灭火系统组件及设置要求、【S3060602】其他气体灭火系统组件及设置要求

87. 答案：ABDE 【解析】安全检查表编制的步骤包括确定系统（所要检查的对象）、找出危险点、确定项目与内容、编制成表。

解析来源：安全检查表的编制与实施【S5030104】

88. 答案：ABCE 【解析】登高场地距建筑外墙不宜小于5m，且不应大于10m。A项正确。根据登高车的车长15m以及车道的宽度，最小操作场地长度和宽度不宜小于15m×10m，对于建筑高度大于50m的建筑，操作场地的长度和宽度分别不应小于20m×10m，且场地的坡度不宜大于3%。B、C项正确。高层建筑应至少沿一条长边或周边长度的1/4且不小于一条长边长度的底边连续布置消防车登高操作场地，该范围内的裙房进深不应大于4m。建筑高度不大于50m的建筑，连续布置消防车登高操作场地有困难时，可间隔布置，但间隔距离不宜大于30m，且消防车登高操作场地的总长度仍应符合上述规定。D项错误。在地下建筑上布置消防登高操作场地时，地下建筑的楼板荷载应按承载大型重系列消防车计算。E项正确。

解析来源：【S2110202】合理确定消防登高面、【S2110203】消防救援场地的设置要求

89. 答案：ACD 【解析】厂房的防火分区面积应根据其生产的火灾危险性类别、厂房的层数和厂房的耐火等级等因素确定。

解析来源：【S2050102】厂房的防火分区

90. 答案：BCD 【解析】A项，古建筑内严禁使用卤钨灯等高温照明灯具和电炉等电加热器具，不准使用荧光灯和大于60W的白炽灯；E项，古建筑内燃灯、点烛、烧香、焚纸等宗教活动用火，应在室外固定位置，并由专人负责看管。

解析来源：【S4110301】古建筑防火安全措施

91. 答案：AB 【解析】干式系统适用于环境温度低于4℃或高于70℃的场所；预作用系统可消除干式系统在喷头开放后延迟喷水的弊病，因此其在低温和高温环境中可替代干式系统。

解析来源：【S3030202】干式系统的工作原理及适用范围、【S3030203】预作用系统的工作原理及适用范围

92. 答案：ABCE 【解析】地下、半地下汽车库内不应设置修理车位，喷漆间，充电间，乙炔间和甲、乙类物品库房。汽车库和修车库内不应设置汽油罐、加油机、液化石油

气或液化天然气储罐、加气机。

解析来源：【S4080301】汽车库、修车库总平面布局要求

93. 答案：BCD 【解析】A项错误，因为预作用系统的联动控制设计由同一报警区域内两只及两只以上独立的感烟火灾探测器或一只感烟火灾探测器与一只手动火灾报警按钮的报警信号（“与”逻辑），作为预作用阀组开启的联动触发信号。消防联动控制器在接收到满足逻辑关系的联动触发信号后，联动控制预作用阀组的开启，使系统转变为湿式系统；当系统设有快速排气装置时，同时联动控制排气阀前的电动阀的开启；E项错误，因为防烟系统的联动控制设计由加压送风口所在防火分区内的两只独立的火灾探测器或一只火灾探测器与一只手动火灾报警按钮的报警信号（“与”逻辑），作为送风口开启和加压送风机启动的联动触发信号，消防联动控制器在接收到满足逻辑关系的联动触发信号后，联动控制火灾层和相关层前室等需要加压送风场所的加压送风口开启和加压送风机启动。排烟系统的联动控制设计由同一防烟分区内的两只独立的火灾探测器的报警信号（“与”逻辑）作为排烟口、排烟窗或排烟阀开启的联动触发信号，消防联动控制器在接收到满足逻辑关系的联动触发信号后，联动控制排烟口、排烟窗或排烟阀的开启，同时停止该防烟分区的空气调节系统。

解析来源：【S3090309】自动喷水灭火系统的联动控制设计、【S3090310】消火栓系统的联动与手动控制设计要求、【S3090312】防烟排烟系统的联动控制设计

94. 答案：ACE 【解析】消火栓栓口动压力不应大于0.50MPa，当大于0.70MPa时，必须设置减压装置，B项错误；应采用DN65的室内消火栓，并可与消防软管卷盘或轻便水龙设置在同一箱体内。配置公称直径65mm有内衬里的消防水带，长度不宜超过25.0m，所以D项错误。

解析来源：【S3020303】室内消火栓系统设置要求

95. 答案：ABCD 【解析】高层厂房和甲、乙、丙类多层厂房的疏散楼梯应采用封闭楼梯间或室外楼梯。C项正确。

多层公共建筑的疏散楼梯，除与敞开式外廊直接相连的楼梯间外，均应采用封闭楼梯间：①医疗建筑、旅馆、老年人建筑及类似使用功能的建筑。A项正确。②设置歌舞娱乐放映游艺场所的建筑。③商店、图书馆、展览建筑、会议中心及类似使用功能的建筑。B项正确。④6层及以上的其他建筑。D项正确

解析来源：【S2060402】封闭楼梯间设置要求

96. 答案：ABDE 【解析】建筑的内、外保温系统，宜采用燃烧性能为A级的保温材料，不宜采用B2级保温材料，严禁采用B3级保温材料。因此C项错误，A项正确。

与基层墙体、装饰层之间无空腔的建筑外墙外保温系统，对于住宅建筑，其保温材料应符合下列规定：①建筑高度大于100m时，保温材料的燃烧性能应为A级。②建筑高度大于27m，但不大于100m时，保温材料的燃烧性能不应低于B1级。③建筑高度不大于27m时，保温材料的燃烧性能不应低于B2级。矿棉板的燃烧性能为A级，所以B、D、E三项均正确。

解析来源：【S2100701】建筑外保温系统防火基本原则、【S2100703】建筑保温系统防火的通用要求

97. 答案：BDE 【解析】人员自身的条件、人员密度和建筑的情况均对人员行走速

度有一定的影响。

解析来源：【S5040407】疏散分析参数

98. 答案：CD 【解析】液化石油气加气站、加油和液化石油气加气合建站应设消防给水系统。加油站、压缩天然气加气站、加油和压缩天然气加气合建站可不设消防给水系统。

解析来源：【S4050309】消防给水设施

99. 答案：ABCD 【解析】E 项中，避难走道的装修材料燃烧性能等级应为 A 级。

解析来源：【S4120305】安全出口形式

100. 答案：ABCD 【解析】单层大豆油浸出车间厂房的火灾危险性属于甲类，而办公室、休息室等不应设置在甲、乙类厂房内，确需贴邻本厂房时，其耐火等级不应低于二级，并应采用耐火极限不低于 3.00h 的防爆墙隔开且应设置独立的安全出口，所以 E 项错误。

解析来源：【S2040306】工业建筑附属用房布置、【S2040302】设备用房布置